电路与磁路

（第三版）

蒲晓湘　石　红　牛均莲　编

林春英　主审

中国电力出版社
CHINA ELECTRIC POWER PRESS

内 容 提 要

本书为“十四五”职业教育国家规划教材。

全书共分为七章，主要内容包括电路的基本概念和基本定律、直流电阻电路的分析、正弦交流电路、三相正弦交流电路、非正弦周期电流电路、线性电路过渡过程的时域分析、磁路与铁心线圈等。附录部分是有关磁场及电磁感应的基本知识。

本书可作为高职高专电力技术类专业或相近专业的教材，还可作为考取电工类各工种职业资格证书的培训教材。

图书在版编目（CIP）数据

电路与磁路/蒲晓湘，石红，牛均莲编．—3版．—北京：中国电力出版社，2019.10（2024.5重印）

“十三五”职业教育规划教材

ISBN 978-7-5198-3957-4

Ⅰ．①电…　Ⅱ．①蒲…②石…③牛…　Ⅲ．①电路-高等职业教育-教材②磁路-高等职业教育-教材　Ⅳ．①TM13②TM14

中国版本图书馆CIP数据核字（2019）第250901号

出版发行：中国电力出版社

地　　址：北京市东城区北京站西街19号（邮政编码100005）

网　　址：http://www.cepp.sgcc.com.cn

责任编辑：罗晓莉（010－63412547）

责任校对：黄　蓓

装帧设计：王英磊

责任印制：吴　迪

印　　刷：北京雁林吉兆印刷有限公司

版　　次：2010年8月第一版　2019年10月第三版

印　　次：2024年5月北京第十七次印刷

开　　本：787毫米×1092毫米　16开本

印　　张：15.25

字　　数：372千字

定　　价：30.00元

前　言

本书是根据高职高专电气、电子类专业《电路与磁路》课程教学大纲及教学基本要求编写的，供高职高专院校电气、电子类各专业教学使用，参考学时为 90～100 学时（不含实践性教学环节）。

本书的主要内容包括电路的基本概念和基本定律、直流电阻电路的分析、正弦交流电路、三相正弦交流电路、非正弦周期性电流电路、线性电路过渡过程的时域分析、磁路与铁心线圈等。考虑到高职高专各专业教学的需要，书中编写了有关磁场及电磁感应的基本知识，放在附录部分，供学生自学和参考。为学习贯彻落实党的二十大精神，本书根据《党的二十大报告学习辅导百问》《二十大党章修正案学习问答》，在数字资源中设置了“二十大报告及党章修正案学习辅导”栏目，以方便师生学习。

本书的特点如下：

（1）全书在内容的选择上，遵循“以应用为目的，以够用为度”的原则，注重高职高专应用型人才“必需”能力的培养，而且要为后续课程提供“够用”的基础知识。

书中标 * 的章节作为选学内容。

（2）各章节内容的处理上，突出基本概念和基本方法，注重问题的分析与综合。重点内容都有归纳和注意事项，方法的应用也有一般步骤。章节前有基本要求，以明确学习目标；章节后有小结，归纳和总结本章的重点内容。

（3）书中例题典型，有明确的解题思路、解答过程及步骤，目的在于引导和培养学生分析问题和解决问题的能力。各章后附有适量的习题，题型多样化。

（4）为与国家级职业教育发电厂及电力系统专业教学资源库配套，本课程制作了相关的视频和微课，扫描本书封面二维码即可观看，便于读者学习。

本书第一、三、四章由重庆电力高等专科学校石红编写，第二章由重庆电力高等专科学校牛均莲编写，第五至七章及附录部分由重庆电力高等专科学校蒲晓湘编写，全书由山东电力高等专科学校林春英教授担任主审。

本书在编写过程中，参阅了大量现有的同类教材，也得到了审稿老师及很多同事的大力支持和帮助，为本书的编写提出了许多宝贵的意见和建议，在此一一表示衷心的感谢。

由于编者水平有限，书中内容难免有不足之处，敬请读者批评指正。

编　者

2019 年 5 月

目　　录

第一章　电路的基本概念和基本定律

本章内容主要包括电路和电路模型的基本概念、电路的主要物理量、组成电路的电路元件以及电路的最基本定律基尔霍夫定律。

基本要求：

(1) 了解电路的组成及其基本物理量的意义、单位和符号。

(2) 掌握电压、电流的概念及其参考方向的规定。

(3) 掌握电能与电功率的计算方法。

(4) 了解电压源与电流源元件的特性，掌握两种实际电源模型。

(5) 掌握基尔霍夫定律及其在电路分析计算中的应用。

第一节　电路和电路模型

一、电路

我们在工作和生活中会遇到很多实际电路。例如，图 1-1 (a) 所示为最简单的手电筒的实际电路；图 1-2 所示为由发电机、变压器、输电线路等所构成的复杂的电力输电电路。像这种，根据需要把一些电气器件按照一定的方式连接起来所构成的电流的通路，称为电路。

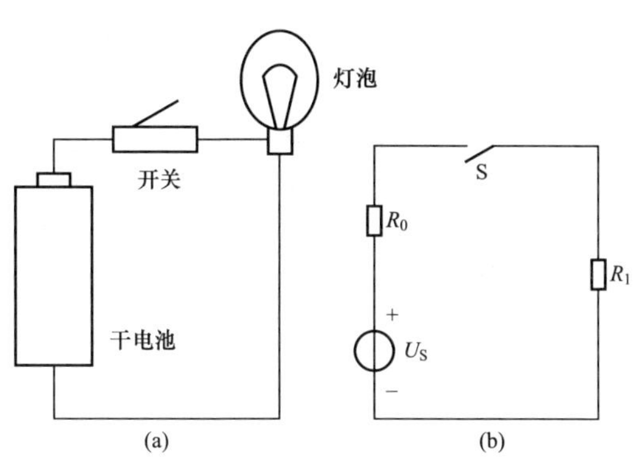

图 1-1　手电筒的实际电路和电路模型

(a) 实际电路；(b) 电路模型

实际应用电路的种类繁多，功能也各不相同，但它们的作用可归结为两种。其中一种作用是实现电能的传输和转换。例如在图 1-1 所示电路中，当开关一闭合，灯泡就发光发热，干电池把化学能转换成电能，灯泡又将电能转换成光能和热能；图 1-2 所示电路中，发电机把机械能转换为电能，通过变压器、输电线路输送给用户，电动机又把电能转换为机械能，电灯把电能转换为光能、热能等。其中，将其它形式能量转换为电能，提供电能的设备或器件称为电源，如干电池、发电机、蓄电池等。将电能转换为其它形式能量的用电设备或器件称为负载，如电灯、电动机、电炉等。把连接电源和负载的部分称为中间环节，如变压器、开关、输电线路等，它起传输、分配和控制电能的作用。

电路的另一种作用是实现信号的传递和处理，常见的例子如图 1-3 所示的扩音电路，传声器（话筒）将声音变成电信号，经过放大器的放大，送到扬声器再变成声音输出。话筒是输入信号的设备，称为信号源，相当于电源。扬声器是接受和转换信号的设备，也就是负载。

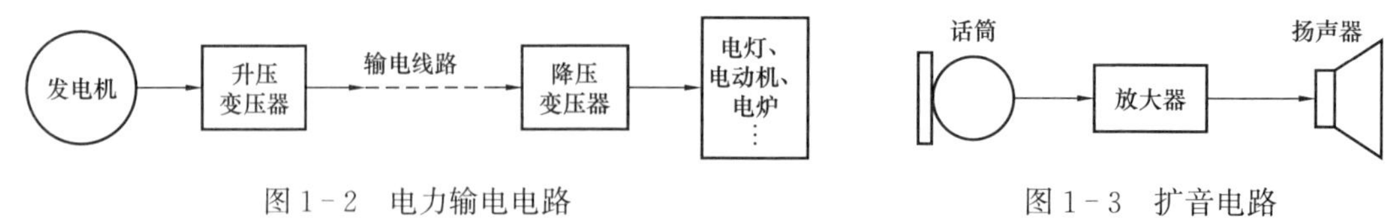

图 1-2 电力输电电路　　图 1-3 扩音电路

由于电路中的电流、电压是在电源的作用下产生的，因此电源又称为激励源或激励，而由于电源的激励在电路各部分产生的电流、电压则称为响应。

由以上几个例子可见，一个完整的电路主要由电源、负载和中间环节三部分组成。

在电视机、音响设备、通信系统、计算机和电力网络中可以看到各种各样的电路，它们都是物理实体，称为实际电路。

二、理想电路元件

实际电路中的电气器件品种繁多，其电磁性能的表现往往多方面交织在一起。为了能对实际电路进行定量分析，必须把其中的部件加以近似化、理想化，只考虑起主要作用的某些电磁现象，而将次要因素忽略，或将一些电磁现象分别进行表示。例如在图 1-1（a）中，小灯泡（负载）不但发光发热而消耗电能，并在其周围还会产生一定的磁场，在允许的误差范围内，可以不考虑小灯泡产生磁场的作用，而只考虑小灯泡发光发热消耗电能的作用；干电池不仅对外提供电能，在其内部也有电能消耗，可以分别表示其提供的电能和消耗的电能。这样，任何实际电气器件都可以用一种或多种理想电路元件来表示。

理想电路元件是实际器件的理想化模型，只表示某一种主要电磁现象，并具有某种确定的电磁性能和精确的数学定义。常见的理想电路元件有：①电阻元件：只消耗电能的元件；②电感元件：其周围空间存在磁场而可以储存磁场能量的元件；③电容元件：其周围空间存在电场而可以储存电场能量的元件；④电源元件：将其它形式的能量转变成电能的元件；⑤理想导线：没有电阻的导线。

有两个端钮的理想元件称为二端元件，有三个及三个以上端钮的理想元件称为多端元件。

三、电路模型

本书讨论的对象不是实际电路，而是实际电路的模型。实际电路的模型是由一个或多个理想电路元件经理想导线连接起来，用来模拟实际电路。图 1-1（b）便是图 1-1（a）的电路模型，电路中，灯泡的主要电磁性能是发光发热消耗电能，用电阻元件表示；干电池不仅对外提供电能，在其内部也有电能消耗，用电压源和电阻串联组合表示。

用理想电路元件或它们的组合模拟实际器件就是建立其模型，简称建模。用理想电路元件建立的电路模型将使电路的分析大大简化。建模时必须考虑工作条件，并按不同准确度的要求把给定工作条件的主要物理现象和功能反映出来。同一器件或电路在不同的条件下应以不同的电路模型表示。例如，一个线圈是由导线绕制而成的，除电感外还有电阻，同时线圈匝间还有电容。在不同的工作条件下，其电路模型不一样：在直流情况下，它的模型是电阻元件；在低频正弦激励下，它的模型是电阻元件与电感元件的串联；在高频正弦激励下，其模型中还应包含电容。所以，建立电路模型一般应指明它们的工作条件（如频率、电压、电流、温度范围等）。电路模型虽然不可能和实际电路完全一致，但在一定条件下，在工程允许的误差范围内，电路模型可以代替实际电路，从而使电路的分析计算简化。今后本书所涉及电路均指由理想电路元件构成的电路模型，无论简单电路还是复杂电路，都可以通过电路模型来描述，理想化的电路模型简称为电路，同时理想电路元件简称为电路元件。

电路元件都用规定的图形符号表示，再用理想导线（导线电阻为零）连接，这样画出来的图形叫电路图。图 1-1（b）所示电路图是用图形表达的实际电路的模型。

电路可分为集总参数电路和分布参数电路。集总意味着把电路中的电场和磁场分开，磁场只与电感元件相关，电场只与电容元件相关，两种场之间不存在相互作用。即每一种元件只表示一种基本现象，在任何时刻，从具有两个端钮的理想元件的某一端钮流入的电流恒等于从另一端钮流出的电流，并且元件两个端钮间的电压值也是完全确定的。本书研究的都是集总参数电路，以后不另加说明。

第二节　电路的主要物理量

13. 电流

15. 电压

一、电流及其参考方向

1. 电流

带电粒子（电子、离子等）的定向移动形成电流。电流是既有大小又有方向的物理量。习惯上规定，正电荷移动的方向为电流的正方向。电流的大小用电流强度这个物理量来衡量，电流强度简称电流。电流的大小等于单位时间内通过导体某一横截面的电荷量。

设在 $\mathrm{d}t$ 时间内通过导体某一横截面的电荷量为 $\mathrm{d}q$，则通过该横截面的电流为

$$i=\frac{\mathrm{d}q}{\mathrm{d}t} \tag{1-1}$$

大小和方向都不随时间改变的电流，称为直流电流，简称直流（DC），用大写字母 I 表示，所以式（1-1）可改写为

$$I=\frac{q}{T} \tag{1-2}$$

式中：q 为在时间 T 内通过某处的电荷量。

大小和方向随时间周期性变化且平均值为零的电流，称为交变电流，简称交流（AC），用小写字母 i 表示。

在国际单位制（SI）中，电流的单位是安［培］，符号为 A；电荷量的单位是库［仑］，符号为 C。当 1s 均匀通过导体横截面的电荷量为 1C 时，电流大小为 1A。另外，电流常用的单位还有 kA（千安）、mA（毫安）、μA（微安）等。它们之间的换算关系为

$$1\text{kA}=10^{3}\text{A},\quad 1\text{mA}=10^{-3}\text{A},\quad 1\mu\text{A}=10^{-6}\text{A}$$

2. 电流的参考方向

电流的方向是客观存在的。电流在一条电路中流动的实际方向只有两种可能（见图 1-4），其电流方向不是从 a 端流向 b 端，就是从 b 端流向 a 端。在简单直流电路中，较容易判断电流的实际方向，但在复杂的直流电路以及交流电路中，

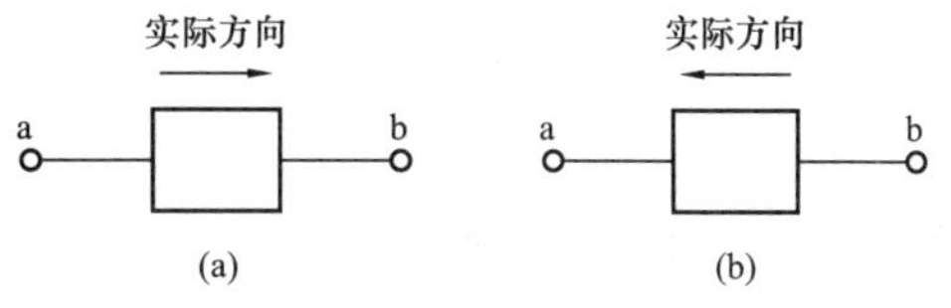

图 1-4　电流的实际方向

就很难判断电流的实际方向。因为，在交流电路中，电流的大小和方向不断随时间变化，在复杂的直流电路中，还必须经过计算或实测才能确定。为此，在分析与计算电路时，特地引入参考方向这一概念。

在分析与计算电路时，任意规定某一方向作为电流数值为正的方向，称为参考方向。电流参考方向有两种表示方法：①用箭头表示，箭头的指向为电流的参考方向；②用双下标表示，如 i_{ab}，电流的参考方向为由 a 指向 b，如图 1－5 所示。

如果用 i_{ba}，表示其参考方向为由 b 指向 a，显然

$$i_{ab}=-i_{ba} \tag{1-3}$$

规定了参考方向以后，电流就是一个代数量，如果电流为正值，则电流的实际方向和所选的参考方向相同；如果电流为负值，则电流的实际方向和所选的参考方向相反。这样，就可以利用电流的正负和所标注的参考方向来判断电流的实际方向，如图 1－6 所示。

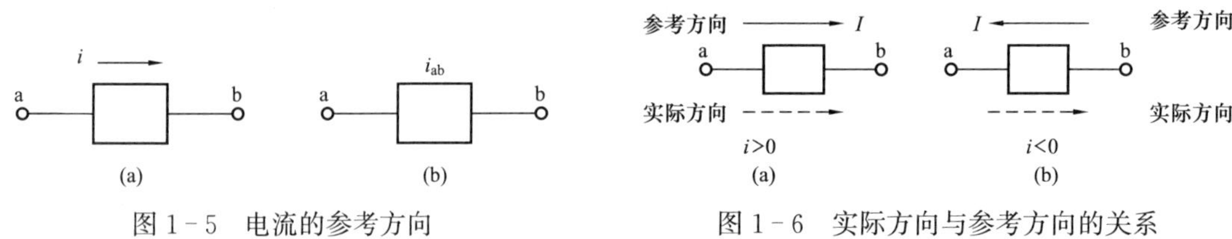

图 1－5 电流的参考方向

图 1－6 实际方向与参考方向的关系

二、电压及其参考方向

1. 电压

当导体中存在电场时，电荷在电场力作用下运动，电场力对运动电荷做功，运动电荷电能减少，电能转换成其它形式的能量。电路中任意两点 a、b 间的电压是电场力把单位正电荷由 a 点移到 b 点所减少的电能。

设正电荷 dq 由 a 点移到 b 点所减少的电能为 dW，则 a、b 两点间的电压为

$$u_{ab}=\frac{dW}{dq} \tag{1-4}$$

电压和电流一样，也是既有大小又有方向的物理量。电压表明正电荷转移时减少的电能，减少电能意味着电位的降低，即从高电位到低电位，所以电压的实际方向是由高电位指向低电位，或者说是电位降低的方向。

大小和方向都不随时间改变的电压是直流电压，用大写字母 U 表示；大小和方向随时间按周期性变化的电压是交流电压，用小写字母 u 表示。

在国际单位制（SI）中，电压的单位是伏［特］，符号为 V。当 1C 的电荷在电场力的作用下由一点转移到另一点减少的电能是 1J 时，则这两点之间的电压就是 1V。电压的常用单位还有 kV（千伏）、mV（毫伏）和 μV（微伏）等。它们之间的换算关系为

$$1\text{kV}=10^{3}\text{V},\quad 1\text{mV}=10^{-3}\text{V},\quad 1\mu\text{V}=10^{-6}\text{V}$$

2. 电压的参考方向

与电流相同，在分析计算电路时，必须先规定某一方向作为电压数值为正的方向，称为参考方向。通常有三种表示形式：

（1）采用正负极性表示。在电路图上标出正（＋）、负（－）极性，如图 1－7（a）所示，正极指向负极的方向就是电压的参考方向。

(2) 采用箭头表示。用箭头表示在电路图上，如图 1－7（b）所示，顺箭头方向即 a 至 b 的方向就是电压的参考方向。

(3) 采用双下标表示。如图 1－7（c）所示，u_{ab} 表示电压的参考方向为第一个下标 a 至第二个下标 b。

电压的参考方向指定后，电压就是一个代数量，当电压实际方向与参考方向一致时，电压为正值；当电压实际方向与参考方向相反时，电压为负值。

电路中电压、电流的参考方向可以分别独立设定。但为了分析方便，常使同一个元件的电流参考方向与电压参考方向一致，即电流从该元件的电压正极性端流入而从它的负极性端流出，像这样，如果电压、电流参考方向选取一致，称为关联参考方向，如图 1－8（a）所示；相反则称为非关联参考方向，如图 1－8（b）所示。

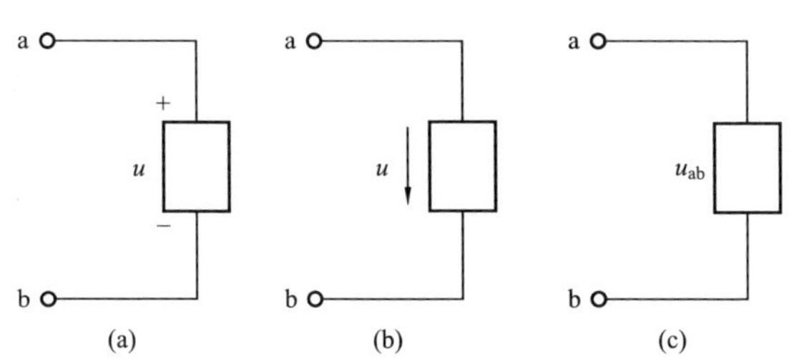

图 1－7　电压的参考方向

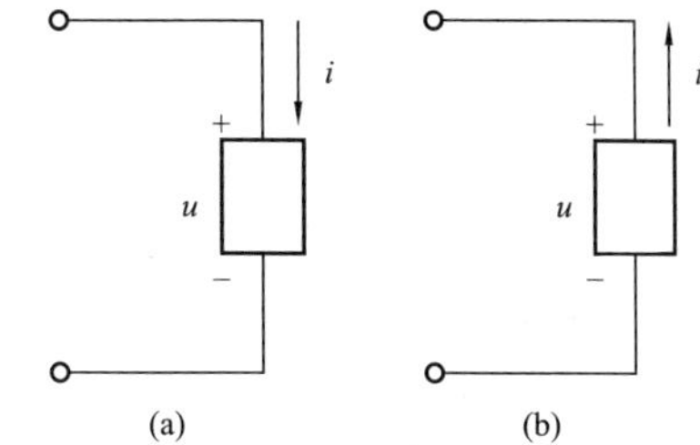

图 1－8　电压、电流的关联和非关联参考方向

（a）关联参考方向；（b）非关联参考方向

【例 1－1】 电压、电流参考方向如图 1－9 所示，问：对 N、N_1 两部分电路电压、电流参考方向是否关联？

解　N 部分电路电流从电压的正极流出，电压、电流参考方向相反，为非关联参考方向；N_1 部分电路电流从电压的正极流入，电压、电流参考方向相同，为关联参考方向。

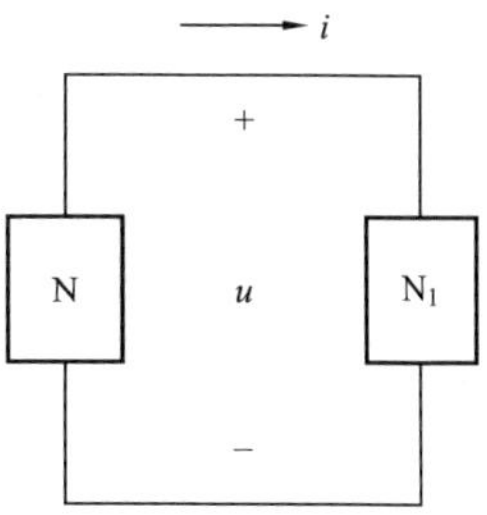

图 1－9 ［例 1－1］图

注意：

(1) 在分析与计算电路时，首先要规定电压、电流参考方向，并在电路图中标注出来。

(2) 参考方向可以任意规定而不影响计算结果。

(3) 参考方向一经规定，在整个分析计算过程中就必须以此为准，不能变动。

(4) 不标参考方向的电流或电压是没有意义的。

(5) 电流和电压参考方向可以分别独立地规定，但为了分析问题方便，常规定元件电压、电流方向为关联参考方向。

三、电位及电动势

1. 电位

在电子电路的分析和电气设备的检修调试时，常常用到电位这一物理量。在电路中任意选一点 o 作为参考点，则由某点 a 到参考点 o 的电压称为 a 点的电位，在数值上等于电场力将单位正电荷从该点移动到参考点所做的功。电位是衡量电路中各点所具有的电位能大小的物理量。电位用 φ 表示，则 a 点的电位用 φ_a 表示。参考点可以任意选择，但一个电路只能选一个参考点，并规定参考点电位为零，即参考点就是零电位点。指定参考点后，电位为代数量，电路中电位比参考点高者，电位值为正；电位比参考点低者，电位值为负。

对照电压与电位的定义式，不难得出它们之间的关系：两点之间的电压等于对应两点电位之差，即

$$u_{ab}=\varphi_a-\varphi_b \tag{1-5}$$

式中：φ_a 为 a 点电位；φ_b 为 b 点电位。

由式（1－5）可见，当 $\varphi_a>\varphi_b$ 即 a 点电位高于 b 点电位时，$u_{ab}>0$；反之，$u_{ab}<0$。

电位与电压同量纲，在国际单位制（SI）中，电位的单位是伏［特］，符号为 V。

在分析电路时，电位参考点的选择原则上是任意的，但实际中常选择大地、设备外壳或接地点作为参考点。选择大地为参考点时，在电路图中用符号“⏚”表示，有些设备的外壳是接地，凡是与外壳相连的各点，均是零电位点；有些设备的外壳不接地，则选择许多导线的公共点（也可是外壳）作参考点，电路中用符号“⊥”表示。

另外，电子电路和电气设备的检修调试时，需要测量电位。测量电位实质上就是测量电压，是测量该点与参考点之间的电压。

注意：一个电路只能选一个参考点，参考点选择不同，则各点电位就不一样。电位的大小与参考点的选择有关，而电压与参考点的选择无关。

【例 1－2】 如图 1－10 所示，已知 4C 正电荷由 a 点均匀移动至 b 点电场力做功为 8J，由 b 点移动到 c 点电场力做功为 12J，则：

（1）若以 b 点为参考点，求 a、b、c 点的电位和电压 U_{ab}、U_{bc}。

（2）若以 c 点为参考点，再求以上各值。

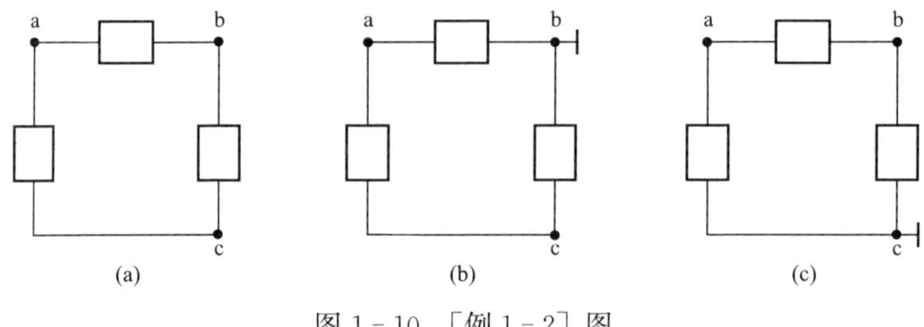

图 1－10 ［例 1－2］图

解题思路：根据电压的定义式 $U_{ab}=\dfrac{dW}{dq}$ 求电压；选定参考点，再根据 $U_{ab}=\varphi_a-\varphi_b$ 求电位。

解 （1）以 b 点为电位参考点，则 $\varphi_b=0$。

已知 4C 正电荷由 a 点均匀移动至 b 点电场力做功为 8J，由 b 点移动到 c 点电场力做功为 12J，由电压的定义式可得

$$U_{ab}=\frac{dW_{ab}}{dq}=\frac{8}{4}=2\ (\text{V})$$

$$U_{bc}=\frac{dW_{bc}}{dq}=\frac{12}{4}=3\ (\text{V})$$

由电压与电位的关系，可得

$$U_{ab}=\varphi_a-\varphi_b,\quad U_{bc}=\varphi_b-\varphi_c$$

$$\varphi_a = U_{ab} + \varphi_b = 2 + 0 = 2\ (\text{V})$$

$$\varphi_c = \varphi_b - U_{bc} = 0 - 3 = -3\ (\text{V})$$

(2) 若以 c 点为参考点，则 $\varphi_c = 0$。

由于电位在数值上等于电场力将单位正电荷从该点移动到参考点所做的功，则

$$\varphi_a = \frac{dW_{ac}}{dq} = \frac{dW_{ab} + dW_{bc}}{dq} = \frac{8+12}{4} = 5\ (\text{V})$$

$$\varphi_b = \frac{dW_{bc}}{dq} = \frac{12}{4} = 3\ (\text{V})$$

由电压与电位的关系，可得

$$U_{ab} = \varphi_a - \varphi_b = 5 - 3 = 2\ (\text{V})$$

$$U_{bc} = \varphi_b - \varphi_c = 3 - 0 = 3\ (\text{V})$$

由［例 1－2］再次说明：电路中电位参考点可任意选择；参考点一经选定，电路中各点的电位值就是唯一的；当选择不同的电位参考点时，电路中各点电位值将改变，但任意两点间电压保持不变，即两点间电压与参考点的选择无关。

2. 电动势

电动势是描述电源对外做功本领的一个物理量。在电场力作用下，正电荷从高电位点运动向低电位点。为了在电路中形成连续的电流，在电源中必须有电源力（譬如干电池中的化学力，发电机中的电磁力）把正电荷从低电位点推向高电位点，即把正电荷从电源负极移向正极。在此过程中，电源便把其它形式的能量转变成电能。电源的电动势就是表明单位正电荷在电源力作用下由电源负极转移到电源正极时增加的电能，电动势用符号 e 表示，则

$$e = \frac{dW_S}{dq} \tag{1-6}$$

式中：dq 为转移的电荷；dW_S 为转移过程中电荷增加的电能。

增加电能意味着电位的升高（从低电位点到高电位点），所以，电动势的实际方向规定为电位升高的方向。如果选择电动势的参考方向与电压的参考方向如图 1－11（a）所示，则电动势与电压之间的关系为 $u = e$；如果选择电动势的参考方向与电压的参考方向如图 1－11（b）所示，则电动势与电压之间的关系为 $u = -e$。

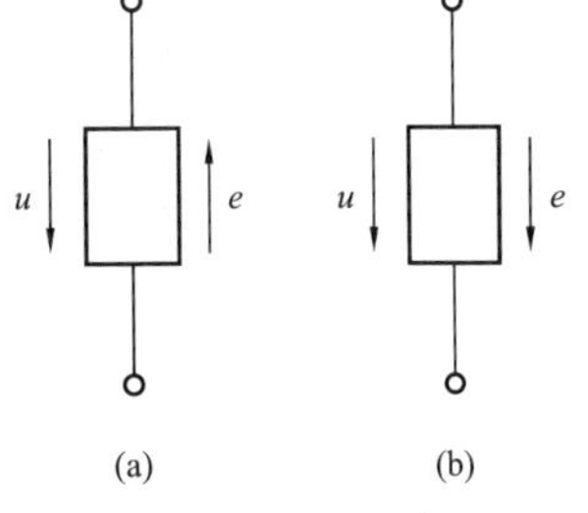

图 1－11　电动势的参考方向与电压的参考方向

电动势的 SI 单位是伏［特］，符号为 V。常用的单位还有 kV（千伏）、mV（毫伏）和 μV（微伏）等。

四、电功率

在电路分析和计算中，功率是一个十分重要的物理量。任何电气设备、电路元件本身都有功率的限制，如果超过限定值，设备元件将不能正常工作，甚至损坏。

在电路中，设 a、b 两点之间的电压为 u，正电荷 dq 在电场力的作用下，从高电位点 a 移向低电位点 b，则减少的电能为 dW，则根据电压的定义式可得

$$dW = u\,dq$$

电能减少意味着电能转换成了其它形式的能量。电能转换的速率称为电功率，简称功率。功率用 p 表示，则

$$p=\frac{\mathrm{d}W}{\mathrm{d}t} \tag{1-7}$$

设电路中电压、电流为关联参考方向，由电流的定义 $i=\frac{\mathrm{d}q}{\mathrm{d}t}$ 可得

$$\mathrm{d}W=u\mathrm{d}q=ui\mathrm{d}t$$

则

$$p=\frac{\mathrm{d}W}{\mathrm{d}t}=\frac{ui\mathrm{d}t}{\mathrm{d}t}=ui \tag{1-8}$$

直流时，用大写字母 P 表示，即

$$P=UI \tag{1-9}$$

功率的 SI 单位是瓦［特］，符号为 W。元件端电压为 1V，通过电流为 1A 时，则该元件吸收功率为 1W。常用的功率单位还有 kW（千瓦）、MW（兆瓦）。

$$1\mathrm{kW}=10^3\mathrm{W},\quad 1\mathrm{MW}=10^6\mathrm{W}$$

计算功率时，如果电压、电流为关联参考方向，则式（1－8）和式（1－9）带正号，即

$$p=ui \quad 或 \quad P=UI \tag{1-10}$$

如果电压、电流为非关联参考方向，则式（1－8）和式（1－9）带负号，即

$$p=-ui \quad 或 \quad P=-UI \tag{1-11}$$

在电路分析时，不仅要计算功率的大小，有时还要判断功率的性质，即该元件是提供功率还是消耗功率。由式（1－10）和式（1－11）得到的功率为正值时，说明这部分电路吸收（消耗）功率，该元件作为负载工作；若为负值时，则说明这部分电路提供（产生）功率，该元件作为电源工作。

由能量守恒定律可知：一个完整电路中，每一瞬间，接受电能的各元件功率之和等于发出电能的各元件功率之和；或者说，一个完整电路中，每一瞬间，所有元件接受功率之总和为零。这个结论叫做“电路的功率平衡”。我们常常利用这个结论来验证电路计算的正确性。

【例 1－3】 图 1－12 所示为直流电路，$U_1=10\mathrm{V}$，$U_2=-4\mathrm{V}$，$U_3=3\mathrm{V}$，$U_4=11\mathrm{V}$，$I=2\mathrm{A}$，求各元件的功率 P_1、P_2、P_3、P_4。

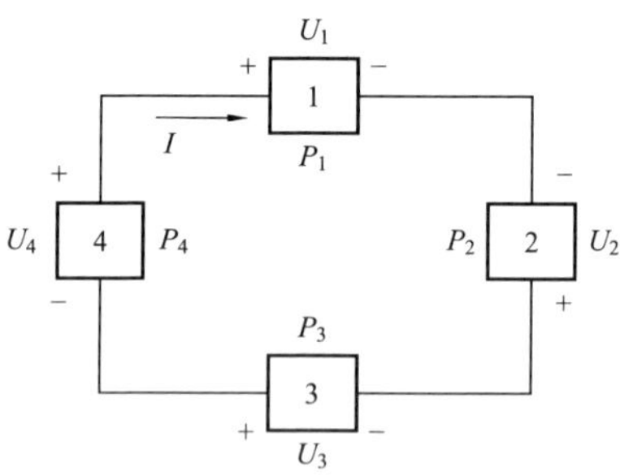

图 1－12 ［例 1－3］图

解题思路： 选择功率的计算公式，电压、电流为关联参考方向，$P=UI$；电压、电流为非关联参考方向，$P=-UI$。得到的功率为正值时，说明这部分电路吸收（消耗）功率；若为负值时，则说明这部分电路提供（产生）功率。

解 元件 1 的电压、电流为关联参考方向，则

$$P_1 = U_1 I = 10 \times 2 = 20\ (\mathrm{W}) > 0 \quad (\text{吸收 } 20\mathrm{W})$$

元件 2、元件 3 和元件 4 的电压、电流为非关联参考方向，则

$$P_2 = -U_2 I = -(-4) \times 2 = 8\ (\mathrm{W}) > 0 \quad (\text{吸收 } 8\mathrm{W})$$

$$P_3 = -U_3 I = -3 \times 2 = -6\ (\mathrm{W}) < 0 \quad (\text{提供 } 6\mathrm{W})$$

$$P_4 = -U_4 I = -11 \times 2 = -22\ (\mathrm{W}) < 0 \quad (\text{提供 } 22\mathrm{W})$$

验算：提供的功率为 6＋22＝28（W），吸收的功率为 20＋8＝28（W），电路的功率平衡，计算正确。

五、电能

电路的作用之一就是能量的转换，电路在工作状态下总伴随着电能和其它形式能量的交换，电能是一个十分重要的物理量。

由式（1－7）可得，从 t_1 到 t_2 时间内，电路吸收（消耗）的电能为

$$W = \int_{t_1}^{t_2} p\,\mathrm{d}t \tag{1-12}$$

直流时

$$W = P(t_2 - t_1) \tag{1-13}$$

电能的 SI 单位是焦［耳］，符号为 J，它等于 1W 的用电设备在 1s 内消耗的电能。在工程上还采用 kWh（千瓦时，也叫度）作为电能的单位。它们之间的换算关系为

$$1\mathrm{kWh} = 1000\mathrm{W} \times 3600\mathrm{s} = 3.6 \times 10^6\mathrm{J} = 3.6\mathrm{MJ}$$

六、额定值

一般说来，每一电气设备或器件在工作时都有一定的量值限额，这种限额称为额定值，它是我们使用电气设备或器件的依据。额定值包括额定电压、额定电流和额定功率。这些电气设备或器件在额定电压下才能正常、合理、可靠地工作，例如 220V、40W 的灯泡，220V、40W 分别是灯泡的额定电压和额定功率。使用时，电压过高会损坏设备或器件，过低则功率不足，不能正常工作（如电灯变暗等）。额定值用带有下标 N 的字母表示，如额定电压、额定电流分别用 U_N、I_N 表示。

通常，电气设备的额定值都会在铭牌上标注出来。使用电气设备时，实际值等于额定值时的工作状态称为额定状态或满载；实际值大于额定值时的工作状态称为过载或超载；实际值小于额定值时的工作状态称为轻载或欠载。

18. KCL　19. KVL

第三节　基尔霍夫定律

基尔霍夫定律是分析集总参数电路的基本定律，它从电路结构上反映了电路中所有支路电压和电流所遵循的基本规律。基尔霍夫定律包括基尔霍夫电流定律和基尔霍夫电压定律。为了说明基尔霍夫定律，先介绍电路的一些名词概念。

一、名词术语

以图 1－13 为例，图中方框表示二端元件，各元件电流参考方向如图所示。

1. 支路

电路中由元件组成的一段没有分支的电路称为支路。图 1－13 中，元件 1、2、3 为一条支路，元件 4、5 为一条支路，元件 6、7 为一条支路，元件 8 和元件 9 分别构成一条支路，

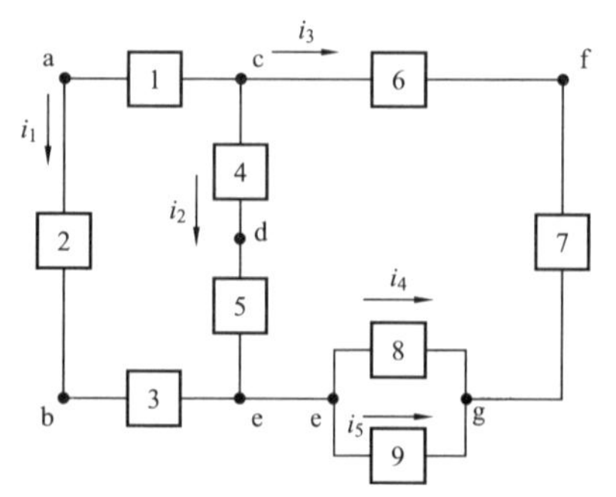

图 1－13　电路名词说明

共有 5 条支路。

2. 节点

三条及三条以上支路连接在一起的连接点叫做节点。图 1－13 中共有 c、e、g 三个节点。

3. 回路

由支路构成的闭合路径叫做回路。图 1－13 中，元件 1、4、5、3、2 组成一个回路，元件 1、2、3、9、7、6 也组成一个回路等。

4. 网孔

平面电路中没有被支路穿过的回路叫做网孔。图 1－13 中，元件 1、4、5、3、2 组成的回路称为网孔，元件 6、7、9、5、4 组成的回路不称为网孔。

5. 支路电流

流过支路的电流称为支路电流。图 1－13 中，i_1、i_2、i_3、i_4、i_5 就是各支路的支路电流。

6. 支路电压

支路两端之间的电压称为支路电压。图 1－13 中，u_{ce}、u_{cg}、u_{eg} 就是支路电压。

二、基尔霍夫电流定律（KCL）

基尔霍夫电流定律给出了电路中各个支路电流之间的约束关系，也叫基尔霍夫第一定律（简称 KCL）。

电路中的任何一个节点均不能堆积电荷，流入某处某一电荷量的电荷，必须同时从该处流出同一电荷量的电荷，这一结论称为电流的连续性原理。KCL 是电流的连续性原理在电路中的体现。

基尔霍夫电流定律的内容可表述为：在任一瞬时，流入电路中任一节点的支路电流之和等于流出该节点的支路电流之和。其数学表达式为

$$\sum i_{in} = \sum i_{out} \tag{1-14}$$

如图 1－13 所示，电路中的一个节点 e，流入节点的电流为 i_1 和 i_2，流出节点的电流为 i_4 和 i_5，则

$$i_1 + i_2 = i_4 + i_5$$

上式可整理成

$$i_1 + i_2 - i_4 - i_5 = 0$$

于是基尔霍夫电流定律可以换一种更常用的描述：任何一个瞬时，流入任何电路任一节点的各个支路电流的代数和为零。其数学表达式为

$$\sum i = 0 \tag{1-15}$$

对于直流电路，KCL 可写成

$$\sum I = 0 \tag{1-16}$$

在以上两式中，按电流的参考方向列写方程，规定流入节点的电流取正号，则流出节点的电流取负号。当然，也可作相反规定，其结果是一样的。

应用 KCL 列写电流方程的步骤如下：

（1）找节点。

（2）选定与该节点相连的各支路电流的参考方向。

(3) 根据式 (1-14) 或式 (1-15) 列写方程。

KCL 不仅适于电路的任一节点，根据电流连续性原理，还可以推广到电路的任一假设的封闭面。在任一瞬时，流入和流出该封闭面的电流代数和为零。如图 1-14 所示，电路 N_1 中有 3 条支路与电路的其余部分连接，其流出的电流为 i_1、i_2 和 i_3，则 $i_1+i_2+i_3=0$。

根据 KCL，流过同一支路的是同一个电流。

【例 1-4】 如图 1-15 所示，已知 $I_1=10A$，$I_2=5A$，$I_3=3A$，$I_4=-2A$，求 I。

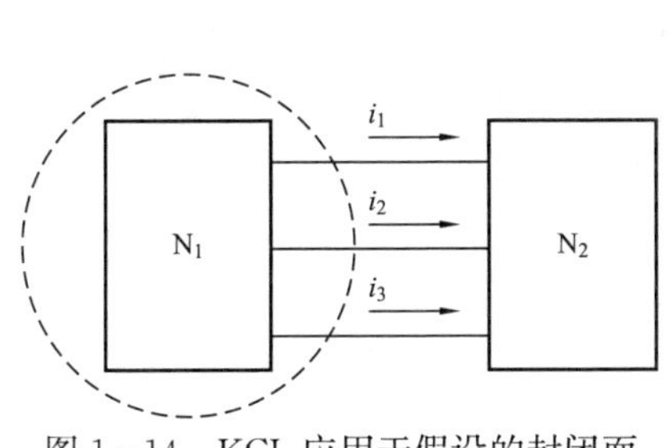

图 1-14　KCL 应用于假设的封闭面

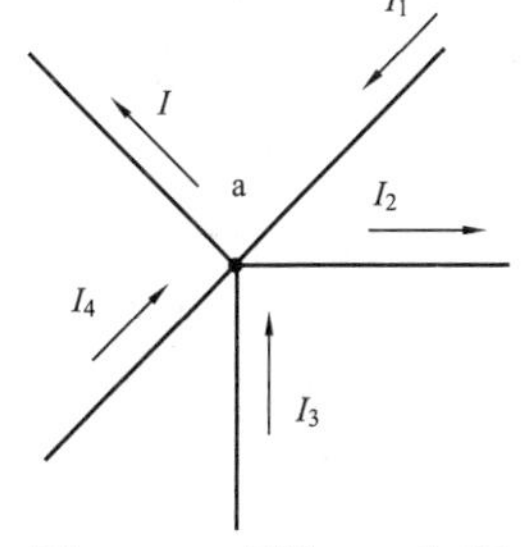

图 1-15 ［例 1-4］图

解题思路： 求电流用 KCL。在应用 KCL 时，首先找节点，其次规定流入（或流出）节点的电流为正，最后根据标定的参考方向写 KCL 电流方程。

解　如果规定流入节点的电流为正，则流出为负，根据 KCL 得

$$I_1-I_2+I_3+I_4-I=0$$

则

$$I=I_1-I_2+I_3+I_4=10-5+3+(-2)=6\ (A)$$

如果规定流出节点的电流为正，流入为负，根据 KCL 得

$$-I_1+I_2-I_3-I_4+I=0$$

则

$$I=I_1-I_2+I_3+I_4=10-5+3+(-2)=6\ (A)$$

这说明，在列写 KCL 方程时，规定流入的电流为正，或者规定流出的电流为正，并不影响计算结果。但是在同一个 KCL 方程中，规定必须一致。

KCL 适用于一切集总参数电路，KCL 与各元件的性质和工作状态无关。

三、基尔霍夫电压定律 (KVL)

基尔霍夫电压定律描述了电路中任一闭合回路内各段电压必须服从的约束关系，它与支路元件的性质无关。不管什么性质的元件，当它们连接成回路时，各元件电压之间必须遵循基尔霍夫电压定律。基尔霍夫电压定律也叫基尔霍夫第二定律（简称 KVL）。

它的内容可表述为：任一时刻，沿任一电路的任一回路绕行一周，各段电压的代数和为零。其数学表达式为

$$\sum u=0 \tag{1-17}$$

对于直流电路，KVL 可写成

$$\sum U=0 \tag{1-18}$$

应用 KVL 列写电压方程的步骤如下：

(1) 找回路。

(2) 选定该回路中各元件电压的参考方向及回路绕行方向（一般为顺时针方向）。

(3) 电压参考方向与回路绕行方向一致时，该电压项前取正号，否则取负号，代

入式（1-17）。

如图 1-16 所示，沿回路 1、2、4、1 顺时针绕行一周，则

$$U_2+U_5-U_6=0$$

由上式可得

$$U_6=U_2+U_5$$

上式表明，节点 1、4 之间的电压是单值的，不论沿元件 6 还是沿元件 2 和元件 5 构成的路径，此两节点之间的电压是相等的。KVL 实质上是电压与路径无关这一性质的反映。

KVL 方程还可以推广到电路中的假想回路，如图 1-17 所示的假想回路 abca，其中 ab 段未画出支路，设其电压为 u，则顺时针绕行一周，按图中规定的参考方向可列出

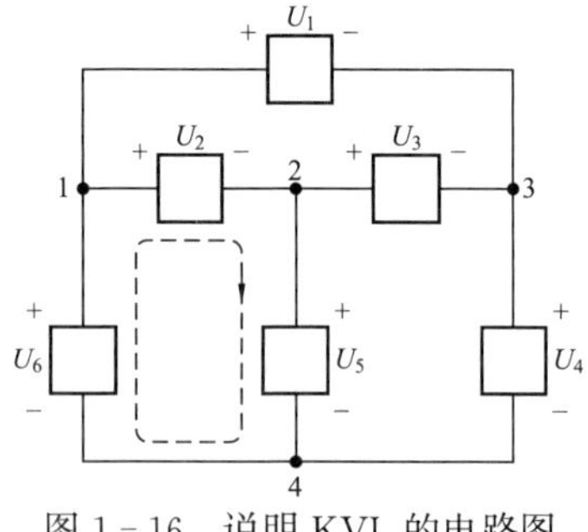

图 1-16　说明 KVL 的电路图

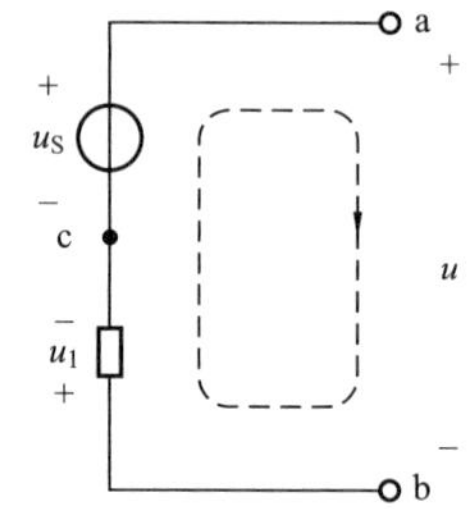

图 1-17　KVL 应用于假设的回路

$$u+u_1-u_S=0$$

或

$$u=u_S-u_1$$

即电路中任意两点间的电压等于这两点间沿任意路径各段电压的代数和。各段电压的参考方向与两点间的电压参考方向相同时取正，反之取负。

【例 1-5】 图 1-18 中，求 U_1 和 U_2。

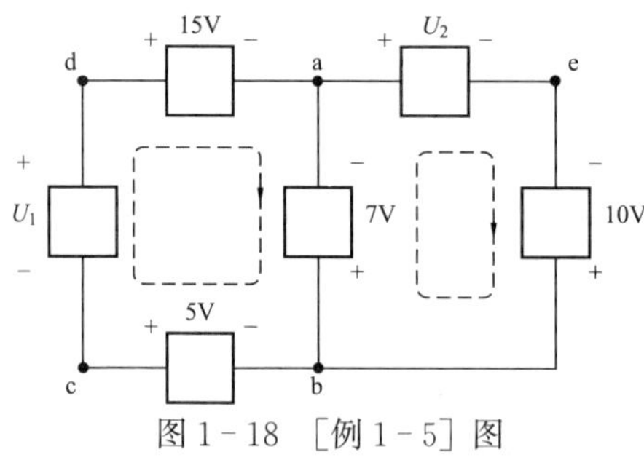

图 1-18 ［例 1-5］图

解题思路：求电压用 KVL。用 KVL 时，先找回路，再选定回路绕行方向，最后根据标定的参考方向写 KVL 电压方程。

解　在左网孔中，设回路绕行方向为顺时针方向，如图 1-18 中虚线所示，则

$$15-7-5-u_1=0,\quad u_1=3\,(\text{V})$$

在右网孔中，设回路绕行方向为顺时针方向，如图 1-18 中虚线所示，则

$$u_2-10+7=0,\quad u_2=3\,(\text{V})$$

由此可见，KCL 规定了电路中任一节点的电流必须服从的约束关系，KCL 表明在每一节点上电荷是守恒的；KVL 规定了电路中任一回路的电压必须服从的约束关系，KVL 是能量守恒的具体体现（电压与路径无关）。KCL、KVL 仅与元件的相互连接方式有关，而与元

件的性质无关，这种约束称为拓扑约束。无论元件是线性的还是非线性的，电路是直流的还是交流的，KCL 和 KVL 总成立。

第四节　电阻、电感、电容元件

17. 电阻元件　12. 电感元件　14. 电容元件

电路分析研究的对象是由理想电路元件构成的电路模型，理想电路元件简称电路元件。本节介绍组成电路的三种无源元件——电阻、电感、电容。

一、电阻元件

1. 电阻

电阻元件是实际电阻器的理想化模型，它是一种表示只消耗电能的电路元件。像电灯、电炉、电烙铁等这类实际电阻器件，忽略次要因素，只考虑电能转换成光能热能的性质时，都可以用电阻元件作为其电路模型。

电阻元件是一个二端元件，它的电压和电流的方向总是一致的，其电压、电流的大小成代数关系。电阻元件的特性可以用电压、电流的代数关系表示。由于电压、电流的 SI 单位是 V、A，因此电阻元件的电压、电流关系也叫电阻元件的伏安特性。在 u—i 坐标平面上表示元件电压、电流关系的曲线称为伏安特性曲线。

如果伏安特性曲线是通过坐标原点的直线，这种电阻元件就称为线性电阻元件，不符合这个要求的电阻元件就称为非线性电阻元件，本书中只讨论线性电阻元件。它的符号及伏安特性曲线如图 1-19 所示。

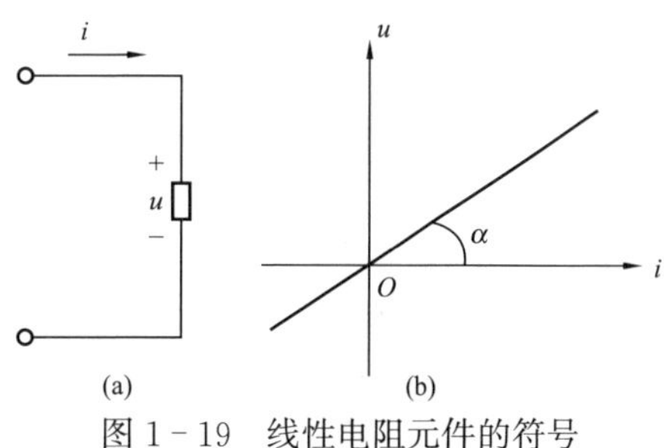

图 1-19　线性电阻元件的符号及伏安特性曲线

(a) 符号；(b) 伏安特性曲线

2. 电阻元件的电压、电流关系

线性电阻元件的伏安关系服从欧姆定律，在图 1-19 所示的电路中，电压、电流关联参考方向的条件下，其表达式为

$$u = Ri \tag{1-19}$$

式中：R 为元件的电阻，是表示电阻元件特性的参数。R 表示元件对电流的阻碍能力，电压一定时，R 越大，则电流越小。线性电阻元件的电阻值 R 是一个正实常量。

电阻的 SI 单位是欧［姆］，符号为 Ω。常用的单位还有 kΩ（千欧）、MΩ（兆欧）等。

习惯上，我们常称电阻元件为电阻，故“电阻”这个名词术语及电阻符号“R”，既表示电路元件，也表示元件参数。其图形符号如图 1-19（a）所示。

线性电阻元件也可用电导表征，电导用符号 G 表示，其定义式为

$$G = \frac{1}{R} \tag{1-20}$$

电导的 SI 单位是西［门子］，符号为 S。用电导表征线性电阻元件时，欧姆定律可表示为

$$i = Gu \tag{1-21}$$

G 表示元件对电流的传导能力，电压一定时，G 越大，则电流越大。线性电阻元件的电

导值 G 是一个正实常量。

当电压、电流为非关联参考方向时，欧姆定律应写成

$$u=-Ri \quad 或 \quad i=-Gu \tag{1-22}$$

3. 电阻元件的功率

无论电阻元件的电压、电流是否为关联参考方向，都可以得到电阻元件吸收（消耗）功率的计算式

$$p=ui=Ri^2=\frac{u^2}{R} \quad 或 \quad p=ui=\frac{i^2}{G}=Gu^2 \tag{1-23}$$

由于 R 和 G 是一个正实常量，故功率 p 始终大于或者等于零，电阻元件总是吸收（消耗）功率，所以线性电阻元件是一种耗能元件，同时也是一种无源元件。

如果电阻元件把吸收的电能转换成热能，设电阻元件在 t_1 到 t_2 这段时间内吸收（消耗）的电能 W，则

$$W=\int_{t_1}^{t_2}p\,dt=\int_{t_1}^{t_2}ui\,dt=\int_{t_1}^{t_2}Ri^2\,dt=\int_{t_1}^{t_2}\frac{u^2}{R}dt \tag{1-24}$$

直流时

$$W=P(t_2-t_1)=PT=RI^2T=\frac{U^2}{R}T \tag{1-25}$$

式中：T 为电流通过电阻的总时间，$T=t_2-t_1$。

4. 短路与开路

线性电阻元件有两种特殊情况得注意：一种情况是 R 为无限大（G 为零），电压为任何有限值时，电流总为零，这时把它称为开路。开路时的伏安特性曲线在 u—i 平面上与电压轴重合；另一种情况是 R 为零（G 为无限大），电流为任何有限值时，电压总为零，这时把它称为短路。短路时的伏安特性曲线在 u—i 平面上与电流轴重合。如果电路中的一对端子 a—b 之间呈断开状态，相当于在 a—b 之间有 $R=\infty$ 的电阻；如果端子 a—b 用理想导线（$R=0$）连接起来，称 a—b 端子被短路。短路、开路的伏安特性曲线及示意图如图 1-20 所示。

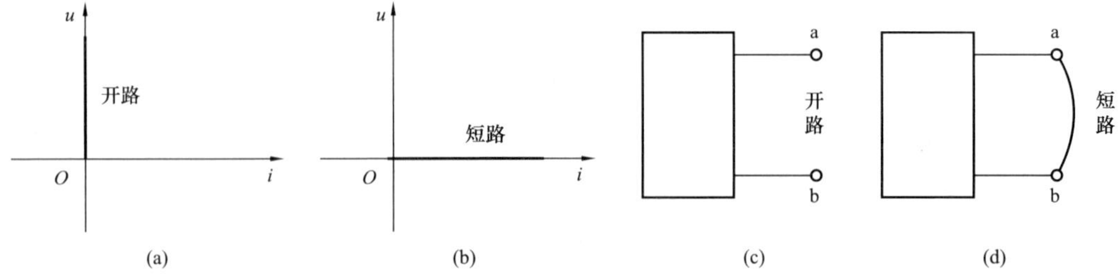

图 1-20 短路、开路的伏安特性曲线及示意图

【例 1-6】 有一盏额定值为 220V、100W 的电灯，试求：

(1) 电灯的电阻。

(2) 在 220V 电压下工作时的电流。

(3) 如果每天电灯用 5h，问一个月（按 30 天计算）用多少电？

解　(1) 由 $P=\frac{U^2}{R}$ 得

$$R=\frac{U^2}{P}=\frac{220^2}{100}=484\ (\Omega)$$

(2) 由 $P=UI$ 得

$$I=\frac{P}{U}=\frac{100}{220}=0.455\ (\mathrm{A})$$

(3) 由于 $W=PT$，已知 $P=100\mathrm{W}$，要求 W，需先求 T。

$$T=5\times3600\times30=540\ 000\ (\mathrm{s})$$

$$W=PT=100\times540\ 000=54\ 000\ 000\ (\mathrm{J})=54\ (\mathrm{MJ})$$

在实际生活中，电量常以“度”为单位，即“千瓦时”。

而　$1\mathrm{kWh}=1000\mathrm{W}\times3600\mathrm{s}=3.6\times10^6\mathrm{J}=3.6\mathrm{MJ}$

所以 100W 的电灯，每天使用 5h，一个月（30 天）的用电量为

$$W=\frac{54}{3.6}=15\ (\mathrm{kWh})$$

二、电感元件

1. 电感

电感元件是实际线圈的理想化模型，它是反映在其周围空间存在磁场且可以储存磁场能量的元件。假设用导线绕制的线圈如图 1－21（a）所示。当电流通过线圈时，在线圈内部及周围产生磁场，形成与线圈交链的磁链，并储存磁场能量。当忽略导线电阻及线圈匝与匝之间的电容时，实际线圈就可用一个理想的电感元件来模拟，电感元件的性能就是储存磁场能量。

电感元件是一个二端元件，电感元件的电流 i 与磁链 ψ 的方向符合右手螺旋法则（称关联参考方向），电感元件的特性可以用磁链和电流的关系曲线即 ψ—i 平面上的曲线表示。由于磁链 ψ、电流 i 的 SI 单位是 Wb、A，因此，磁链和电流的关系曲线称为韦安特性曲线。

如果韦安特性曲线是通过坐标原点的直线，则这种电感元件称为线性电感元件，不符合这个要求的电感元件称为非线性电感元件。线性电感元件的韦安特性曲线如图 1－21（b）所示，非线性电阻元件的韦安特性曲线如图 1－21（c）所示。本书中只讨论线性电感元件。

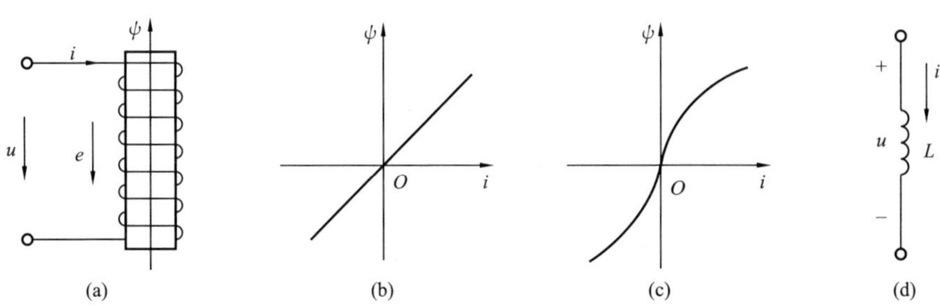

图 1－21　电感及电感的韦安特性曲线

(a) 线圈；(b) 线性电感元件的韦安特性曲线；(c) 非线性电感元件的韦安特性曲线；(d) 图形符号

线性电感元件的磁链 ψ 与其电流 i 成正比，比例系数用 L 表示，称为电感，即

$$L=\frac{\psi}{i} \tag{1-26}$$

线性电感元件的 L 为常数。电感的 SI 单位是亨［利］，符号为 H。常用的单位还有 mH、μH。

线性电感元件又简称电感，故“电感”这个名词术语及电感符号“L”，既表示电路元件，也表示元件参数。其图形符号如图 1－21（d）所示。

2. 电感元件的电压、电流关系

由电磁感应定律可知，当电感元件的磁链 ψ 随产生它的电流 i 变化时，会在元件两端产生感应电压 u。如选择 ψ、i、u 的参考方向相关联，则

$$u=\frac{\mathrm{d}\psi}{\mathrm{d}t}=L\frac{\mathrm{d}i}{\mathrm{d}t} \tag{1-27}$$

式（1－27）表明，电感元件的电压正比于电流的变化率。电流变化越快，电压越大；电流变化越慢，电压越小。在直流电路中，电感元件中的电流不变，所以电压为零，这时电感元件相当于短路。

当 u、i 为非关联参考方向时，上述表达式前要冠以负号，即

$$u=-L\frac{\mathrm{d}i}{\mathrm{d}t}$$

3. 电感元件的磁场能量

在电压、电流关联参考方向下，电感元件吸收的功率为

$$p=ui=L\frac{\mathrm{d}i}{\mathrm{d}t}\cdot i$$

在 $\mathrm{d}t$ 时间内，电感元件吸收的能量为

$$W_L=p\,\mathrm{d}t=L\frac{\mathrm{d}i}{\mathrm{d}t}\cdot i\cdot \mathrm{d}t=Li\,\mathrm{d}i$$

当电流从零增大到 i 时，它吸收的能量总共为

$$W_L=\int_0^i Li\,\mathrm{d}i=\frac{1}{2}Li^2 \tag{1-28}$$

电感元件从电路中吸收电能。式中，若 L、i 的单位分别为 H、A，则 W_L 的单位为 J。

式（1－28）表明，电感的储能只与当时的电流值有关，储能不能跃变，所以电感电流不能跃变。电感元件所储存的能量随电流变化，当电流增加，电感元件的储能就增加，它从外部吸收能量转变为磁场能量由电感元件储存起来；当电流减少，电感元件的储能就减少，它向外部释放能量。它能够释放的能量等于它所吸收的能量，它不产生能量也不消耗能量。所以，电感元件是一种储能元件，同时也是一种无源元件。

【例 1－7】 在图 1－22 所示电路中，已知 $R=10\Omega$，$L=2\mathrm{H}$，$i=4\mathrm{e}^{-3t}-6\mathrm{e}^{-2t}\mathrm{A}$，试求 u。

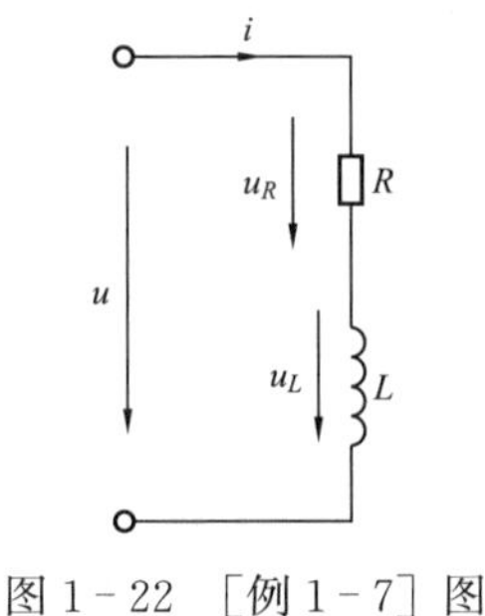

图 1-22 [例 1-7] 图

解　由欧姆定律得电阻电压为

$$u_R = Ri = 10 \times (4e^{-3t} - 6e^{-2t})$$
$$= 40e^{-3t} - 60e^{-2t} \quad (V)$$

由电感的电压、电流关系得电感电压为

$$u_L = L\frac{di}{dt} = 2 \times \frac{d}{dt}(4e^{-3t} - 6e^{-2t})$$
$$= -24e^{-3t} + 24e^{-2t} \quad (V)$$

根据 KVL 可求 u

$$u = u_R + u_L = 40e^{-3t} - 60e^{-2t} - 24e^{-3t} + 24e^{-2t}$$
$$= 16e^{-3t} - 36e^{-2t} \quad (V)$$

三、电容元件

1. 电容

电容元件是实际电容器的理想化模型。实际电容器通常是由两块金属极板中间充满绝缘介质（如空气、云母等）所构成的。电容器接上电源电压 u 后，两块极板上分别聚集起等量异号电荷 q，并在两极板间形成电场，储存电场能量，如图 1-23（a）所示。电源移去后，电荷可以继续聚集在极板上，电场继续存在。此外，电容器上电压变化时，在介质中会引起介质损耗，而且介质不可能完全绝缘，存在漏电流。如果忽略介质损耗和漏电流，实际电容器就可用一个理想的电容元件来模拟，电容元件的性能就是储存电场能量。

电容元件是一个二端元件，u 表示电容元件两端的电压，q 表示电容元件每一极板上的电荷量，电容元件的特性可以用电荷和电压的关系曲线即 q—u 平面上的曲线表示。由于电荷 q、电压 u 的 SI 单位分别是 C、V，因此，电荷和电压的关系曲线称为库伏特性曲线。

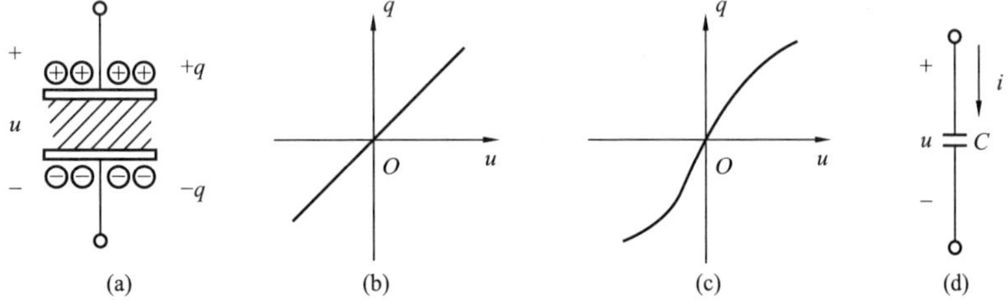

图 1-23　电容及电容的库伏特性曲线

(a) 实际电容器；(b) 线性电容元件的库伏特性曲线；(c) 非线性电容元件的库伏特性曲线；(d) 图形符号

如果库伏特性曲线是通过坐标原点的直线，则这种电容元件称为线性电容元件，不符合这个要求的电容元件称为非线性电容元件。线性电容元件的库伏特性曲线如图 1－23（b）所示，非线性电容元件的库伏特性曲线如图 1－23（c）所示。本书中只讨论线性电容元件。

若电容元件电压的方向规定为由正极板指向负极板，线性电容元件的电荷 q 与电压 u 成正比，比例系数用 C 表示，称为电容，即

$$C=\frac{q}{u} \tag{1-29}$$

线性电容元件的 C 为常数。电容的 SI 单位是法［拉］，符号为 F。常用的单位还有 μF、pF 等。它们的换算关系为

$$1\mu\mathrm{F}=10^{-6}\mathrm{F},\quad 1\mathrm{pF}=10^{-12}\mathrm{F}$$

线性电容元件又简称电容，故“电容”这个名词术语及电容符号“C”，既表示电路元件，也表示元件参数。其图形符号如图 1－23（d）所示。除非特别指出，否则本书中所涉及的电容元件都是线性电容元件。

2. 电容元件的电压、电流关系

电容电路中的电流是由电容元件极板间电压 u 变化产生的。电压 u 变化，极板上的电荷 q 随之变化，电荷的增加、减少必然在引线中引起电荷的移动，电荷的移动便产生了电流。选择电流 i 与电压 u 的参考方向相关联，如果在 $\mathrm{d}t$ 时间内，极板上改变的电荷量为 $\mathrm{d}q$，则由 $q=Cu$ 可得

$$i=\frac{\mathrm{d}q}{\mathrm{d}t}=C\frac{\mathrm{d}u}{\mathrm{d}t} \tag{1-30}$$

式（1－30）表明，电容元件的电流正比于电压的变化率，电压变化越快，电流越大；电压变化越慢，电流越小。在直流电路中，电压不随时间变化，所以电流为零。直流电路中电容元件相当于开路，电容元件具有隔断直流的作用。

当 u、i 为非关联参考方向时，上述表达式前要冠以负号，即

$$i=-C\frac{\mathrm{d}u}{\mathrm{d}t}$$

不论是电感元件还是电容元件，由于它们的电压与电流关系均为导数关系，因此，它们都称为动态元件。

3. 电容元件的电场能量

在电容元件中，由极板上的电荷建立的电场能够储存电场能量，这些能量由电容元件从电路中吸收的电能转变而来。

在电压和电流的关联参考方向下，电容元件吸收的功率为

$$p=ui=Cu\frac{\mathrm{d}u}{\mathrm{d}t}$$

在 $\mathrm{d}t$ 时间内，电容元件吸收的能量为

$$\mathrm{d}W_C=p\,\mathrm{d}t=Cu\,\mathrm{d}u$$

当电压从零增大到 u 时，它吸收的能量总共为

$$W_C=\int_0^u Cu\,\mathrm{d}u=\frac{1}{2}Cu^2 \tag{1-31}$$

就是这些能量转变为电场能量由电容元件所储存。式中，若 C、u 的单位分别为 F、V，则 W_C 的单位为 J。

式（1－31）表明，电容的储能只与当时的电压值有关，与充电过程无关，因为储能不能跃变，所以电容电压不能跃变。电容元件所储存的能量随电压变化，当电压增加，电容元件的储能就增加，它从外部吸收能量；当电压减少，电容元件的储能就减少，它向外部释放能量。它能够释放的能量等于它所吸收的能量，并不消耗能量。所以，电容元件是一种储能元件，同时也是一种无源元件。

第五节　电压源和电流源

向电路供给能量或提供信号的设备叫电源。实际电源（如电池、发电机等），它们将其它形式的能量转换成电能。理想电压源和理想电流源是实际电源理想化的电路模型，它们是有源二端元件。

一、电压源

在任何情况下，都能提供确定的电压的电路元件称为理想电压源，简称电压源。电压源是一个二端元件，它的电压总保持为给定值或给定的时间函数，与通过它的电流无关。电压源端电压不受电路中电流或电压的影响，所以理想电压源也叫独立电压源。

电压源有两个基本性质：①它的电压是给定值或给定的时间函数，与通过它的电流无关；②它的电流由电压源本身和与它相连接的外电路共同决定。

常见的电压源有交流电压源和直流电压源两种。交流电压源的电压是给定的时间函数，用小写字母 u_S 表示；直流电压源的电压是常数，用大写字母 U_S 表示。它们的电路符号如图 1－24（a）、（b）所示，其中 u_S、U_S 是电压源电压，“＋”“－”是参考极性。图 1－24（c）所示为直流电压源的伏安特性曲线，是一条平行电流轴且纵坐标为 U_S 的直线，表明其端电压恒等于 U_S，与电流大小无关。当电流为零，即电压源开路时，其端电压仍为 U_S。

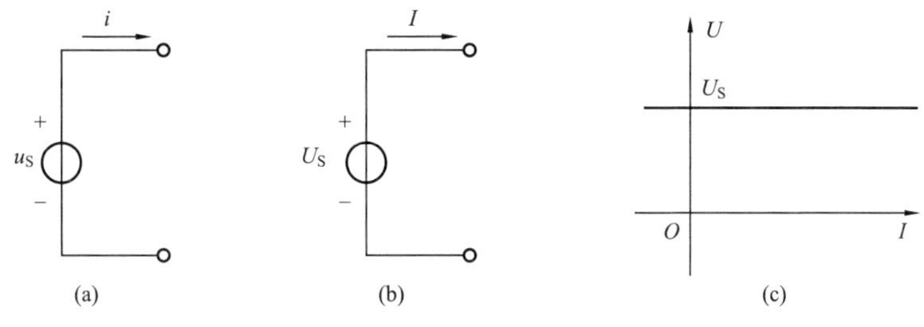

图 1－24　电压源

（a）交流电压源的电路符号；（b）直流电压源的电路符号；（c）直流电压源的伏安特性曲线

如果电压源的电压 $u_S=0$，则该电压源的伏安特性曲线为与电流轴重合的直线，它相当于短路。电压为零的电压源相当于短路。

一般来说，电压源在电路中提供功率，但有时也从电路中吸收功率，例如手机电池工作时向外电路提供功率，而处于充电状态时，则从外电路吸收功率。电压源的功率情况可以根据电压、电流参考方向，应用功率计算公式，由计算所得功率的正负判定。

【例 1－8】 已知电压源的电压、电流参考方向如图 1－25 所示，求电压源的功率，并说明功率的性质。

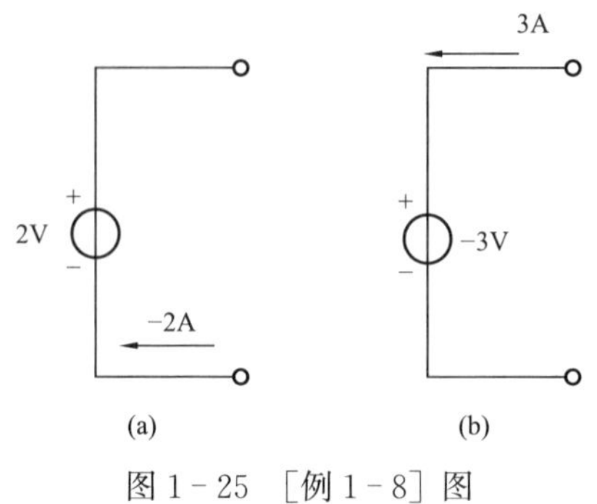

图 1－25 ［例 1－8］图

解 图 1－25（a）中电压、电流为非关联参考方向，则

$$P=-UI=-2\times(-2)=4\ (\mathrm{W})>0$$

可见，电压源消耗功率。

图 1－25（b）中电压、电流为关联参考方向，则

$$P=UI=(-3)\times 3=-9\ (\mathrm{W})<0$$

可见，电压源产生功率。

二、电流源

理想电流源简称电流源，是一个二端元件，它的电流总保持为给定值或给定的时间函数，与它两端的电压无关。电流源端电流不受电路中电流或电压的影响，所以理想电流源也叫独立源，如光电池等。

电流源的电路符号如图 1－26（a）所示，其中 i_S 为电流源电流，箭头是其参考方向。图 1－26（b）为直流电流源的符号，其电流 I_S 等于定值。图 1－26（c）所示为直流电流源的伏安特性曲线，是一条平行电压轴且横坐标为 I_S 的直线。

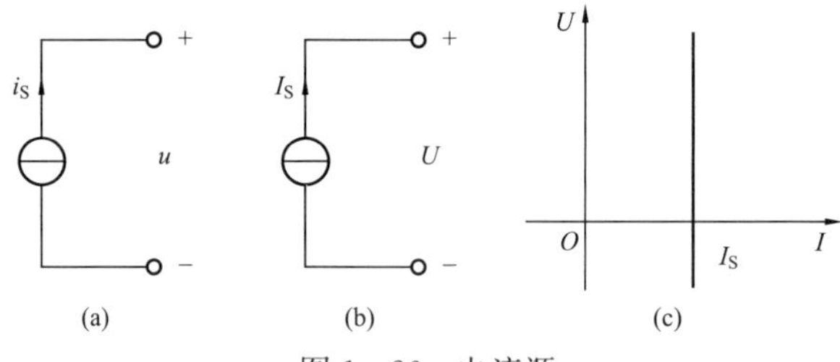

图 1－26 电流源

（a）电流源的电路符号；（b）直流电流源的电路符号；（c）直流电流源的伏安特性曲线

电流源有两个基本性质：①它的电流是给定值或给定的时间函数，与它两端的电压无关；②它两端的电压由电流源本身和与它相连接的外电路共同决定。

如果电流源的电流 $i_S=0$，它相当于开路。一般说来，电流源在电路中产生功率，但有时也从电路中消耗功率。

三、实际直流电源的模型

实际上理想的电源是不存在的。在电路中，一个实际电源在提供电能的同时，自身还有一定的能量消耗。因此，实际电源的电路模型应由两部分组成：一部分是用来表征提供电能的理想电源元件；另一部分是用来表征消耗电能的电阻元件。由于理想电源元件有理想电压源和理想电流源，故实际电源电路模型也有电压源模型和电流源模型两种。

1. 电压源模型

实际电源用理想电压源与电阻串联的组合作为其电路模型，这样的组合称为电压源模型。如图 1－27（a）所示，U_S 为电压源的电压，R_S 为实际直流电源的内阻，U 为实际直流电源的电压，I 为实际直流电源的电流。

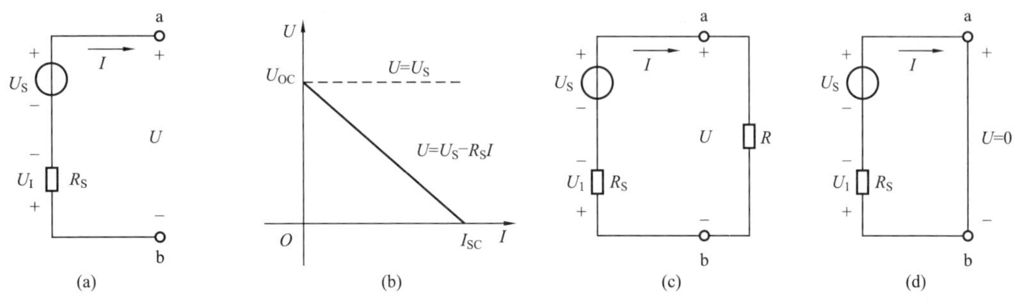

图 1－27　实际直流电源的电压源模型

（a）电压源模型；（b）伏安特性曲线；（c）加负载；（d）短路

在图 1－27（a）中，根据 KVL，有

$$U+U_1-U_S=0$$

由欧姆定律

$$U_1=R_SI$$

所以

$$U=U_S-R_SI \tag{1-32}$$

式（1－32）为实际直流电源的电压、电流关系，即伏安特性，如图 1－27（b）所示为一条直线。

当电压源模型开路时，如图 1－27（a）所示，$I=0$，输出电压 $U=U_S$；当电压源模型加负载电阻 R 时，如图 1－27（c）所示，$I\neq0$，内阻上有电压降，所以输出电压 $U<U_S$；当电压源模型短路时，如图 1－27（d）所示，输出电压 $U=0$，理想电压源的电压全部作用于内阻上，短路电流用 I_{SC} 表示，此时，$I_{SC}=\dfrac{U_S}{R_S}$最大。

显然，实际电源的内阻越小，内阻上产生的电位降就越低，实际电源就越接近于理想电压源。

注意：无论是理想电压源，还是实际电压源，不允许将电压源的两端短路，否则将因电流过大而烧毁。

2. 电流源模型

实际电源用理想电流源与电阻并联的组合来表示，这样的组合称为电流源模型。如图 1－28（a）所示，I_S 为电流源产生的定值电流，G_S 为实际电源内电导，U、I 为实际电源的电压、电流。

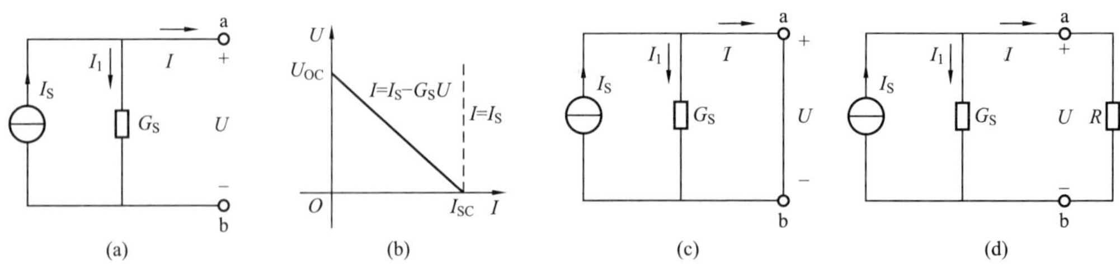

图 1－28　实际直流电源的电流源模型

（a）电流源模型；（b）伏安特性曲线；（c）短路；（d）加负载

在图 1－28（a）中，根据 KCL，有

$$I+I_1-I_S=0$$

由欧姆定律

$$I_1=G_SU$$

所以

$$I=I_S-G_SU \tag{1-33}$$

式（1－33）为实际直流电源的电压、电流关系，也称伏安特性，如图 1－28（b）所示为一条直线。

当电流源模型短路时，如图 1－28（c）所示，输出电压为零，$I=I_S$；当电流源模型加负载电阻 R 时，如图 1－28（d）所示，内阻上有分流 I_1，I_S 不能全部输送出去，当负载电阻 R 增加时，内阻上电流 I_1 增加，输出电流 I 减少；当电流源模型开路时，如图 1－28（a）所示，输出电流 $I=0$，I_S 全部从内阻中通过，内阻上压降即开路电压 $U_{OC}=\dfrac{I_S}{G_S}$最大。

显然，实际电源的电导越小，内部的分流就越小，就越接近于理想电流源。

注意：无论是理想电流源，还是实际电流源，不允许将电流源的两端开路，否则将因电压过大将绝缘击穿而损坏。

【例 1－9】 如图 1－29 所示，计算直流电源电路在开关 S 断开与闭合两种情况下的电压 U_{ab}、U_{cd}。

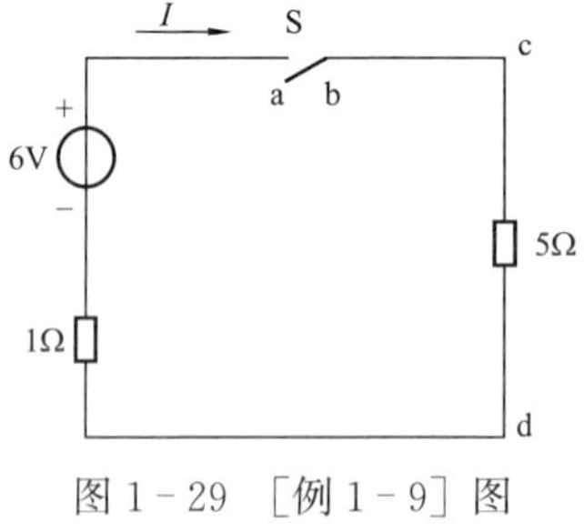

图 1－29 ［例 1－9］图

解　由 KVL 可得

$$U_{ab}+I\times5+I\times1-6=0$$

所以

$$U_{ab}=6-6I$$

当S断开时，电流 $I=0$，各电阻电压均为零，则 $U_{cd}=I\times5=0$，$U_{ab}=6$（V）。

当S闭合时，开关闭合相当于短路，则 $U_{ab}=0$。

由回路KVL方程可得

$$I=\frac{6}{6}=1\ (\text{A})$$

$$U_{cd}=1\times5=5\ (\text{V})$$

【例1-10】 如图1-30所示，直流电路中已知 $R=2\Omega$，$U_S=10\text{V}$，$I_S=3\text{A}$，求 U_1、U_2 及各元件消耗或产生的功率。

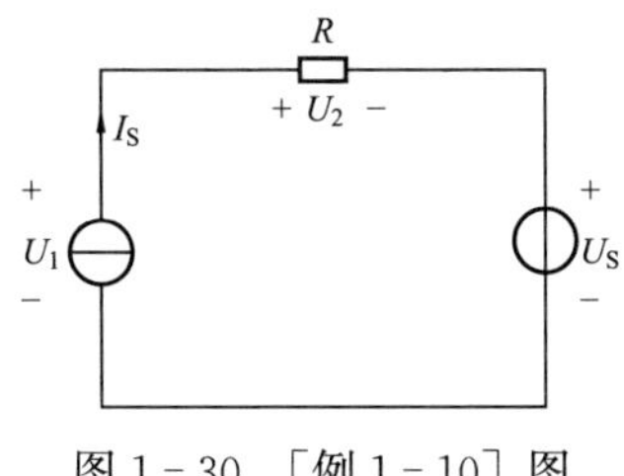

图1-30 ［例1-10］图

解 由电流源的性质可知，电阻及电压源上电流为 I_S，则

$$U_2=RI_S=2\times3=6\ (\text{V})$$

电流源电压由外电路决定，由KVL可得

$$U_1=U_2+U_S=6+10=16\ (\text{V})$$

电阻和电压源的电压、电流为关联参考方向，则

$$P_R=U_2I_S=6\times3=18\ (\text{W})>0\quad（吸收）$$

$$P_{US}=U_SI_S=3\times10=30\ (\text{W})>0\quad（吸收）$$

电流源的电压、电流为非关联参考方向，则

$$P_{IS}=-U_1I_S=-16\times3=-48\ (\text{W})<0\quad（提供）$$

*第六节　受　控　源

一、受控源的特征

电源分为独立电源和非独立电源两种，其中非独立电源又称受控源。独立电源的特性是不受电路中其它部分的电压或电流控制，而且能独立地向网络提供能量和信号并产生相应的响应，前面所讨论的电压源和电流源都是独立电源。受控源与独立源的性质有所不同，受控源的电压和电流不能独立存在，要受其它支路的电压或电流控制。当控制的电压或电流消失或等于零时，受控源的电压或电流也为零，所以受控源不能作为电路独立的激励。受控源主要用来表示电路内部不同支路物理量之间的相互关系，本身只是一个电路元件。

受控源有两对端钮：一对为输入端钮，又叫输入端口或控制端口，用来施加控制量；另一对为输出端钮，又叫输出端口或受控端口，用来对外提供电压或电流。在电路中，为了区别独立电源，受控源用菱形符号表示。

二、受控源的四种基本类型

根据控制量是电压还是电流，受控电源是电压源还是电流源，受控源有以下四种基本类型。

1. 电压控制电压源（简称 VCVS）

电压控制电压源的电路符号如图 1－31 所示，其中，U_1 为输入端口电压，U_2 为输出端口电压。VCVS 的特性可表示为

$$U_2=\mu U_1 \tag{1-34}$$

式中：μ 为转移电压比或电压放大系数，它表明输出和输入两对不同端钮之间的电压关系。μ 的量纲为 1。

2. 电流控制电压源（简称 CCVS）

电流控制电压源的电路符号如图 1－32 所示，其中，I_1 为输入端口电流，U_2 为输出端口电压。CCVS 的特性可表示为

$$U_2=rI_1 \tag{1-35}$$

式中：r 为输出电压与输入电流的比值，称为转移电阻。它具有电阻的量纲，Ω。

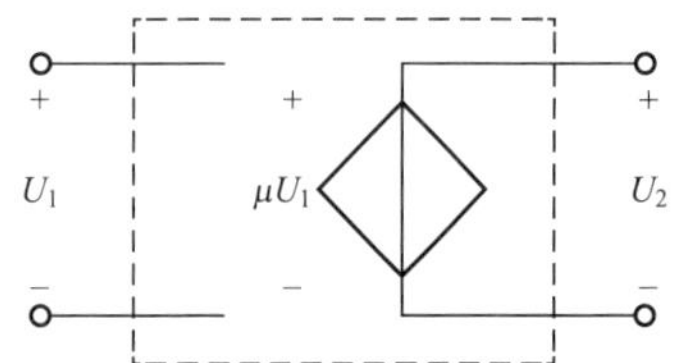

图 1－31 电压控制电压源的电路符号

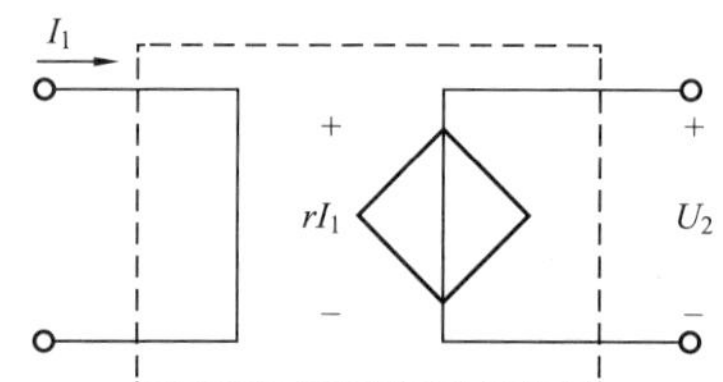

图 1－32 电流控制电压源的电路符号

3. 电压控制电流源（简称 VCCS）

电压控制电流源的电路符号如图 1－33 所示，其中，U_1 为输入端口电压，I_2 为输出端口电流。VCCS 的特性可表示为

$$I_2=gU_1 \tag{1-36}$$

式中：g 为输出电流与输入电压的比值，称为转移电导。它具有电导的量纲，S。

4. 电流控制电流源（简称 CCCS）

电流控制电流源的电路符号如图 1－34 所示，其中，I_1 为输入端口电流，I_2 为输出端口电流。CCCS 的特性可表示为

$$I_2=\beta I_1 \tag{1-37}$$

式中：β 为输出电流与输入电流的比，称为转移电流比，单位为 1。

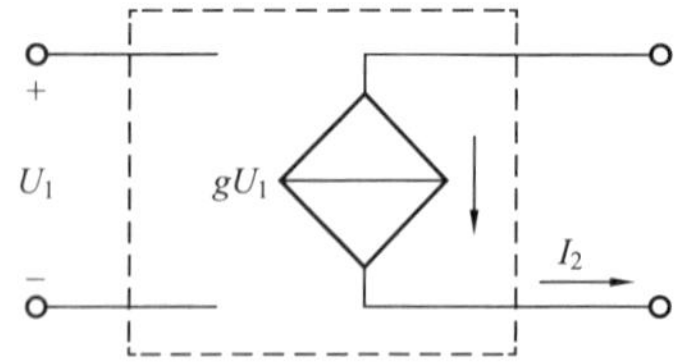

图 1－33 电压控制电流源的电路符号

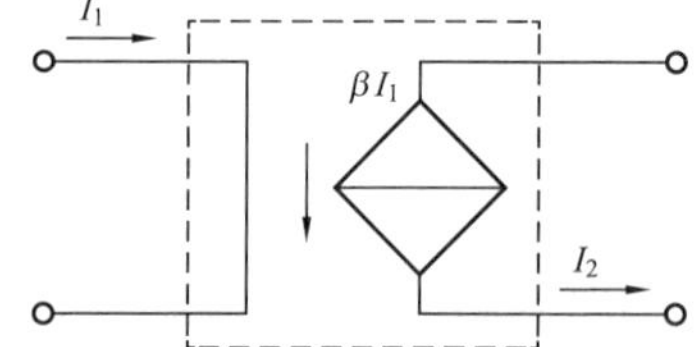

图 1－34 电流控制电流源的电路符号

从上面的讨论可以看出，在输入端口（即控制端口），对电压控制的受控源，其输入电流为零，输入电阻为无穷大，相当于输入端口内部开路；对电流控制的受控源，其输入电压为零，输入电阻为零，相当于输入端口内部短路。在输出端口（即受控端口），对于受控的

电压源，其输出电压恒定，输出电阻为零；对于受控的电流源，其输出电流恒定，输出电阻为无穷大。

受控源是实际器件的一种抽象。很多电子器件或电子电路可以用受控源来表征，即用受控源来作为它们的电路模型，描述它们输入与输出的关系。譬如，双极晶体管的集电极电流受基极电流控制，可以用电流控制电流源作为它的电路模型；运算放大器的输出电压受输入电压的控制，可以用电压控制电压源作为它的电路模型。不少的电子电路，在一定的条件下可以化为含有受控源的电路来分析。

本章小结

(1) 电路分析的对象是实际电路的电路模型。研究电路的一般方法：建立电路模型，然后按照电路定律及规律进行分析计算。

(2) 电流、电压是电路最基本的物理量，可定义为

电流 $$i=\frac{\mathrm{d}q}{\mathrm{d}t}$$

电压 $$u=\frac{\mathrm{d}W}{\mathrm{d}q}$$

电流的实际方向是正电荷移动的方向，其单位为 A；电压的实际方向是电位降低的方向，其单位为 V。

(3) 参考方向是人为选定的决定电流、电压值为正数的标准。电路理论中的电流、电压都是对应于所选参考方向而言的代数量。电流、电压参考方向一致时称为关联参考方向。

(4) 任一支路的功率，如果电流、电压取关联参考方向，则 $p=ui$；如果电流、电压取非关联参考方向，则 $p=-ui$。计算结果为正时，支路吸收功率；计算结果为负时，支路提供功率。

(5) 基尔霍夫定律表明电路连接时对支路电流、支路电压的拓扑约束关系，它与元件性质无关。

KCL $$\sum i=0$$

KVL $$\sum u=0$$

(6) 电阻元件是表示消耗电能的电路元件。线性电阻元件的电阻 $R=\frac{u}{i}$ 为一常量，电压、电流关联参考方向的条件下，$u=Ri$；电阻元件吸收（消耗）功率的计算式为 $p=ui=Ri^2=u^2/R$。

(7) 电感元件是表示储存磁场能量的电路元件。线性电感元件的电感 $L=\frac{\psi}{i}$ 为一常量，电压、电流关联参考方向的条件下，$u=L\frac{\mathrm{d}i}{\mathrm{d}t}$；磁场能量计算式为 $W_L=\frac{1}{2}Li^2$。

(8) 电容元件是表示储存电场能量的电路元件。线性电容元件的电容 $C=\frac{q}{u}$ 为一常量，电压、电流关联参考方向的条件下，$i=C\frac{\mathrm{d}u}{\mathrm{d}t}$；电场能量计算式为 $W_C=\frac{1}{2}Cu^2$。

(9) 电压源的电压是一定的时间函数，电流由其外部决定。电流源的电流是一定的时间

函数，电压由其外部决定。

(10) 实际电源可用电压源串联电阻来等效，也可用电流源并联电阻来等效。

(11) 受控源也是一种电源。受控源的电压和电流不能独立存在，要受其它支路的电压或电流控制，所以受控源不能作为电路独立的激励。受控源有 CCCS、CCVS、VCCS 和 VCVS 四种基本的类型。

习 题

一、填空题

1-1 图 1-35 所示电路中，______端电位高于______端电位，电流的实际方向是由______端流向______端。

图 1-35 题 1-1 图

1-2 已知 $U_{ab}=-6V$，则 a 点电位比 b 点电位__________。

1-3 有一只 220V、100W 的电灯泡，220V 是其________，100W 是其________。其额定电流为________，电阻为__________。接至 220V 电压的电源上连续工作了 100h，共消耗电能________。

1-4 生活中常说用了多少度电，是指消耗的__________。电路中某点的电位是该点________之间的电压。

1-5 1 度电可供 220V、40W 的灯泡正常发光的时间为______________ h。

1-6 在电压和电流为非关联方向下，电阻为 10Ω，电压为 2V，电流为____ A。

1-7 100Ω、1/4W 的碳膜电阻，允许通过的最大电流为______，允许承受的最高电压为________。

1-8 图 1-36 所示电路中，U_{ab} 与 I 的关系为 $U_{ab}=$______。

1-9 图 1-37 所示电路中，当开关 S 闭合后，电流 $I=$______。

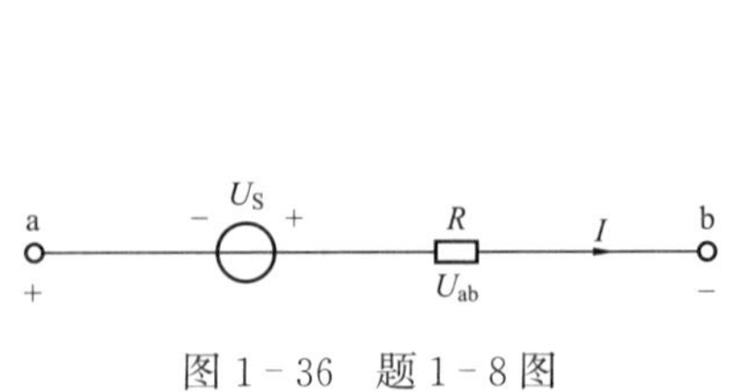

图 1-36 题 1-8 图

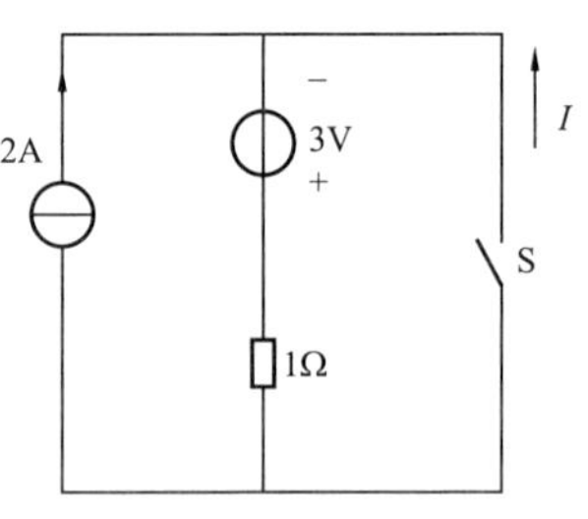

图 1-37 题 1-9 图

二、选择题

1-10 一只额定功率为 1W、电阻值为 100Ω 的电阻，允许通过的最大电流为（　　）。

A. 100A　　B. 0.1A　　C. 0.01A　　D. 1A

1-11 图 1-38 中 a、b、c、d 四条曲线分别为 R_1、R_2、R_3、R_4 四个电阻的 $I—U$ 曲

线，若将四个电阻并联到电路中，消耗功率最大的电阻是（　　）。

A. R_1　　B. R_2　　C. R_3　　D. R_4

1－12　一电器的额定值为 $P_N=1W$，$U_N=100V$，现要接到 200V 的直流电路上工作，问应选下列电阻中的哪一个与之串联才能使该电器正常工作（　　）。

A. 5kΩ、2W　　B. 10kΩ、0.5W　　C. 20kΩ、0.25W　　D. 10kΩ、1W

1－13　如图 1－39 所示，测 R_2 两端电压发现 $U_2=U$，产生该现象的原因可能是（　　）。

A. R_1 短路　　B. R_2 短路　　C. R_1 断路　　D. R_2 断路

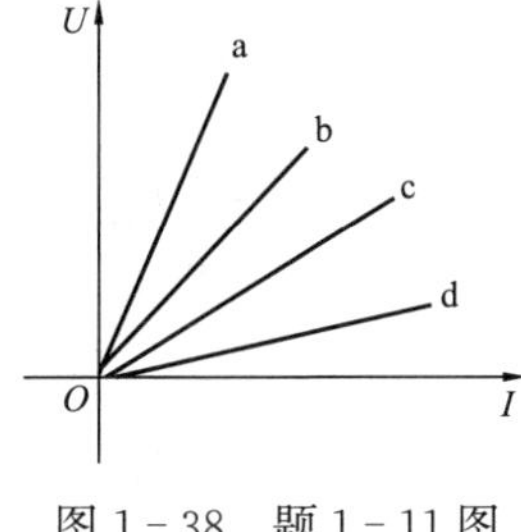

图 1－38　题 1－11 图

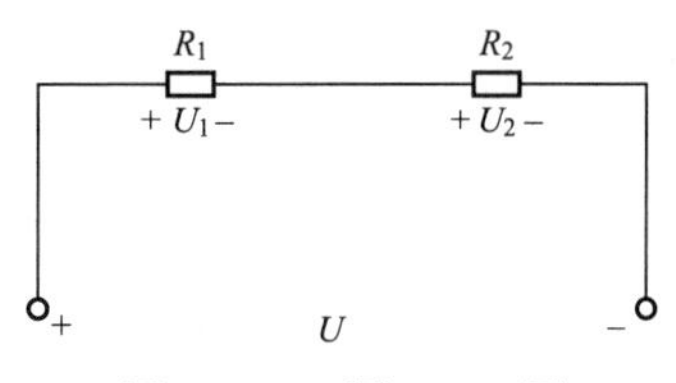

图 1－39　题 1－13 图

三、分析计算题

1－14　各元件情况如图 1－40 所示。

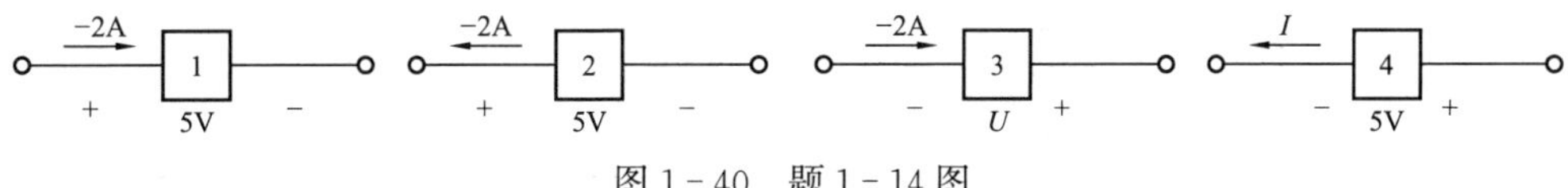

图 1－40　题 1－14 图

(1) 求元件 1 的功率并判定功率的性质。

(2) 求元件 2 的功率并判定功率的性质。

(3) 若元件 3 发出功率 10W，求 U。

(4) 若元件 4 消耗功率 10W，求 I。

1－15　试分别求 220V、15W 的电灯，220V、100W 的电灯，220V、2000W 的电炉三者在额定电压情况下工作时的电阻。额定电压相同的电阻负载，功率越大，其电阻是越大还是越小？

1－16　额定电压相同、额定功率不同的两个电阻负载通过的电流相同时，哪一个实际功率大？

1－17　在图 1－41 中，$\varphi_a=90V$，$\varphi_b=-40V$，$i=0$，试求 R。

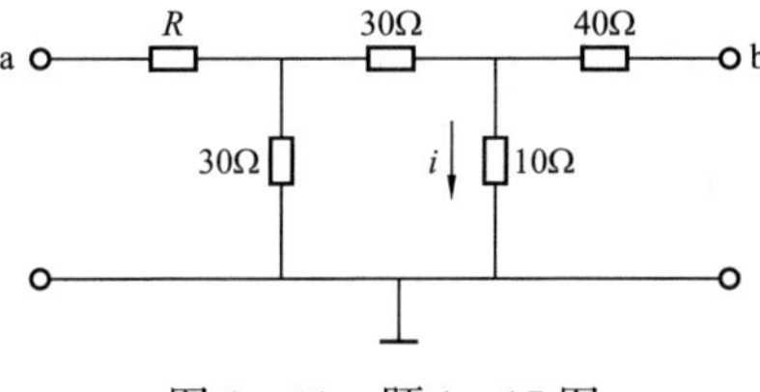

图 1－41　题 1－17 图

1－18　求图 1－42 中的 φ_a。

1－19　在图 1－43 中：

(1) 用 KCL 求各元件电流。

(2) 用 KVL 求各元件电压。

(3) 求各元件功率。

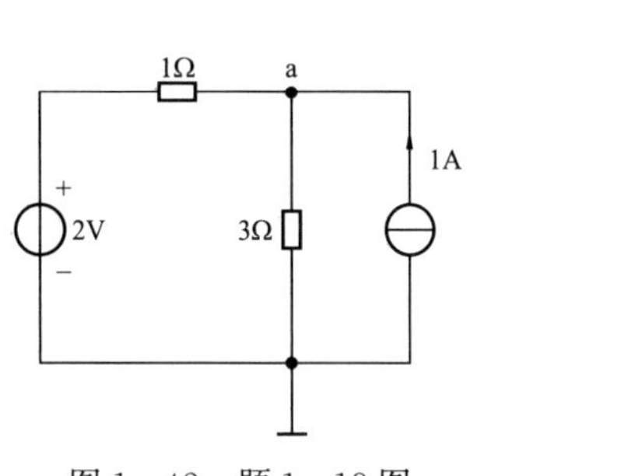

图 1－42　题 1－18 图

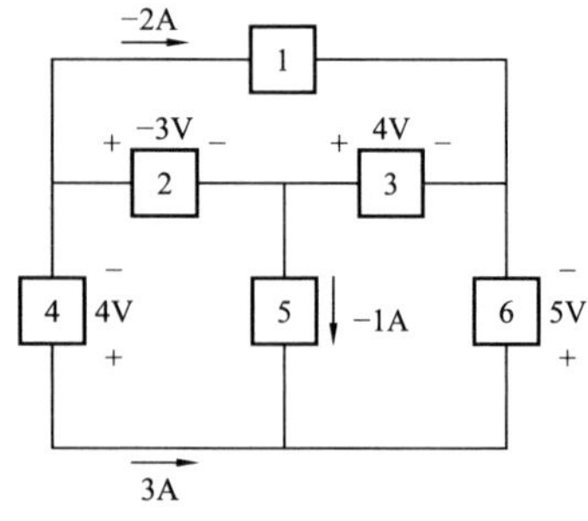

图 1－43　题 1－19 图

1－20　求图 1－44 中理想电源的功率，并判定功率的性质。

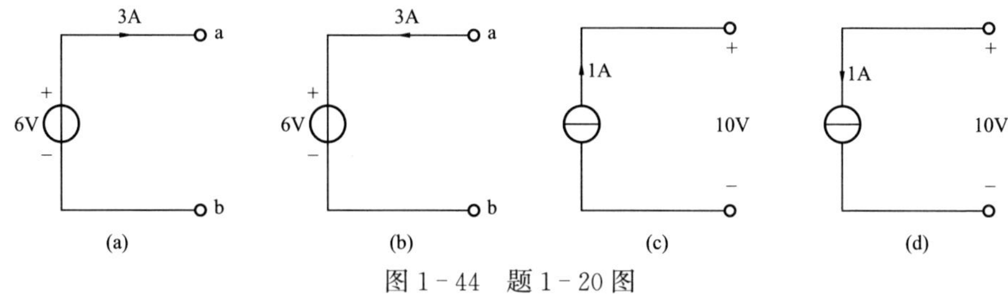

图 1－44　题 1－20 图

1－21　试列出图 1－45 中的电压、电流关系式。

1－22　如图 1－46 所示电路，已知电压 $U_{S1}=4V$，$U_{S2}=2V$，$U_{S3}=-6V$，电流 $I_1=2A$，$I_2=1A$，电阻 $R_1=2\Omega$，$R_2=4\Omega$，求电压 U_{ab}。

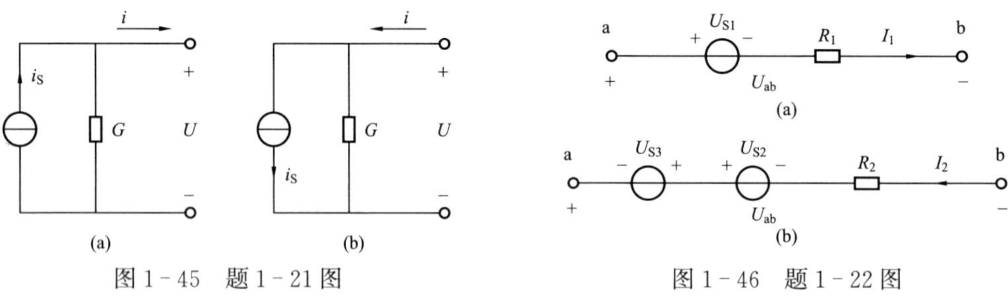

图 1－45　题 1－21 图　　　　图 1－46　题 1－22 图

1－23　图 1－47 中，电源 $U_{S1}=U_{S2}=U_{S3}=2V$，$R_1=R_2=R_3=3\Omega$，求 U_{ab}、U_{bc}、U_{ca}。

1－24　试求图 1－48 中的 u_{ab}。

1－25　试求图 1－49 中的 i_{ab}。

1－26　归纳并总结本章重点内容。

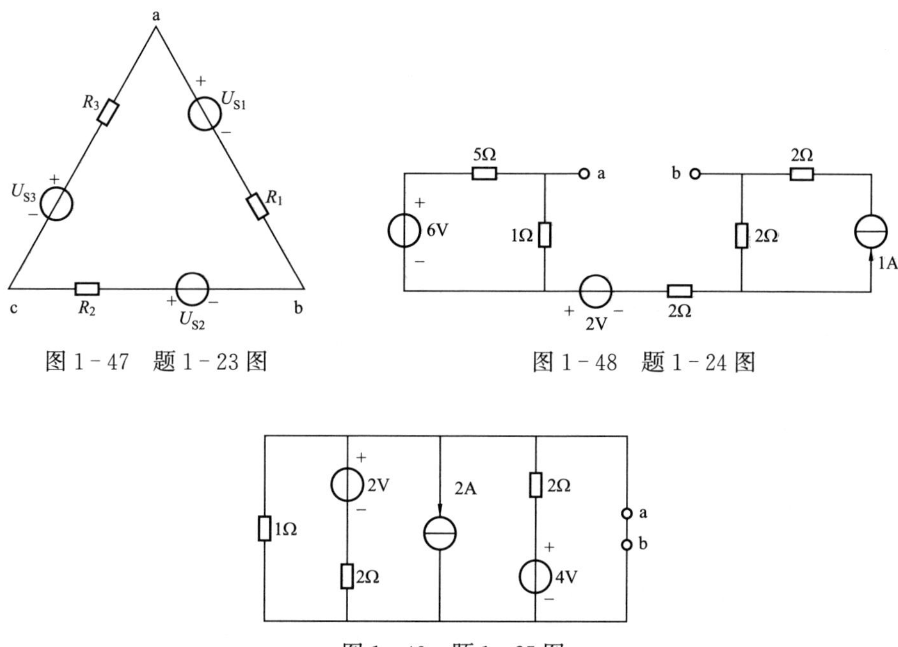

图 1-47　题 1-23 图

图 1-48　题 1-24 图

图 1-49　题 1-25 图

第二章　直流电阻电路的分析

由线性无源电路元件、理想电源和线性受控源组成的电路，称为线性电路；若线性电路中的无源电路元件均为线性电阻，则称为线性电阻电路，简称电阻电路。当电阻电路中的电源都是直流电源时，这样的电路称为直流电阻电路。

本章主要讨论直流电阻电路的分析方法与计算，内容包括电阻的串并联等效变换、电阻的星形连接与三角形连接的等效变换、电源的串并联等效变换、支路电流法及节点电压法、叠加定理及戴维南定理。

基本要求：

（1）理解等效变换的定义。

（2）掌握电阻串并联、星形与三角形连接的等效变换。

（3）掌握电源的串并联等效变换。

（4）理解支路电流法及节点电压法的内容，掌握其应用方法和步骤。

（5）理解并掌握叠加定理、戴维南定理的内容及应用方法。

23. 电阻的串联

22. 电阻的并联

第一节　电阻的串联和并联

一、等效变换

若一个电路只有两个端子与外电路相连，则称该电路为二端网络，又叫一端口网络，如图 2－1（a）、（b）所示。二端网络的两个端子之间的电压，称为端口电压；每个端子中流过的电流称为端口电流。对于二端网络，由 KCL 可得，从一个端子流进的电流一定等于从另一个端子流出的电流。

图 2－1 所示的两个二端网络 N_1 和 N_2，其内部结构可能不同，但如果它们的端口电压 U 与端口电流 I 关系完全相同，则 N_1 和 N_2 就是等效网络，又叫等效电路。对外部电路而言，等效电路 N_1 和 N_2 可以相互替换，这种替换就称为等效变换。

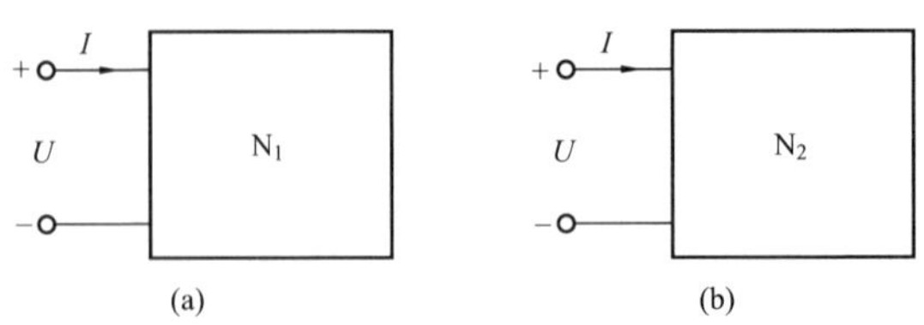

图 2－1　等效电路

注意：等效变换中的“等效”，一定是对外部特性的等效，对内不等效。

等效变换是电路分析中常使用的方法。利用等效变换，可以把由多个元件组成的复杂电路等效为只有少数几个元件甚至一个元件组成的简单电路，从而简化问题的分析。

二、电阻的串联

1. 电阻串联的特点

电路中，若有两个或多个电阻元件一个个首尾相接，中间没有任何分支，这样的连接方式叫做电阻的串联，如图 2-2 (a) 所示。电阻串联的特点是流过每一个电阻的电流都相同。

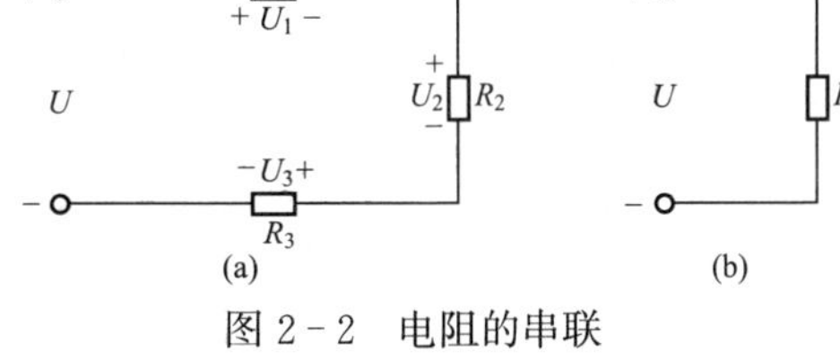

图 2-2　电阻的串联

2. 等效电阻

图 2-2 (a) 所示为 R_1、R_2 和 R_3 三个电阻的串联，各电阻上电压的参考方向如图所示，根据 KVL，有

$$U=U_1+U_2+U_3=R_1I+R_2I+R_3I=(R_1+R_2+R_3)I \tag{2-1}$$

如果令

$$R=R_1+R_2+R_3 \tag{2-2}$$

则有

$$U=RI \tag{2-3}$$

式 (2-3) 表明，当电阻 R 接到同一电压 U 上时，电流为 I，因此图 2-2 (a) 的等效电路是图 2-2 (b)。式 (2-2) 中的 R 为 R_1、R_2、R_3 三个串联电阻的等效电阻，也称为输入电阻，即三个电阻串联，其等效电阻为三个串联电阻之和。

等效电阻的概念可推广到有 n 个电阻串联的电路。若有 n 个电阻 R_1、R_2、R_3、…、R_n 相串联，其等效电阻 R 为各个串联电阻之和，即

$$R=R_1+R_2+\cdots+R_k+\cdots+R_n=\sum_{k=1}^{n}R_k \tag{2-4}$$

显然，$R>R_k$ ($k=1, 2, \cdots, n$)，即串联电阻的等效电阻 R 大于任何一个串联的电阻 R_k。

3. 电压与功率分配

电阻串联时，有分压的作用。由式 (2-1) 得，各串联电阻上分得的电压为

$$U_k=R_kI=R_k\frac{U}{R} \tag{2-5}$$

式 (2-5) 称为串联电阻的分压公式。各个串联电阻的电压 U_k 与其电阻值 R_k 成正比，电阻越大，分得的电压就越大，反之，则越小。

每个串联电阻的功率为

$$P_k=U_kI=\frac{R_k}{R}UI \tag{2-6}$$

式 (2-6) 表明，每个串联电阻的功率 P_k 与其电阻 R_k 成正比。

【例 2-1】 如图 2-3 所示，两个电阻 R_1 和 R_2 串联，总电阻为 100Ω，总电压 $U=60$V，欲使 $U_2=12$V，试求 R_1、R_2。

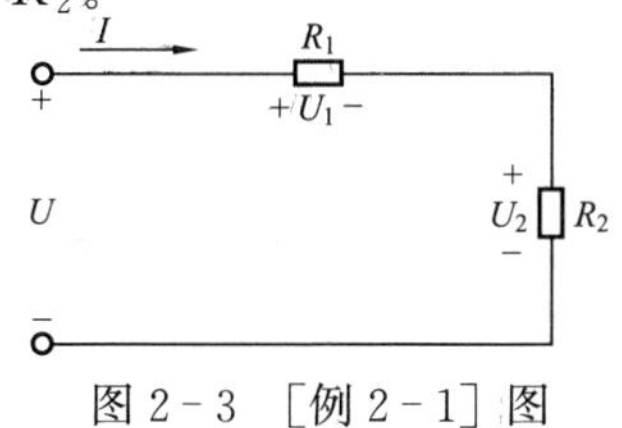

图 2-3 ［例 2-1］图

解题思路：欲求电阻 R_2，若能求出电阻 R_2 上的电压 U_2 和电流 I，可由欧姆定律求得 R_2；欲求电阻 R_1，可由串联电路的总电阻 $R=R_1+R_2$ 来求或根据欧姆定律来求均可。

解 （1）因为 R_1 和 R_2 串联，总电阻为

$$R=R_1+R_2=100\ (\Omega)$$

（2）电路中的电流为

$$I=\frac{U}{R}=\frac{60}{100}=0.6\ (\text{A})$$

（3）串联电路电流处处相同，当 $U_2=12\text{V}$ 时，根据欧姆定律有

$$R_2=\frac{U_2}{I}=\frac{12}{0.6}=20\ (\Omega)$$

所以

$$R_1=R-R_2=100-20=80\ (\Omega)$$

【例 2-2】 如图 2-4 所示，有一个直流电压表，量程为 $U_2=10\text{V}$，满偏电流 $I=10\text{mA}$。若要将其量程扩大为 30V，应串联多大的电阻？

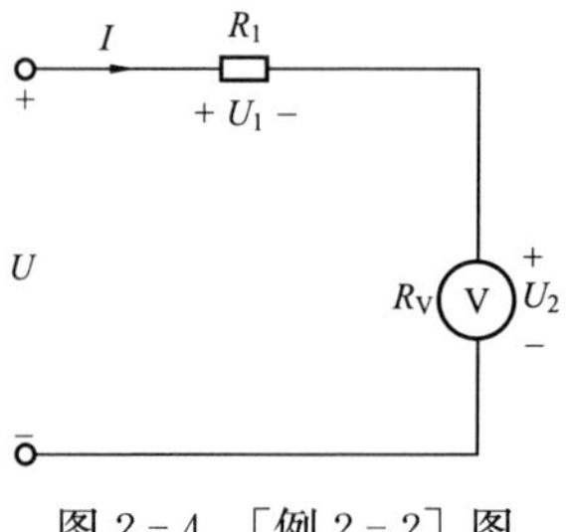

图 2-4 ［例 2-2］图

解题思路：电压表扩大量程，常用串联电阻的方法，这是由于串联电路有分压的作用。欲求串联电阻的大小，关键在于确定串入的电阻上分得的电压，再由欧姆定律来求。

解 （1）设应串联的电阻值为 R_1，如图 2-4 所示。电压表的内阻为

$$R_V=\frac{U_2}{I}=\frac{10}{10\times10^{-3}}=1000\ (\Omega)$$

（2）当量程为 30V 时，串联电阻 R_1 的分压为

$$U_1=30-10=20\ (\text{V})$$

（3）由于串联电路各电阻的电流相同，因此串入电阻 R_1 中的电流也为 10mA，由欧姆定律得

$$R_1=\frac{U_1}{I}=\frac{20}{10\times10^{-3}}=2000\ (\Omega)$$

三、电阻的并联

1. 电阻并联的特点

电路中，若有两个或两个以上的电阻同时接在两个公共节点之间，如图 2-5（a）所示，这样的连接方式叫做电阻的并联。电阻并联的特点是各电阻两端的端电压相同。

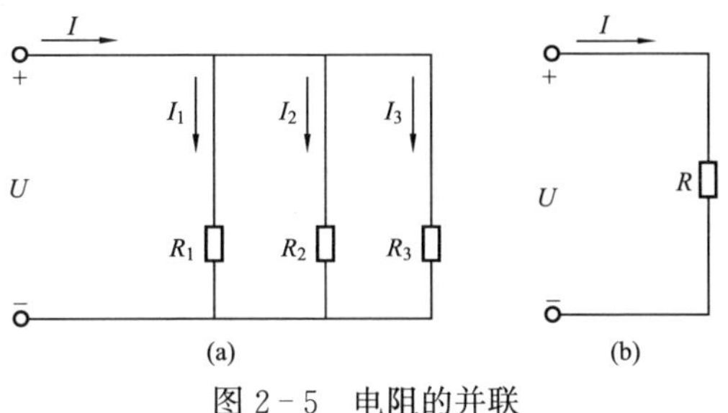

图 2-5　电阻的并联

2．等效电阻

图 2-5（a）所示为 R_1、R_2 和 R_3 三个电阻的并联，各支路电流的参考方向如图所示。根据 KCL，总电流 I 等于三个并联支路的电流之和，即

$$I=I_1+I_2+I_3=\frac{U}{R_1}+\frac{U}{R_2}+\frac{U}{R_3}=\left(\frac{1}{R_1}+\frac{1}{R_2}+\frac{1}{R_3}\right)U \tag{2-7}$$

令

$$\frac{1}{R}=\frac{1}{R_1}+\frac{1}{R_2}+\frac{1}{R_3} \tag{2-8}$$

则有

$$I=\frac{1}{R}U \tag{2-9}$$

式（2-9）表明，当 R 接在端电压为 U 的电源上时，电流也为 I，因此图 2-5（b）是图 2-5（a）的等效电路。式（2-8）中的 R 称为三个并联电阻的等效电阻，即三个电阻并联时，等效电阻的倒数等于各个并联电阻的倒数和。

等效电阻的概念可以推广到有 n 个电阻并联的电路。若 n 个电阻 R_1、R_2、R_3、…、R_n 并联时，等效电阻 R 的倒数等于各个并联电阻的倒数和，即

$$\frac{1}{R}=\frac{1}{R_1}+\frac{1}{R_2}+\frac{1}{R_3}+\cdots+\frac{1}{R_n}=\sum_{k=1}^{n}\frac{1}{R_k} \tag{2-10}$$

式（2-10）表明，$R<R_k$（$k=1, 2, \cdots, n$），即 n 个并联电阻的等效电阻 R 小于任何一个并联的电阻 R_k。并联的支路越多，等效电阻越小。

根据电导与电阻的关系，式（2-10）也可表示为

$$G=G_1+G_2+\cdots+G_n=\sum_{k=1}^{n}G_k \tag{2-11}$$

式（2-11）表明，多个电导并联时，等效电导 G 等于各个并联电导 G_k 之和。

3．电流与功率分配

电阻并联时，有分流的作用。根据式（2-7）可得，各并联电阻上所分得的电流为

$$I_k=\frac{U}{R_k}=UG_k=\frac{G_k}{G}I \tag{2-12}$$

式（2-12）称为并联电阻的分流公式。可见，各个并联电阻中分得的电流 I_k 与其电阻 R_k 成反比，与电导 G_k 成正比。

每个并联电阻的功率为

$$P_k = UI_k = \frac{U^2}{R_k} = U^2 G_k \tag{2-13}$$

可见，每个并联电阻的功率 P_k 与其电阻 R_k 成反比，与电导 G_k 成正比。

4. 两个电阻并联的特例

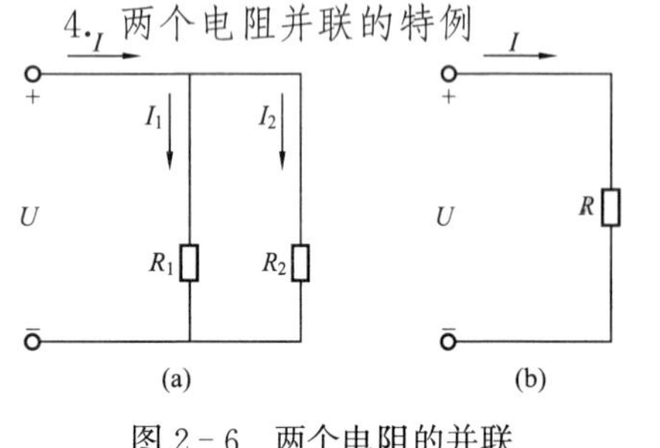

图 2－6　两个电阻的并联

特别地，当两个电阻并联时，如图 2－6（a）所示，等效电阻由式（2－10）可得

$$\frac{1}{R} = \frac{1}{R_1} + \frac{1}{R_2}$$

则

$$R = \frac{R_1 R_2}{R_2 + R_2} \tag{2-14}$$

当各电流的参考方向如图 2－6（a）所示，满足 $I = I_1 + I_2$ 时，两个并联电阻中的电流 I_1、I_2 分别为

$$\begin{cases} I_1 = \dfrac{U}{R_1} = \dfrac{1}{R_1} \times RI = \dfrac{R_2}{R_1 + R_2} I \\ I_2 = \dfrac{U}{R_2} = \dfrac{1}{R_2} \times RI = \dfrac{R_1}{R_1 + R_2} I \end{cases} \tag{2-15}$$

式（2－15）称为两个电阻并联的分流公式。注意该公式要与电流的参考方向一一对应，比如图 2－6（a）中，若电流 I_1 的参考方向与图示方向相反，即 $I = -I_1 + I_2$，则式（2－15）中 I_1 的计算公式前要加“－”号，即 $I_1 = -\dfrac{U}{R_1} = -\dfrac{1}{R_1} \times RI = -\dfrac{R_2}{R_1 + R_2} I$，以此类推。

【例 2－3】 图 2－6（a）中，已知 $R_1 = 500\Omega$，$R_2 = 600\Omega$，当总电流 $I = 1\text{A}$ 时，试求等效电阻及每个电阻中的电流。

解　由式（2－14）得两个电阻并联的等效电阻为

$$R = \frac{R_1 R_2}{R_1 + R_2} = \frac{600 \times 500}{600 + 500} = 272.7\ (\Omega)$$

由式（2－15）得两个电阻中的电流分别为

$$I_1 = \frac{R_2}{R_1 + R_2} I = \frac{600}{600 + 500} \times 1 = 0.55\ (\text{A})$$

$$I_2 = \frac{R_1}{R_1 + R_2} I = \frac{500}{600 + 500} \times 1 = 0.45\ (\text{A})$$

【例 2－4】 如图 2－7 所示，有一个直流电流表，量程为 10mA，内阻为 $R_A = 10\Omega$，若要将其量程扩大为 100mA，应并联多大的电阻？

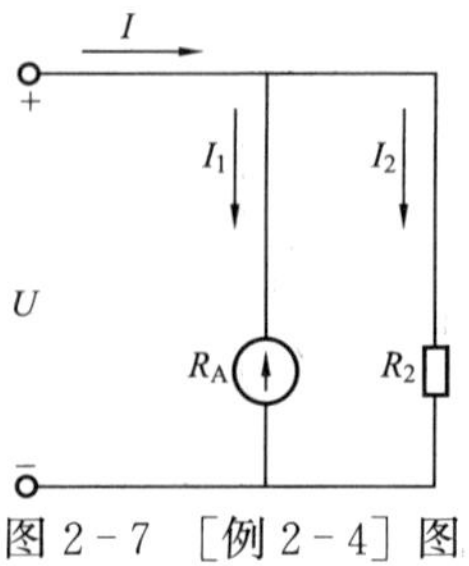

图 2－7 ［例 2－4］图

解题思路：电流表扩大量程，常用并联电阻的方法。并联电路有分流的作用，要求并入电阻的大小，关键在于确定并联支路分流的电流，再根据欧姆定律来求。

解　设并联的电阻为 R_2，如图 2－7 所示。因电流表的量程为 10mA，所以 $I_1=10\text{mA}$，电流表两端电压为

$$U=R_A I_1=10\times10\times10^{-3}=0.1\ (\text{V})$$

当电流表的量程扩大为 100mA，即 $I=100\text{mA}$ 时，并联电阻 R_2 中的电流为

$$I_2=I-I_1=100\times10^{-3}-10\times10^{-3}=0.09\ (\text{A})$$

由于并联电路中各支路电压相同，因此 R_2 两端的电压也为 U，由欧姆定律得并联电阻 R_2 的大小为

$$R_2=\frac{U}{I_2}=\frac{0.1}{0.09}=1.1\ (\Omega)$$

四、电阻的混联

电路中，若既有电阻的串联又有电阻的并联，这种连接方式叫做电阻的混联，如图 2－8 所示。

有电阻混联的电路，求其等效电阻时，其关键在于确定哪些电阻是串联，哪些电阻是并联。图 2－8 中，R_1 和 R_2 串联后再与 R_3 并联，所以等效电阻为

$$R=\frac{(R_1+R_2)R_3}{(R_1+R_2)+R_3}$$

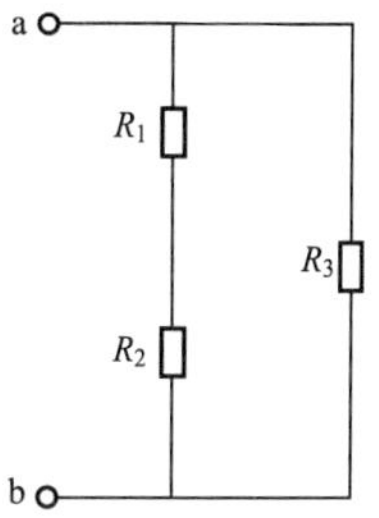

图 2－8　电阻的混联

当电阻的串并联关系不易确定时，常采用逐步等效的方法求其等效电阻，具体方法如下：

（1）先确定电路中不同电位的各个节点，并标上节点序号。

（2）在不改变原电路电阻连接关系的情况下，缩短或延长某部分连接导线，把电路中的某些等电位点连在一起，将相关的电阻改画成容易判断的串并联形式。

（3）采用逐步等效的方法将电路一部分一部分地等效，注意各部分的等效电阻应连在相应的节点上，没有等效的电路部分保持不变。

【例 2－5】　求图 2－9（a）所示电路中 a、b 两端的等效电阻。

解　将图 2－9（a）改画成图 2－9（b）。不难看出，两个 8Ω 的电阻并联后与 6Ω 的电阻串联，然后再与 10Ω 的电阻并联，所以 a、b 两端的等效电阻为

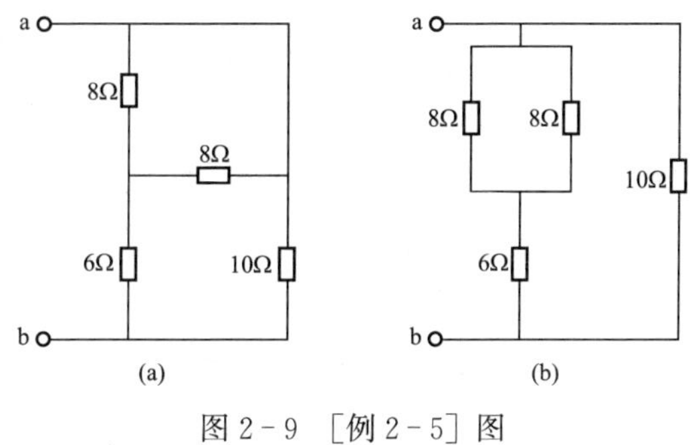

图 2－9　［例 2－5］图

$$R_{ab}=\frac{\left(\frac{8}{2}+6\right)\times 10}{\left(\frac{8}{2}+6\right)+10}=5\ (\Omega)$$

【例 2-6】 求图 2-10（a）所示电路中 a、b 两端的等效电阻。

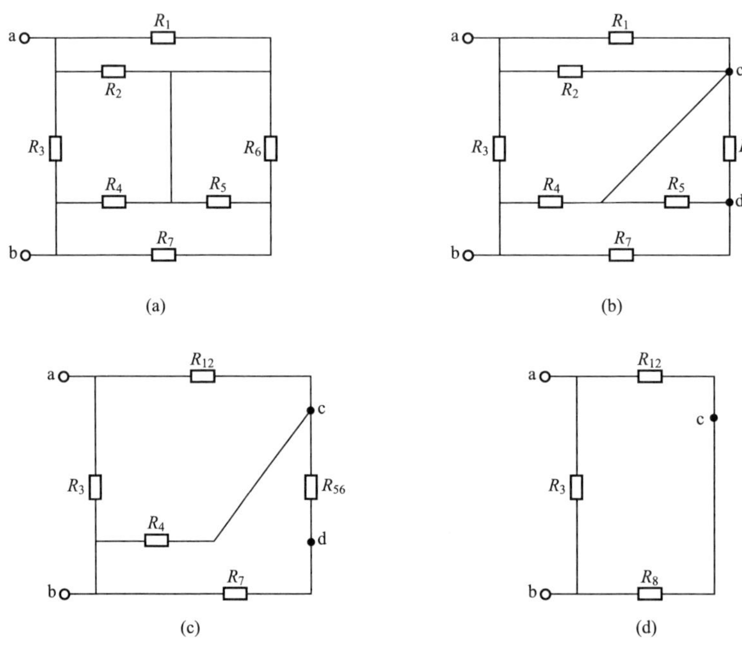

图 2-10 ［例 2-6］图

解题思路： 本题是求一个混联的二端网络的等效电阻，关键在于确定哪些电阻是串联，哪些电阻是并联，用分步等效的方法将电路逐步等效。

解 （1）除了端点 a、b 点外，标出其余的节点 c、d，并将图 2-10（a）中 R_2 右端的两个等电位点画在一起，如图 2-10（b）所示。

（2）图 2-10（b）中，R_1 和 R_2、R_5 和 R_6 是并联，等效电阻分别用 R_{12}、R_{56} 表示。R_{12} 连在节点 a 和 c 之间，R_{56} 连在节点 c 和 d 之间，其余的电阻不变，如图 2-10（c）所示。其中

$$R_{12}=\frac{R_1R_2}{R_1+R_2},\quad R_{56}=\frac{R_5R_6}{R_5+R_6}$$

（3）图 2-10（c）中，R_{56} 和 R_7 串联后与电阻 R_4 并联，等效电阻用 R_8 表示，且连在节点 b 和 c 之间，其余的电阻不变，如图 2-10（d）所示。其中

$$R_8=\frac{R_4(R_{56}+R_7)}{R_4+(R_{56}+R_7)}$$

（4）图 2-10（d）中，R_{12} 和 R_8 串联后与 R_3 并联，所以 a、b 两端的等效电阻 R_{ab} 为

$$R_{ab}=\frac{R_3(R_{12}+R_8)}{R_3+(R_{12}+R_8)}$$

【例 2-7】 进行电工实验时，常用滑线变阻器接成分压器电路来调节负载电阻上的电压，如图 2-11（a）所示。其中，R_1 为滑线变阻器顶端与滑片触点之间的电阻，R_2 是滑片触点与滑线变阻器末端之间的电阻，R_L 是负载电阻。已知滑线变阻器的额定电阻 R 是 100Ω，额定电流是 3A。当端钮 a、b 的输入电压 $U_S=220V$，$R_L=50Ω$ 时，试求：

（1）当 $R_2=50Ω$ 时，输出电压是多少？

（2）当 $R_2=75Ω$ 时，输出电压是多少？滑线变阻器能否安全工作？

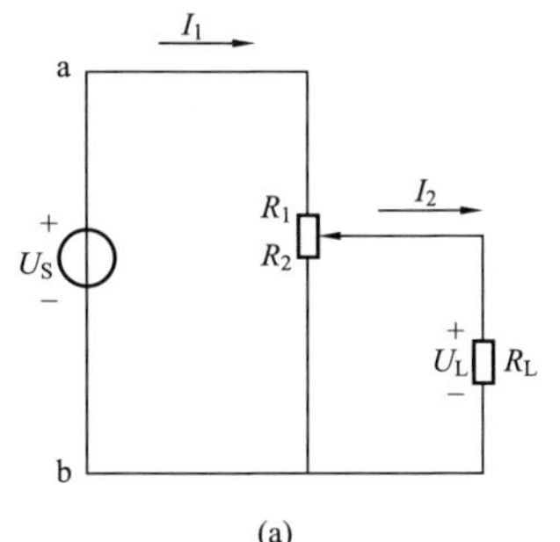

(a)

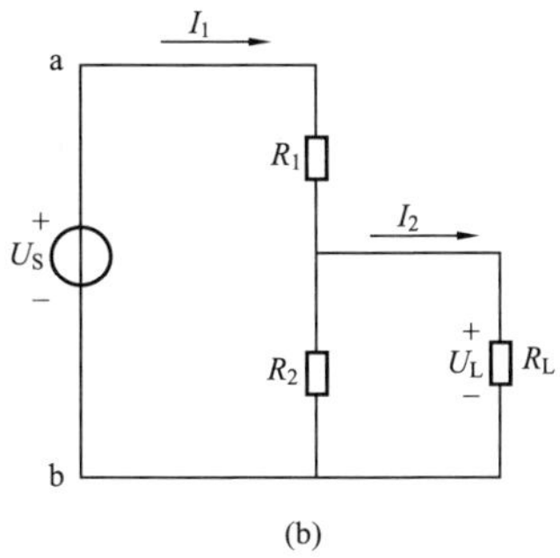

(b)

图 2-11［例 2-7］图

解题思路： 这是一个电阻混联电路的应用题，要求的是输出电压，即负载 R_L 两端的电压，所以应想到用欧姆定律来求。若能知道流过负载两端的电流 I_2，就可以确定输出电压，因此关键就在于如何求电流 I_2。

解 把图 2-11（a）改画成图 2-11（b），可见，三个电阻的连接方式为 R_2 和 R_L 并联后再与 R_1 串联，所以 a、b 两端的等效电阻为

$$R_{ab}=R_1+\frac{R_2R_L}{R_2+R_L}$$

（1）当 $R_2=50Ω$ 时，$R_1=R-R_2=100-50=50(Ω)$，则：

a、b 两端的等效电阻 $$R_{ab}=50+\frac{50\times 50}{50+50}=75\ (Ω)$$

电路中的电流 $$I_1=\frac{U_S}{R_{ab}}=\frac{220}{75}\approx 2.93\ (A)$$

由分流公式（2-15）可得

$$I_2=\frac{R_2}{R_2+R_L}I_1=\frac{50}{50+50}\times 2.93\approx 1.47\ (A)$$

负载电压即输出电压为

$$U_L=R_LI_2=50\times 1.47=73.5\ (V)$$

（2）当 $R_2=75Ω$ 时，$R_1=R-R_2=100-75=25(Ω)$，则：

a、b 两端的等效电阻 $$R_{ab}=25+\frac{75\times 50}{75+50}=55\ (Ω)$$

电路中的电流 I_1 为

$$I_1=\frac{U_S}{R_{ab}}=\frac{220}{55}=4\ (A)$$

电路中的电流 I_2 为

$$I_2=\frac{R_2}{R_2+R_L}I_1=\frac{75}{75+50}\times4=2.4\text{（A）}$$

输出电压为

$$U_L=R_LI_2=50\times2.4=120\text{（V）}$$

由于 $I_1=4$A，大于滑线变阻器的额定电流 3A，因此 R_1 段电阻有被烧坏的危险。

24. 电阻的星形与三角形接线

第二节　电阻的星形连接与三角形连接

实际电路中，电阻的连接方式除了串联和并联外，还有两种连接方式：一种是星形连接，另一种是三角形连接。

一、星形连接与三角形连接

图 2-12（a）中，三个电阻元件 R_a、R_b 和 R_c 的一端同时连在一个公共节点 o 上，另一端分别连接到电路的 a、b、c 三个端子上，这种连接方式叫电阻的星形连接，又叫Y连接，也称 T 形连接。

图 2-12（b）中，三个电阻元件 R_{ab}、R_{bc} 和 R_{ca} 首尾相连，接成一个三角形，三角形的三个顶点分别接在电路的 a、b、c 端子上，这种连接方式叫电阻的三角形连接，又叫△连接，也称Π形连接。

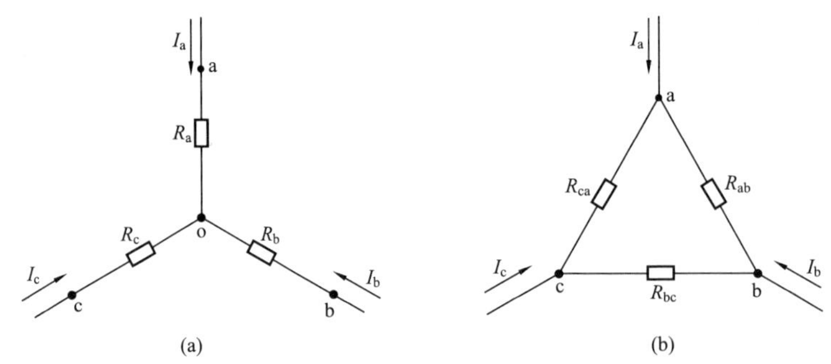

图 2-12　电阻的星形连接与三角形连接

（a）电阻的星形连接；（b）电阻的三角形连接

二、星形连接与三角形连接的等效变换

根据等效变换的条件，若图 2-12（a）中的星形连接与图 2-12（b）中的三角形连接具有相同的端钮电压、电流关系，即两种连接中三个端子之间的电压 U_{ab}、U_{bc}、U_{ca} 分别相同，且三个端电流 I_a、I_b、I_c 分别相等时，这两种连接方式对外部端子来说，是等效的。由此，可求出两种连接方式等效变换的关系式（推导过程本书略）。

（1）若将图 2-12（a）中的星形连接等效为图 2-12（b）中的三角形连接，即Y→△，有

$$\begin{cases}R_{ab}=R_a+R_b+\dfrac{R_aR_b}{R_c}\\R_{bc}=R_b+R_c+\dfrac{R_bR_c}{R_a}\\R_{ca}=R_c+R_a+\dfrac{R_cR_a}{R_b}\end{cases}\tag{2-16}$$

如果星形连接中的电阻满足 $R_a=R_b=R_c=R_Y$，即对称情况下，等效为三角形连接时，其中的每个电阻为

$$R_{ab}=R_{bc}=R_{ca}=3R_Y=R_\triangle \tag{2-17}$$

式（2-17）表明，等效变换后的三角形连接也是对称的，且每个电阻的阻值 $R_\triangle$ 是星形连接中电阻阻值 R_Y 的 3 倍。

（2）若将图 2-12（b）中的三角形连接等效为图 2-12（a）中的星形连接，即△→Y，有

$$\begin{cases} R_a=\dfrac{R_{ca}R_{ab}}{R_{ab}+R_{bc}+R_{ca}} \\ R_b=\dfrac{R_{ab}R_{bc}}{R_{ab}+R_{bc}+R_{ca}} \\ R_c=\dfrac{R_{bc}R_{ca}}{R_{ab}+R_{bc}+R_{ca}} \end{cases} \tag{2-18}$$

三角形连接中的电阻若满足 $R_{ab}=R_{bc}=R_{ca}=R_\triangle$ 时，即对称情况下，有

$$R_a=R_b=R_c=\frac{1}{3}R_\triangle=R_Y \tag{2-19}$$

式（2-19）表明，等效变换后的星形连接也是对称的，且每个电阻的阻值 R_Y 是三角形连接时阻值 $R_\triangle$ 的 $\frac{1}{3}$。

【例 2-8】 图 2-13（a）中，已知 $R_1=10\Omega$，$R_2=5\Omega$，求等效电阻 R_{ab}。

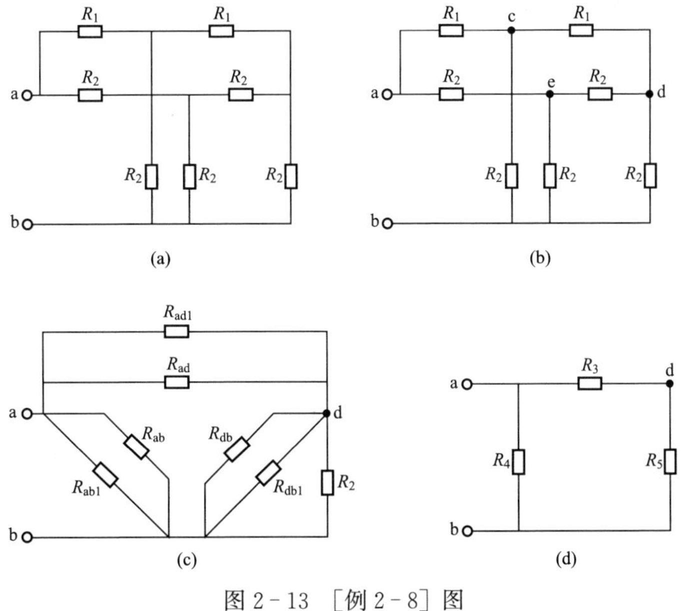

图 2-13 ［例 2-8］图

解题思路：本题是求一个复杂电阻网络的等效电阻，首先应判断电路中有无串并联，若有，应先将其等效；若没有，则应考虑是否有星形或三角形连接，其中又以对称的星形或三角形连接的等效变换最为简单，可先考虑。

解 （1）除了端点a和b，标出其余的节点c、d、e，如图2－13（b）所示。图中有多个星形和三角形连接，其中以e点为中点的星形连接是一个对称的星形连接，先将其等效变换为三角形连接，等效电阻用R_{ad}、R_{ab}和R_{db}表示，如图2－13（c）所示。由式（2－17）得

$$R_{ad}=R_{ab}=R_{db}=3R_2=3\times5=15\ (\Omega)$$

（2）再选择图2－13（b）中以c点为中点的星形连接，将其等效变换为三角形连接，等效电阻用R_{ad1}、R_{ab1}和R_{db1}表示，如图2－13（c）所示。由式（2－16）得

$$R_{ad1}=R_1+R_1+\frac{R_1R_1}{R_2}=10+10+\frac{100}{5}=40\ (\Omega)$$

$$R_{ab1}=R_1+R_2+\frac{R_1R_2}{R_1}=10+5+\frac{50}{10}=20\ (\Omega)$$

$$R_{db1}=R_1+R_2+\frac{R_1R_2}{R_1}=10+5+\frac{50}{10}=20\ (\Omega)$$

（3）经过上述等效变换后，图2－13（c）中的电阻R_{ad}与R_{ad1}并联，等效电阻用R_3表示；R_{ab}与R_{ab1}并联，等效电阻用R_4表示；R_{db}、R_{db1}和R_2三个电阻并联，等效电阻用R_5表示，如图2－13（d）所示。其中

$$R_3=\frac{R_{ad}R_{ad1}}{R_{ad}+R_{ad1}}=\frac{40\times15}{40+15}=10.9\ (\Omega)$$

$$R_4=\frac{R_{ab}R_{ab1}}{R_{ab}+R_{ab1}}=\frac{20\times15}{20+15}=8.6\ (\Omega)$$

$$R_5=\frac{1}{\frac{1}{R_{db}}+\frac{1}{R_{db1}}+\frac{1}{R_2}}=\frac{1}{\frac{1}{15}+\frac{1}{20}+\frac{1}{5}}=3.2\ (\Omega)$$

所以a、b两端的等效电阻R_{ab}为

$$R_{ab}=\frac{R_4(R_3+R_5)}{R_4+(R_3+R_5)}=\frac{8.6\times(10.9+3.2)}{8.6+(10.9+3.2)}=5.3\ (\Omega)$$

【例2－9】 图2－14（a）中，求各电阻的电流I、I_1、I_2、I_3、I_4和I_5。

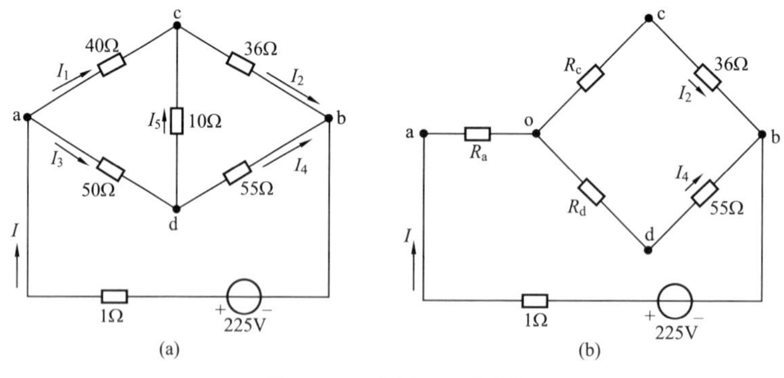

图2－14 ［例2－9］图

解 （1）将图2－14（a）中节点a、c、d之间由40、50、10Ω三个电阻组成的三角形连接等效变换为星形连接，等效电阻分别用R_a、R_c和R_d表示，如图2－14（b）所示。由式（2－

18）得

$$R_a=\frac{50\times 40}{10+50+40}=20\ (\Omega)$$

$$R_c=\frac{40\times 10}{10+50+40}=4\ (\Omega)$$

$$R_d=\frac{10\times 50}{10+50+40}=5\ (\Omega)$$

（2）图 2－14（b）中，R_c 与 36Ω 的电阻是串联，R_d 与 55Ω 的电阻也是串联，所以节点 o 与 b 之间的等效电阻 R_{ob} 为

$$R_{ob}=\frac{(R_c+36)(R_d+55)}{(R_c+36)+(R_d+55)}=\frac{40\times 60}{40+60}=24\ (\Omega)$$

节点 a 与 b 之间的等效电阻为

$$R_{ab}=R_a+R_{ob}=20+24=44\ (\Omega)$$

所以，电路中的电流 I 为

$$I=\frac{225}{1+R_{ab}}=\frac{225}{1+44}=5\ (\text{A})$$

由分流公式（2－15）得

$$I_2=\frac{R_d+55}{(R_c+36)+(R_d+55)}I=\frac{60}{40+60}\times 5=3\ (\text{A})$$

$$I_4=\frac{R_c+36}{(R_c+36)+(R_d+55)}I=\frac{40}{40+60}\times 5=2\ (\text{A})$$

节点 a 与 c 之间的电压为

$$U_{ac}=R_aI+R_cI_2=20\times 5+4\times 3=112\ (\text{V})$$

（3）再回到图 2－14（a）中，已知 U_{ac}，根据欧姆定律可求出电流 I_1，即

$$I_1=\frac{U_{ac}}{40}=\frac{112}{40}=2.8\ (\text{A})$$

在节点 a 和 d，分别由 KCL 得

$$I_3=I-I_1=5-2.8=2.2\ (\text{A})$$

$$I_5=I_3-I_4=2.2-2=0.2\ (\text{A})$$

本题还有其它的解法，如将星形连接等效为三角形连接，读者可自行分析。

第三节　电源的串联与并联

21. 电源的串并联

27. 实际电源模型的等效

一、实际电源的两种电路模型的等效变换

与理想电源不同，实际电源是含有内阻的。由第一章第五节可知，实际电源有电压源模型和电流源模型，如图 2－15 所示。

图 2－15（a）所示的电压源模型可作为实际电压源的电路模型，图 2－15（b）所示的电流源模型可作为实际电流源的电路模型。当图 2－15（a）和图 2－15（b）两种模型的端口电压和电流完全相同时，对外电路而言，两者为等效电路模型。

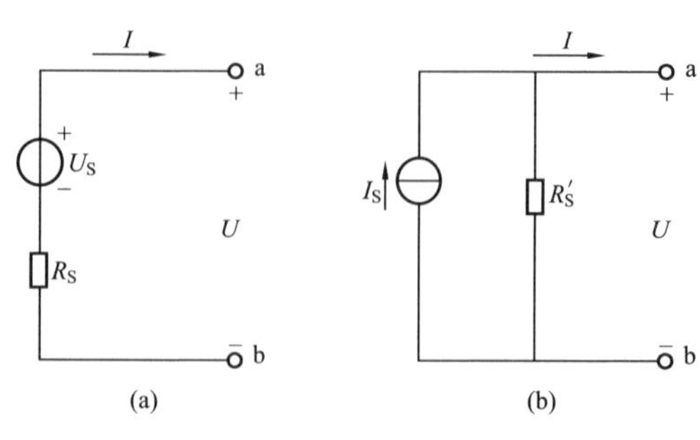

图 2-15 实际电源的两种模型

（a）电压源模型；（b）电流源模型

由 KVL 得，图 2-15（a）的端口电压电流关系为

$$U=U_S-R_SI \tag{2-20}$$

图 2-15（b）的端口电压电流关系为

$$U=R'_S(I_S-I)=R'_SI_S-R'_SI \tag{2-21}$$

若图 2-15（a）和图 2-15（b）所示的电路为等效电路，根据等效变换的条件，有

$$\begin{cases}U_S=R'_SI_S\\R'_S=R_S\end{cases} \tag{2-22}$$

式（2-22）就是电压源模型和电流源模型等效变换必须满足的条件。

1. 电压源模型等效为电流源模型

若要将电压源模型等效为电流源模型，如图 2-16 所示，可根据式（2-22）算出等效电流源模型的各参数。其中，电流源电流的大小为 $I_S=\dfrac{U_S}{R_S}$，电流源电流的参考方向为由电压源模型中电压源的负极指向正极，内阻不变，仍为 R_S。

2. 电流源模型等效为电压源模型

若要将电流源模型等效为电压源模型，如图 2-17 所示，可利用式（2-22）算出等效电压源模型中的参数。其中，电压源电压的大小为 $U_S=R_SI_S$，电压源的正极为电流源模型中电流源电流流出的方向，内阻不变。

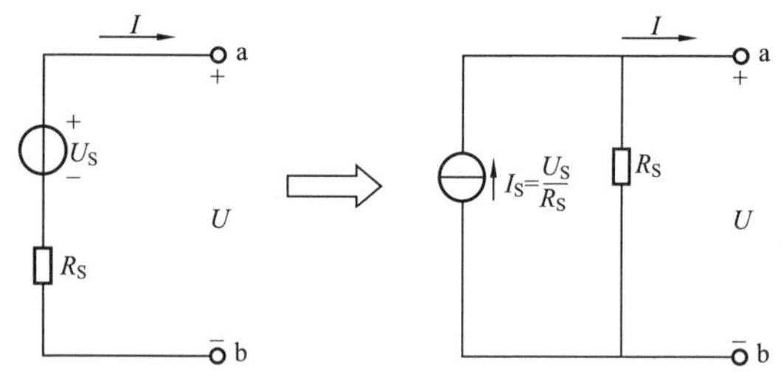

图 2-16 电压源模型等效为电流源模型

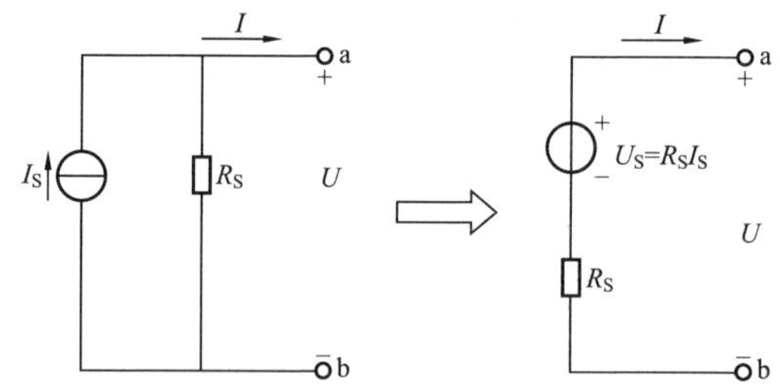

图 2-17 电流源模型等效为电压源模型

注意：①一般情况下，这两种等效模型内部功率情况并不相同，但对于外电路，它们吸收或提供的功率总是一样的；②理想电压源与理想电流源之间没有等效变换关系。

【例 2-10】 求图 2-18（a）的等效电流源模型以及图 2-18（b）的等效电压源模型。

解 （1）将图 2-18（a）等效变换成电流源模型，如图 2-18（c）所示，其中电流源电流的大小由式（2-22）得

$$I_S=\frac{U_S}{R_S}=\frac{9}{3}=3\ (\text{A})$$

电流源电流的参考方向为由电压源模型中电压源的负极指向正极，内阻不变，为 3Ω。

（2）将图 2-18（b）等效变换成电压源模型，如图 2-18（d）所示。由式（2-22）得电压源的电压大小为

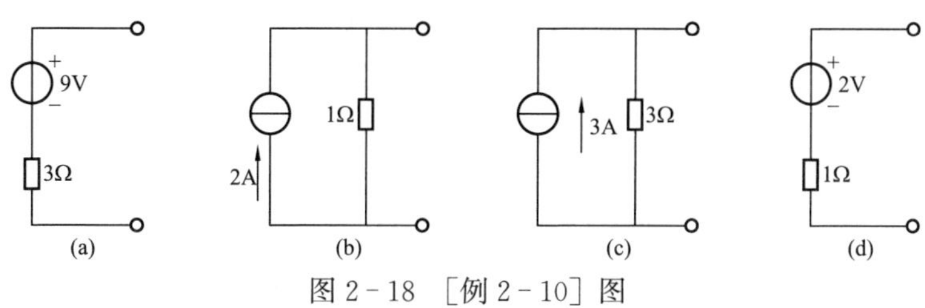

图 2-18 ［例 2-10］图

$$U_S = R_S I_S = 1 \times 2 = 2\ (\text{V})$$

电压源的正极为电流源模型中电流源电流流出的方向，内阻不变，为 1Ω。

二、电压源的串并联

1. 电压源的串联

图 2-19（a）所示的是两个含有内阻的电压源串联。根据 KVL，有

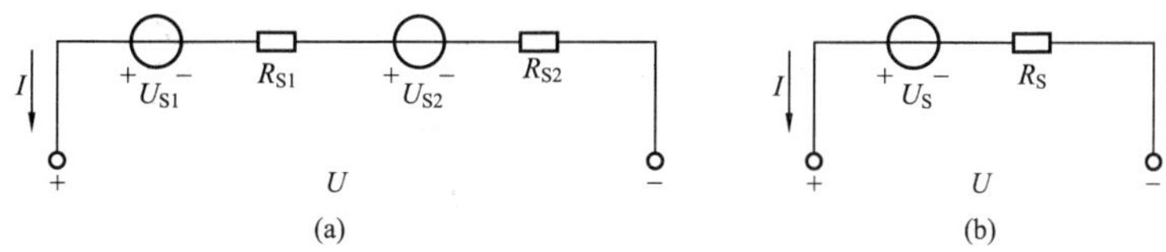

图 2-19　两个含有内阻的电压源串联

$$\begin{aligned} U &= U_{S1} - IR_{S1} + U_{S2} - IR_{S2} \\ &= (U_{S1} + U_{S2}) - (R_{S1} + R_{S2})I \\ &= U_S - IR_S \end{aligned} \tag{2-23}$$

式（2-23）表明，图 2-19（a）可以等效为一个电压源与内阻串联的电路模型，如图 2-19（b）所示。其中等效电压源的电压 U_S 为两个串联电压源电压的代数和，即 $U_S = U_{S1} + U_{S2}$；等效内阻 R_S 为两个电压源内阻之和，即 $R_S = R_{S1} + R_{S2}$。

推广到一般情况，当几个含有内阻的电压源串联时，可等效为一个含有内阻的电压源。其中等效电压源的电压大小为各串联电压源电压的代数和，当串联的电压源电压的参考方向与等效电压源电压的参考方向一致时取正，否则取负；等效内阻为各电源内阻之和。

特殊情况，几个内阻为零的理想电压源串联时，可等效为一个理想电压源，其电压的大小为各串联的理想电压源电压的代数和。

2. 电压源的并联

图 2-20（a）所示的是两个含有内阻的电压源并联。若电压、电流的参考方向如图中所示，回路取顺时针绕向，根据 KVL，有

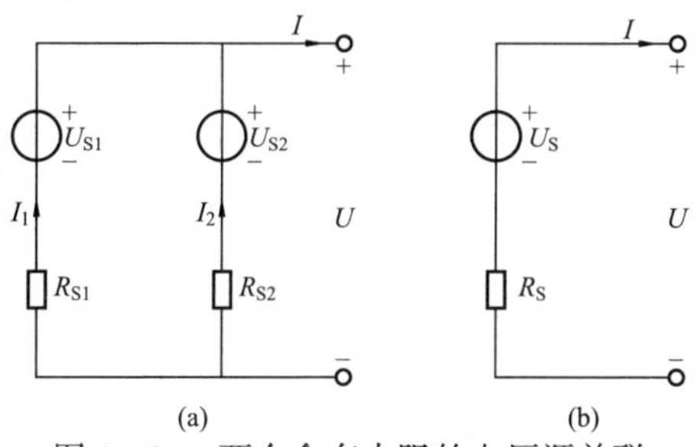

图 2-20　两个含有内阻的电压源并联

$$U_{S2}-I_2R_{S2}+I_1R_{S1}-U_{S1}=0 \tag{2-24}$$

根据 KCL 有

$$I=I_1+I_2 \tag{2-25}$$

图 2-20（a）的端口电压为

$$U=U_{S2}-I_2R_{S2} \tag{2-26}$$

把式（2-24）、式（2-25）代入式（2-26）并整理得

$$\begin{aligned}U&=\frac{U_{S2}R_{S1}+U_{S1}R_{S2}}{R_{S1}+R_{S2}}-\frac{R_{S1}R_{S2}}{R_{S1}+R_{S2}}I\\&=U_S-R_SI\end{aligned} \tag{2-27}$$

式（2-27）表明，图 2-20（a）可等效为一个含有内阻的电压源，如图 2-20（b）所示。其中，等效电压源的内阻 R_S 为两个电压源内阻的并联，即 $R_S=\frac{R_{S1}R_{S2}}{R_{S1}+R_{S2}}$；等效电压源的电压由 $U_S=\frac{U_{S2}R_{S1}+U_{S1}R_{S2}}{R_{S1}+R_{S2}}$确定。该结论也可推广用于多个有内阻的电压源的并联。

注意：对于没有内阻的理想电压源，只有在各理想电压源的电压全部相同时才可以并联，并联后等效为一个相同电压值的理想电压源。电压值不同的理想电压源进行并联，没有意义。

3. 理想电压源与理想电流源或电阻元件的并联

当理想电压源与理想电流源或电阻元件并联时，如图 2-21（a）、（b）所示，由并联支路电压相同的特点可得，两端的电压不改变，所以对外部电路来说，图 2-21（a）、（b）的等效电路如图 2-21（c）所示。

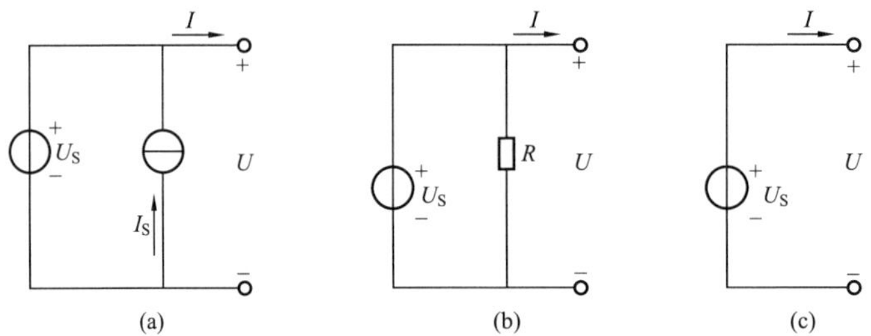

图 2-21 理想电压源与理想电流源或电阻元件的并联

三、电流源的串并联

1. 电流源的并联

两个含有内阻的电流源并联，如图 2-22（a）所示。根据并联支路的特点，有

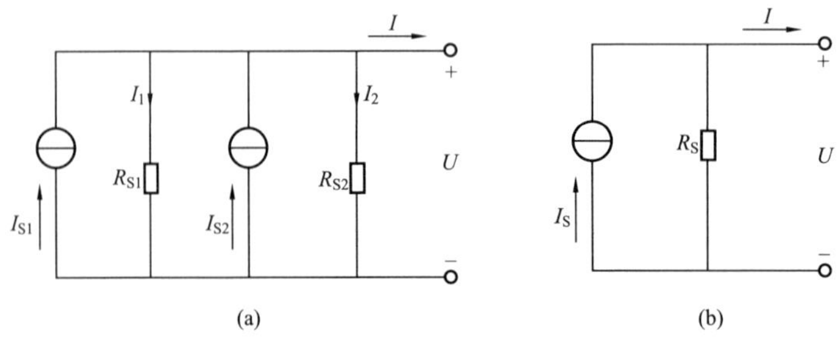

图 2-22 两个含有内阻的电流源并联

$$I_1=\frac{U}{R_{S1}} \tag{2-28}$$

$$I_2=\frac{U}{R_{S2}} \tag{2-29}$$

由 KCL 得

$$I+I_1+I_2=I_{S1}+I_{S2} \tag{2-30}$$

将式（2－28）、式（2－29）代入式（2－30）得

$$\begin{aligned} I&=I_{S1}+I_{S2}-(I_1+I_2)\\ &=(I_{S1}+I_{S2})-\left(\frac{1}{R_{S1}}+\frac{1}{R_{S2}}\right)U \\ &=I_S-\frac{1}{R_S}U \end{aligned} \tag{2-31}$$

式（2－31）表明，图 2－22（a）可以等效为一个电流源与内阻并联的电路模型，如图 2－22（b）所示，其中等效电流源的电流 I_S 为两个并联电流源的电流的代数和，即 $I_S=I_{S1}+I_{S2}$；等效内阻 R_S 为两个电流源内阻的并联，即$\frac{1}{R_S}=\frac{1}{R_{S1}}+\frac{1}{R_{S2}}$。

推广到一般情况，当几个含有内阻的电流源并联时，可等效为一个含有内阻的电流源。其中等效电流源的电流大小为各并联电流源电流的代数和，当并联电流源电流的参考方向与等效电流源电流的参考方向一致时取正，否则取负；等效内阻为各电流源内阻的并联。

特殊情况，几个内阻为零的理想电流源并联时，也可等效为一个理想电流源，其电流的大小为各并联的理想电流源电流的代数和。

2. 电流源的串联

两个含有内阻的电流源串联，如图 2－23（a）所示。通过等效变换，图 2－23（a）可等效为图 2－23（b），其中

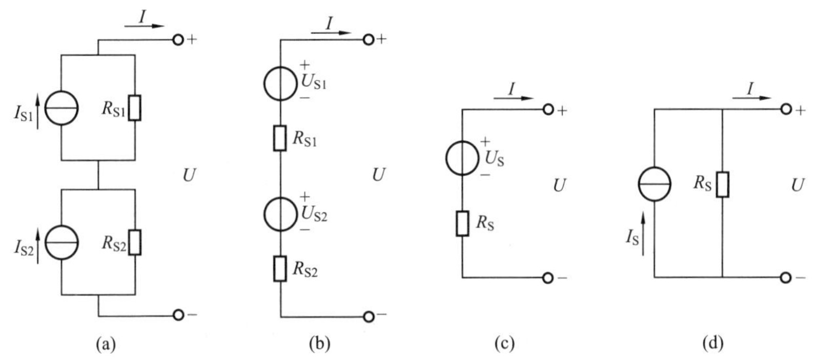

图 2－23　两个含有内阻的电流源串联

$$\begin{cases} U_{S1}=I_{S1}R_{S1}\\ U_{S2}=I_{S2}R_{S2} \end{cases} \tag{2-32}$$

再把图 2－23（b）等效为图 2－23（c），其中

$$U_S = U_{S1} + U_{S2} = I_{S1}R_{S1} + I_{S2}R_{S2} \quad (2-33)$$

$$R_S = R_{S1} + R_{S2} \quad (2-34)$$

图 2-23（c）还可等效为图 2-23（d），其中

$$I_S = \frac{U_S}{R_S} = \frac{I_{S1}R_{S1} + I_{S2}R_{S2}}{R_S} \quad (2-35)$$

由此可见，两个含有内阻的电流源进行串联时，可等效为一个含有内阻的电流源，等效电流源的内阻 R_S 为两个电流源内阻之和，即 $R_S = R_{S1} + R_{S2}$，等效电流源的电流大小由式（2-35）确定。此结论也可推广到一般情况。

注意： 对于没有内阻的理想电流源，只有在各理想电流源的电流全部相同时才可以串联，串联后等效为一个相同电流值的理想电流源。电流值不同的理想电流源进行串联也是没有意义的。

3. 理想电流源与理想电压源或电阻元件的串联

如图 2-24（a）、（b）所示，当理想电流源与理想电压源或电阻元件串联时，由串联支路电流处处相同的特点可得，电路中的电流仍为电流源的电流 I_S，所以对外部电路来说，图 2-24（a）、（b）的等效电路如图 2-24（c）所示。

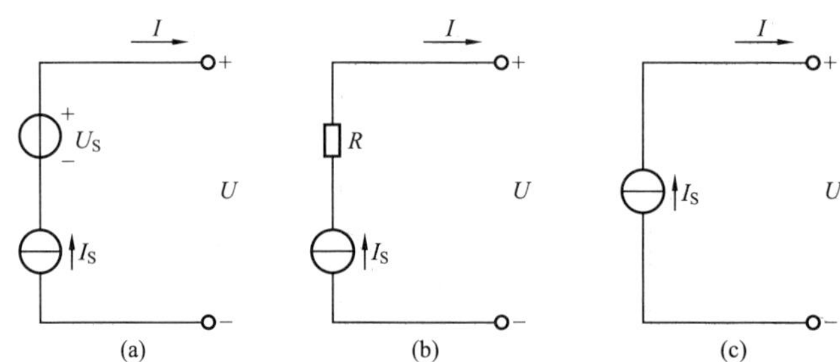

图 2-24 理想电流源与理想电压源或电阻元件的串联

28. 支路电流法

第四节 支路电流法

电路分为简单电路和复杂电路。凡能用电阻的串并联等效变换为单回路的电路，称为简单电路，否则，称为复杂电路。

对于简单电路，可用前面介绍的等效变换来分析。但对于复杂电路，往往不适合用等效法。本节介绍的支路电流法和下一节介绍的节点电压法，是分析线性电路尤其是复杂电路最常用的方法，这两种方法都不要求改变电路的结构。

一、支路电流法的原理

支路电流法是以支路电流为未知量，应用 KCL 和 KVL 列出电路所满足的独立方程，然后联立求解出各支路电流的方法。

当一个电路有 b 条支路、n 个节点和 m 个网孔时，可以证明，将有（$n-1$）个独立的 KCL 方程和 m 个独立的 KVL 方程，并且独立的 KCL 方程个数与独立的 KVL 方程个数之和刚好是支路数，即 $b=(n-1)+m$。

以图 2-25 所示电路为例来说明支路电流法的应用。该电路中支路数 $b=3$，节点数

$n=2$，网孔数 $m=2$，支路电流 I_1、I_2、I_3 为待求的三个未知量，其参考方向如图中所示。

因为电路有两个节点，即 $n=2$，所以可列出 $n-1=2-1=1$ 个独立的 KCL 方程。任选一个节点 a，列出 KCL 方程

$$I_1+I_2=I_3 \tag{2-36}$$

由于网孔数 $m=2$，可列出两个独立的 KVL 方程。若网孔都选顺时针绕向，则网孔 m_1、m_2 的 KVL 电压方程分别为

$$R_1I_1-U_{S1}+U_{S2}-R_2I_2=0 \tag{2-37}$$

$$R_2I_2-U_{S2}+R_3I_3=0 \tag{2-38}$$

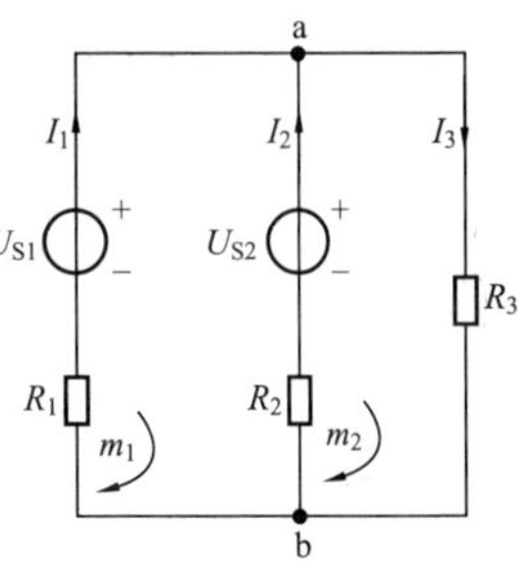

图 2-25　支路电流法举例

联立求解式（2-36）～式（2-38），即可得到待求的支路电流 I_1、I_2 和 I_3，这种分析法就是支路电流法。

支路电流法具有所列方程直观的优点，是一种最基本的电路分析方法。但由于支路电流法需要列出的 KCL 和 KVL 方程个数和等于支路数 b，对支路数较多的复杂电路而言存在方程数目较多的缺点，因此这种方法适合于支路数较少的电路。

二、支路电流法的一般步骤

由以上分析可归纳出支路电流法的一般解题步骤。

（1）确定电路的节点数 n、支路数 b 和网孔数 m，同时标出所有的节点、支路电流及其参考方向。

（2）任意指定一个参考节点，对其余（$n-1$）个节点列出（$n-1$）个对应的 KCL 方程。

（3）选择网孔的绕行方向，可以用文字说明或用箭头标在图中，列出 m 个网孔对应的 KVL 方程。

（4）联立求解这 $b=(n-1)+m$ 个方程，便可得到 b 条支路的支路电流。

（5）由各支路的电压、电流关系（VCR）求出待求量。

【例 2-11】 图 2-25 中，若 $U_{S1}=12\text{V}$，$U_{S2}=6\text{V}$，$R_1=2\Omega$，$R_2=3\Omega$，$R_3=6\Omega$，试用支路电流法求 I_1、I_2 和 I_3。

解　根据上面的分析，将已知参数代入式（2-36）～式（2-38），得方程组

$$\begin{cases} I_1+I_2=I_3 \\ 2I_1-12+6-3I_2=0 \\ 3I_2-6+6I_3=0 \end{cases}$$

联立求解，得

$$I_1=2\ (\text{A})$$

$$I_2=-0.67\ (\text{A})$$

$$I_3=1.33\ (\text{A})$$

【例 2-12】 在图 2-26（a）所示电路中，用支路电流法求电流 I。

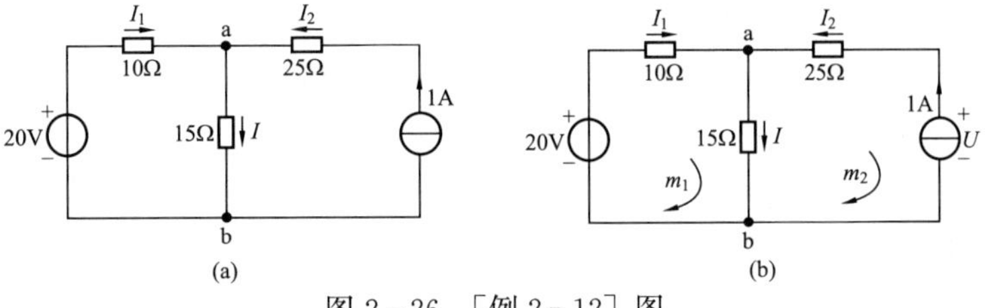

图 2-26 ［例 2-12］图

解题思路： 本题要求用支路电流法求未知量，首先应知道支路电流法的内容，以及如何应用，其关键是如何列出与支路电流个数对应的KCL方程与KVL方程。

解 方法一：

(1) 该电路中支路数 $b=3$，支路电流用 I_1、I_2、I 表示；节点数 $n=2$，用a和b表示；网孔数 $m=2$，用 m_1 和 m_2 表示，如图2-26（b）所示。因为 $I_2=1A$，所以未知数实际只有 I_1 和 I 两个。

(2) 节点a的KCL方程为

$$I_1+I_2=I$$

即

$$I_1+1=I \tag{2-39}$$

(3) 选择网孔 m_1 的绕向为顺时针方向，列出KVL方程

$$10I_1+15I-20=0 \tag{2-40}$$

(4) 联立求解式（2-39）、式（2-40），可得

$$I=1.2(A)$$

方法二：

(1) 确定该电路中支路数 $b=3$，节点数 $n=2$，网孔数 $m=2$，并设电流源两端的电压为 U，如图2-26（b）所示。因为 $I_2=1A$，未知的支路电流虽只有 I_1 和 I 两个，但增加了一个 U，所以未知数仍为3个。

(2) 节点a的KCL方程与式（2-39）相同，网孔 m_1 的KVL方程与式（2-40）一样。网孔 m_2 的KVL方程为

$$-25I_2+U-15I=0 \tag{2-41}$$

因为 $I_2=1A$，代入式（2-41）得

$$-25+U-15I=0 \tag{2-42}$$

(3) 联立求解式（2-39）、式（2-40）和式（2-42），得

$$I=1.2(A)$$

【例2-13】 用支路电流法求［例2-9］所示电路中的各支路电流 I、I_1、I_2、I_3、I_4 和 I_5。

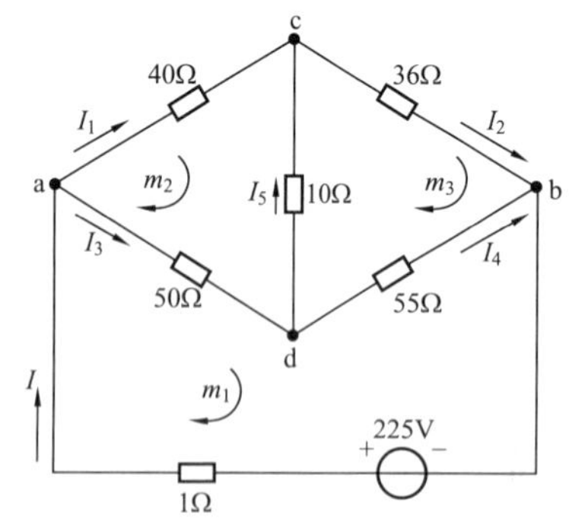

图2-27 ［例2-13］图

解 (1) 原电路中支路数 $b=6$，支路电流为 I、I_1、I_2、I_3、I_4 和 I_5，所以未知数有6个；节点数 $n=4$，用a、b、c、d表示；网孔数 $m=3$，用 m_1、m_2 和 m_3 表示，如图2-27所示。

(2) 选择节点d为参考节点，在节点a、c、b处分别列出对应的KCL方程

$$\begin{cases} I=I_1+I_3 \\ I_1+I_5=I_2 \\ I=I_2+I_4 \end{cases} \tag{2-43}$$

(3) 三个网孔 m_1、m_2 和 m_3 都选择顺时针绕向，对应的KVL方程分别为

$$\begin{cases}50I_3+55I_4-225+I=0\\40I_1-10I_5-50I_3=0\\36I_2-55I_4+10I_5=0\end{cases}\tag{2-44}$$

(4) 联立求解方程组式（2-43）和式（2-44）（过程略），得

$I_1=2.8$ (A)，$I_2=3$ (A)，$I_3=2.2$ (A)，$I_4=2$ (A)，$I_5=0.2$ (A)，$I=5$ (A)

26. 节点电压法

第五节　节点电压法

一、节点电压法的原理

在电路中任选一个节点为参考节点，其余的节点就称为独立节点。独立节点与参考节点之间的电压，称为节点电压，其参考方向由独立节点指向参考节点。

节点电压法就是以节点电压为未知量，对独立节点应用 KCL 列出用节点电压表示的支路电流方程，即节点电压方程，联立求解出节点电压后，再根据节点电压计算支路电压、电流的方法。用节点电压法分析电路，只需对（$n-1$）个独立节点列出 KCL 方程，未知数比支路电流法的未知数个数少 m 个。

下面以图 2-28 所示的电路来说明节点电压法的应用。该电路中节点数 $n=3$，用 0、1、2 表示。任选一个节点 0 为参考节点，其余的节点 1、2 就是独立节点。独立节点 1、2 对参考节点 0 的电压就称为节点电压，分别记为 U_{n1}、U_{n2}，两个节点电压的参考方向都规定为由独立节点指向参考节点。

有了节点电压，电路中各支路电压均可用节点电压表示。若支路直接接在独立节点和参考节点之间，则节点电压就是该支路电压；若支路连在两个独立节点之间，则该支路电压是对应两个节点的节点电压之差。图 2-28 中节点 1 和节点 2 之间的支路电压为

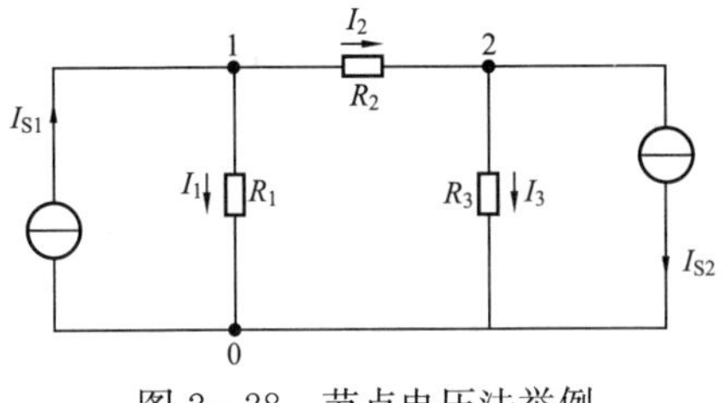

图 2-28　节点电压法举例

$$U_{12}=U_{n1}-U_{n2}\tag{2-45}$$

下面来列写图 2-28 所示电路的节点电压方程。首先标出电路中的支路电流及其参考方向，然后用节点电压 U_{n1}、U_{n2} 表示各支路电流

$$\begin{cases}I_1=\dfrac{U_{n1}}{R_1}\\I_2=\dfrac{U_{12}}{R_2}=\dfrac{U_{n1}-U_{n2}}{R_2}\\I_3=\dfrac{U_{n2}}{R_3}\end{cases}\tag{2-46}$$

再对独立节点 1、2 列 KCL 方程，得

$$\begin{cases}I_1+I_2=I_{S1}\\I_2=I_3+I_{S2}\end{cases}\tag{2-47}$$

将式（2-46）代入式（2-47），整理得

$$\begin{cases}\left(\dfrac{1}{R_1}+\dfrac{1}{R_2}\right)U_{n1}-\dfrac{1}{R_2}U_{n2}-I_{S1}=0\\-\dfrac{1}{R_2}U_{n1}+\left(\dfrac{1}{R_2}+\dfrac{1}{R_3}\right)U_{n2}+I_{S2}=0\end{cases}\tag{2-48}$$

式（2-48）就是以节点电压U_{n1}、U_{n2}为未知量的节点电压方程。解出节点电压后，再代入式（2-46）即得各支路电流，这种分析方法就称为节点电压法。

若式（2-48）用电导来表示，并将电路中电流源的电流移到等式右边，有

$$\begin{cases}(G_1+G_2)U_{n1}-G_2U_{n2}=I_{S1}\\-G_2U_{n1}+(G_2+G_3)U_{n2}=-I_{S2}\end{cases}\tag{2-49}$$

将式（2-49）写成一般式，有

$$\begin{cases}G_{11}U_{n1}+G_{12}U_{n2}=I_{S11}\\G_{21}U_{n1}+G_{22}U_{n2}=I_{S22}\end{cases}\tag{2-50}$$

式中：G_{11}称为节点1的自电导，是与节点1相连接的各支路电导的总和，即$G_{11}=G_1+G_2=\dfrac{1}{R_1}+\dfrac{1}{R_2}$；$G_{22}$称为节点2的自电导，是与节点2相连接的各支路电导的总和，即$G_{22}=G_2+G_3=\dfrac{1}{R_2}+\dfrac{1}{R_3}$；$G_{12}=G_{21}$称为节点1、2间的互电导，是连接在节点1和节点2之间的各支路电导之和的负值，即$G_{12}=G_{21}=-G_2=-\dfrac{1}{R_2}$。自电导总是正的，互电导总是负的。式（2-50）中的I_{S11}和I_{S22}分别表示注入节点1和节点2的电流源电流的代数和，且流入为正，流出为负，即$I_{S11}=I_{S1}$，$I_{S22}=-I_{S2}$。

式（2-50）就是具有两个独立节点的电路的节点电压方程一般形式。将其推广到具有（$n-1$）个独立节点的电路，其节点电压方程的一般式为

$$\begin{cases}G_{11}U_{n1}+G_{12}U_{n2}+\cdots+G_{1(n-1)}U_{n(n-1)}=I_{S11}\\G_{21}U_{n1}+G_{22}U_{n2}+\cdots+G_{2(n-1)}U_{n(n-1)}=I_{S22}\\\qquad\vdots\\G_{(n-1)1}U_{n1}+G_{(n-1)2}U_{n2}+\cdots+G_{(n-1)(n-1)}U_{n(n-1)}=I_{S(n-1)(n-1)}\end{cases}\tag{2-51}$$

其中，参数G_{11}、G_{22}、…、$G_{(n-1)(n-1)}$是（$n-1$）个独立节点的自电导；参数$G_{12}=G_{21}$、$G_{13}=G_{31}$、…、$G_{1(n-1)}=G_{(n-1)1}$是独立节点之间的互电导，若两个节点之间没有电阻支路直接相连，则相应的互电导为零；参数I_{S11}、I_{S22}、…、$I_{S(n-1)(n-1)}$是与各节点相连的电流源电流的代数和，流入为正，流出为负。若电路中存在电压源与电阻串联的支路，则应将其等效变换为电阻与电流源的并联，再确定注入电流值。

由式（2-51）可得出，若电路中有（$n-1$）个独立节点，节点电压方程就有（$n-1$）个等式与之对应，每个等式的左边就有（$n-1$）项相加。以第一个等式为例，各项组成为：第一行第一项为节点1的自电导G_{11}与节点1的节点电压U_{n1}的乘积；第一行第二项为节点1、2的互电导G_{12}与节点2的节点电压U_{n2}的乘积；第一行第三项为节点1、3的互电导G_{13}与节点3的节点电压U_{n3}的乘积；……；等式右端则为注入节点1的电流的代数和I_{S11}，以此类推，可得其余的方程式。比如电路有三个独立节点，则节点电压方程就有三个等式，每个等式的左边就有三项相加，其节点电压方程的一般式为

$$\begin{cases}G_{11}U_{n1}+G_{12}U_{n2}+G_{13}U_{n3}=I_{S11}\\G_{21}U_{n1}+G_{22}U_{n2}+G_{23}U_{n3}=I_{S22}\\G_{31}U_{n1}+G_{32}U_{n2}+G_{33}U_{n3}=I_{S33}\end{cases} \tag{2-52}$$

节点电压法适用于电路中节点数较少的电路，也广泛应用于电路的计算机辅助分析，是实际电路分析中最普遍的一种求解方法。

二、弥尔曼定理

弥尔曼定理是节点电压法的特殊情况，也是最简单的节点电压法，适合于只有两个节点的电路。

如图 2－29 所示，电路中只有两个节点，任选一个节点 0 为参考节点后，只剩一个独立节点 1，所以节点电压只有一个，用 U_{n1} 表示。根据一般式（2－51），节点电压方程只有一个，为

$$G_{11}U_{n1}=I_{S11} \tag{2-53}$$

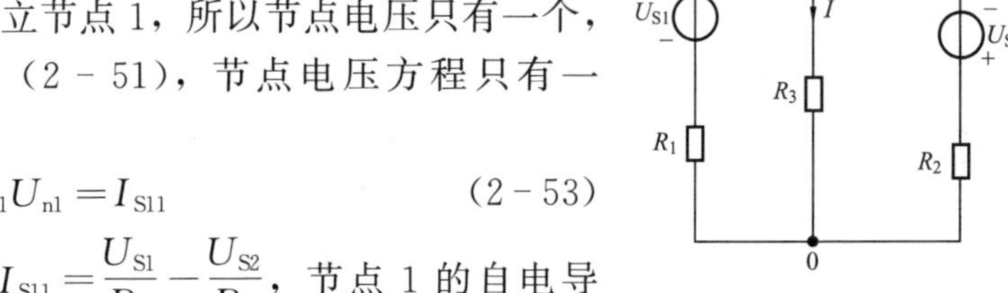

图 2－29　弥尔曼定理

其中，节点 1 的注入电流 $I_{S11}=\dfrac{U_{S1}}{R_1}-\dfrac{U_{S2}}{R_2}$，节点 1 的自电导 $G_{11}=\dfrac{1}{R_1}+\dfrac{1}{R_2}+\dfrac{1}{R_3}$，代入式（2－53），得节点电压为

$$U_{n1}=\frac{I_{S11}}{G_{11}}=\frac{\dfrac{U_{S1}}{R_1}-\dfrac{U_{S2}}{R_2}}{\dfrac{1}{R_1}+\dfrac{1}{R_2}+\dfrac{1}{R_3}} \tag{2-54}$$

推广到一般情况

$$U_{n1}=\frac{\sum I_{Si}}{\sum\dfrac{1}{R_i}}=\frac{\sum I_{Si}}{\sum G_i} \tag{2-55}$$

式（2－55）称为弥尔曼定理。其中，$\sum I_{Si}$ 为流入独立节点的各电流源电流的代数和，流入为正，流出为负；$\sum G_i$ 为与独立节点相连接的各支路电导的总和。

三、节点电压法的一般步骤

由以上分析可归纳出节点电压法的一般解题步骤。

方法一：根据节点电压法的定义求解。

（1）标出电路中各支路电流 I_1、I_2…及其参考方向，确定所有节点并标出节点序号。任选一个节点为参考节点，用 U_{n1}、U_{n2}…或 U_{na}、U_{nb}…等形式表示其余的（$n-1$）个独立节点的节点电压，其参考方向为由独立节点指向参考节点，节点电压的个数即为未知数的个数。

（2）用节点电压 U_{n1}、U_{n2}…或 U_{na}、U_{nb}…来表示各支路电流 I_1、I_2…。

（3）列出各独立节点的 KCL 方程，方程中的支路电流用节点电压表示，得到以节点电压为未知量的节点电压方程。

（4）联立求解节点电压方程，解得各节点电压。

（5）将解出的节点电压代入步骤（2）所表示的支路电流 I_1、I_2…中，可得到各支路电流，继而求出其余未知量。

方法二：根据节点电压方程的一般式求解。

(1) 确定电路中所有的节点并标出序号，任选一个节点为参考节点，用U_{n1}、U_{n2}…或U_{na}、U_{nb}…等形式表示其余独立节点的节点电压，其参考方向为由独立节点指向参考节点，节点电压的个数即为未知数的个数。

(2) 根据独立节点数，选择节点电压方程的一般式：

1) 若独立节点只有1个，根据式（2-55）可直接列出节点电压的表达式。

2) 若独立节点数大于或等于2个，则根据式（2-51）列出相应的节点电压方程一般式。

(3) 根据已知电路，求出节点电压方程一般式中的各参数，再联立求解方程组得各节点电压。

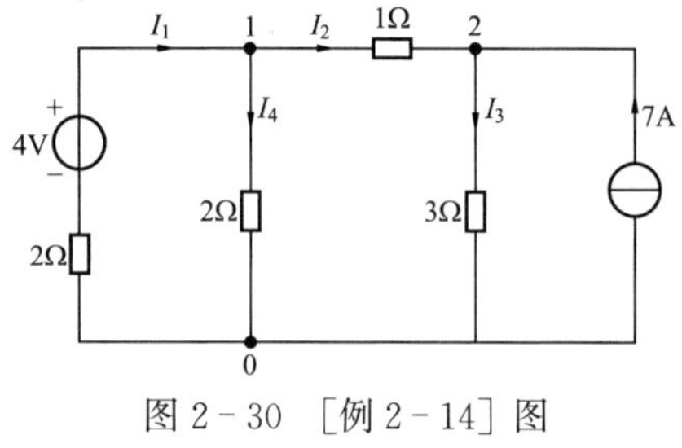

图2-30 [例2-14] 图

(4) 假设各待求支路电压、电流的参考方向，由节点电压计算出支路电压，应用支路的VCR关系，求得待求支路电流。

【例2-14】 图2-30中，用节点电压法求各支路电流I_1、I_2、I_3和I_4。

解题思路： 本题要求用节点电压法来求未知的支路电流，所以首先应清楚节点电压法是以节点电压为未知量，而不是以支路电流为未知量。根据节点电压法的一般步骤解出节点电压后，再应用支路的VCR关系，才能求得待求支路的电流。

解 方法一：

(1) 各支路电流的参考方向如图2-30所示，电路中有三个节点，取节点0为参考节点，其余的节点1、2为独立节点，节点电压用U_{n1}、U_{n2}表示。

(2) 用U_{n1}、U_{n2}表示各支路电流I_1、I_2、I_3和I_4，则

$$\begin{cases} I_1=\dfrac{4-U_{n1}}{2} \\ I_2=\dfrac{U_{12}}{1}=U_{n1}-U_{n2} \\ I_3=\dfrac{U_{n2}}{3} \\ I_4=\dfrac{U_{n1}}{2} \end{cases} \tag{2-56}$$

(3) 列出节点1、2的KCL方程，有

$$\begin{cases} I_1=I_2+I_4 \\ I_2+7=I_3 \end{cases} \tag{2-57}$$

将式（2-56）代入式（2-57），有

$$\begin{cases} \dfrac{4-U_{n1}}{2}=U_{n1}-U_{n2}+\dfrac{U_{n1}}{2} \\ U_{n1}-U_{n2}+7=\dfrac{U_{n2}}{3} \end{cases} \tag{2-58}$$

解出节点电压

$$\begin{cases}U_{n1}=5.8(\mathrm{V})\\U_{n2}=9.6(\mathrm{V})\end{cases}$$

（4）再将所得结果代入式（2－56），得支路电流为

$$I_1=\frac{4-U_{n1}}{2}=-0.9(\mathrm{A})$$

$$I_2=U_{n1}-U_{n2}=-3.8(\mathrm{A})$$

$$I_3=\frac{U_{n2}}{3}=3.2(\mathrm{A})$$

$$I_4=\frac{U_{n1}}{2}=2.9(\mathrm{A})$$

方法二：

（1）取节点 0 为参考节点，其余的节点 1、2 为独立节点，节点电压用 U_{n1}、U_{n2} 表示。

（2）因该电路有两个独立节点，根据式（2－50），对应的节点电压方程一般式为

$$\begin{cases}G_{11}U_{n1}+G_{12}U_{n2}=I_{S11}\\G_{21}U_{n1}+G_{22}U_{n2}=I_{S22}\end{cases}$$

（3）计算各参数：

节点 1 的自电导　$G_{11}=\frac{1}{1}+\frac{1}{2}+\frac{1}{2}=2\ (\mathrm{S})$

节点 2 的自电导　$G_{22}=1+\frac{1}{3}=\frac{4}{3}\ (\mathrm{S})$

节点 1、2 的互电导　$G_{12}=G_{21}=-\frac{1}{1}=-1\ (\mathrm{S})$

流入节点 1 的电流源的电流代数和　$I_{S11}=\frac{4}{2}=2\ (\mathrm{A})$

流入节点 2 的电流源的电流代数和　$I_{S22}=7\ (\mathrm{A})$

（4）将步骤（3）算出的各参数代入节点电压方程一般式中，得

$$\begin{cases}2U_{n1}-U_{n2}=2\\-U_{n1}+\frac{4}{3}U_{n2}=7\end{cases}$$

解得节点电压

$$U_{n1}=5.8(\mathrm{V})$$

$$U_{n2}=9.6(\mathrm{V})$$

（5）选取各支路电流的参考方向，如图 2－30 所示，根据各支路的电压、电流关系，得支路电流为

$$I_1=\frac{4-U_{n1}}{2}=-0.9(\mathrm{A})$$

$$I_2=U_{n1}-U_{n2}=-3.8(\mathrm{A})$$

$$I_3=\frac{U_{n2}}{3}=3.2(\mathrm{A})$$

$$I_4=\frac{U_{n1}}{2}=2.9(\mathrm{A})$$

【例 2-15】 图 2-31（a）所示电路中，已知 $U_{S1}=10V$，$U_{S2}=40V$，$U_{S3}=100V$，$R_1=10\Omega$，$R_2=R_3=20\Omega$，$R_4=40\Omega$，用节点电压法求支路电流 I_1、I_2。

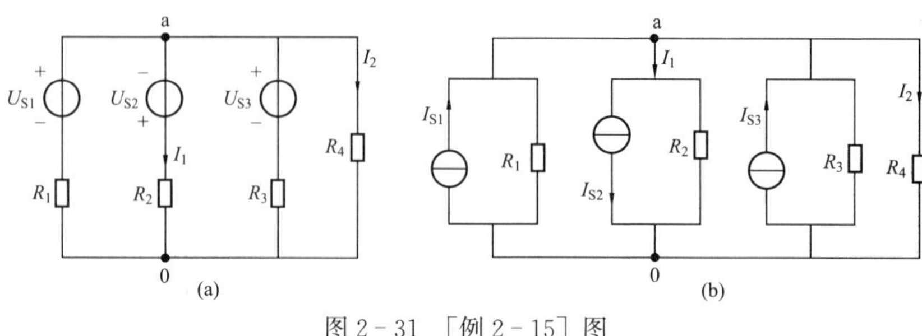

图 2-31 [例 2-15] 图

解题思路： 本题要求用节点电压法来求解，因该电路只有两个节点，所以应用弥尔曼定理来解更方便。

解 （1）以节点 0 为参考节点，则节点 a 为独立节点，节点电压用 U_{na} 表示。将图 2-31（a）等效变换为图 2-31（b），有

$$I_{S1}=\frac{U_{S1}}{R_1}=\frac{10}{10}=1\ (A)$$

$$I_{S2}=\frac{U_{S2}}{R_2}=\frac{40}{20}=2\ (A)$$

$$I_{S3}=\frac{U_{S3}}{R_3}=\frac{100}{20}=5\ (A)$$

（2）由式（2-55）可得节点电压

$$\begin{aligned}U_{na}&=\frac{\sum I_{Si}}{\sum G_i}=\frac{I_{S1}-I_{S2}+I_{S3}}{G_1+G_2+G_3+G_4}\\&=\frac{1-2+5}{\frac{1}{10}+\frac{1}{20}+\frac{1}{20}+\frac{1}{40}}\\&=17.8\ (V)\end{aligned}$$

（3）由节点电压求得支路电流

$$I_2=\frac{U_{na}}{R_4}=\frac{17.8}{40}=0.44\ (A)$$

又因图 2-31（a）中，有 $U_{na}=-U_{S2}+I_1R_2$，所以

$$I_1=\frac{U_{na}+U_{S2}}{R_2}=\frac{17.8+40}{20}=2.9\ (A)$$

【例 2-16】 试用弥尔曼定理求图 2-32（a）所示电路中的各支路电流。

解 （1）将图 2-32（a）等效变换为图 2-32（b），其中 $I_{S1}=\frac{20}{5}=4$（A），$I_{S2}=\frac{10}{10}=1$（A）。图 2-32（b）中，若以节点 0 为参考节点，独立节点 1 的节点电压用 U_{n1} 表示，根据弥尔曼定理有

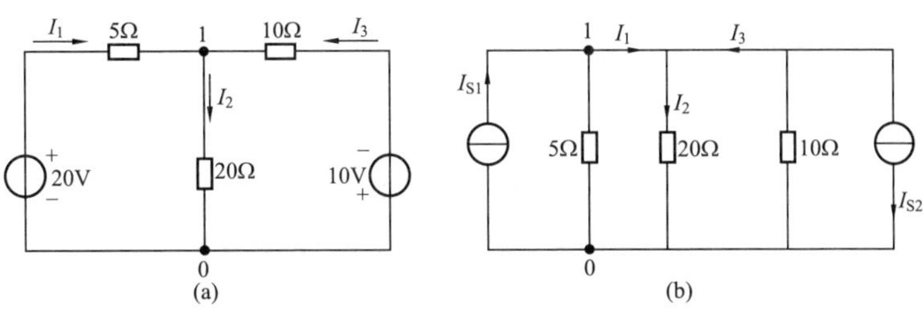

图 2-32 [例 2-16] 图

$$U_{n1}=\frac{\sum I_{Si}}{\sum G_i}=\frac{4-1}{\frac{1}{5}+\frac{1}{20}+\frac{1}{10}}=8.6\ (\mathrm{V})$$

(2) 在图 2-32 (a) 中，由支路电压、电流关系得

$$I_1=\frac{20-U_{n1}}{5}=2.28\ (\mathrm{A})$$

$$I_2=\frac{U_{n1}}{20}=0.43\ (\mathrm{A})$$

$$I_3=\frac{-10-U_{n1}}{10}=-1.86\ (\mathrm{A})$$

25. 叠加定理

第六节　叠　加　定　理

叠加定理是线性电路中十分重要的定理，它是分析线性电路较常用的方法之一。

叠加定理的内容：在线性电路中，当有多个独立电源共同作用时，任一瞬间，任一支路的电流或电压响应，恒等于各个独立电源单独作用时在该支路中所产生的电流或电压响应的代数和。

图 2-33 (a) 所示电路中有两个电源，若要求解电路中的电流 I_1，根据弥尔曼定理得节点 1 的节点电压为

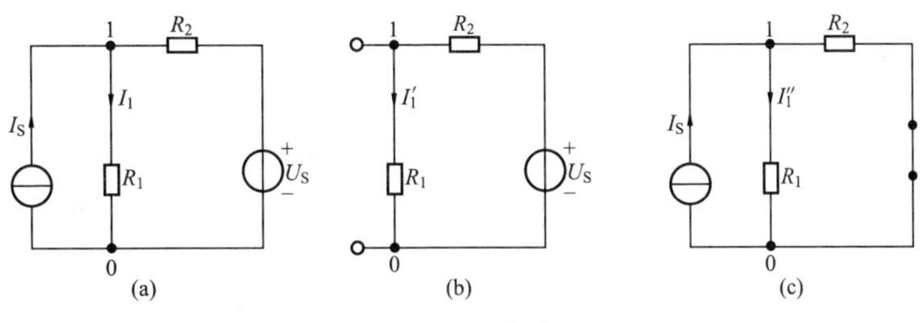

图 2-33　叠加定理

$$U_{n1}=\frac{\sum I_{Si}}{\sum G_i}=\frac{I_S+\frac{U_S}{R_2}}{\frac{1}{R_1}+\frac{1}{R_2}}=\frac{R_1R_2I_S+R_1U_S}{R_1+R_2} \tag{2-59}$$

所以有

$$I_1=\frac{U_{n1}}{R_1}=\frac{R_2I_S}{R_1+R_2}+\frac{U_S}{R_1+R_2} \tag{2-60}$$

从式（2－60）可以看出，I_1 是 U_S 和 I_S 的线性组合，若令

$$\begin{cases}I'_1=\dfrac{U_S}{R_1+R_2}\\ I''_1=\dfrac{R_2I_S}{R_1+R_2}\end{cases} \tag{2-61}$$

则有

$$I_1=I'_1+I''_1 \tag{2-62}$$

式（2－62）表明，电流 I_1 是 I'_1和 I''_1的叠加。其中，I'_1为将电流源置为零，电源 U_S 单独作用时产生的电流响应，如图 2－33（b）所示，此时电流源相当于开路；I''_1为将电压源置为零，电流源 I_S 单独作用时产生的电流响应，如图 2－33（c）所示，此时电压源相当于短路。

习惯上，将原电路图 2－33（a）的分解电路图 2－33（b）、（c）称为分电路图，原电路图中的参数称为总量，分电路图中的参数称为分量。由图 2－33（b）得

$$I'_1=\frac{U_S}{R_1+R_2}$$

由图 2－33（c）得

$$I''_1=\frac{R_2I_S}{R_1+R_2}$$

所以

$$I'_1+I''_1=\frac{R_2I_S}{R_1+R_2}+\frac{U_S}{R_1+R_2}=I_1$$

上式与式（2－60）的结论一致，表明分量的代数和等于总量，即验证了叠加定理。

注意：

（1）叠加定理不能用于非线性电路，只适用于线性电路中电压和电流的计算，不能直接用来计算功率，因为功率与电压或电流之间不是线性关系。

（2）原电路图中有几个独立电源，原则上就可以分解为几个分电路图。画某个独立电源单独作用的分电路图时，其它所有的独立电源全部置为零。因此，在分电路图中，被置为零的电压源用短路线代替，被置为零的电流源则用开路代替，电路中所有电阻的阻值和位置都不变。

（3）注意原电路图和各分电路图中电压、电流的参考方向。一般取各分电路图中的电压或电流的参考方向与原电路中的参考方向相同，这样叠加时，各分量符号取为正，否则，取负。

【例 2－17】 若图 2－33（a）中，已知 $I_S=5\text{A}$，$U_S=10\text{V}$，$R_1=6\Omega$，$R_2=4\Omega$，试用叠加定理求支路电流 I_1。

解 （1）电压源单独作用时，分电路图如图 2－33（b）所示，此时，电流源置零，所在支路相当于开路。因此，电流 I_1 的分量为

$$I'_1=\frac{U_S}{R_1+R_2}=\frac{10}{6+4}=1\ (\text{A})$$

（2）电流源单独作用时，分电路图如图 2－33（c）所示，此时，电压源置零，所在支路

相当于短路。电流 I_1 的分量为

$$I_1''=\frac{R_2 I_S}{R_1+R_2}=\frac{4}{6+4}\times 5=2\text{ (A)}$$

（3）根据叠加定理，支路电流 I_1 是两个分量的叠加，即

$$I_1=I_1'+I_1''=1+2=3\text{ (A)}$$

【例 2－18】 用叠加定理求图 2－34（a）中的电压 U。

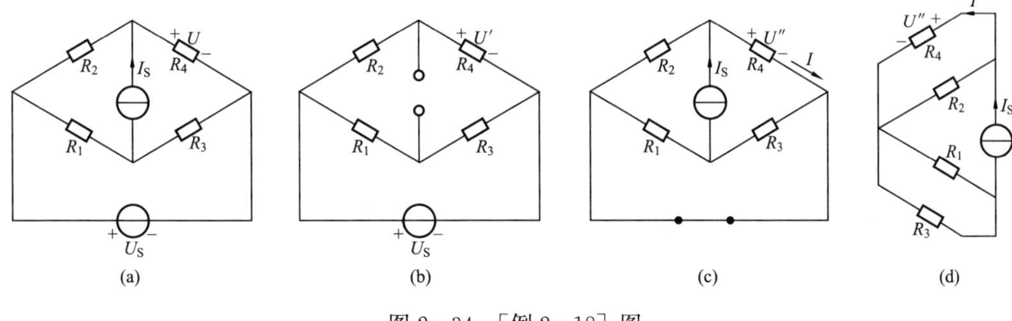

图 2－34 ［例 2－18］图

解题思路： 应用叠加定理的关键是确定分电路图和各分量。本电路中有两个电源，所以应有两个分电路图。

解 （1）电压源 U_S 单独作用时，电流源 I_S 置零，所在支路相当于开路，分电路图如图 2－34（b）所示。电压 U 的分量 U' 为

$$U'=\frac{R_4}{R_2+R_4}U_S$$

（2）电流源 I_S 单独作用时，电压源 U_S 置零，所在支路相当于短路，分电路图如图 2－34（c）所示。设 R_4 所在的支路电流为 I，并将图 2－34（c）等效变换成图 2－34（d），根据分流公式，有

$$I=\frac{R_2}{R_2+R_4}I_S$$

所以电压 U 的分量 U'' 为

$$U''=R_4 I=\frac{R_2 R_4}{R_2+R_4}I_S$$

（3）根据叠加定理，待求电压 U 为两个分量的叠加，即

$$U=U'+U''=\frac{R_4}{R_2+R_4}U_S+\frac{R_2 R_4}{R_2+R_4}I_S$$

【例 2－19】 试用叠加定理求图 2－32（a）中的 I_1、I_2、I_3。

解 （1）电压为 20V 的电压源单独作用时，10V 的电压源置零，所在支路相当于短路，分电路图如图 2－35（a）所示。各电流分量为

$$I_1'=\frac{20}{5+\dfrac{20\times 10}{20+10}}=1.7\text{ (A)}$$

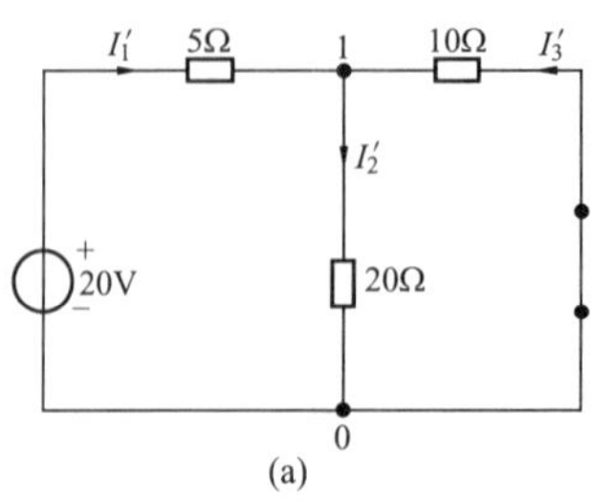

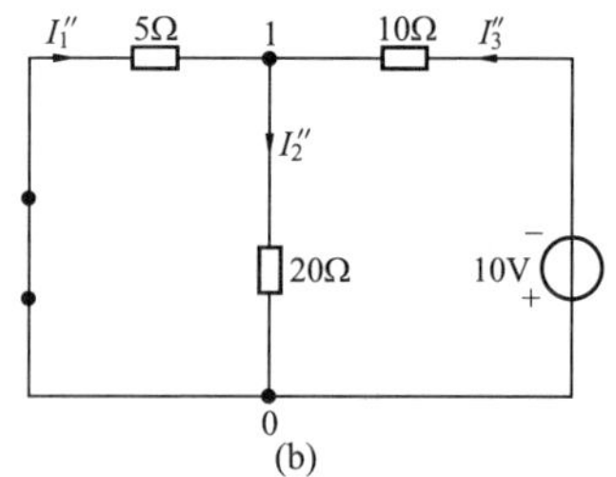

图 2-35 ［例 2-19］图

$$I_2'=\frac{10}{20+10}I_1'=0.57\ (\text{A})$$

$$I_3'=I_2'-I_1'=0.57-1.7=-1.13\ (\text{A})$$

（2）电压为 10V 的电压源单独作用时，20V 的电压源置零，所在支路相当于短路，分电路图如图 2-35（b）所示。各电流分量为

$$I_3''=-\frac{10}{10+\dfrac{20\times5}{20+5}}=-0.71\ (\text{A})$$

$$I_2''=\frac{5}{20+5}I_3''=-0.14\ (\text{A})$$

$$I_1''=I_2''-I_3''=-0.14+0.71=0.57\ (\text{A})$$

（3）原电路图中，待求电流 I_1、I_2、I_3 的值为

$$I_1=I_1'+I_1''=1.7+0.57=2.27\ (\text{A})$$

$$I_2=I_2'+I_2''=0.57-0.14=0.43\ (\text{A})$$

$$I_3=I_3'+I_3''=-1.13-0.71=-1.84\ (\text{A})$$

20. 戴维南定理

第七节　戴 维 南 定 理

一、戴维南定理的内容

戴维南定理的内容：任一含独立电源的线性二端网络 N，对外电路而言，总可以用一个理想电压源与电阻串联的简单支路来等效，如图 2-36 所示。该理想电压源的电压等于原二端网络端口处的开路电压，用 U_{OC} 表示；其串联电阻的阻值等于原二端网络内部所有独立电源都置零（即电压源用短路代替，电流源用开路代替）后，从端口处得到的等效电阻，用 R_0 表示。这种由一个电压为开路电压 U_{OC} 的电压源和等效电阻 R_0 串联的组合称为原二端网络的戴维南等效电路。

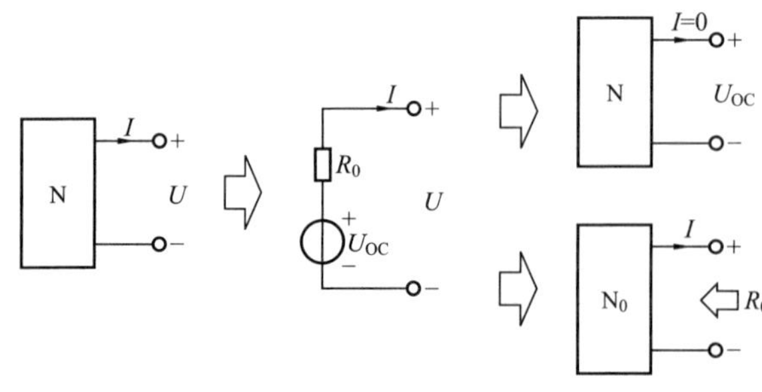

图 2-36　戴维南定理

二、戴维南定理的应用

应用戴维南定理，可以将一个线性有源二端网络等效为一个理想电压源与电阻串联的组合。另外，戴维南定理也常用来分析和求解完整电路中某一支路的电流和电压，一般步骤如下：

(1) 将原电路图中待求电压或电流所在的支路断开，电路其余的部分即构成一个有源二端网络，该二端网络两端的电压，即为开路电压 U_{OC}。

(2) 将步骤 (1) 所构造的有源二端网络中所有的独立电源都置为零，构成一个新的无源二端网络，其两端的等效电阻，即为等效电阻 R_0。

(3) 用戴维南定理将步骤 (1) 中所构造的有源二端网络等效成开路电压 U_{OC} 和等效电阻 R_0 的串联，再连上待求支路，得到原电路的等效电路，最后求出未知量。

【例 2-20】 如图 2-37 (a) 所示，已知 $U_1=40V$，$U_2=20V$，$R_1=R_2=4\Omega$，试求该二端网络的戴维南等效电路。

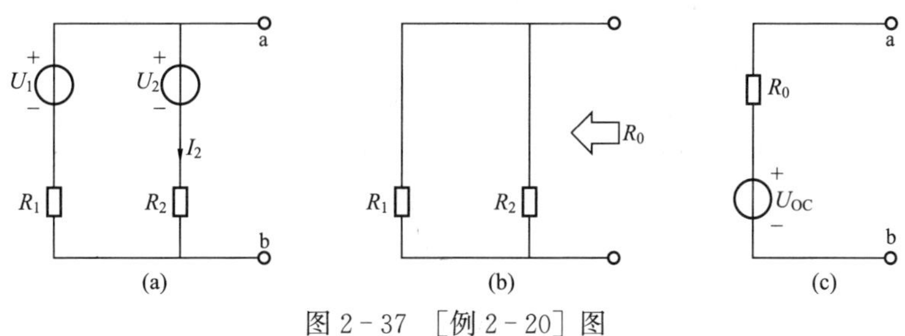

图 2-37 [例 2-20] 图

解题思路： 有源二端网络的戴维南等效电路是一个等效电压源和等效电阻的串联，等效电压源的电压 U_{OC} 是该二端网络的端口电压，等效电阻 R_0 是该二端网络中所有电源置零后从端口看进去的等效电阻。

解 (1) 图 2-37 (a) 中，回路选择顺时针绕向，根据 KVL 有

$$U_2+I_2R_2+I_2R_1-U_1=0$$

即

$$I_2=\frac{U_1-U_2}{R_2+R_1}=\frac{40-20}{4+4}=2.5\ (A)$$

所以开路电压为

$$U_{OC}=U_{ab}=U_2+R_2I_2=20+4\times 2.5=30\ (V)$$

(2) 图 2-37 (a) 中，将所有电源都置为零后的等效电路如图 2-37 (b) 所示，因此等效电阻为

$$R_0=\frac{R_1R_2}{R_1+R_2}=\frac{4}{2}=2\ (\Omega)$$

(3) 图 2-37 (a) 的戴维南等效电路如图 2-37 (c) 所示，其中 $U_{OC}=30V$，$R_0=2\Omega$。

【例 2-21】 用戴维南定理求图 2-38 (a) 中的 I 和 U。

解题思路： 本题要求用戴维南定理来求支路电流和电压，而戴维南定理是针对有源线性二端网络的等效。所以应首先在已知电路中构造这样一个二端网络，然后应用戴维南定理将其等效为一个电压源和电阻的串联，再和没有等效的电路部分相连，得到原电路的等效电路，再求未知量。

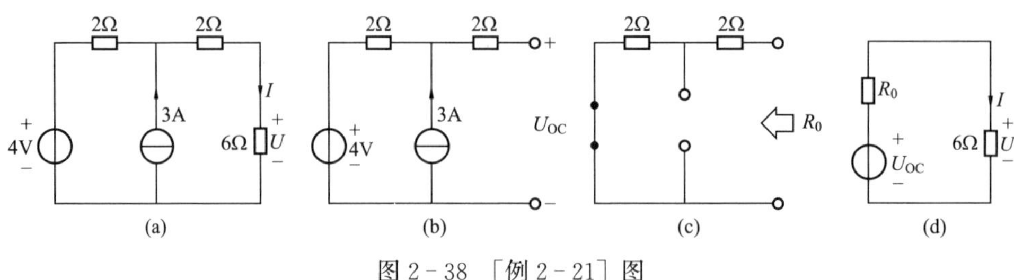

图 2-38 ［例 2-21］图

解 (1) 图 2-38（a）中断开 6Ω 电阻所在的支路，电路其余部分构成一个有源二端网络，如图 2-38（b）所示，该二端网络两端的电压，即为开路电压 U_{OC}，有

$$U_{OC}=3\times2+4=10\ (\mathrm{V})$$

(2) 图 2-38（b）中，将所有电源都置为零，又构成一个无源二端网络，如图 2-38（c）所示，该网络两端的等效电阻 R_0 为

$$R_0=2+2=4\ (\Omega)$$

(3) 根据戴维南定理，将图 2-38（b）等效为开路电压 U_{OC} 和等效电阻 R_0 的串联，再连上未等效的 6Ω 电阻支路，得到图 2-38（a）的等效电路，如图 2-38（d）所示，有

$$I=\frac{U_{OC}}{R_0+6}=\frac{10}{4+6}=1\ (\mathrm{A})$$

$$U=I\times6=1\times6=6\ (\mathrm{V})$$

三、最大功率传输定理

在测量、电子与信息工程中，常常着眼于从微弱信号中获得最大功率（见图 2-39），即当含源二端网络已经给定时，负载 R_L 为何值时获得最大功率？最大功率又是多少？

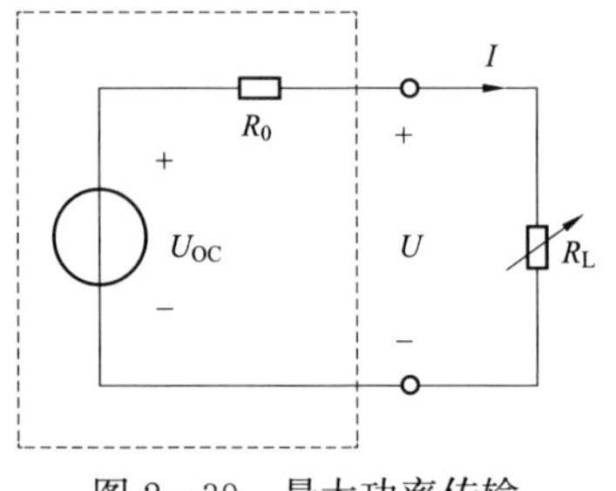

图 2-39　最大功率传输

在图 2-39 中，流过负载 R_L 的电流为

$$I=\frac{U_{OC}}{R_L+R_0}$$

则负载获得的功率为

$$P_L=I^2R_L=\frac{U_{OC}^2R_L}{(R_L+R_0)^2}$$

令 $\frac{dP_L}{dR_L}=0$，得 $R_L=R_0$。

这时，功率的最大值为

$$P_{Lmax}=\frac{U_{OC}^2}{4R_0}$$

其中，$R_L=R_0$ 称为最大功率匹配条件。

注意： 当负载获得最大功率时，$R_L=R_0$，则电源的内阻消耗的功率与负载获得的功率是相等的，都是 $\frac{U_{OC}^2}{4R_0}$，也就是说，电源放出的功率有一半浪费在自己本身的内阻上了。因此，这时的效率只为 50% 。实际电力系统电路中一般不希望出现这种情况，往往要采用其它办法来提高效率。

【例 2-22】 图 2-40（a）所示电路，R 是可调电阻，欲使 2Ω 电阻获得最大功率，求

可调电阻 R 应调到何值，并求 2Ω 电阻获得的最大功率。

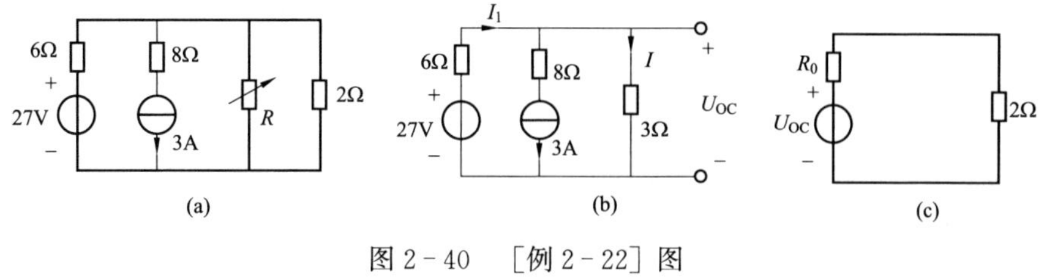

图 2－40　［例 2－22］图

解　将 2Ω 电阻左侧电路看成一个含源二端网络，求它的戴维南等效模型。

(1) 先求该含源二端网络的等效内阻 R_0，电路如图 2－40 (b) 所示，这时，等效内阻是 R 与 6Ω 并联，即

$$R_0=\frac{6R}{R+6}$$

由最大功率的匹配条件，当 $R_0=2\Omega$ 时，2Ω 电阻可以获得最大功率，即

$$\frac{6R}{R+6}=2$$

解得

$$R=3\ (\Omega)$$

这时该含源二端网络的等效内阻为

$$R_0=2\ (\Omega)$$

(2) 再求该含源二端网络的开路电压 U_{OC}，电路如图 2－40 (b) 所示。

$$\left.\begin{aligned}I_1&=I+3\\6I_1+3I&=27\end{aligned}\right\}$$

解得

$$I=1\ (\text{A})$$

所以，开路电压为

$$U_{OC}=3I=3\ (\text{V})$$

(3) 用戴维南等效模型替换后的电路如图 2－40 (c) 所示，$U_{OC}=3\text{V}$，$R_0=2\Omega$。因此，欲使 2Ω 电阻获得最大功率，可调电阻应为 $R=3\Omega$，这时 2Ω 电阻获得的最大功率为

$$P_{\text{Lmax}}=\frac{U_{OC}^2}{4R_0}=\frac{3^2}{4\times 2}=1.125\ (\text{W})$$

一、电阻的串联和并联

(1) 几个电阻串联，等效电阻为各个串联电阻之和，即

$$R=R_1+R_2+\cdots+R_k+\cdots+R_n=\sum_{k=1}^{n}R_k$$

串联电路的特点是电流处处相同。

（2）几个电阻并联，等效电阻的倒数为各个并联电阻倒数之和，即

$$\frac{1}{R}=\sum_{k=1}^{n}\frac{1}{R_k}$$

并联电路的特点是各支路电压相同。

二、电阻的星形连接和三角形连接

电阻的星形连接与三角形连接可以等效互换，在对称情况下有

$$R_{\curlyvee}=\frac{1}{3}R_{\triangle}\quad 或\quad R_{\triangle}=3R_{\curlyvee}$$

三、电路分析方法

（1）支路电流法是以支路电流为未知量，应用 KCL 和 KVL 列出电路所满足的独立方程，然后联立求解出各支路电流的方法。

若电路有 b 条支路、n 个节点和 m 个网孔，将有（$n-1$）个独立的 KCL 方程和 m 个独立的 KVL 方程，并且 $b=(n-1)+m$。

（2）节点电压法就是以节点电压为未知量，对独立节点应用 KCL 列出节点电压方程，联立求解出节点电压后，再根据节点电压计算支路电压、电流的方法。有 n 个节点就可列出（$n-1$）个独立的 KCL 方程。节点电压方程的一般式为

$$\begin{cases}G_{11}U_{n1}+G_{12}U_{n2}+\cdots+G_{1(n-1)}U_{n(n-1)}=I_{S11}\\ G_{21}U_{n1}+G_{22}U_{n2}+\cdots+G_{2(n-1)}U_{n(n-1)}=I_{S22}\\ \cdots\\ G_{(n-1)1}U_{n1}+G_{(n-1)2}U_{n2}+\cdots+G_{(n-1)(n-1)}U_{n(n-1)}=I_{S(n-1)(n-1)}\end{cases}$$

（3）弥尔曼定理是节点电压法的特殊情况，适合于只有两个节点的电路。独立节点的节点电压为

$$U_{n1}=\frac{\sum I_{Si}}{\sum G_i}$$

四、叠加定理

对于线性电路，任一瞬间，任一处的电流或电压响应，恒等于各个独立电源单独作用时在该处产生的响应的代数和。

五、戴维南定理

任一含独立电源的线性二端网络，对外电路而言，总可以等效为一理想电压源与电阻串联的模型，此理想电压源的电压等于原二端网络端口处的开路电压 U_{OC}，其串联电阻的阻值等于原二端网络中所有独立电源置零后，从端口处得到的等效电阻 R_0。

一、填空题

2-1 串联电路的特点是____________________。

2-2 并联电路的特点是____________________。

2－3　两个电阻 R_1 和 R_2 组成一串联电路，已知 $R_1:R_2=1:2$，则通过两电阻的电流之比 $I_1:I_2=$________，两电阻上电压之比 $U_1:U_2=$________，消耗功率之比 $P_1:P_2=$________。

2－4　两个电阻 R_1 和 R_2 组成一并联电路，已知 $R_1:R_2=1:2$，则两电阻两端电压之比 $U_1:U_2=$________，通过两电阻的电流之比 $I_1:I_2=$________，两电阻消耗功率之比 $P_1:P_2=$________。

2－5　三个电阻原接法如图 2－41（a）所示，是__________接法，现将图 2－41（a）等效成图 2－41（b），则图 2－41（b）是__________接法，其中 $R=$____________。

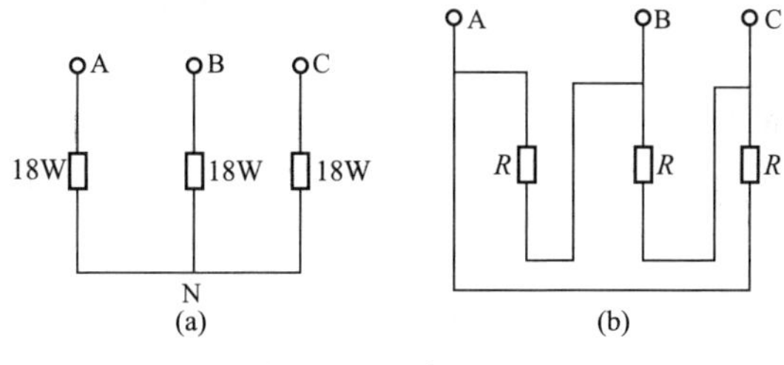

图 2－41　题 2－5 图

2－6　支路电流法是以________为未知量；节点电压法是以________为未知量。

2－7　叠加定理只适用于线性电路，并只限于计算线性电路中的________和________，不适用于计算电路的________。

2－8　运用戴维南定理可将一个有源二端网络等效成________，等效电压源的电压 U_{OC} 为有源二端网络的________电压。

二、判断题

2－9　导体的电阻与导体两端的电压成正比，与导体中流过的电流成反比。（　　）

2－10　两个阻值分别为 $R_1=10\Omega$、$R_2=5\Omega$ 的电阻串联。由于 R_2 电阻小，对电流的阻碍作用小，故流过 R_2 的电流比 R_1 中的电流大些。（　　）

2－11　在并联电路中，由于流过各电阻的电流不一样，因此，每个电阻的电压降也不一样。（　　）

2－12　电流表与被测负荷串联测量电流，电压表与被测负荷并联测量电压。（　　）

2－13　两个电压值不同的理想电压源可以并联，两个电流值不同的理想电流源可以串联。（　　）

2－14　在应用叠加原理时，考虑某一独立电源单独作用而其余电源不作用时，应把其余电压源短路、电流源开路。（　　）

2－15　在含有两个电源的线性电路中，当 U_1 单独作用时，某电阻消耗功率为 P_1，当 U_2 单独作用时消耗功率为 P_2，当 U_1、U_2 共同作用时，该电阻消耗功率为 P_1+P_2。（　　）

2－16　运用戴维南定理求解有源二端网络的等效电阻时，应将有源二端网络中所有的独立电源都开路后再求解。（　　）

三、选择题

2－17　两个阻值均为 R 的电阻，作串联时的等效电阻与作并联时的等效电阻之比为

（　　）。

A. 2∶1　　B. 1∶2　　C. 4∶1　　D. 1∶4

2-18　已知每盏节日彩灯的等效电阻为 2Ω，通过的电流为 0.2A，若将它们串联后接在 220V 的电源上，需串接（　　）。

A. 55 盏　　B. 110 盏　　C. 1100 盏　　D. 550 盏

2-19　两台额定功率相同但额定电压不同的用电设备，若额定电压为 110V 的设备的电阻为 R，则额定电压为 220V 设备的电阻为（　　）。

A. $2R$　　B. $R/2$　　C. $4R$　　D. $R/4$

2-20　一个 220V、100W 的灯泡和一个 220V、40W 的灯泡串联接在 380V 的电源上，则（　　）。

A. 220V、40W 的灯泡易烧坏　　B. 220V、100W 的灯泡易烧坏

C. 两个灯泡均易烧坏　　D. 两个灯泡均正常发光

四、分析计算题

2-21　电阻 R_1、R_2 串联，已知总电压 $U=10V$，总电阻 $R_1+R_2=100\Omega$，测出 R_1 上电压为 2V，求 R_1 和 R_2 的阻值。

2-22　两电阻 R_1、R_2 并联，已知 $R_1=10\Omega$，$R_2=30\Omega$，总电流 $I=12A$，试求等效电阻及流过每个电阻的电流。

2-23　图 2-42 所示电路中，U_S 不变，当 R_3 增大或减小时，电压表、电流表的读数将如何变化？说明其原因。

2-24　图 2-43 所示电路中，求：

(1) 开关 S 打开时，开关两端电压 U_{AB}。

(2) 开关闭合后流经开关的电流 I_{AB}。

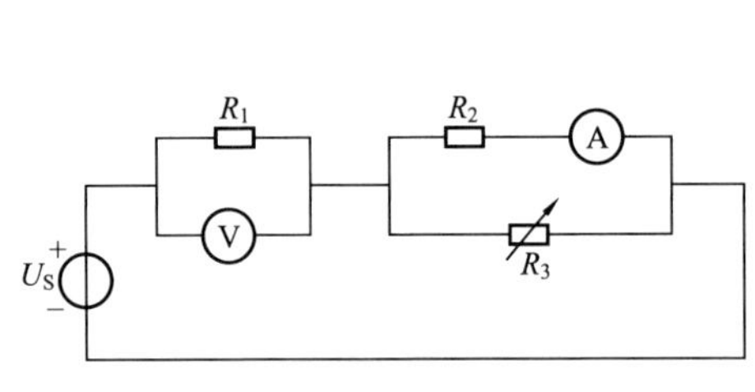

图 2-42　题 2-23 图

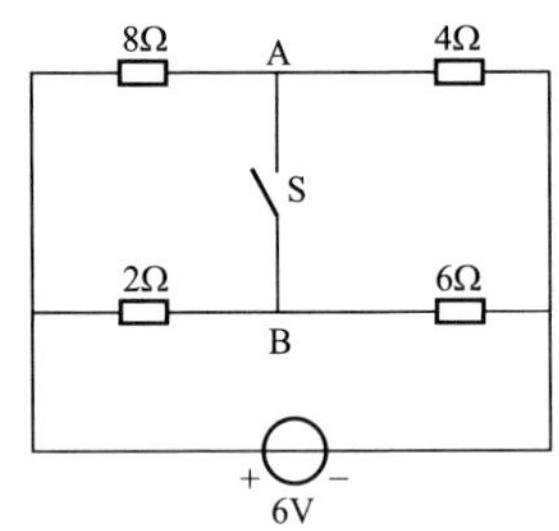

图 2-43　题 2-24 图

2-25　求图 2-44 所示各电路的等效电阻 R_{ab}。

2-26　求图 2-45 所示电路的等效电源模型。

2-27　求图 2-46 所示电路中的电流 I_1、I_2。

2-28　图 2-47 中，求电压 U 和电流 I。

2-29　用支路电流法求图 2-48 所示电路中各支路电流的方程组。

2-30　用支路电流法求图 2-49 所示电路中的电流 I。

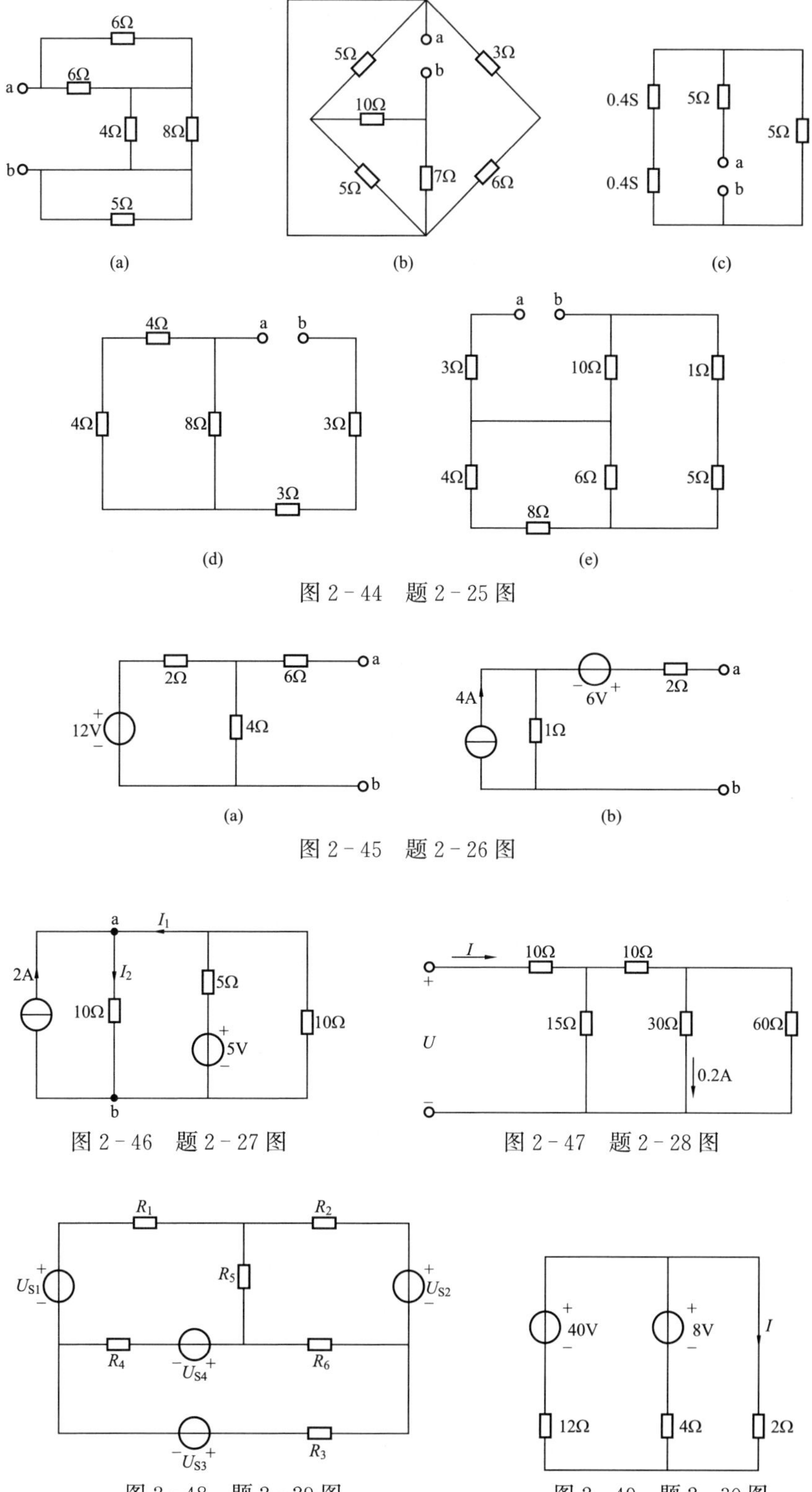

图 2-44　题 2-25 图

图 2-45　题 2-26 图

图 2-46　题 2-27 图

图 2-47　题 2-28 图

图 2-48　题 2-29 图

图 2-49　题 2-30 图

2-31 用节点分析法求图 2-50 所示电路的各支路电流。

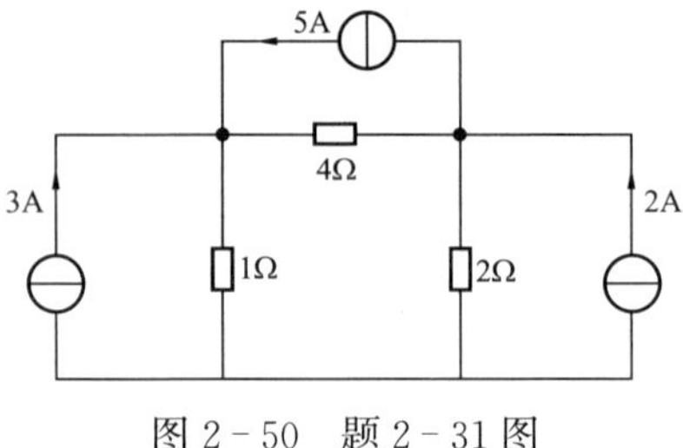

图 2-50 题 2-31 图

2-32 用弥尔曼定理求图 2-51 所示电路中的电流 I。

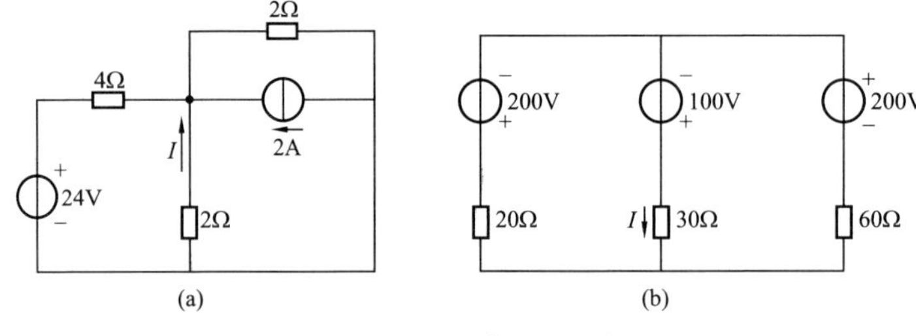

图 2-51 题 2-32 图

2-33 用叠加定理求图 2-52 所示电路中的电流 I。

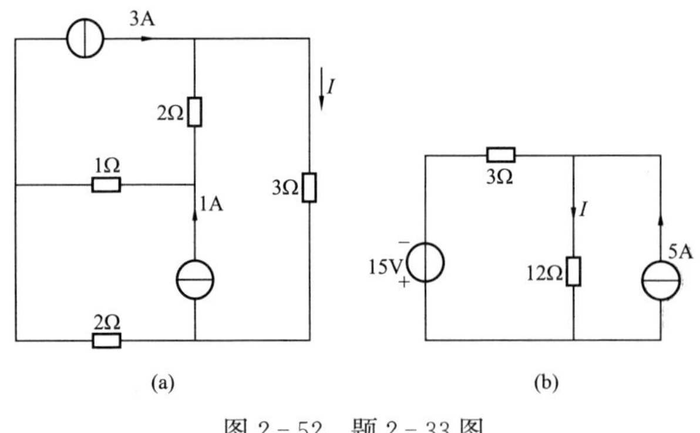

图 2-52 题 2-33 图

2-34 用戴维南定理求图 2-53 所示二端网络对端口 ab 的戴维南等效电路。

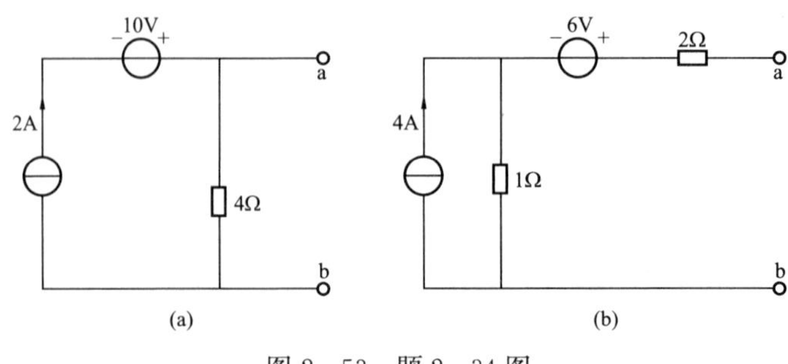

图 2-53 题 2-34 图

2－35　试分别用节点电压法、叠加定理、戴维南定理求图 2－49 所示电路中的电流 I。

2－36　用戴维南定理求图 2－54 所示电路中的电流 I。

2－37　电路如图 2－55（a）所示。试求：

（1）R_L 为何值时获得最大功率。

（2）R_L 获得的最大功率。

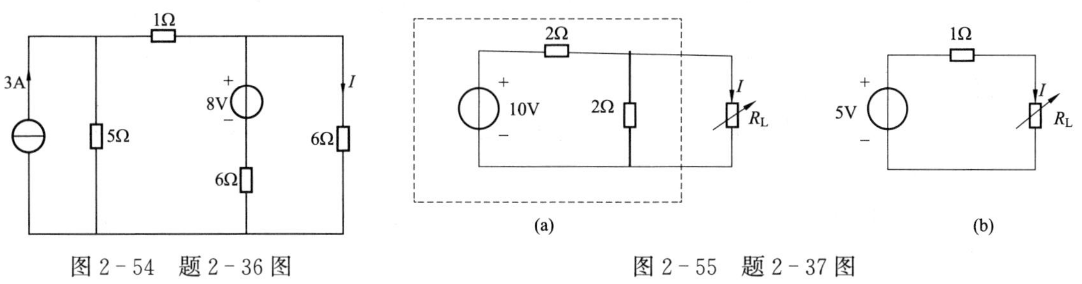

图 2－54　题 2－36 图

图 2－55　题 2－37 图

2－38　归纳并总结本章重点内容。

第三章　正 弦 交 流 电 路

电流、电压的大小和方向都随时间变化的电路叫交流电路。在工程实际中，经常遇到电压或电流随时间按正弦规律变化的电路，这样的电路称为正弦交流电路。正弦交流电路较之直流电路有许多优点，因而在工程中特别是电力系统中得到十分广泛的应用。

在电力系统中，全部电源都是同一频率的正弦交流电源，供电、用电电路各处的电流和电压也是同一频率的正弦函数。

本章内容主要包括正弦交流电路的基本概念、正弦交流电路的基本分析方法、正弦交流电路的功率、电路的谐振。

基本要求：

（1）了解正弦交流电的基本特性，掌握正弦交流电的表示方法及其相量表示。

（2）了解单个参数的正弦交流电路特点，掌握其相量计算方法。

（3）了解正弦交流电路的特点，掌握其相量计算方法。

（4）了解正弦电路中阻抗、阻抗角的意义，掌握其在电路中的计算。

（5）了解串联、并联谐振的意义和条件。

（6）了解正弦交流电路的不同功率之间的关系，掌握其计算方法。

第一节　正 弦 量 的 基 本 概 念

一、正弦量的三要素

随时间按正弦函数规律变化的电压、电流、电动势统称正弦量，正弦交流电路中的电压和电流都是正弦量。正弦量的特点是其瞬时值按正弦规律变化，其变化的幅度、快慢及初始值分别由最大值（幅值）、角频率和初相位这三要素来确定。

1. 瞬时值和最大值

（1）瞬时值：正弦量在任一瞬间的数值称为瞬时值，瞬时值用小写字母表示。图 3－1 所示为正弦电流的波形，在指定参考方向下，它的解析式为

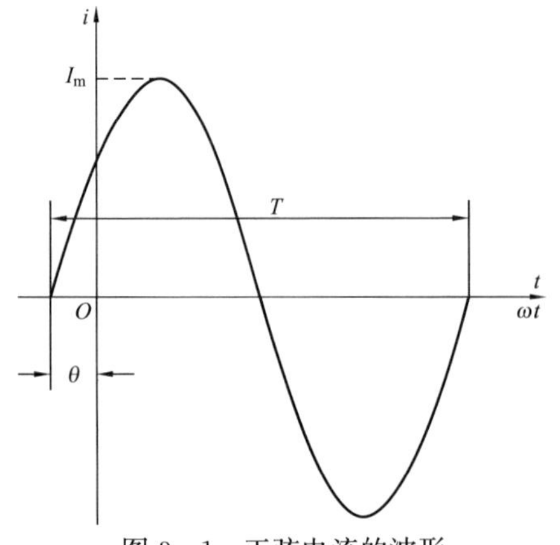

图 3－1　正弦电流的波形

$$i = I_m \sin(\omega t + \theta) \qquad (3-1)$$

式中：i 为电流在 t 时刻的瞬时值。

（2）最大值：正弦量在一个周期内振荡的正向最高点，又称为幅值或振幅。最大值用大写字母带下标 m 表示，如 I_m、U_m、E_m 分别表示电流、电压、电动势的幅值。

2. 周期、频率和角频率

角频率 ω、频率 f、周期 T 反映正弦量随时间变化的快慢。

(1) 周期 T：正弦量完整变化一周所需要的时间。周期的 SI 单位为 s（秒）。

(2) 频率 f：正弦量在单位时间内变化的周数。频率的 SI 单位为 Hz（赫兹）。我国的工业用电频率为 50Hz，简称工频。

周期与频率的关系为

$$f=\frac{1}{T} \tag{3-2}$$

(3) 角频率 ω：正弦量单位时间内变化的弧度数。角频率的 SI 单位为 rad/s（弧度每秒）。

角频率与周期及频率的关系为

$$\omega=\frac{2\pi}{T}=2\pi f \tag{3-3}$$

【例 3-1】 试求工频（$f=50$Hz）正弦量的周期及角频率。

解 由式（3-2）得周期为

$$T=\frac{1}{f}=\frac{1}{50}=0.02\ (\text{s})$$

由式（3-3）得角频率为

$$\omega=2\pi f=2\times 3.14\times 50=314\ (\text{rad/s})$$

3. 相位和初相

(1) 相位：正弦量解析式（3-1）中随时间变化的电角度（$\omega t+\theta$）称为相位或相位角，相位是时间的函数，反映了正弦量随时间变化的整个进程。

(2) 初相：$t=0$ 时的相位角 θ，称为初相位或初相，即

$$\theta=\omega t+\theta|_{t=0} \tag{3-4}$$

初相确定了正弦量计时起点的位置，初相的单位为弧度或度，通常在 $|\theta|\leqslant\pi$ 的范围内取值。显然，初相 θ 的大小与计时起点的选择有关。选择不同的计时起点，则正弦量的初相就不一样。如果选择正弦量由负向正变化时瞬时值为零的瞬间为计时起点，则初相 $\theta=0$，其波形如图 3-2 所示，解析式为 $i=I_m\sin\omega t$。

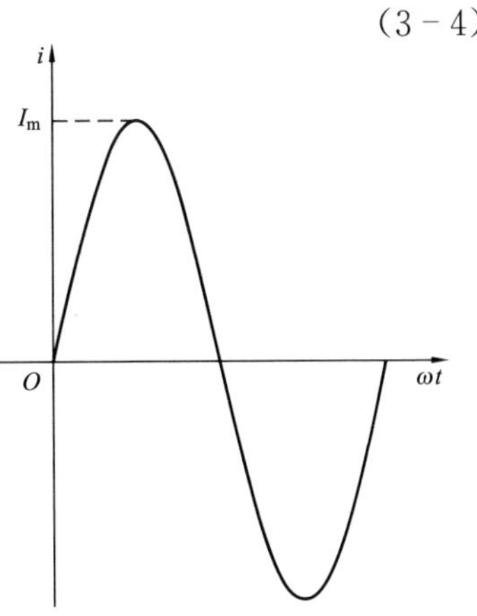

图 3-2　初相为零的正弦波形

正弦量的最大值反映了正弦量变化的大小；角频率（或频率、周期）反映了正弦量随时间变化的快慢程度；初相则确定了正弦量计时起点的位置。只要这三个要素确定之后，则正弦量无论是解析式还是波形图，都是唯一确定的。因此，把最大值、角频率及初相称为正弦量的三要素。

【例 3-2】 已知正弦量 $e=311\sin(100\pi t+30°)$ V，$u=10\sin(314t+210°)$ V，$i=-20\sin(100t+45°)$ A，试求它们的三要素。

解 (1) 因为 $e=311\sin(100\pi t+30°)$V，所以它的三要素分别为

$$E_m=311\text{V},\quad \omega=100\pi\text{rad/s},\quad \theta_e=30°$$

(2) 由于 $u=10\sin(314t+210°)$，初相的取值范围通常在 $|\theta|\leqslant\pi$ 内，因此将其写成

$$u=10\sin(314t+210°)=10\sin(314t-150°)\quad (\text{V})$$

于是有

$$U_m = 10\text{V},\quad \omega = 314\text{rad/s},\quad \theta_u = -150°$$

（3）因为 $i=-20\sin(100t+45°)$，而最大值不能为负值，将其改写成

$$i = -20\sin(100t + 45°) = 20\sin(100t - 135°)\quad (\text{A})$$

所以

$$I_m = 20\text{A},\quad \omega = 100\text{rad/s},\quad \theta_i = -135°$$

二、正弦量的相位差

在比较两个正弦量的相位关系时，经常用到相位差的概念。两个同频率的正弦量，比如

$$i_1 = I_{m1}\sin(\omega t + \theta_1)$$

$$i_2 = I_{m2}\sin(\omega t + \theta_2)$$

它们之间的相位之差称为相位差，用 φ 表示，则

$$\varphi = (\omega t + \theta_1) - (\omega t + \theta_2) = \theta_1 - \theta_2 \tag{3-5}$$

可见，两个同频率正弦量的相位差，等于它们的初相之差，是一个与时间无关的常数。如果两个正弦量的频率不同，则其相位差将随时间变动，今后，如无特别说明，所提到的相位差均指同频率正弦量的相位差，通常规定 $|\varphi| \leqslant \pi$。

对于上述两个正弦电流 i_1 和 i_2，其相位差有以下几种情况：

（1）如果 $\varphi>0$，则称为 i_1 超前 i_2，超前的角度为 φ。它表示 i_1 先于 i_2 一段时间（φ/ω）达到零值或最大值，如图 3-3 所示，也可以称为 i_2 滞后 i_1。

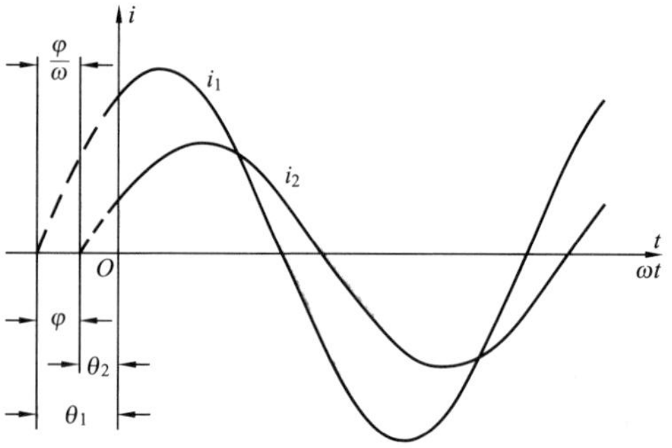

图 3-3　电流 i_1 和 i_2 的波形

（2）如果 $\varphi=0$，则称为 i_1 与 i_2 同相，如图 3-4（a）所示。

（3）如果 $\varphi<0$，则称为 i_1 滞后 i_2，滞后的角度为 $|\varphi|$。

（4）如果 $\varphi=\dfrac{\pi}{2}$，则称为 i_1 与 i_2 正交，如图 3-4（b）所示。

（5）如果 $\varphi=\pm\pi$，则称为 i_1 与 i_2 反相，如图 3-4（c）所示。

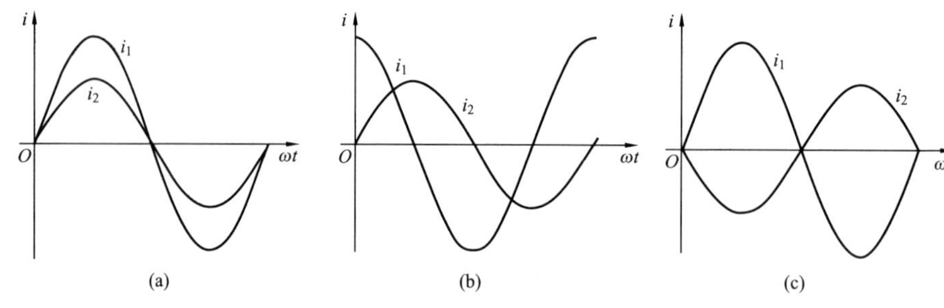

图 3-4　i_1 和 i_2 相位差为特殊值时的波形

(a) i_1 与 i_2 同相；(b) i_1 与 i_2 正交；(c) i_1 与 i_2 反相

【例 3-3】　已知 $u=311\sin(\omega t+60°)$ V，$i=14.1\sin(\omega t-150°)$ A，试问哪一个正弦量超前，超前多少角度？

解　$$\varphi=\theta_u-\theta_i=60-(-150°)=210°$$

因相位差的取值范围是$|\varphi|\leqslant\pi$，与 210°角终边相同且绝对值不超过 180°的角为$-360°+210°=-150°$，所以 i 超前 u 的角度为 150°。

三、周期量和正弦量的有效值

电路的一个主要作用是转换能量。周期量的瞬时值和幅值都不能确切地反映它们在能量转换方面的效果，为此，引入有效值这个概念。有效值用大写字母表示，如 I、U 等。

1. 周期量的有效值

周期量是指那些随时间周期性变化的电压、电流、电动势，如正弦波、方波、三角波等。假定周期电流 i 和直流电流 I 分别通过两个相同的电阻 R，如果在相同的时间 T（周期电流的周期）内产生的热量相等，则把直流电流 I 的数值称为周期电流 i 的有效值，用大写字母 I 表示。有效值可以确切地反映交流电的做功能力。

直流电流在时间 T 内产生的热量为

$$Q=I^2RT \tag{3-6}$$

周期电流在时间 T 内产生的热量为

$$Q=\int_0^T i^2R\,\mathrm{d}t \tag{3-7}$$

如果要两个电流产生的热量相等，即

$$I^2RT=\int_0^T i^2R\,\mathrm{d}t$$

则周期电流的有效值为

$$I=\sqrt{\frac{1}{T}\int_0^T i^2\,\mathrm{d}t} \tag{3-8}$$

式（3-8）是有效值的定义式，由该式运算过程来看，需经过平方、平均、方根，因此有效值也叫方均根值。上述有效值定义式对于任何周期性交变量均适用。

故周期电压的有效值表达式为

$$U=\sqrt{\frac{1}{T}\int_0^T u^2\,\mathrm{d}t} \tag{3-9}$$

2. 正弦量的有效值

将正弦电流 $i=I_m\sin\omega t$ 代入式（3-8），可得

$$I=\sqrt{\frac{1}{T}\int_0^T I_m^2\sin^2\omega t\,\mathrm{d}t}=\sqrt{\frac{I_m^2}{T}\int_0^T\frac{1}{2}(1-\cos2\omega t)\,\mathrm{d}t}=\frac{I_m}{\sqrt{2}} \tag{3-10}$$

同理，正弦电压的有效值为

$$U=\frac{U_m}{\sqrt{2}} \tag{3-11}$$

重要结论： 正弦量的最大值是有效值的$\sqrt{2}$倍。

工程上，通常所说的交流电流或电压的大小都是指有效值，譬如普通照明用 220V 交流电压就是指有效值为 220V，交流测量仪表指示的电压或电流均为有效值，电气设备铭牌上的额定值也是指有效值，但绝缘水平、耐压值指的是最大值。

注意：

（1）在正弦电路中字母符号的不同写法代表不同的含义：小写字母（i、u、e）表示瞬时值，大写字母（I、U、E）表示有效值，大写字母加下标 m（I_m、U_m、E_m）表示最大值（幅值）。要正确地掌握各自的含义并严格加以区分。

（2）相位和初相是正弦量专有概念，幅值和有效值之间的$\sqrt{2}$倍关系也是正弦量所特有的，这些都不能在非正弦量中随意引用。

34. 正弦量的相量表示法

第二节　正弦量的相量表示法

分析电路时，经常要做电压、电流的加减乘除运算。正弦交流电路中的电压和电流，都是正弦量，不仅数值上大小不等，而且还有相位上的差异。要进行正弦量的加减乘除运算，如果直接按正弦量的解析式或波形分析计算，那将是非常繁琐的。在正弦交流电路，所有的响应都是与激励同频率的正弦量，要求响应正弦量只需求有效值和初相这两个要素。一个复数可以同时表示一个正弦量的有效值和初相，相量法就是用复数表示正弦量，从而借助于复数运算，简化正弦交流电路的分析计算的方法，它是分析求解正弦交流电路稳态响应的一种有效工具。在本节中，先扼要地复习复数的相关知识，再介绍怎样用复数（相量）表示正弦量。

一、复数

1. 复数的两种表示形式

（1）代数形式（又称直角坐标式）。代数形式的具体表达式为

$$A = a + \mathrm{j}b \tag{3-12}$$

式中：实数 a 称为实部；实数 b 称为虚部；$\mathrm{j}=\sqrt{-1}$ 称为虚数单位（在数学中常用 i 表示，在电路中已用 i 表示电流，故改用 j）。

以直角坐标系的横轴为实轴，纵轴为虚轴，该坐标系所在的平面称为复平面。复平面上的点与复数一一对应。复数 $A=a_1+\mathrm{j}b_1$ 所对应的为图 3-5（a）中的 A 点，而 B 点对应的复数 $B=a_2+\mathrm{j}b_2$。

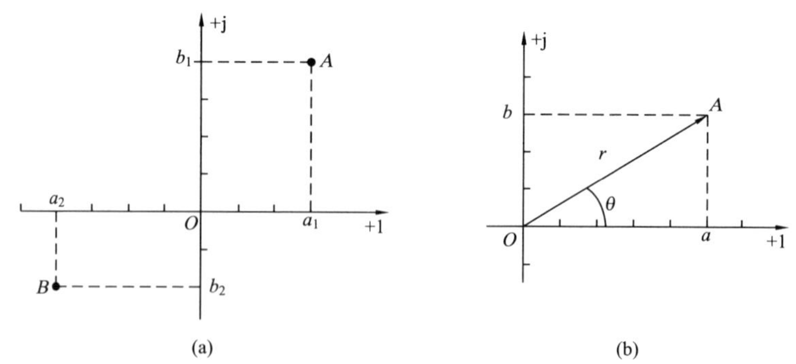

图 3-5　复数的表示

(a) 复数与复平面上点的关系；(b) 复数的矢量表示

复数还与复平面上的矢量一一对应。复数 $A=a+\mathrm{j}b$ 可用图 3-5（b）中的矢量$\overrightarrow{OA}$表示。在实轴上的投影是它的实部 a，在虚轴上的投影称为其虚部 b。

(2) 指数形式（又称极坐标式）。由欧拉公式

$$e^{j\theta}=\cos\theta+j\sin\theta \tag{3-13}$$

可得

$$A=a+jb=r\cos\theta+jr\sin\theta=re^{j\theta} \tag{3-14}$$

所以，复数的指数形式的具体表达式为

$$A=re^{j\theta} \tag{3-15}$$

可以简写为

$$A=r\angle\theta \tag{3-16}$$

式（3－16）即为复数的极坐标形式。

图 3－5（b）中的矢量$\overrightarrow{OA}$除可以用直角坐标形式 $A=a+jb$ 中的实部 a 和虚部 b 确定外，还可以用极坐标形式 $A=r\angle\theta$ 中的 r 和 θ 来确定。其中，r 是矢量的长度，称为复数的模；θ 是矢量和正实轴的夹角，称为复数的辐角。

两种表达形式间具有如下相互转换关系

$$r=\sqrt{a^2+b^2} \quad 及 \quad \tan\theta=\frac{b}{a} \tag{3-17}$$

$$a=r\cos\theta \quad 及 \quad b=r\sin\theta \tag{3-18}$$

正弦交流电路的计算中，经常会用到两种形式的互换关系，由图 3－5（b）中的直角三角形 OAa 便能很方便地记住它们。另外，记住以下几个特殊的复数对今后的学习会有帮助

$$1=1\angle 0^\circ,\quad -1=1\angle 180^\circ,\quad j=1\angle 90^\circ,\quad -j=1\angle -90^\circ,\quad -j=\frac{1}{j}$$

2. 复数的运算

(1) 复数的加减运算。复数的加减运算一般用代数形式进行。设

$$A=a_1+jb_1,\quad B=a_2+jb_2$$

则有

$$A+B=(a_1\pm a_2)+j(b_1\pm b_2) \tag{3-19}$$

式（3－19）表明，复数相加（或相减）时，将实部和实部相加（或相减），虚部和虚部相加（或相减）。

复数的加减运算也可以用矢量相加减的平行四边形法则或三角形法则用作图法进行，如图 3－6 所示。

(2) 复数的乘除运算。复数的乘除运算一般用极坐标形式进行。设

$$A=r_1\angle\theta_1,\quad B=r_2\angle\theta_2$$

则有

$$AB=r_1\angle\theta_1\times r_2\angle\theta_2=r_1r_2\angle(\theta_1+\theta_2) \tag{3-20}$$

$$\frac{A}{B}=\frac{r_1\angle\theta_1}{r_2\angle\theta_2}=\frac{r_1}{r_2}\angle(\theta_1-\theta_2) \tag{3-21}$$

式（3－20）与式（3－21）表明，复数相乘时，将模和模相乘，辐角和辐角相加；复数相除时，模和模相除，辐角和辐角相减。

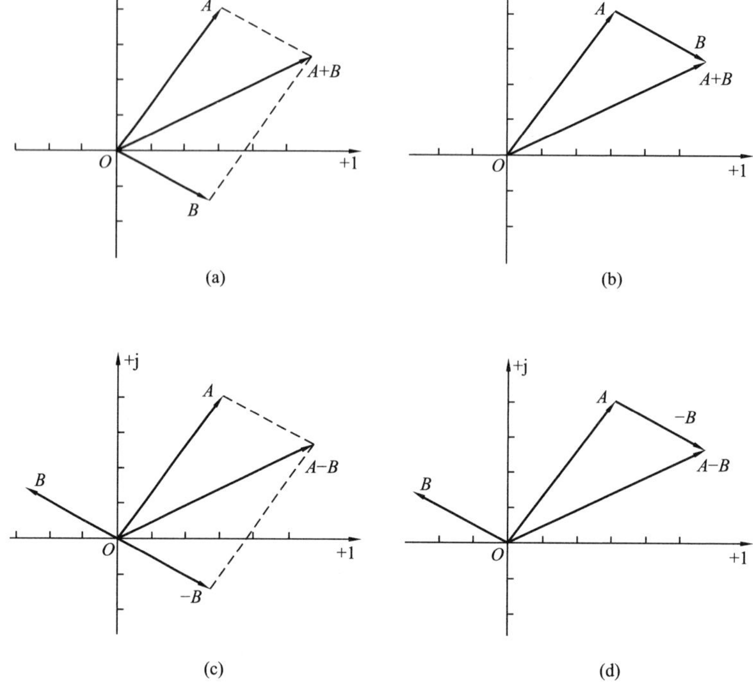

图 3－6 复数加减运算的矢量图

(a) 加法的平行四边形法则；(b) 加法的三角形法则；(c) 减法的平行四边形法则；(d) 减法的三角形法则

【例 3－4】 已知 $A=6+\mathrm{j}8$，$B=8-\mathrm{j}6$，试求 $A+B$、AB。

解题思路： 已知两个代数形式的复数 A 和 B，进行相乘运算时，将其化成极坐标形式较简便。

解 (1) $A+B=(6+\mathrm{j}8)+(8-\mathrm{j}6)=14+\mathrm{j}2$

(2) $AB=(6+\mathrm{j}8)\times(8-\mathrm{j}6)=10\angle 53.1^\circ\times 10\angle -36.9^\circ=100\angle 16.2^\circ$

【例 3－5】 已知 $A=5\angle 47^\circ$，$B=10\angle -25^\circ$，试求 $A+B$、$\dfrac{A}{B}$。

解题思路： 已知两个极坐标形式的复数 A 和 B，进行相加运算时，将其化成代数形式较简便。

解 (1)
$$
\begin{aligned}
A+B&=5\angle 47^\circ+10\angle -25^\circ\\
&=(5\cos 47^\circ+\mathrm{j}5\sin 47^\circ)+[10\cos(-25^\circ)+\mathrm{j}10\sin(-25^\circ)]\\
&=(3.41+\mathrm{j}3.657)+(9.063-\mathrm{j}4.226)\\
&=12.47-\mathrm{j}0.569\\
&=12.48\angle -2.61^\circ
\end{aligned}
$$

(2) $\dfrac{A}{B}=\dfrac{5\angle 47^\circ}{10\angle -25^\circ}=0.5\angle 72^\circ$

二、正弦量的相量表示法

要表示正弦量 $i=I_{\mathrm{m}}\sin(\omega t+\theta)$，可在复平面上作一矢量 $\overrightarrow{OA}$，其长度按比例等于该正

弦量的幅值 I_m，矢量与正实轴的夹角等于初相 θ，假定矢量以 ω 为角速度绕坐标原点逆时针方向旋转，如图 3-7 所示。这个旋转矢量各个时刻在纵轴上的投影即是该时刻正弦量的瞬时值。

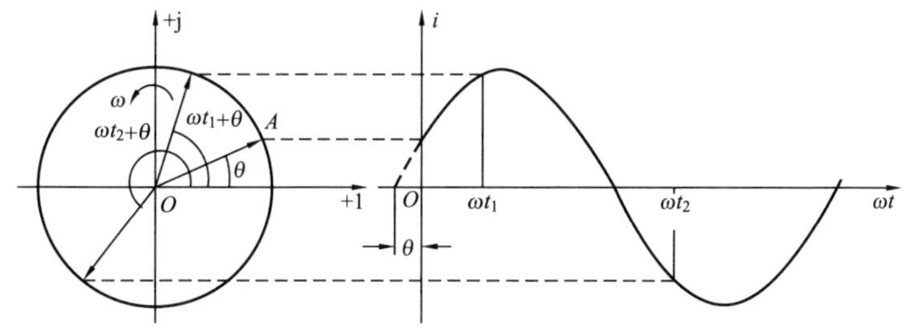

图 3-7　正弦量的相量表示

这样一来，这个反映了正弦量三要素的旋转矢量 $I_m e^{j(\omega t+\theta)}$ 便可以完整地表示一个正弦量。考虑到正弦电流电路中各正弦量都具有相同的角频率，在每一个表示正弦量三要素的旋转矢量 $I_m e^{j(\omega t+\theta)}$ 中均有相同的旋转因子 $e^{j\omega t}$，因此在表达式中可以略去旋转矢量 $e^{j\omega t}$，即可以只用起始位置的矢量 $I_m e^{j\theta}$ 来表示正弦电流 i。起始位置的矢量又与一个复数 $I_m \angle\theta$ 对应，因此，正弦量 i 便可对应地用复数 $I_m \angle\theta$ 来表示。又因为常用的是有效值，所以常用复数 $I\angle\theta$ 来表示正弦量 i。

这样的模等于正弦量的最大值或有效值，辐角等于正弦量的初相的复数，称为正弦量的相量。复数的模等于正弦量的最大值，$I_m \angle\theta$ 称为正弦电流 i 的最大值相量，它用最大值大写字母上加一圆点“·”表示，如 $\dot{I}_m = I_m \angle\theta_i$，$\dot{U}_m = U_m \angle\theta_u$。复数 $I\angle\theta$ 的模等于正弦量的有效值，辐角等于正弦量的初相，称它为该正弦量的有效值相量，它用有效值大写字母上加一圆点“·”表示，如 $\dot{I} = I\angle\theta_i$，$\dot{U} = U\angle\theta_u$。本书中如无特别声明，正弦量相量均指有效值相量。

表示正弦量的相量既然是一个复数，自然可在复平面上用图形表示，这样将一些同频率的正弦量的相量画在同一复平面上，所形成的图形称为相量图。

注意：

(1) 只有相同频率的正弦量才能画在同一相量图上。

(2) 正弦量的相量也是对应于选定的参考方向而言的，同一正弦量，参考方向选择不同，初相相差 180°，它们的相量的辐角也相差 180°，在相量图上方向相反。

(3) 用相量表示正弦量是为了简化运算，它是一种数学工具，正弦量并不等于相量，而是与相量对应，可以用相量表示。

【例 3-6】 试用相量表示 $u = 220\sqrt{2}\sin(\omega t - 60°)$ V，$i = 10\sin(\omega t + 45°)$ A，并绘出相量图。

解题思路： 正弦量的有效值相量由有效值和初相组成，所以应确定正弦量解析式中，哪部分是有效值，哪部分是初相。

解　(1) $\dot{U} = 220\angle -60°$ (V)

$$\dot{I} = 5\sqrt{2}\angle 45° \text{ (A)}$$

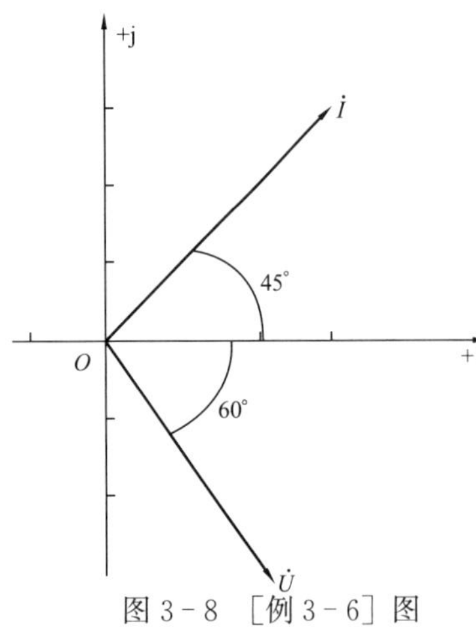

图 3－8 ［例 3－6］图

（2）相量图如图 3－8 所示。

【例 3－7】 两工频正弦电流的相量 $\dot{I}_1=10\angle 60°\text{A}$，$\dot{I}_2=5\angle -30°\text{A}$，试求两电流的解析式。

解题思路： 求电流的解析式是求用三要素表示的瞬时值形式，已知电流是工频正弦量，所以频率 f 就已知，其有效值与初相可由电流的相量形式得到。

解 （1）角频率为

$$\omega=2\pi f=2\pi\times 50=100\pi(\text{rad/s})$$

（2）由电流的相量形式可得

$$I_1=10\text{A},\quad \theta_1=60°$$
$$I_2=5\text{A},\quad \theta_2=-30°$$

（3）两电流的解析式即瞬时值，分别用三要素表示为

$$i_1=\sqrt{2}I_1\sin(\omega t+\theta_1)=10\sqrt{2}\sin(100\pi t+60°)\quad(\text{A})$$
$$i_2=\sqrt{2}I_2\sin(\omega t+\theta_2)=5\sqrt{2}\sin(100\pi t-30°)\quad(\text{A})$$

三、同频率正弦量的和与差

设有两个同频率的正弦量

$$i_1=\sqrt{2}I_1\sin(\omega t+\theta_1)$$
$$i_2=\sqrt{2}I_2\sin(\omega t+\theta_2)$$

求其和与差，即 $i=i_1\pm i_2$。如果直接按三角函数计算或波形分析计算，那将是非常繁琐的。引入相量这个概念后，求解正弦量的和、差就比较方便了。

可以证明，同频率正弦量的和与差 i 仍为同频率正弦量，其和与差的相量 $\dot{I}$ 等于正弦量相量的和与差，即

$$\dot{I}=\dot{I}_1\pm\dot{I}_2\tag{3-22}$$

式中：$\dot{I}$、$\dot{I}_1$、$\dot{I}_2$ 分别为 i、i_1、i_2 的相量。

由式（3－22）可见，求两个同频率的正弦量和与差 $i=i_1\pm i_2$，可以转化成相应的相量加减运算，即 $\dot{I}=\dot{I}_1\pm\dot{I}_2$，求得 $\dot{I}$ 后，再根据正弦量 i 和相量 $\dot{I}$ 之间的对应关系，即可得到正弦量 i。

【例 3－8】 已知 $u_1=70.7\sqrt{2}\sin(\omega t+45°)$ V，$u_2=42.4\sqrt{2}\sin(\omega t-30°)$ V，试求 $u=u_1+u_2$，并绘出相量图。

解题思路： 求两个正弦量 u_1 和 u_2 的和 u，可先求出 u 的相量形式 $\dot{U}=\dot{U}_1+\dot{U}_2$，再得到解析式 u。

解 （1）两个电压的相量形式为

$$\dot{U}_1=70.7\angle 45°(\text{V}),\quad \dot{U}_2=42.4\angle -30°(\text{V})$$

（2）两个相量的和为

$$\begin{aligned}\dot{U}&=\dot{U}_1+\dot{U}_2\\&=70.7\angle 45°+42.4\angle -30°\end{aligned}$$

$$=(50+j50)+(36.7-j21.2)$$
$$=86.7+j28.8=91.4\angle 18.4^\circ\ (V)$$

所以

$$u=91.4\sqrt{2}\sin(\omega t+18.4^\circ)\quad (V)$$

(3) 相量图如图 3-9 所示。

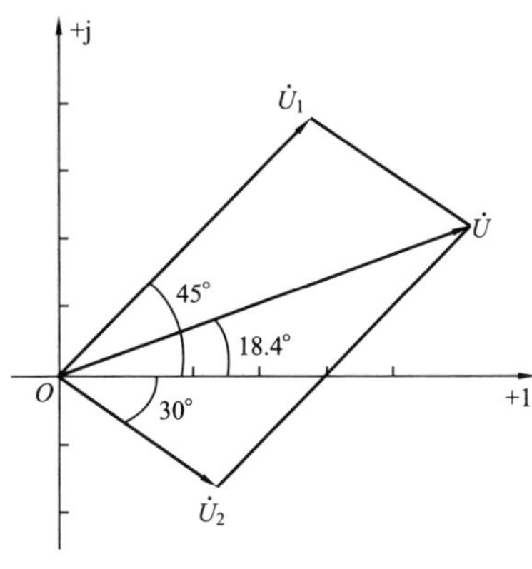

图 3-9 [例 3-8] 图

第三节　正弦电路中的电阻元件

23. 正弦电路中的电阻元件

线性电阻元件、电感元件和电容元件的一般特性在第一章中已经给出，这三类元件在正弦电路这一特定条件中的情况又将如何呢？下面将一一进行介绍，本节先介绍电阻元件。

一、电压与电流关系

如图 3-10 所示，关联参考方向下，线性电阻元件的电压、电流关系满足欧姆定律，即 $u=Ri$，设流过电阻元件的电流是正弦电流

$$i=\sqrt{2}I\sin(\omega t+\theta_i)\tag{3-23}$$

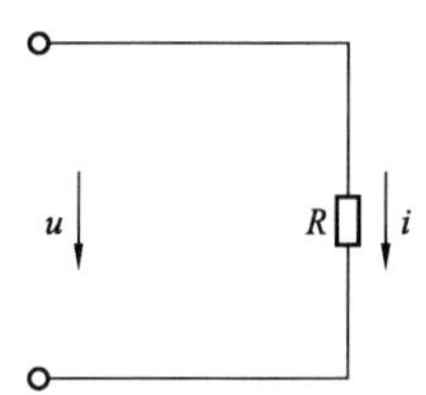

图 3-10　电阻电路

则电阻元件的电压为

$$u=Ri=\sqrt{2}RI\sin(\omega t+\theta_i)\tag{3-24}$$

又因为

$$u=\sqrt{2}U\sin(\omega t+\theta_u)\tag{3-25}$$

故可得以下关系

$$U=RI,\quad \theta_u=\theta_i\tag{3-26}$$

可见，电阻元件的电压和电流是同频率的正弦量，而且同相。它们的有效值或最大值之间仍满足欧姆定律。

将以上关系写成相量形式，可得

$$\dot{U}=U\angle\theta_u=RI\angle\theta_i=R\dot{I}$$

即

$$\dot{U}=R\dot{I} \tag{3-27}$$

也可写成

$$\dot{I}=G\dot{U} \tag{3-28}$$

电阻中电压、电流的波形图和相量图如图 3－11 所示。

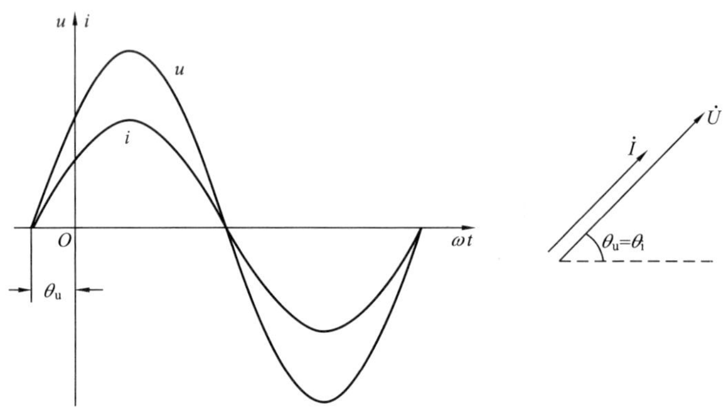

图 3－11　电阻中电压、电流的波形图和相量图

二、功率

电阻元件是耗能元件，在正弦电路中也同样消耗功率。在正弦电路中，由于电压、电流随时间变化，电路的功率也随时间变化，这个随时间变化的功率称为瞬时功率，用小写字母 p 表示 ，即

$$p=ui \tag{3-29}$$

设 $\theta_u=\theta_i=0$，将 u、i 的解析式代入式（3－29），可得电阻元件的瞬时功率为

$$\begin{aligned}p&=ui=\sqrt{2}U\sin\omega t\times\sqrt{2}I\sin\omega t=2UI\sin^2\omega t\\&=UI(1-\cos2\omega t)\end{aligned} \tag{3-30}$$

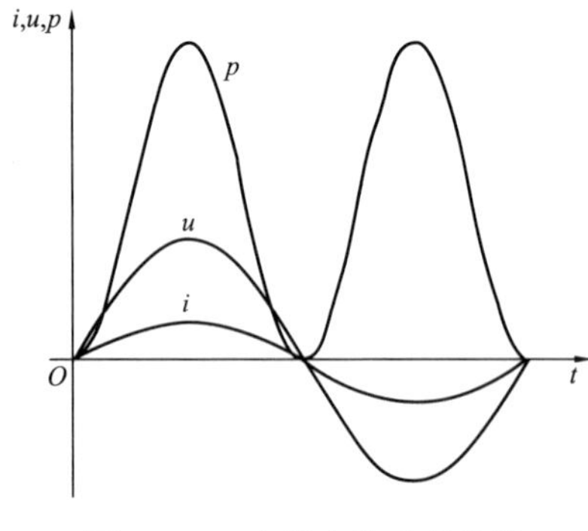

图 3－12　电阻中的功率曲线

瞬时功率随时间变化的曲线如图 3－12 所示。整个曲线在横轴的上方，正如同式（3－30）所表明的那样，关联参考方向下，$p\geqslant0$，表明电阻元件是耗能元件。

瞬时功率的实际意义不大，工程上通常引用平均功率的概念。一般都用瞬时功率在一周期内的平均值即平均功率来表示，平均功率用大写字母 P 表示，即

$$P=\frac{1}{T}\int_0^T p\,\mathrm{d}t \tag{3-31}$$

把式（3－30）代入式（3－31），可得

$$P=\frac{1}{T}\int_0^T UI(1-\cos2\omega t)\mathrm{d}t=\frac{1}{T}\int_0^T UI\,\mathrm{d}t-\frac{1}{T}\int_0^T UI\cos2\omega t\,\mathrm{d}t=UI \tag{3-32}$$

把 $U=RI$ 或 $I=\dfrac{U}{R}$ 代入式（3－32），可得

$$P = UI = I^2R = \frac{U^2}{R} \tag{3-33}$$

平均功率反映了电路实际消耗电能的情况，所以又称为有功功率，或简称功率。它的SI单位为W（瓦）。例如，额定值为220V、25W的灯泡，表明灯泡接220V电压时，它消耗的平均功率是25W。

【例3-9】 $R=20\Omega$ 的电阻，通过它的电流 $i=20\sqrt{2}\sin(\omega t-45°)$ A，试求：

（1）电阻两端的电压 u（u 与 i 的参考方向相同）。

（2）电阻 R 的功率 P。

（3）作电压、电流的相量图。

解　（1）由式（3-27）得

$$\dot{U} = \dot{I}R = 20\angle -45° \times 20 = 400\angle -45° \text{（V）}$$

所以

$$u = 400\sqrt{2}\sin(\omega t - 45°) \quad \text{（V）}$$

（2）由式（3-33）得

$$P = UI = 400 \times 20 = 8000\text{（W）} = 8\text{（kW）}$$

或

$$P = I^2R = 20^2 \times 20 = 8000\text{（W）} = 8\text{（kW）}$$

（3）相量图如图3-13所示。

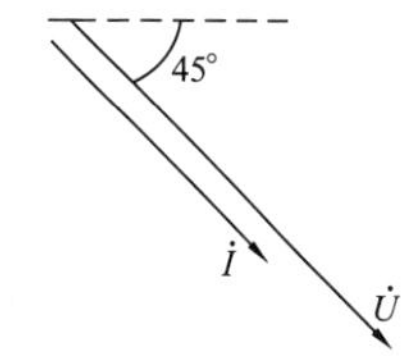

图3-13　［例3-9］图

第四节　正弦电路中的电感元件

31. 正弦电路中的电感元件

一、电压与电流关系

如图3-14所示，在关联参考下，电感元件的电压、电流关系为

$$u = L\frac{di}{dt} \tag{3-34}$$

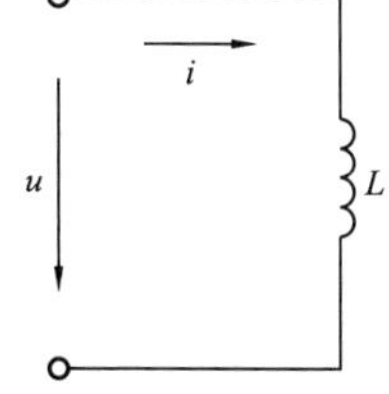

图3-14　电感电路

如果电感元件上通过一正弦电流 $i=\sqrt{2}I\sin(\omega t+\theta_i)$，则

$$u = L\frac{di}{dt} = \sqrt{2}\omega LI\cos(\omega t + \theta_i)$$

$$= \sqrt{2}\omega LI\sin\left(\omega t + \theta_i + \frac{\pi}{2}\right) \tag{3-35}$$

又因为 $u=\sqrt{2}U\sin(\omega t+\theta_u)$，可得以下关系

$$U = \omega LI,\quad \theta_u = \theta_i + \frac{\pi}{2} \tag{3-36}$$

可见，电感元件的电压超前电流 $\frac{\pi}{2}$ 弧度或90°，它们的有效值关系为 $U=\omega LI$。

设

$$X_L = \omega L = 2\pi fL \tag{3-37}$$

则有

$$U = \omega LI = X_LI \tag{3-38}$$

其中，X_L 反映了电感元件对电流的阻碍作用，称为感抗。X_L 的 SI 单位是 Ω（欧姆）。在电压一定的情况下，如果 X_L 越大，则 I 越小。注意，感抗等于电压、电流有效值或最大值之比，而不等于其瞬时值之比，感抗是正值；感抗只对正弦交流电才有意义。

感抗的倒数叫感纳，用 B_L 表示，即

$$B_L=\frac{1}{X_L}=\frac{1}{\omega L} \tag{3-39}$$

其中，B_L 的 SI 单位是 S（西门子），感纳是正值。由式（3-37）可知，电感 L 一定时，电感的感抗 X_L 与频率 f 成正比。频率越高，感抗越大。对于直流，频率为零，角频率为零，感抗 $X_L=\omega L=2\pi fL=0$，$U=\omega LI=X_LI=0$，所以在直流电路中，电感元件相当于短路。

将电感元件的电压、电流关系写成相量形式，可得

$$\dot{U}=U\angle\theta_{\mathrm{u}}=X_LI\angle\left(\theta_{\mathrm{i}}+\frac{\pi}{2}\right)=I\angle\theta_{\mathrm{i}}X_L\angle\frac{\pi}{2}=\mathrm{j}X_L\dot{I} \tag{3-40}$$

即

$$\dot{U}=\mathrm{j}X_L\dot{I} \tag{3-41}$$

电感中电压、电流的波形图和相量图（设 $\theta_{\mathrm{i}}=0$）如图 3-15 所示。

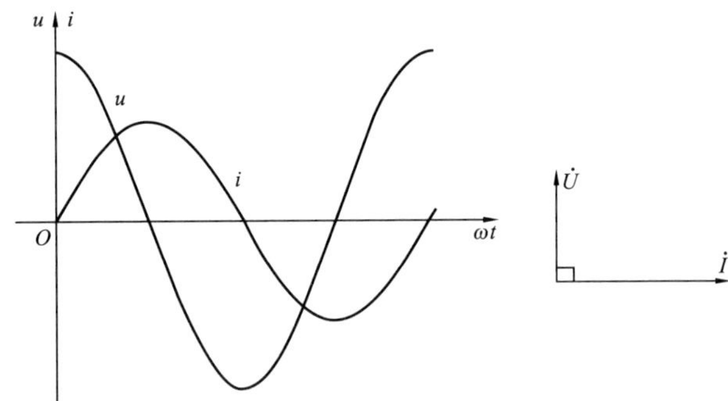

图 3-15 电感中电压、电流的波形图和相量图

二、功率

设电感电压 $u=\sqrt{2}U\sin\left(\omega t+\frac{\pi}{2}\right)$，电流 $i=\sqrt{2}I\sin\omega t$，则电感元件的瞬时功率为

$$p=ui=\sqrt{2}U\sin\left(\omega t+\frac{\pi}{2}\right)\sqrt{2}I\sin\omega t$$

$$=2UI\sin\omega t\cos\omega t=UI\sin 2\omega t \tag{3-42}$$

这表明电感元件的瞬时功率也是正弦函数，其频率为电压或电流频率的两倍，其功率曲线如图 3-16 所示。从图中可以看出，在第一、三个 1/4 周期内，$p>0$，电感吸收能量；在第二、四个 1/4 周期内，$p<0$，电感释放能量。在一个周期内，吸收和释放的能量是相等的，并不消耗能量。因此，电感元件是储存磁场能量的储能元件，而不是耗能元件。

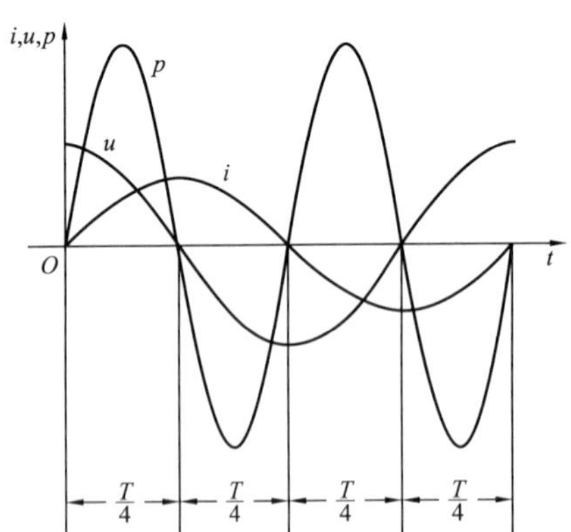

图 3-16 电感中的功率曲线

电感元件的平均功率为

$$P = \frac{1}{T}\int_0^T p\,\mathrm{d}t = \frac{1}{T}\int_0^T UI\sin 2\omega t\,\mathrm{d}t = 0 \tag{3-43}$$

电感元件虽不消耗能量，但不断吸收与释放能量，即与外部电路之间有能量交换。为了反映电感元件与外部交换能量的规模，把瞬时功率的最大值即电压与电流有效值的乘积称为电感元件的无功功率，用 Q_L 表示，于是

$$Q_L = UI = I^2 X_L = \frac{U^2}{X_L} \tag{3-44}$$

电感元件上的无功功率是感性无功功率。电力系统中大多数都是具有电感的设备，如电动机、变压器，感性无功功率在电力供应中占有很重要的地位。

无功功率具有与有功功率相同的量纲，但为了与有功功率相区别，无功功率的 SI 单位是 var（乏），工程上也常用 kvar（千乏）。

【例 3-10】 一电感 $L=2\mathrm{H}$，其端电压 $u=220\sqrt{2}\sin(314t-45°)$ V，试求：

(1) 电感上的电流 i（i 与 u 的参考方向相同）。

(2) 电感上的无功功率 Q_L。

(3) 作电压、电流相量图。

(4) 如电源有效值不变，其频率变为 100Hz，电感的电流有效值和无功功率各为多少？

解 (1) 电感元件的感抗为

$$X_L = \omega L = 314 \times 2 = 628\ (\Omega)$$

电感元件中的电流相量为

$$\dot{I} = \frac{\dot{U}}{\mathrm{j}X_L} = \frac{220\angle -45°}{\mathrm{j}628} = 0.35\angle -135°\ (\mathrm{A})$$

于是有

$$i = 0.35\sqrt{2}\sin(314t - 135°)\quad (\mathrm{A})$$

(2) 由式（3-44）得无功功率为

$$Q_L = UI = 220 \times 0.35 = 77\ (\mathrm{var})$$

(3) 相量图如图 3-17 所示。

(4) 若频率变为 100Hz，则感抗为

$$X_L = \omega L = 2\pi f L = 2 \times 3.14 \times 100 \times 2 = 1256\ (\Omega)$$

电流的有效值为

$$I = \frac{U}{X_L} = \frac{220}{1256} = 0.175\ (\mathrm{A})$$

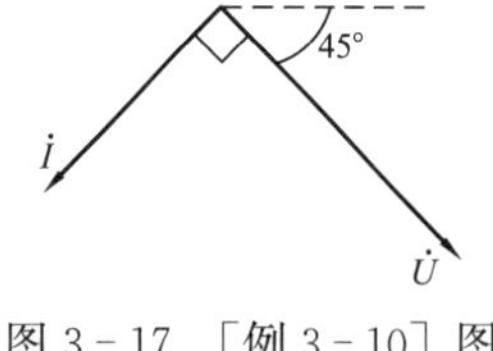

图 3-17 ［例 3-10］图

无功功率为

$$Q_L = UI = 220 \times 0.175 = 38.5\ (\mathrm{var})$$

第五节　正弦电路中的电容元件

32. 正弦电路中的电容元件

一、电压与电流关系

如图 3-18 所示，在关联参考方向下，电容元件的电压、电流关系为

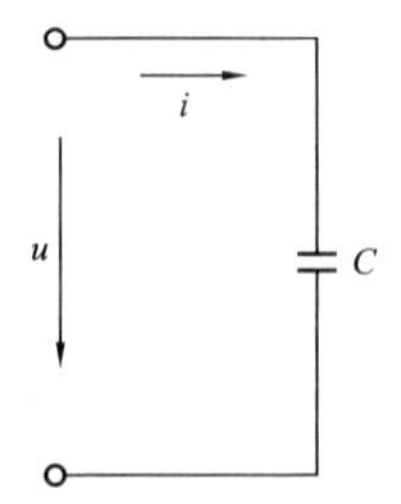

图 3-18 电容电路

$$i=C\frac{\mathrm{d}u}{\mathrm{d}t} \tag{3-45}$$

如果电容元件两端加一正弦电压 $u=\sqrt{2}U\sin(\omega t+\theta_u)$，则

$$\begin{aligned}i&=C\frac{\mathrm{d}u}{\mathrm{d}t}=\sqrt{2}\omega CU\cos(\omega t+\theta_u)\\&=\sqrt{2}\omega CU\sin\left(\omega t+\theta_u+\frac{\pi}{2}\right)\end{aligned} \tag{3-46}$$

又因为 $i=\sqrt{2}I\sin(\omega t+\theta_i)$，可得以下关系

$$I=\omega CU,\quad \theta_i=\theta_u+\frac{\pi}{2} \tag{3-47}$$

可见，电容元件的电流超前电压$\frac{\pi}{2}$弧度或 90°，它们的有效值关系为 $I=\omega CU$。

设

$$X_C=\frac{1}{\omega C}=\frac{1}{2\pi fC} \tag{3-48}$$

则

$$U=\frac{1}{\omega C}I=X_CI \tag{3-49}$$

其中，X_C 的 SI 单位是 Ω，X_C 可以反映电容元件对电流的阻碍作用，称为容抗。注意，容抗等于电压、电流有效值或最大值之比，而不等于其瞬时值之比。容抗是正值。

容抗的倒数叫容纳，用 B_C 表示，即

$$B_C=\frac{1}{X_C}=\omega C \tag{3-50}$$

其中，B_C 的 SI 单位是 S。容纳是正值。

由式（3-48）可知，电容 C 一定时，电容的容抗 X_C 与频率 f 成反比。频率越高，容抗越小。对于直流，频率为零，角频率为零，容抗 $X_C=\frac{1}{\omega C}=\frac{1}{2\pi fC}$趋于无穷大，虽有电压作用于电容元件，但电流 $I=\frac{U}{X_C}=0$，所以在直流电路中，电容元件相当于开路。

将电容元件的电压电流关系写成相量形式，可得

$$\dot{U}=U\angle\theta_u=X_CI\angle\left(\theta_i-\frac{\pi}{2}\right)=I\angle\theta_iX_C\angle-\frac{\pi}{2}=-\mathrm{j}X_C\dot{I}$$

即

$$\dot{U}=-\mathrm{j}X_C\dot{I} \tag{3-51}$$

电容中电压、电流的波形图和相量图如图 3-19 所示，图中假设电压为参考相量 $\theta_u=0$。

二、功率

设电容电压 $u=\sqrt{2}U\sin\omega t$，电流 $i=\sqrt{2}I\sin\left(\omega t+\frac{\pi}{2}\right)$，则电容元件的瞬时功率为

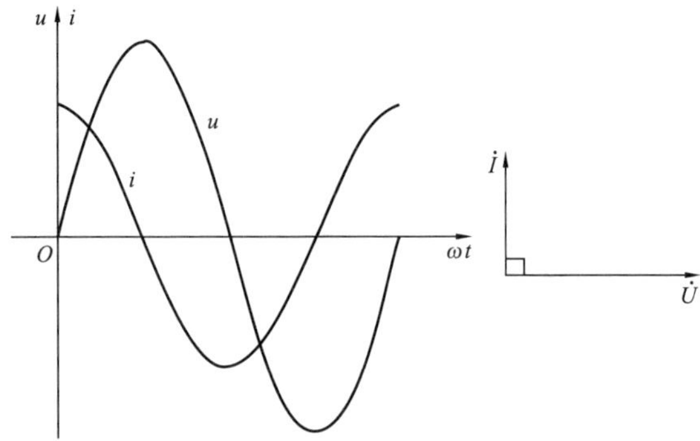

图 3-19　电容中电压、电流的波形图和相量图

$$
\begin{aligned}
p &= ui \\
&= \sqrt{2}U\sin\omega t\sqrt{2}I\sin\left(\omega t+\frac{\pi}{2}\right) \\
&= 2UI\sin\omega t\cos\omega t \\
&= UI\sin2\omega t
\end{aligned}
\tag{3-52}
$$

式（3-52）表明电容元件的瞬时功率是时间的正弦函数，其频率为电压或电流频率的两倍，其功率曲线如图 3-20 所示。

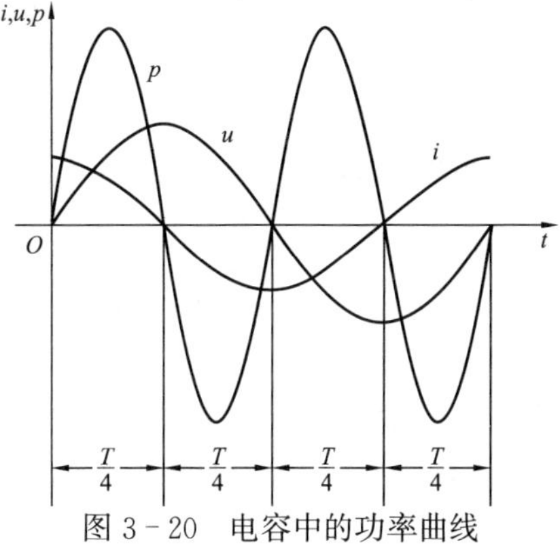

图 3-20　电容中的功率曲线

与电感元件一样，电容元件也不消耗能量，但不断吸收与释放能量，是能够储存电场能量的储能元件。

电容元件的平均功率为

$$P=\frac{1}{T}\int_0^T p\,\mathrm{d}t=\frac{1}{T}\int_0^T UI\sin2\omega t\,\mathrm{d}t=0 \tag{3-53}$$

为了反映电容元件与外部交换能量的规模，把电压与电流有效值乘积的负值称为电容元件的无功功率，用 Q_C 表示，于是

$$Q_C=-UI=-I^2X_C=-\frac{U^2}{X_C} \tag{3-54}$$

式（3-54）表明 $Q_C<0$，表示电容元件是发出无功功率的，Q_C 的 SI 单位是 var（乏）或 kvar（千乏）。

【例 3-11】 一电容 $C=100\mu F$，其端电压 $u=220\sqrt{2}\sin(1000t-60^\circ)$ V，试求：

（1）电容上的电流 i（i 与 u 参考方向相同）。

（2）电容上的无功功率。

（3）作电压、电流相量图。

解 （1）要求电流 i，先由式（3-51）求其相量 $\dot{I}$。因为电容的容抗为

$$X_C=\frac{1}{\omega C}=\frac{1}{1000\times100\times10^{-6}}=10\ (\Omega)$$

所以电流相量为

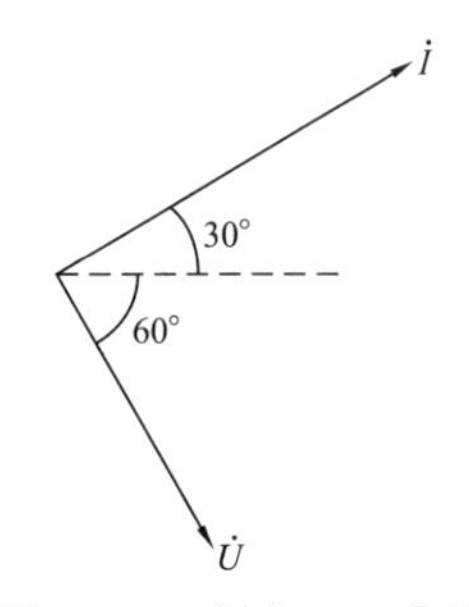

图 3－21 ［例 3－11］图

$$\dot{I}=\frac{\dot{U}}{-\mathrm{j}X_C}=\frac{220\angle -60^\circ}{-\mathrm{j}10}=22\angle 30^\circ\ (\mathrm{A})$$

于是

$$i=22\sqrt{2}\sin(1000t+30^\circ)\quad(\mathrm{A})$$

（2）由式（3－54）得无功功率为

$$Q_C=-UI=-220\times 22=-4840\ (\mathrm{var})$$

（3）相量图如图 3－21 所示。

第六节 相量形式的基尔霍夫定律

基尔霍夫定律适用于电路的任一瞬间，与元件性质无关。既然对每一瞬间都适用，那么在正弦电路中，电压和电流的瞬时值就应满足基尔霍夫定律，即

$$\sum i=0,\ \sum u=0$$

正弦电流电路中各支路电流和各支路电压都是同频率正弦量，所以可以将电压、电流用相量表示，便得出基尔霍夫定律的相量形式。

一、相量形式的基尔霍夫电流定律

相量形式的基尔霍夫电流定律为

$$\sum \dot{I}=0 \tag{3-55}$$

式（3－55）表明，在正弦电路中，连接在电路任一节点的各支路电流相量的代数和恒等于零。对某一节点列写 KCL 方程时，需首先选定每一支路电流的参考方向，然后规定流出或流入节点的电流相量取正号，反之取负号。

由相量形式的 KCL 可知，相量图中，正弦电流电路中连接在同一节点的各支路电流的相量应构成一个闭合多边形。

二、相量形式的基尔霍夫电压定律

相量形式的基尔霍夫电压定律为

$$\sum \dot{U}=0 \tag{3-56}$$

式（3－56）表明，在正弦电路中，任一回路的各支路电压相量的代数和恒等于零。对某一回路列写 KVL 方程时，需首先假设每一支路电压的参考方向，然后选定回路的绕行方向，参考方向与绕行方向一致的支路电压相量取正号，反之取负号。

由相量形式的 KVL 可知，相量图中，正弦电流电路中一个回路的各支路电压相量应构成一个闭合多边形。

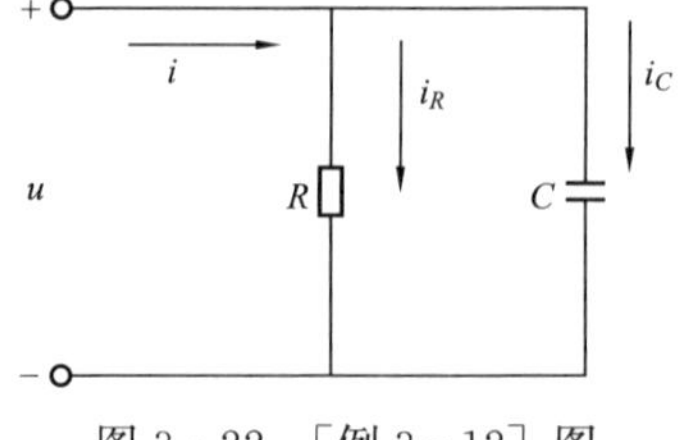

图 3－22 ［例 3－12］图

【例 3－12】 在 RC 并联电路中，如图 3－22 所示，已知 $i_R=10\sqrt{2}\sin(\omega t+30^\circ)$ A，$i=20\sin(\omega t-45^\circ)$ A，试求电流 i_C。

解题思路：题目要求的是电容支路的电流，可根据相量形式的 KCL 先求出 $\dot{I}_C$，再求瞬时值 i_C。

解 (1) 由已知条件得电流 i_R 和 i 的相量形式为

$$\dot{I}_R = 10\angle 30^\circ \text{A}, \quad \dot{I} = 10\sqrt{2}\angle 75^\circ \text{A}$$

(2) 由相量形式的 KCL 得

$$\dot{I} = \dot{I}_R + \dot{I}_C$$

所以

$$\begin{aligned}\dot{I}_C &= \dot{I} - \dot{I}_R = 10\sqrt{2}\angle 75^\circ - 10\angle 30^\circ \\ &= (3.65 + \text{j}13.6) - (8.66 + \text{j}5) \\ &= -5 + \text{j}8.6 = 9.9\angle 120^\circ \text{(A)}\end{aligned}$$

故电容支路的电流为

$$i_C = 9.9\sqrt{2}\sin(\omega t + 120^\circ) \quad \text{(A)}$$

【例 3－13】 在图 3－23（a）所示电路中，已知电流表 PA1 和 PA2 的读数分别是 3A 和 4A，试求电流表 PA3 的读数。

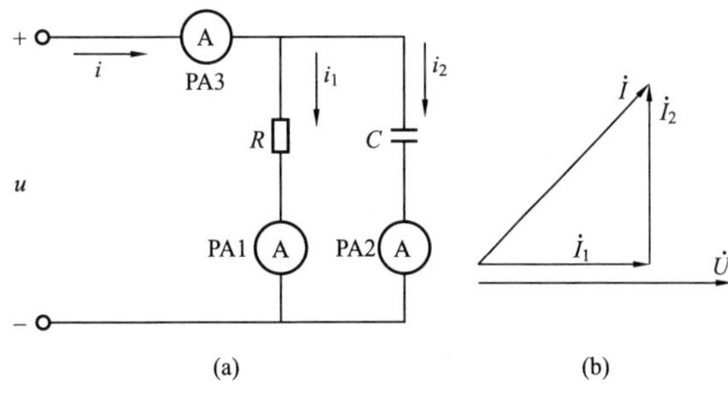

图 3－23 ［例 3－13］图

解 方法一：计算法。

并联电路选端口电压为参考相量，设 $\dot{U}=U\angle 0^\circ$，根据单个 R、L、C 元件的性质，关联参考方向下，电阻元件电压、电流同相，电容元件电流超前电压 90°，则

$$\dot{I}_1 = 3\angle 0^\circ \text{A}, \quad \dot{I}_2 = 4\angle 90^\circ \text{A}$$

由相量形式的 KCL 得

$$\begin{aligned}\dot{I} &= \dot{I}_1 + \dot{I}_2 = 3\angle 0^\circ + 4\angle 90^\circ = 3 + \text{j}4 \\ &= 5\angle 53.1^\circ \text{(A)}\end{aligned}$$

所以电流表 PA3 的读数为 5A。

方法二：作图法。

在复平面上，以 $\dot{U}$ 为参考相量，沿正实轴方向画出（实轴可不画），在关联参考方向下，电阻元件电压、电流同相，画出 $\dot{I}_1$；电容元件电流超前电压 90°，画出 $\dot{I}_2$。再根据相量形式的 KCL 可知 $\dot{I}=\dot{I}_1+\dot{I}_2$，在相量图上作出电流 $\dot{I}$，$\dot{I}_1$、$\dot{I}_2$ 和 $\dot{I}$ 构成一个直角三角形，如图 3－23（b）所示。由相量图可得

$$I = \sqrt{I_1^2 + I_2^2} = \sqrt{3^2 + 4^2} = 5 \text{(A)}$$

即电流表 PA3 的读数为 5A。

【例 3－14】 在图 3－24（a）所示 RL 串联电路中，由电压表测得 $U=50\text{V}$ 和 $U_R=40\text{V}$，试求 U_L 并画出反映其相互关系的相量图。

解题思路：要求的是电感元件电压的有效值，若能求出其相量形式 $\dot{U}_L$，就可知道有效值 U_L。因此可用相量形式的 KVL 来计算，也可作向量图来求解。

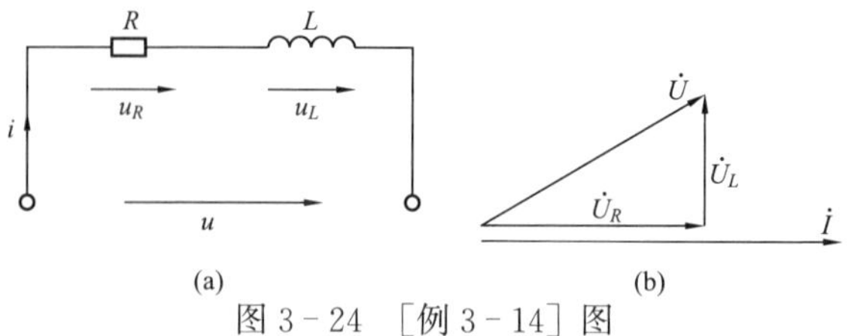

图 3-24 ［例 3-14］图

解 方法一：计算法。

串联电路选端口电流为参考相量，设 $\dot{I}=I\angle 0°\text{A}$，则根据单个 R、L、C 元件的性质，关联参考方向下，电阻元件电压、电流同相，电感元件电压超前电流 90°，则

$$\dot{U}_R=40\angle 0°\text{V},\quad \dot{U}_L=U_L\angle 90°\text{V}$$

设端口电压的初相位为 φ，则有

$$\dot{U}=50\angle \varphi\ \text{V}$$

由相量形式的 KVL 得

$$\dot{U}=\dot{U}_R+\dot{U}_L$$

即

$$50\angle\varphi=40\angle 0°+U_L\angle 90°$$

$$50\cos\varphi+\text{j}50\sin\varphi=40+\text{j}U_L$$

比较等式两边的实部与虚部，所以有

$$50\cos\varphi=40$$

$$50\sin\varphi=U_L$$

由 $\cos\varphi=0.8$ 得 $\sin\varphi=\sqrt{1-\cos^2\varphi}=0.6$，所以

$$U_L=50\sin\varphi=50\times 0.6=30\ (\text{V})$$

方法二：作图法。

U_L 也可以用相量图来求。在复平面上，沿正实轴方向画出电流相量 $\dot{I}$，以此作为参考相量。在关联参考方向下，电阻元件电压、电流同相，画出 $\dot{U}_R$；电感元件电压超前电流 90°，画出 $\dot{U}_L$。再根据相量形式的 KVL 可知 $\dot{U}=\dot{U}_R+\dot{U}_L$，在相量图上作出电压 $\dot{U}$，$\dot{U}_R$、$\dot{U}_L$ 和 $\dot{U}$ 构成一个直角三角形，如图 3-24（b）所示。可得

$$U_L=\sqrt{U^2-U_R^2}=\sqrt{50^2-40^2}=30\ (\text{V})$$

第七节 阻 抗 和 导 纳

阻抗和导纳是为了更好地分析正弦交流电路而引入的两个重要的概念，本节主要介绍阻抗和导纳的概念以及它们的运算和等效变换，为正弦交流电路的分析计算打下基础。

一、阻抗

在正弦电路中，有一个由线性电阻、电感及电容元件任意组成的无源二端网络，如图 3-25（a）所示。设端口电压、电流分别为

$$u=\sqrt{2}U\sin(\omega t+\theta_u)$$
$$i=\sqrt{2}I\sin(\omega t+\theta_i)$$

它们对应的相量为

$$\dot{U}=U\angle\theta_u$$
$$\dot{I}=I\angle\theta_i$$

端口电压相量 $\dot{U}$ 与端口电流相量 $\dot{I}$ 之比值定义为该二端网络的阻抗，用大写字母 Z 表示，即

$$Z=\frac{\dot{U}}{\dot{I}} \tag{3-57}$$

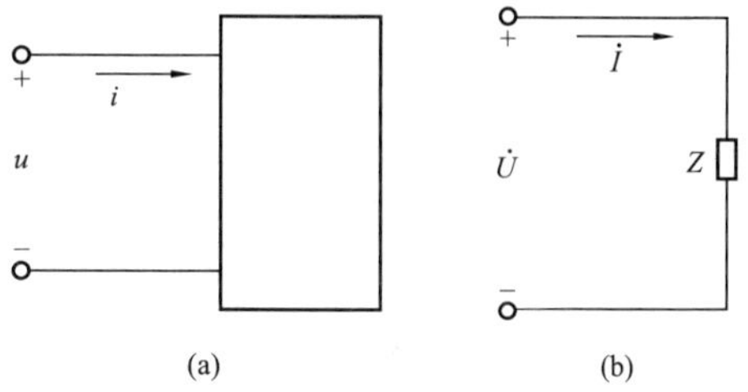

图 3-25　二端网络的阻抗

则

$$Z=\frac{\dot{U}}{\dot{I}}=\frac{U\angle\theta_u}{I\angle\theta_i}=|Z|\angle\varphi \tag{3-58}$$

可见，阻抗 Z 是一个复数，也称为复阻抗。$|Z|\angle\varphi$ 是阻抗 Z 的极坐标表达式，其中 $|Z|$ 是阻抗模，φ 是阻抗角。阻抗的图形符号如图 3-25（b）中所示。

由式（3-58）可得

$$|Z|=\frac{U}{I},\quad \varphi=\theta_u-\theta_i \tag{3-59}$$

可见，阻抗模 $|Z|$ 等于端口电压、电流有效值的比值，阻抗角 φ 就是关联参考方向下电压超前电流的相位差 $\theta_u-\theta_i$。

阻抗 Z 既然是一个复数阻抗，也可以用代数形式表示。阻抗 Z 的代数形式为

$$Z=R+\mathrm{j}X \tag{3-60}$$

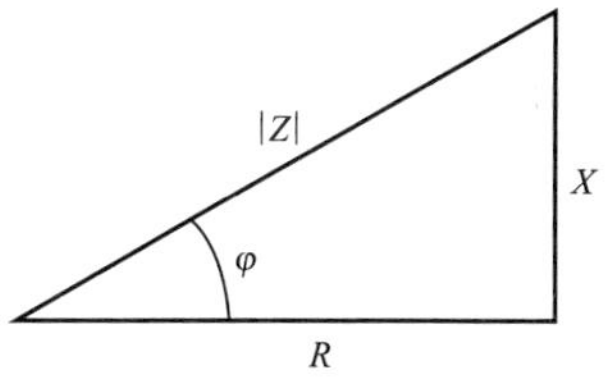

其中，Z 的实部 R 称为电阻，虚部 X 称为电抗，与阻抗模 $|Z|$ 构成一个直角三角形，称为阻抗三角形，如图 3-26 所示。由阻抗三角形可得到它们之间的关系为

图 3-26　阻抗三角形

$$|Z|=\sqrt{R^2+X^2}$$
$$\varphi=\arctan\frac{X}{R}$$

Z、$|Z|$、R 和 X 的 SI 单位都是 Ω，阻抗的图形符号与电阻相似，如图 3-25（b）所示。阻抗 Z 即是无源二端网络的电路模型。

如果无源二端网络内部仅含单个元件 R、L 或 C，则对应的阻抗分别为

$$\begin{cases}Z_R=R\\ Z_L=\mathrm{j}\omega L=\mathrm{j}X_L\\ Z_C=\dfrac{1}{\mathrm{j}\omega C}=-\mathrm{j}\dfrac{1}{\omega C}=-\mathrm{j}X_C\end{cases} \tag{3-61}$$

如果无源二端网络内部为 RLC 串联电路，如图 3-27 所示，由于

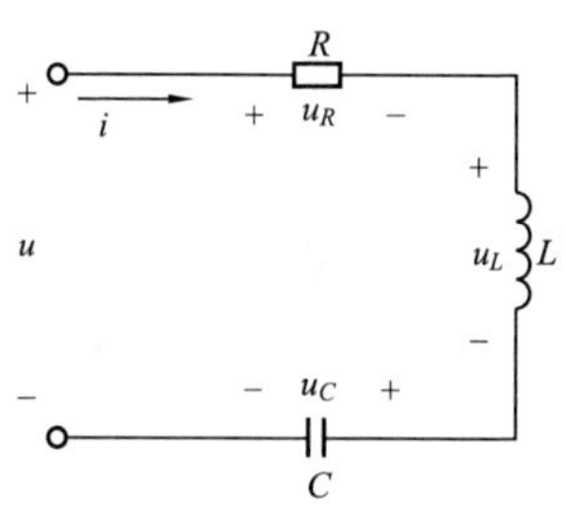

图 3-27　RLC 串联电路

$$\dot{U}=\dot{U}_R+\dot{U}_L+\dot{U}_C=R\dot{I}+\mathrm{j}X_L\dot{I}-\mathrm{j}X_C\dot{I}$$
$$=\dot{I}[R+\mathrm{j}(X_L-X_C)]$$

$$=\dot{I}(R+\mathrm{j}X) \tag{3-62}$$

则阻抗为

$$Z=\frac{\dot{U}}{\dot{I}}=R+\mathrm{j}(X_L-X_C)=R+\mathrm{j}X=|Z|\angle\varphi$$

其中，电抗 $X=X_L-X_C$。

当把复阻抗写成代数形式 $Z=R+\mathrm{j}X$ 时，由式（3－62）得

$$\dot{U}=\dot{I}Z=\dot{I}(R+\mathrm{j}X)=\dot{I}R+\mathrm{j}X\dot{I}=\dot{U}_R+\dot{U}_X \tag{3-63}$$

所以，可以把 Z 的实部和虚部分开看作是两者相串联（见图 3－28），称为复阻抗的串联等效模型。其中，电压 U_R、U_X 和 U 构成一个直角三角形，称为电压三角形，U 为斜边，而 U_R 和 U_X 分别为两个直角边。电压三角形和 R、X 和 $|Z|$ 构成的阻抗三角形是相似三角形，如图 3－29 所示。

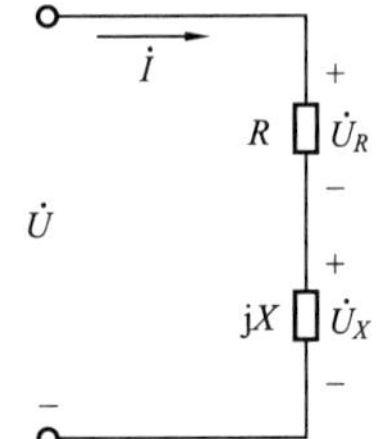

图 3－28　复阻抗的串联等效电路

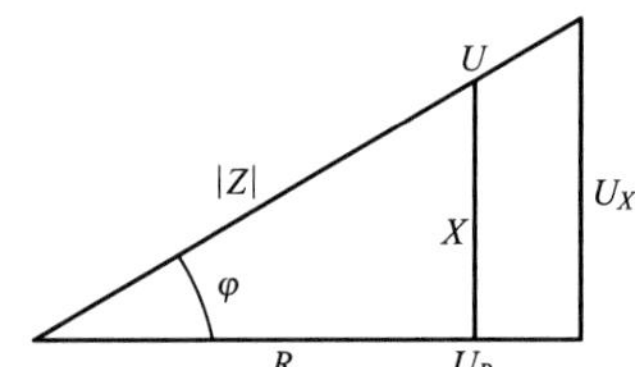

图 3－29　电压三角形和阻抗三角形

图 3－27 所示 RLC 串联电路中，若以电流为参考相量，电抗 $X=X_L-X_C$ 取值不同时电路的相量图如图 3－30 所示。

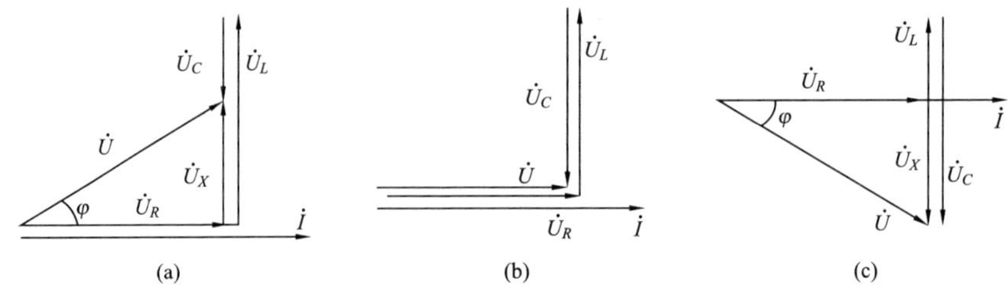

图 3－30　RLC 串联电路的相量图

(a) $X_L>X_C$；(b) $X_L=X_C$；(c) $X_L<X_C$

由式（3－62）及图 3－30 所示的相量图可得：

（1）当 $X>0$，即 $X_L>X_C$ 时，$\varphi>0$，此时电压 $\dot{U}$ 超前电流 $\dot{I}$，电路的性质为电感性。RLC 串联电路可等效为 RL 串联电路。

（2）当 $X=0$，即 $X_L=X_C$ 时，$\varphi=0$，此时电压 $\dot{U}$ 与电流 $\dot{I}$ 同相，电路发生谐振（谐振电路将在以后讨论），电路的性质为电阻性。RLC 串联电路可等效为电阻电路。

（3）当 $X<0$，即 $X_L<X_C$ 时，$\varphi<0$，此时电压 $\dot{U}$ 滞后电流 $\dot{I}$，电路的性质为电容性。RLC 串联电路可等效为 RC 串联电路。

【例 3－15】 图 3－27 所示的 RLC 串联电路中，$R=40\Omega$，$L=233\mathrm{mH}$，$C=80\mu\mathrm{F}$，电

路两端的电压 $u=311\sin 314t\,\mathrm{V}$。试求：

(1) 电路阻抗的模。

(2) 电流的有效值。

(3) 各元件两端电压的有效值。

(4) 电路的性质。

解　(1) 感抗和容抗分别为

$$X_L=\omega L=314\times 233\times 10^{-3}=73.2\ (\Omega)$$

$$X_C=\frac{1}{\omega C}=\frac{1}{314\times 80\times 10^{-6}}=39.8\ (\Omega)$$

由式（3-74）可得 RLC 串联电路阻抗的模为

$$|Z|=\sqrt{R^2+(X_L-X_C)^2}=\sqrt{40^2+(73.2-39.8)^2}=52.1\ (\Omega)$$

(2) 端电压的有效值为

$$U=\frac{U_m}{\sqrt{2}}=\frac{311}{\sqrt{2}}=220\ (\mathrm{V})$$

电流的有效值为

$$I=\frac{U}{|Z|}=\frac{220}{52.1}=4.2\ (\mathrm{A})$$

(3) 各元件上电压的有效值分别为

$$U_R=RI=40\times 4.2=168\ (\mathrm{V})$$

$$U_L=X_LI=73.2\times 4.2=307.4\ (\mathrm{V})$$

$$U_C=X_CI=39.8\times 4.2=167.2\ (\mathrm{V})$$

(4) 由于 $X_L>X_C$，电路呈电感性质。

二、导纳

在正弦电路中，有一个由线性电阻、电感及电容元件任意组成的无源二端网络，端口电流相量 $\dot{I}$ 与端口电压相量 $\dot{U}$ 之比值定义为该二端网络的导纳，用大写字母 Y 表示，即

$$Y=\frac{\dot{I}}{\dot{U}} \tag{3-64}$$

则

$$Y=\frac{\dot{I}}{\dot{U}}=\frac{I\angle\theta_i}{U\angle\theta_u}=|Y|\angle\varphi' \tag{3-65}$$

可见，导纳 Y 是一个复数，也称为复导纳。$|Y|\angle\varphi'$是导纳 Y 的极坐标表达式，其中$|Y|$是导纳模，φ'是导纳角。

由式（3-65）可得

$$|Y|=\frac{I}{U},\quad \varphi'=\theta_i-\theta_u \tag{3-66}$$

可见，导纳模$|Y|$等于端口电流、电压有效值的比值，导纳角 φ'就是关联参考方向下电流超前电压的相位差 $\theta_i-\theta_u$。

导纳 Y 的代数形式为

$$Y=G+\mathrm{j}B \tag{3-67}$$

其中，Y 的实部G 称为电导，虚部B 称为电纳，G、B 与$|Y|$构成一个直角三角形，称为导纳三角形，如图 3-31 所示。由导纳三角形可得到它们之间的关系为

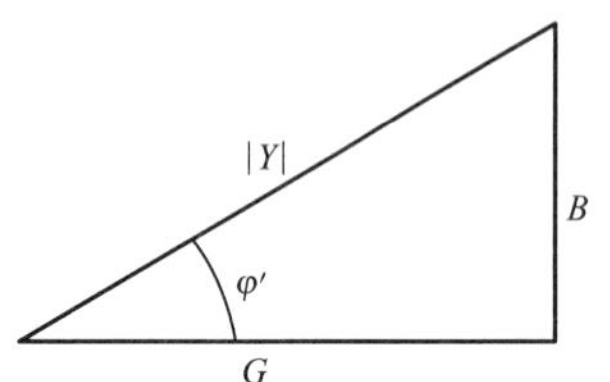

图 3-31 导纳三角形

$$\begin{cases}|Y|=\sqrt{G^2+B^2}\\ \varphi'=\arctan\dfrac{B}{G}\end{cases} \tag{3-68}$$

Y、$|Y|$、G 和B 的 SI 单位都是 S。导纳的图形符号与阻抗相同，导纳Y 也是无源二端网络的电路模型。

如果无源二端网络内部仅含单个元件R、L 或C，则对应的导纳分别为

$$\begin{cases}Y_R=G=\dfrac{1}{R}\\ Y_L=\dfrac{1}{\mathrm{j}\omega L}=-\mathrm{j}\dfrac{1}{\omega L}=-\mathrm{j}B_L\\ Y_C=\mathrm{j}\omega C=\mathrm{j}B_C\end{cases} \tag{3-69}$$

如果无源二端网络内部为 RLC 并联电路，如图 3-32 所示，由于

$$\begin{aligned}\dot{I}&=\dot{I}_R+\dot{I}_L+\dot{I}_C\\ &=\dot{U}[G+\mathrm{j}(B_C-B_L)]\\ &=\dot{U}(G+\mathrm{j}B)\end{aligned} \tag{3-70}$$

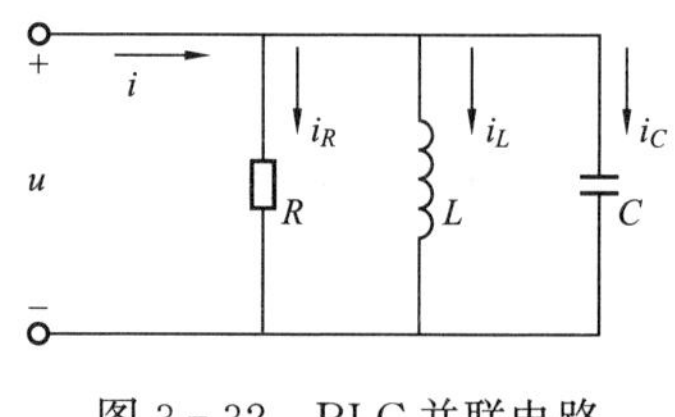

图 3-32 RLC 并联电路

则导纳为

$$Y=\frac{\dot{I}}{\dot{U}}=G+\mathrm{j}(B_C-B_L)=G+\mathrm{j}B=|Y|\angle\varphi' \tag{3-71}$$

其中，$G=\dfrac{1}{R}$称为电导，$B_L=\dfrac{1}{X_L}$称为感纳，$B_C=\dfrac{1}{X_C}$称为容纳，$B=B_C-B_L$ 称为电纳，$|Y|$称为导纳模，φ'称为导纳角。

当复导纳写成代数形式$Y=G+\mathrm{j}B$ 时，由于

$$\dot{I}=\dot{U}Y=\dot{U}(G+\mathrm{j}B)=\dot{U}G+\mathrm{j}B\dot{U}=\dot{I}_G+\dot{I}_B$$

所以，可以把Y 的实部和虚部分开看作是两者相并联（见图 3-33），称为复导纳的并联等效模型。其中的电流I_G、I_B 和I 构成一个直角三角形，称为电流三角形，I 为斜边，而I_G 和I_B 分别为两个直角边。电流三角形和G、B 和$|Y|$构成的导纳三角形是相似三角形，如图 3-34 所示。

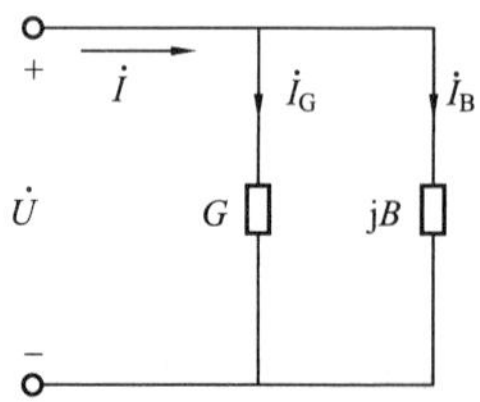

图 3-33 复导纳的并联等效电路

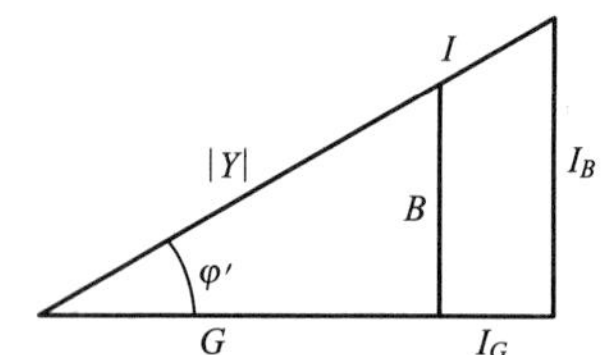

图 3-34 电流三角形和导纳三角形

图 3－32 所示 RLC 并联电路中，若以电压为参考相量，电纳 $B=B_C-B_L$ 取值不同时电路的相量图如图 3－35 所示。

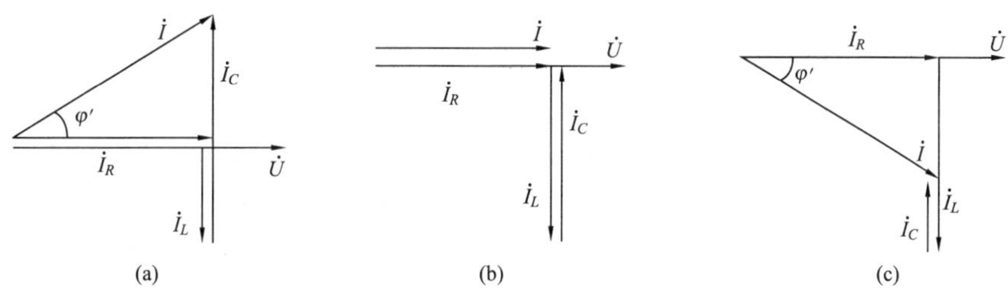

图 3－35　RLC 并联电路的相量图

(a) $B_C>B_L$；(b) $B_C=B_L$；(c) $B_C<B_L$

由式（3－70）及图 3－35 所示的相量图可得：

（1）当 $B>0$，即 $B_C>B_L$ 时，$\varphi'>0$，此时电流超前电压，电路为电容性。RLC 并联电路可等效为 RC 并联电路。

（2）当 $B=0$，即 $B_C=B_L$ 时，$\varphi'=0$，此时电流与电压同相，电路为电阻性。RLC 并联电路可等效为电阻电路。

（3）当 $B<0$，即 $B_C<B_L$ 时，$\varphi'<0$，此时电流滞后电压，电路为电感性。

【例 3－16】　图 3－32 所示的 RLC 并联电路中，已知 $R=10\Omega$，$L=127\text{mH}$，$C=159\mu\text{F}$，$u=220\sqrt{2}\sin(314t+30°)$ V，试求：

（1）并联电路的总导纳 Y。

（2）各支路电流 $\dot{I}_R$、$\dot{I}_L$、$\dot{I}_C$ 和总电流 $\dot{I}$。

（3）电路的性质。

解　（1）总导纳 Y 为

$$Y=G+\text{j}(B_C-B_L)=\frac{1}{R}+\text{j}\left(\omega C-\frac{1}{\omega L}\right)$$

$$=\frac{1}{10}+\text{j}\left(314\times159\times10^{-6}-\frac{1}{314\times127\times10^{-3}}\right)$$

$$=0.1+\text{j}(0.05-0.025)=0.103\angle14.8°\ (\text{S})$$

（2）各支路电流为

$$\dot{I}_R=G\dot{U}=0.1\times220\angle30°=22\angle30°\ (\text{A})$$

$$\dot{I}_L=-\text{j}B_L\dot{U}=-\text{j}0.025\times220\angle30°=5.5\angle-60°\ (\text{A})$$

$$\dot{I}_C=\text{j}B_C\dot{U}=\text{j}0.05\times220\angle30°=11\angle120°\ (\text{A})$$

$$\dot{I}=Y\dot{U}=0.103\angle14°\times220\angle30°=22.7\angle44°\ (\text{A})$$

（3）因为

$$Y=G+\text{j}B=0.1+\text{j}0.025=0.103\angle14.8°\ (\text{S})$$

$$\varphi'=14.8°>0$$

所以电路为容性电路。

三、阻抗与导纳的等效变换

同一个无源二端网络，其在电路中的作用既可用一个等效阻抗 Z 表征，也可用一个等效导纳 Y 表征。相应地，可以分别用 R 与 jX 的串联或 G 与 jB 的并联电路来等效，如图 3 - 36（a）、（b）所示。

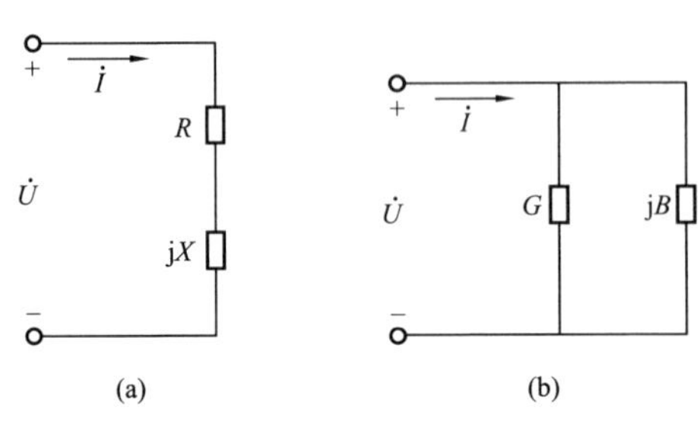

图 3 - 36　Y 与 Z 的等效变换

在保持端口电压和电流不变的条件下，如果电阻电抗串联等效的复阻抗为

$$Z=R+\mathrm{j}X=|Z|\angle\varphi \tag{3-72}$$

电导电纳并联等效的复导纳为

$$Y=G+\mathrm{j}B=|Y|\angle\varphi' \tag{3-73}$$

则由阻抗和导纳的定义式可知，阻抗和导纳等效互换的条件是

$$ZY=1$$

如用极坐标表示时，则有

$$|Z|\angle\varphi\times|Y|\angle\varphi'=1$$

即

$$\begin{cases}|Y|=\dfrac{1}{|Z|}\\ \varphi'=-\varphi\end{cases} \tag{3-74}$$

如用直角坐标表示时，要将阻抗 Z 等效变换为导纳 Y，由

$$Y=\frac{1}{Z}=\frac{1}{R+\mathrm{j}X}=\frac{R}{R^2+X^2}-\mathrm{j}\frac{X}{R^2+X^2}=G+\mathrm{j}B$$

即

$$G=\frac{R}{R^2+X^2},\quad B=\frac{-X}{R^2+X^2} \tag{3-75}$$

同理，要将导纳 Y 等效变换为阻抗 Z，由

$$Z=\frac{1}{Y}=\frac{1}{G+\mathrm{j}B}=\frac{G}{G^2+B^2}-\mathrm{j}\frac{B}{G^2+B^2}=R+\mathrm{j}X$$

即

$$R=\frac{G}{G^2+B^2},\quad X=\frac{-B}{G^2+B^2} \tag{3-76}$$

式（3 - 74）～式（3 - 76）就是阻抗与导纳等效变换的条件。从以上关系可以看出，一个无源二端网络的两种等效参数之间，一般情况下 $G\neq\dfrac{1}{R}$，$B\neq\dfrac{1}{G}$。

【例 3 - 17】 如图 3 - 37（a）所示，一个 $R=50\Omega$，$L=0.06\text{mH}$ 的串联电路，它的等效并联电路如图 3 - 37（b）所示。在 $\omega=10^6\text{rad/s}$ 时，试求参数 R'和 L'。

解题思路： 已知 RL 串联电路，求其等效并联电路参数，可先求出导纳 $Y=G+\mathrm{j}B$，再求参数 R'和 L'。

解　感抗为

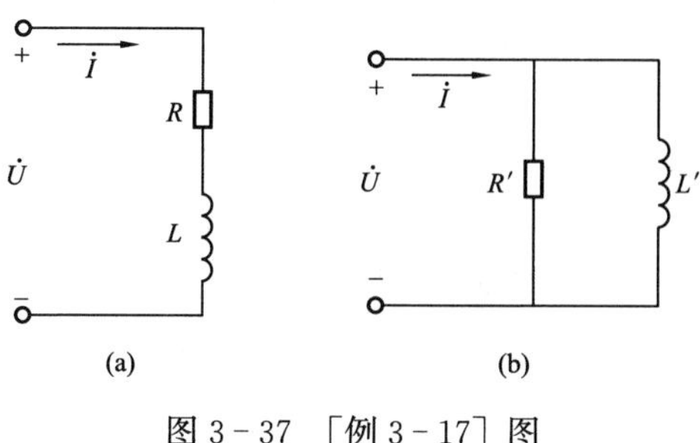

图 3-37 ［例 3-17］图

$$X_L = \omega L = 10^6 \times 0.06 \times 10^{-3} = 60\ (\Omega)$$

总的阻抗为

$$Z = R + jX_L = 50 + j60 = 78.1\angle 50.2^\circ\ (\Omega)$$

导纳为

$$Y = \frac{1}{78.1\angle 50.2^\circ} = 0.0128\angle -50.2^\circ = 0.0082 - j0.0098\quad (S)(感性)$$

等效电导和等效感纳分别为

$$G' = 0.0082(S),\quad B'_L = 0.0098(S)$$

由 $R' = \frac{1}{G'}$，$B'_L = \frac{1}{X'_L} = \frac{1}{\omega L'}$，得等效并联电路参数 R' 和 L' 分别为

$$R' = \frac{1}{G'} = \frac{1}{0.0082} = 122\ (\Omega)$$

$$L' = \frac{1}{\omega B'_L} = \frac{1}{10^6 \times 0.0098} = 0.102\ (mH)$$

【例 3-18】 如图 3-38（a）所示，在一工频 RC 并联电路中，已知 $R = \frac{1}{40}\Omega$，$X_C = \frac{1}{30}\Omega$，试求其等效阻抗 Z 和串联等效电路图 3-38（b）中的参数 R' 及 C'。

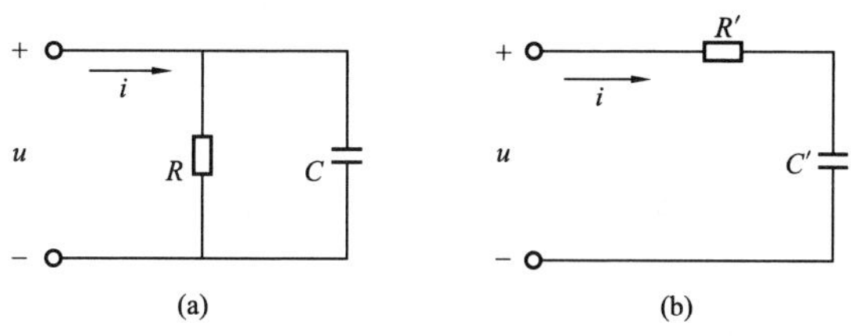

图 3-38 ［例 3-18］图

解题思路： 工频是指 $f = 50Hz$，已知 RC 并联电路，求其等效阻抗 Z，可先求导纳 Y，再求阻抗 Z，最后求出等效参数 R' 及 C'。

解 (1) RC 并联电路的导纳为

$$Y = G + jB_C = \frac{1}{R} + j\frac{1}{X_C} = 40 + j30 = 50\angle 36.9^\circ\ (S)$$

(2) 阻抗为

$$Z=\frac{1}{Y}=\frac{1}{50\angle 36.9^\circ}=0.02\angle -36.9^\circ=0.016-\mathrm{j}0.012\quad(\Omega)(容性)$$

所以等效电阻和等效容抗分别为

$$R'=0.016(\Omega),\quad X'_C=0.012(\Omega)$$

(3) 由 $X'_C=\frac{1}{\omega C'}$得

$$C'=\frac{1}{\omega X'_C}=\frac{1}{2\pi f X'_C}=\frac{1}{2\times 3.14\times 50\times 0.012}=0.265\ (\mathrm{F})$$

【例 3-19】 有一 RLC 无源二端网络，测得其端口电压 $U=100\mathrm{V}$，端口电流 $I=2\mathrm{A}$，测得端口电压、端口电流相位差 $\varphi=36.9^\circ$，试求该无源二端网络的串联等效电路和并联等效电路的参数。

解题思路： 求无源二端网络串联等效电路的参数是求阻抗 $Z=R+\mathrm{j}X$ 中的 R 和 X，求并联等效电路的参数是求导纳 $Y=G+\mathrm{j}B$ 的 G 和 B。

解 (1) 网络等效阻抗 Z 的模为

$$|Z|=\frac{U}{I}=\frac{100}{2}=50\ (\Omega)$$

等效阻抗 Z 为

$$\begin{aligned}Z&=|Z|\angle\varphi=50\angle 36.9^\circ=50\cos 36.9^\circ+\mathrm{j}50\sin 36.9^\circ\\&=40+\mathrm{j}30\ (\Omega)\end{aligned}$$

所以，串联等效电路的参数为

$$R=40(\Omega),\quad X=30(\Omega)$$

(2) 由阻抗和导纳的关系 $ZY=1$ 得

$$Y=\frac{1}{Z}=\frac{1}{50\angle 36.9^\circ}=0.02\angle -36.9^\circ=0.016-\mathrm{j}0.012\quad(\mathrm{S})$$

所以，并联等效电路的参数为

$$G=0.016(\mathrm{S}),\quad B=-0.012(\mathrm{S})$$

注意：

(1) 阻抗、导纳虽然和相量一样都是复数，但它们不代表正弦量，所以其表示符号为不带点的大写字母 Z 和 Y，以与相量（$\dot{U}$、$\dot{I}$）相区别。

(2) 由于电感和电容的电抗或电纳均与频率有关，因此对含有电感或电容的同一电路，工作频率不同时，电路的等效参数值不同。

(3) 阻抗或导纳的串、并联等效，星形与三角形之间的互换，均与直流电阻电路的分析方法一致。

第八节　正弦交流电路的功率

在前面章节中，分析了单一元件电阻、电感及电容的功率，这一节将讨论无源二端网络的功率。

一、瞬时功率

设图 3-39 (a) 所示无源二端网络中的电压与电流分别为

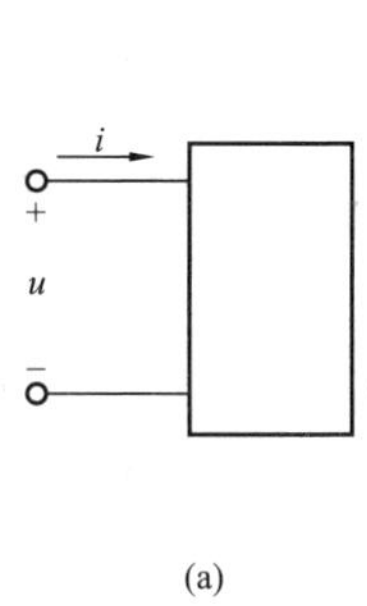

(a)

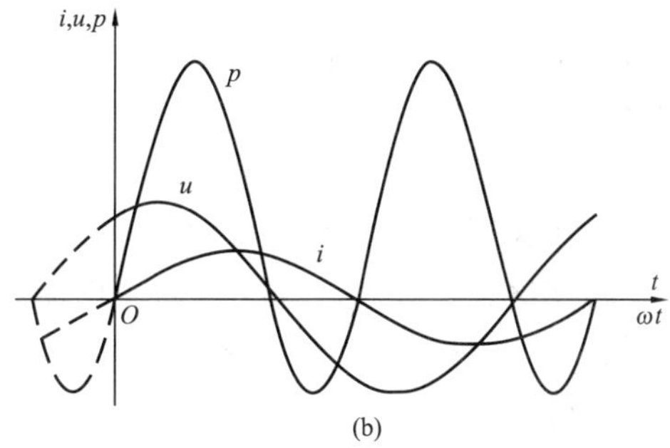

(b)

图 3-39　二端网络的瞬时功率

$$i=\sqrt{2}I\sin\omega t$$

$$u=\sqrt{2}U\sin(\omega t+\varphi)$$

式中：φ 为该无源二端网络等效阻抗的阻抗角，即电压超前电流的相位。

二端网络吸收的瞬时功率为

$$\begin{aligned}p&=ui=\sqrt{2}U\sin(\omega t+\varphi)\sqrt{2}I\sin\omega t\\&=UI[\cos\varphi-\cos(2\omega t+\varphi)]\end{aligned}\tag{3-77}$$

瞬时功率 p 的波形如图 3-39（b）所示。当 u、i 瞬时值同号时，$p=ui>0$，二端网络从外电路吸收功率；当 u、i 瞬时值异号时，$p=ui<0$，二端网络向外电路提供功率。瞬时功率有正有负，说明二端网络与外电路之间有能量的往返交换，这是由于二端网络中含有储能元件电感电容的缘故。在一个周期内 $p>0$ 的部分大于 $p<0$ 部分，说明二端网络仍从外电路吸收功率，这是因为二端网络中有耗能的电阻元件。

二、有功功率

有功功率也就是平均功率，它表示电路消耗的功率，由其定义式

$$P=\frac{1}{T}\int_0^T p\,\mathrm{d}t=\frac{1}{T}\int_0^T ui\,\mathrm{d}t$$

可得

$$P=\frac{1}{T}\int_0^T ui\,\mathrm{d}t=\frac{1}{T}\int_0^T UI[\cos\varphi-\cos(2\omega t+\varphi)]\mathrm{d}t=UI\cos\varphi=UI\lambda\tag{3-78}$$

式中：λ 为二端网络的功率因数，$\lambda=\cos\varphi$。

式（3-78）表明正弦电路中无源二端网络的有功功率一般并不等于电压有效值与电流有效值的乘积，它还与功率因数有关，只有 $\varphi=0$、$\cos\varphi=1$ 时，$P=UI$。

电阻元件、电感元件和电容元件的有功功率分别为：

（1）电阻元件电压、电流同相，$\varphi=0$，$P_R=UI$。

（2）电压超前电流 90°，即 $\varphi=90°$，$P_L=UI\cos 90°=0$。

（3）电容元件电压滞后电流 90°，即 $\varphi=-90°$，$P_C=UI\cos(-90°)=0$。

由于电感元件和电容元件均不消耗有功功率，因此无源二端网络吸收的有功功率实际上也就是网络内各电阻元件消耗吸收的有功功率的和。

有功功率的 SI 单位为 W（瓦），工程上也常用 kW（千瓦）。

三、无功功率

电感和电容虽然不消耗能量，但会与外电路进行能量交换，无功功率就是用来反映能量交换规模大小的量。无功功率定义为

$$Q = UI\sin\varphi \tag{3-79}$$

为了与有功功率相区别，无功功率的 SI 单位为 var（乏），工程上也常用 kvar（千乏）。

对于电阻性二端网络，$\varphi=0$，$Q_R=0$；对于电感性二端网络，$\varphi>0$，$Q_L>0$；对于电容性二端网络，$\varphi<0$，$Q_C<0$。在既有电感又有电容的二端网络中，其无功功率应等于两者的代数和，即 $Q=Q_L+Q_C$。

与有功功率不同，无功功率没有明显的物理意义。无功功率的存在只是说明网络中有电感元件电容元件存在，网络中的电感电容元件与外电路有能量交换，它是电路引进的一个辅助计算量。虽然无功功率在平均意义上并不做功，但在电力工程中也把无功功率看作可以“产生”或“消耗”。电感性二端网络 $Q_L>0$，习惯上把它看作吸收或消耗无功功率；电容性二端网络 $Q_C<0$，习惯上把它看作提供或产生无功功率。Q_L 和 Q_C 一正一负，说明两元件之间的无功功率具有相互补偿作用，即电感建立磁场时，电容恰逢放电，电容建立电场时，电感恰逢释放磁场能，电感和电容之间的能量交换可以互补。

二端网络吸收的无功功率等于各部分吸收的无功功率的代数和。

四、视在功率

对于一个无源二端网络，定义其端口电压、端口电流有效值的乘积为视在功率，即

$$S = UI \tag{3-80}$$

电力工程中，电机、变压器等一些电气设备器件都是按照额定电压、额定电流设计和使用的，用视在功率表示设备的容量比较方便。通常所说的电机和变压器的容量就是指它们的视在功率。

为了和有功功率相区别，视在功率的 SI 单位为 VA（伏安），工程上也常用 kVA（千伏安）。

引入视在功率以后，有功功率可以表示为

$$P = UI\cos\varphi = S\cos\varphi \tag{3-81}$$

无功功率可以表示为

$$Q = UI\sin\varphi = S\sin\varphi \tag{3-82}$$

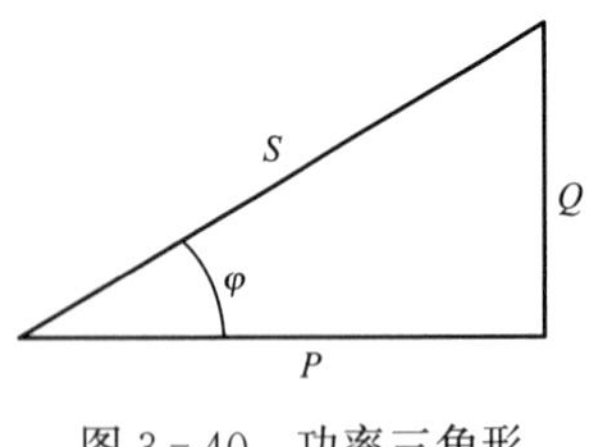

图 3-40 功率三角形

视在功率、有功功率与无功功率组成直角三角形，称为功率三角形。如图 3-40 所示，视在功率 S 为斜边，有功功率 P 与无功功率 Q 为直角边，功率三角形与电压三角形及阻抗三角形是相似三角形。

视在功率、有功功率与无功功率之间，满足下列关系式

$$\begin{cases} S = \sqrt{P^2 + Q^2} \\ \tan\varphi = \dfrac{Q}{P} \\ \lambda = \cos\varphi = \dfrac{P}{S} \end{cases} \tag{3-83}$$

【例 3-20】 图 3-41 所示电路中，已知 $R_1=40\Omega$，$X_L=30\Omega$，$R_2=60\Omega$，$X_C=60\Omega$，

接至 220V 的电源上。试求各支路电流及总的有功功率、无功功率和视在功率。

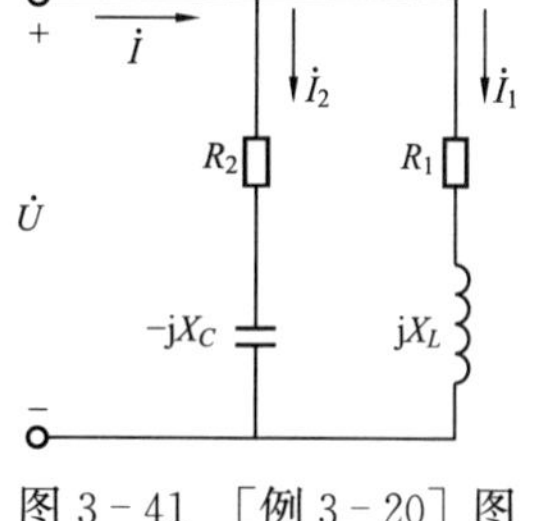

图 3-41 ［例 3-20］图

解题思路： *有功功率是指电阻元件上消耗的功率，无功功率是电抗部分的功率，本题用两种方法来计算各功率。*

解　方法一：

（1）设 $\dot{U}=220\angle 0°$V，则

$$\dot{I}_1=\frac{\dot{U}}{R_1+jX_L}=\frac{220\angle 0°}{50\angle 36.9°}=4.4\angle -36.9°\ (\text{A})$$

所以

$$I_1=4.4\ (\text{A})$$

（2）支路电流为

$$\dot{I}_2=\frac{\dot{U}}{R_2-jX_C}=\frac{220\angle 0°}{60\sqrt{2}\angle -45°}=2.59\angle 45°\ (\text{A})$$

$$I_2=2.59(\text{A})$$

（3）总电流为

$$\begin{aligned}\dot{I}&=\dot{I}_1+\dot{I}_2=4.4\angle -36.9°+2.59\angle 45°\\&=4.4\times\cos(-36.9°)+j4.4\times\sin(-36.9°)+2.59\times\cos45°+j2.59\times\sin45°\\&=3.52-j2.64+1.83+j1.83\\&=5.35-j0.81=5.41\angle -8.6°(\text{A})\end{aligned}$$

所以

$$P=UI\cos\varphi=220\times 5.41\times\cos 8.6°=1176.8\ (\text{W})$$
$$Q=UI\sin\varphi=220\times 5.41\times\sin 8.6°=178\ (\text{var})$$
$$S=UI=220\times 5.41=1190.2\ (\text{VA})$$

方法二：$\dot{I}_1$、$\dot{I}_2$ 求法同方法一。

RL 支路有功功率为

$$P_1=UI_1\cos\varphi_1=220\times 4.4\times\cos 36.9°=774.1\ (\text{W})$$

RC 支路有功功率为

$$P_2=UI_2\cos\varphi_2=220\times 2.59\times\cos(-45°)=402.8\ (\text{W})$$

总的有功功率为

$$P=P_1+P_2=1177.2\ (\text{W})$$

RL 支路无功功率为

$$Q_1=UI_1\sin\varphi_1=220\times 4.4\times\sin 36.9°=580.8\ (\text{var})$$

RC 支路无功功率为

$$Q_2=UI_2\sin\varphi_2=220\times 2.59\times\sin(-45°)=-402.8\ (\text{var})$$

总的无功功率为

$$Q=Q_1+Q_2=178\ (\text{var})$$

视在功率为

$$S=\sqrt{P^2+Q^2}=1190.6\ (\text{VA})$$

【例 3-21】　图 3-42 所示电路是采用电压表、电流表和功率表实测线圈的参数 R 和 L

的电路图。已测得电压表、电流表和功率表的读数分别为 50V、1A 和 30W，电源的频率为 50Hz，试求 R 和 L。

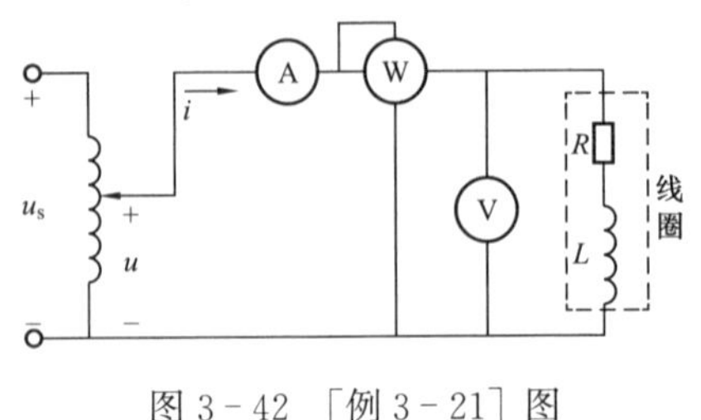

图 3－42 ［例 3－21］图

解题思路：这是一个应用题，交流电路中的电压表、电流表测得的数据都是有效值，功率表测得的功率是电路中的有功功率。求参数 R 一般可根据有功功率来求，参数 L 可由电抗 $X_L=\omega L$ 得到。

解 方法一：

功率表测得功率 30W 为有功功率，而有功功率为电路中电阻消耗的功率，则有

$$P=I^2R$$

$$R=\frac{P}{I^2}=\frac{30}{1^2}=30\ (\Omega)$$

线圈的阻抗模为

$$|Z|=\frac{U}{I}=\frac{50}{1}=50\ (\Omega)$$

又因为有 $|Z|=\sqrt{R^2+X_L{}^2}$，所以

$$X_L=\sqrt{|Z|^2-R^2}=\sqrt{50^2-30^2}=40\ (\Omega)$$

而 $X_L=\omega L$，所以

$$L=\frac{X_L}{\omega}=\frac{40}{2\times\pi\times 50}=127\ (\text{mH})$$

方法二：

由 $P=UI\cos\varphi$ 得

$$\cos\varphi=\frac{P}{UI}=\frac{30}{50\times 1}=0.6$$

$$\sin\varphi=0.8$$

线圈的阻抗模为

$$|Z|=\frac{U}{I}=\frac{50}{1}=50\ (\Omega)$$

由阻抗三角形知

$$R=|Z|\cos\varphi=50\times 0.6=30\ (\Omega)$$
$$X_L=|Z|\sin\varphi=50\times 0.8=40\ (\Omega)$$

所以

$$L=\frac{X_L}{\omega}=\frac{40}{2\times\pi\times 50}=127\ (\text{mH})$$

五、复功率

为了能够用相量来计算电路的功率，特引入一个辅助计算功率的复数量——复功率。

在端口电压相量、电流相量分别为 $\dot{U}=U\angle\theta_u$，$\dot{I}=I\angle\theta_i$ 的二端网络中，其复功率定义为

$$\tilde{S}=\dot{U}\dot{I}^* \tag{3-84}$$

式（3-84）表明，复功率等于电压相量与电流相量的共轭复数的乘积。其中，$\dot{I}^*=I\angle{-\theta_i}$ 是电流相量 $\dot{I}$ 的共轭复数。复功率的 SI 单位为 VA（伏安）。

复功率 $\widetilde{S}$ 还可以表示为

$$\begin{aligned}\widetilde{S}&=\dot{U}\dot{I}^*=U\angle{\theta_u}\,I\angle{-\theta_i}=UI\angle{(\theta_u-\theta_i)}\\&=UI\angle{\varphi}=S\angle{\varphi}=UI\cos\varphi+\mathrm{j}UI\sin\varphi\\&=P+\mathrm{j}Q\end{aligned}\tag{3-85}$$

可见，复功率这个复数的模是电路的视在功率，它的辐角是功率因数角，它的实部为有功功率，虚部为无功功率。复功率将正弦电路中的三个功率 S、P、Q 及功率因数 $\cos\varphi$ 统一到一个公式中，只要利用电路分析计算出电压相量和电流相量，则各种功率就可以很方便地计算出来。

在实际运算中，复功率常用的两个表达式为

$$\begin{cases}\widetilde{S}=\dot{U}\dot{I}^*=\dot{I}Z\dot{I}^*=I^2Z\\ \widetilde{S}=\dot{U}\dot{I}^*=\dot{U}(\dot{U}Y)^*=\dot{U}\dot{U}^*Y^*=U^2Y^*\end{cases}\tag{3-86}$$

应当说明，复功率与阻抗相似，只是一个辅助计算的复数量，它并没有什么实际意义，并不代表正弦量，不能作为相量对待。正因如此，为了与相量区别，复功率用大写字母上加"～"表示。

在正弦电流电路中，由于有功功率守恒，无功功率守恒，所以复功率也是守恒的，即一些支路发出的复功率一定等于其余支路吸收的复功率。此结论可以用来检验电路的计算结果正确与否。

【例 3-22】 图 3-43 所示电路中，已知 $R_1=10\Omega$，$X_L=25\Omega$，$R_2=5\Omega$，$X_C=15\Omega$，电源电流 $\dot{I}_S=10\angle{0°}$V。试求各支路的复功率。

解题思路： 复功率可根据式（3-84）～式（3-86）来计算。

解　方法一：

（1）令 RL 支路的阻抗为 $Z_1=R_1+\mathrm{j}X_L=10+\mathrm{j}25$（Ω），RC 支路的阻抗为 $Z_2=R_2-\mathrm{j}X_C=5-\mathrm{j}15$（Ω），则支路电流为

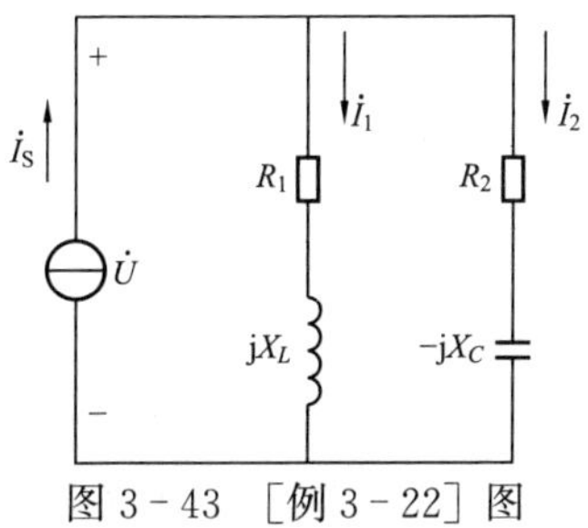

图 3-43 ［例 3-22］图

$$\dot{I}_1=\frac{Z_2}{Z_1+Z_2}\dot{I}_S=10\angle{0°}\times\frac{5-\mathrm{j}15}{10+\mathrm{j}25+5-\mathrm{j}15}=8.77\angle{-105.3°}\ (\mathrm{A})$$

$$\dot{I}_2=\dot{I}_S-\dot{I}_1=14.94\angle{34.5°}\ (\mathrm{A})$$

（2）各支路的复功率为

$$\widetilde{S}_{1x}=I_1^2Z_1=8.77^2\times(10+\mathrm{j}25)=769+\mathrm{j}1923\ (\mathrm{VA})$$

$$\widetilde{S}_{2x}=I_2^2Z_2=14.94^2\times(5-j15)=1116-j3348\ (VA)$$

$$\widetilde{S}_f=\dot{U}\dot{I}_S^*=\dot{I}_1Z_1\cdot\dot{I}_S^*=8.77\angle-105.3^\circ\times(10+j25)\times10\angle0^\circ$$
$$=1885-j1423\ (VA)$$

方法二：

(1) 支路电压为

$$\dot{U}=\dot{I}_SZ=10\angle0^\circ\times\frac{(10+j25)(5-j15)}{(10+j25)+(5-j15)}=236\angle-37.1^\circ\quad(V)$$

(2) 令 RL 支路的复功率为 $\widetilde{S}_{1x}$，RC 支路的复功率为 $\widetilde{S}_{2x}$，电流源支路的复功率为 $\widetilde{S}_f$，则各支路的复功率为

$$\widetilde{S}_f=\dot{U}\dot{I}^*=236\angle-37.1^\circ\times10\angle0^\circ=1882-j1424\ (VA)$$

$$\widetilde{S}_{1x}=U^2Y_1^*=236^2\times\left(\frac{1}{10+j25}\right)^*=768+j1920\ (VA)$$

$$\widetilde{S}_{2x}=U^2Y_2^*=236^2\times\left(\frac{1}{5-j15}\right)^*=1113-j3345\ (VA)$$

验算：$\widetilde{S}_{1x}+\widetilde{S}_{2x}=\widetilde{S}_f$，计算正确。

六、功率因数的提高

在正弦交流电路中，由于有功功率为

$$P=UI\cos\varphi=S\cos\varphi=S\lambda$$

因此，当负载的功率因数 λ 太低时，电路中电源设备输出的有功功率 P 越少，电源设备的额定容量就不能充分利用。例如，一台变压器的容量为 1000kVA，当功率因数 $\lambda=1$ 时，变压器输出的功率为 1000kW；当功率因数 $\lambda=0.5$ 时，变压器输出的功率为 500kW。实际电力电路中，电阻负载（如白炽灯、电路）的功率因数 $\lambda=1$，但电阻负载只是小部分，大部分负载是异步电动机，是感性负载，其功率因数较低，一般在 0.7～0.85。负载的功率因数 $\lambda\neq1$，它的无功功率就不等于零，意味着它从电源接受的电能中有一部分是交换而非消耗，功率因数越低，交换能量所占比例越大。

此外，由于电流 $I=\dfrac{P}{U\cos\varphi}$，因此当输出的功率 P、电压 U 一定时，负载的功率因数 λ 越低，则输电线路的电流 I 越大，所引起的线路上的能量损耗和电压降落越大。线路上的电压降加大，会使负载电压降低，影响负载的正常工作，如电灯变暗、电动机转速降低等。

提高电路的功率因数，就能充分利用电源设备的容量，减少输电的电能损耗，改善供电的电压质量，这在电力系统中具有很大的经济意义。

电力系统中，一般负载都是电感性的，对于这样的负载，常用电容器与负载并联来提高电路的功率因数，其原理如下：感性负载可用 RL 串联等效电路表示，如图 3－44（a）所示，提高电路的功率因数时，常在感性负载两端并联电容，如图 3－44（b）所示，画出电路的相量图如图 3－44（c）所示。在未并电容 C 时［见图 3－44（a）］，线路端口电流 $\dot{I}$ 等于负载电流 $\dot{I}_1$，此时功率因数为 $\cos\varphi$，功率因数角就是无源二端网络端口电压 $\dot{U}$ 和端口电流 $\dot{I}$（即 $\dot{I}_1$）的相位差角 φ；并联电容后［见图 3－44（b）］，线路端口电流 $\dot{I}=\dot{I}_1+\dot{I}_2$，功率因数角就是无源二端网络端口电压 $\dot{U}$ 和端口电流 $\dot{I}$ 的相位差角 φ'。由相量图 3－44（c）所示，因为 $\varphi'<$

φ，所以 $\cos\varphi'>\cos\varphi$，从而把线路的功率因数提高。

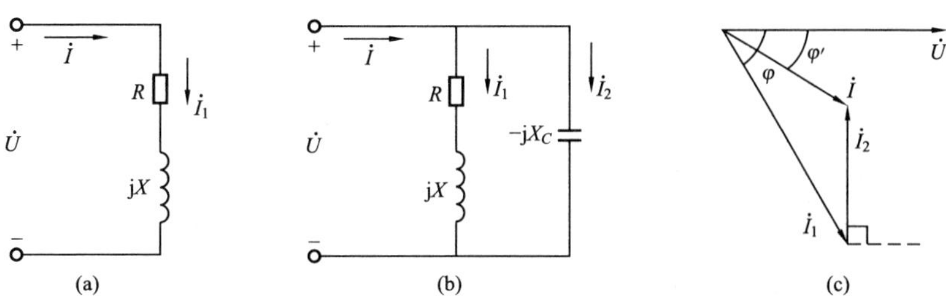

图 3 - 44 功率因数的提高

(a) RL 串联等效电路；(b) 并联电容；(c) 相量图

如果要将有功功率为 P、端电压为 U 的负载电路的功率因数由 $\cos\varphi$ 提高到 $\cos\varphi'$，则所应并联的电容 C，其计算过程为

$$I_1=\frac{P}{U\cos\varphi},\quad I=\frac{P}{U\cos\varphi'}$$

由图 3 - 44（c）可得

$$I_2=I_1\sin\varphi-I\sin\varphi'$$

将 I_1 代入 I_2 得

$$I_2=I_1\sin\varphi-I\sin\varphi'=\frac{P}{U}(\tan\varphi-\tan\varphi')$$

由于

$$I_2=\frac{U}{X_C}=\omega CU$$

则

$$\omega CU=\frac{P}{U}(\tan\varphi-\tan\varphi')$$

所以

$$C=\frac{P}{\omega U^2}(\tan\varphi-\tan\varphi') \tag{3-87}$$

【例 3 - 23】 在 50Hz、380V 的电源上接一感性负载，功率为 20kW，功率因数 $\cos\varphi=0.6$。若要使电路的功率因数提高为 $\cos\varphi'=0.9$，问需并联多大的电容器？

解 已知 $U=380\text{V}$，$P=20\text{kW}$，$f=50\text{Hz}$，$\omega=2\pi f=314\text{rad/s}$。

由 $\cos\varphi=0.6$，得 $\tan\varphi=1.333$；由 $\cos\varphi'=0.9$，得 $\tan\varphi'=0.4843$。

将以上数据代入式（3 - 87）得

$$C=\frac{P}{\omega U^2}(\tan\varphi-\tan\varphi')=\frac{20\times10^3}{314\times380^2}\times(1.333-0.4843)=375\ (\mu\text{F})$$

故需并联 375μF 的电容器。

第九节 正弦交流电路的相量分析法

29. 正弦交流电路的相量分析法

正弦交流电路的分析计算与直流电路的分析计算一样，也是应用基尔霍夫定律和欧姆定律来进行。在正弦交流电路中，基尔霍夫定律和欧姆定律的相量形式$\sum\dot{I}=0$、$\sum\dot{U}=0$、$\dot{U}=Z\dot{I}$、$\dot{I}=Y\dot{U}$与直流电路中相应的表达式$\sum I=0$、$\sum U=0$、$U=RI$、$I=GU$相似，因而同样可以推出类似于直流电路的分析计算方法及电路定理，如等效变换法、支路电流法、节点电压法、叠加定理、戴维南定理等。只要把直流电路中的电阻R用阻抗Z替换，电导G用导纳Y替换，电压U用电压相量$\dot{U}$替换，电流I用电流相量$\dot{I}$替换，那么分析计算直流电路的方法都可以推广到正弦交流电路。

这种将正弦交流电路的所有激励和响应用相量表示，电路中无源元件用阻抗或导纳表示，分析计算交流电路的方法，称为相量法。

相量法解题步骤归纳如下：

(1) 作电路的相量模型。所谓电路的相量模型，是指元件的连接方式不变，将元件参数用阻抗或导纳标注，电流、电压用相量标注。选定待求电流、电压参考方向，标注在电路图上。

(2) 合理选择解题方法，如用等效变换法、支路电流法、节电电压法、叠加定理、戴维南定理等，求出待求量的相量解答。应用时须注意，用相量代替正弦量，用阻抗和导纳代替电阻和电导。

(3) 如有需要，再由待求量的相量解答写出对应的瞬时值表达式。

分析计算时要充分利用相量图，有时可用相量图来简化计算，可利用相量之间的几何关系帮助分析。

【例 3 - 24】 有一 RLC 串联电路，已知$R=27\Omega$，$X_L=90\Omega$，$X_C=60\Omega$，电源电压为$u=220\sqrt{2}\sin 314t\,\text{V}$，试求：

(1) 电流i的瞬时值。

(2) R、L、C元件上电压的瞬时值。

(3) 画出相量图。

解题思路：交流电路的解题方法是相量法。要求i的瞬时值，先求$\dot{I}$；而$\dot{I}=\dfrac{\dot{U}}{Z}$，所以需先求出阻抗$Z$。

解 (1)

$$Z=R+\mathrm{j}(X_L-X_C)=27+\mathrm{j}(90-60)=40.4\angle 48^\circ\ (\Omega)$$

$$\dot{I}=\frac{\dot{U}}{Z}=\frac{220\angle 0^\circ}{40.4\angle 48^\circ}=5.45\angle -48^\circ\ (\text{A})$$

所以电流的瞬时值为

$$i=5.45\sqrt{2}\sin(314t-48^\circ)\ (\text{A})$$

(2) 为了求R、L、C元件上的电压瞬时值，先求出各元件上的电压相量

$$\dot{U}_R=R\dot{I}=27\times 5.45\angle -48^\circ=147.2\angle -48^\circ(\text{V})$$

$$\dot{U}_L=\mathrm{j}X_L\dot{I}=90\angle 90^\circ\times 5.45\angle -48^\circ=490.5\angle 42^\circ(\text{V})$$

$$\dot{U}_C=-\mathrm{j}X_C\dot{I}=60\angle -90^\circ\times 5.45\angle -48^\circ=327\angle -138^\circ(\text{V})$$

所以

$$u_R=147.2\sqrt{2}\sin(314t-48^\circ)\ (\text{V})$$

$$u_L=490.5\sqrt{2}\sin(314t+42^\circ)\ (\text{V})$$

$$u_C = 327\sqrt{2}\sin(314t - 138°)\ (\text{V})$$

(3) 根据计算所得结果作相量图，如图 3-45 所示。

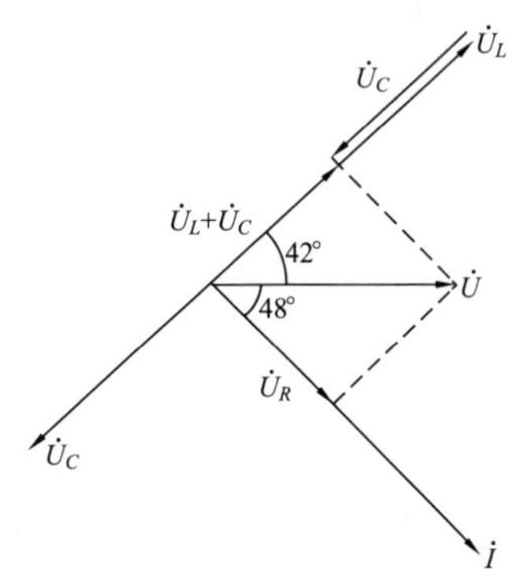

图 3-45 ［例 3-24］图

【例 3-25】 图 3-46 (a) 所示电路中，$u = 100\sqrt{2}\sin\omega t\,\text{V}$，$R_1 = 20\Omega$，$R_2 = \omega L = \dfrac{1}{\omega C} = 60\Omega$，试求各支路电流相量 $\dot{I}_1$、$\dot{I}_2$ 和 $\dot{I}_3$。

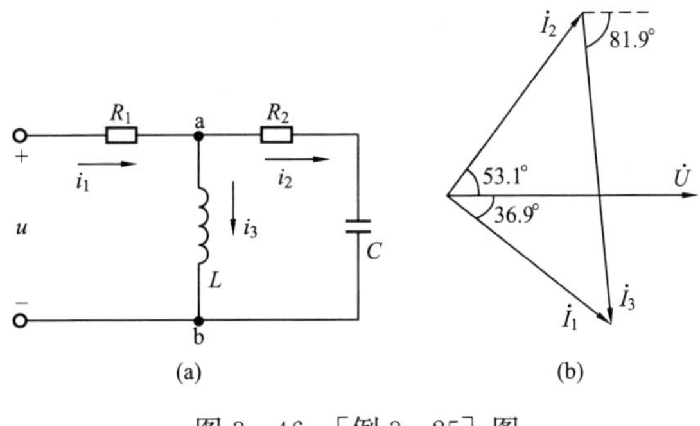

图 3-46 ［例 3-25］图

解题思路： 要求电流相量 $\dot{I}_1$，须知道电压相量和总阻抗，再由相量形式的欧姆定律 $\dot{I} = \dfrac{\dot{U}}{Z}$ 得到，各支路电流相量 $\dot{I}_2$ 和 $\dot{I}_3$ 可根据分流公式来得到。

解 (1) 支路阻抗为

$$\begin{aligned} Z_1 &= R_1 = 20\Omega \\ Z_2 &= R_2 - \text{j}X_C \\ &= 60 - \text{j}60 \\ &= 60\sqrt{2}\angle{-45°}\ (\Omega) \end{aligned}$$

$$Z_3 = \text{j}X_L = \text{j}60 = 60\angle{90°}\ (\Omega)$$

(2) 并联阻抗为

$$\begin{aligned} Z_{ab} &= \frac{Z_2 Z_3}{Z_2 + Z_3} = \frac{60\sqrt{2}\angle{-45°} \times 60\angle{90°}}{60 - \text{j}60 + \text{j}60} \\ &= 60\sqrt{2}\angle{45°} = 60 + \text{j}60\ (\Omega) \end{aligned}$$

（3）总阻抗为

$$Z=Z_1+Z_{ab}=20+60+j60$$
$$=80+j60=100\angle 36.9^\circ\ (\Omega)$$

（4）端口电流为

$$\dot I_1=\frac{\dot U}{Z}=\frac{100\angle 0^\circ}{100\angle 36.9^\circ}=1\angle -36.9^\circ\ (A)$$

（5）并联支路电流由分流公式可得

$$\dot I_2=\frac{Z_3}{Z_2+Z_3}\dot I_1$$
$$=\frac{60\angle 90^\circ}{60-j60+j60}\times 1\angle -36.9^\circ=1\angle 53.1^\circ\ (A)$$

$$\dot I_3=\frac{Z_2}{Z_2+Z_3}\dot I_1=\frac{60\sqrt{2}\angle -45^\circ}{60-j60+j60}\times 1\angle -36.9^\circ$$
$$=\sqrt{2}\angle -81.9^\circ\ (A)$$

（6）相量图如图 3－46（b）所示。

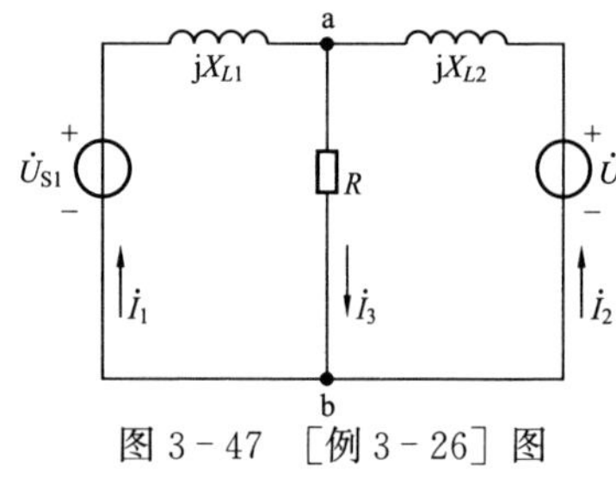

图 3－47 ［例 3－26］图

【例 3－26】 图 3－47 所示电路中，已知 $\dot U_{S1}=220\angle 0^\circ V$，$\dot U_{S2}=220\angle -20^\circ V$，$X_{L1}=20\Omega$，$X_{L2}=10\Omega$，$R=40\Omega$，试用节点电压法求各支路电流。

解 由弥尔曼定理可得

$$U_{ab}=\frac{\dfrac{\dot U_{S1}}{Z_1}+\dfrac{\dot U_{S2}}{Z_2}}{\dfrac{1}{Z_1}+\dfrac{1}{Z_2}+\dfrac{1}{Z_3}}$$
$$=\frac{\dfrac{220\angle 0^\circ}{j20}+\dfrac{220\angle -20^\circ}{j10}}{\dfrac{1}{j20}+\dfrac{1}{j10}+\dfrac{1}{40}}$$
$$=213.8\angle -22.8^\circ(V)$$

由 KVL 可得各支路电流分别为

$$\dot I_1=\frac{\dot U_{S1}-\dot U_{ab}}{Z_1}=\frac{220\angle 0^\circ-213.8\angle -22.8^\circ}{j20}=4.31\angle -15.2^\circ\ (A)$$

$$\dot I_2=\frac{\dot U_{S2}-\dot U_{ab}}{Z_2}=\frac{220\angle -20^\circ-213.8\angle -22.8^\circ}{j10}=1.22\angle -51^\circ\ (A)$$

$$\dot I_3=\frac{\dot U_{ab}}{Z_3}=\frac{213.8\angle -22.8^\circ}{40}=5.35\angle -22.8^\circ\ (A)$$

【例 3－27】 图 3－48（a）所示电路中，已知 $\dot I_S=10\angle -90^\circ A$，$Z_1=Z_2=j30\Omega$，$Z_3=30\Omega$，$Z=45\Omega$，求 $\dot I$。

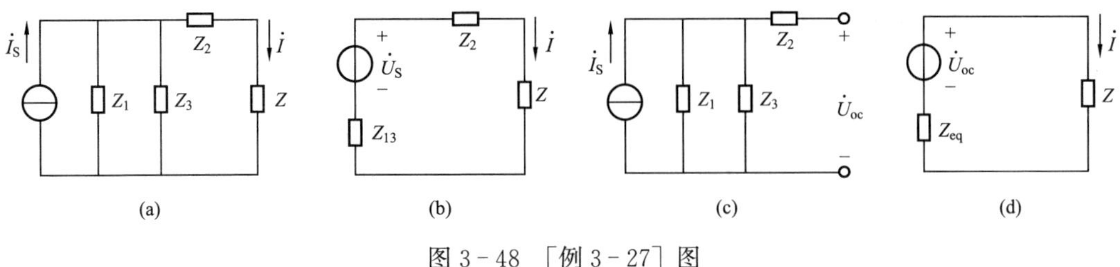

图 3-48 [例 3-27] 图

解 方法一：等效变换。

(1) 求 Z_1、Z_3 的并联阻抗 Z_{13}

$$Z_{13}=\frac{Z_1Z_3}{Z_1+Z_3}=\frac{\text{j}30\times30}{30+\text{j}30}$$
$$=15\sqrt{2}\angle45^\circ=15+\text{j}15\ (\Omega)$$

(2) 将电流源 $\dot{I}_S$ 与阻抗 Z_{13} 的并联电路等效变换为电压源 $\dot{U}_S$ 与阻抗 Z_{13} 的串联电路，等效电路如图 3-48（b）所示。

$$\dot{U}_S=Z_{13}\dot{I}_S=15\sqrt{2}\angle45^\circ\times10\angle-90^\circ=150\sqrt{2}\angle-45^\circ$$

$$\dot{I}=\frac{\dot{U}_S}{Z_2+Z+Z_{13}}=\frac{150\sqrt{2}\angle-45^\circ}{\text{j}30+45+15+\text{j}15}$$
$$=\frac{150\sqrt{2}\angle-45^\circ}{75\angle36.9^\circ}=2.8\angle-81.9^\circ\ (\text{A})$$

方法二：戴维南定理。

(1) 求开路电压。在图 3-48（c）中

$$U_{oc}=\frac{Z_1Z_3}{Z_1+Z_3}\dot{I}_S$$
$$=15\sqrt{2}\angle45^\circ\times10\angle-90^\circ$$
$$=150\sqrt{2}\angle-45^\circ\ (\text{V})$$

(2) 求等效阻抗

$$Z_{eq}=Z_2+\frac{Z_1Z_3}{Z_1+Z_3}=\text{j}30+15+\text{j}15=15+\text{j}45\ (\Omega)$$

(3) 戴维南等效模型如图 3-48（d）所示，其中

$$\dot{I}=\frac{\dot{U}_{oc}}{Z_{eq}+Z}=\frac{150\sqrt{2}\angle-45^\circ}{15+\text{j}45+45}=\frac{150\sqrt{2}\angle45^\circ}{75\angle36.9^\circ}=2.8\angle-81.9^\circ\ (\text{A})$$

在应用相量法时，除用相量解析式计算外，还可利用相量图来分析计算。

【例 3-28】 图 3-49（a）所示电路中，已知 $I_1=I_2=5\sqrt{2}\text{A}$，$U=100\text{V}$，$\dot{U}$ 与 $\dot{I}$ 同相，试用相量图法求 X_L、X_C 和 R。

解 以 $\dot{U}_{bc}$ 为参考相量，画在水平方向。电阻元件电流 $\dot{I}_1$ 与 $\dot{U}_{bc}$ 同相，电容元件电流 $\dot{I}_2$ 超前 $\dot{U}_{bc}90^\circ$，画出 $\dot{I}_2$；由相量形式的 KCL：$\dot{I}=\dot{I}_1+\dot{I}_2$，画出 $\dot{I}$，得到电流等腰直角三角

形。已知$\dot{U}$与$\dot{I}$同相，画出$\dot{U}$；电感元件电压$\dot{U}_{ab}$超前$\dot{I}$ 90°，画出$\dot{U}_{ab}$；根据相量形式的KVL：$\dot{U}=\dot{U}_{ab}+\dot{U}_{bc}$，得到电压等腰直角三角形，如图 3－49（b）所示。所以

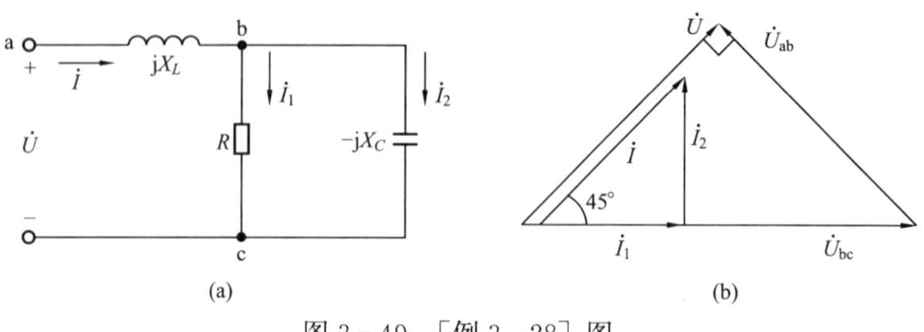

图 3－49 ［例 3－28］图

$$U_{ab}=U=100\text{V},\quad U_{bc}=\sqrt{2}U=100\sqrt{2}\ (\text{V})$$

$$I=\sqrt{2}I_1=10\ (\text{A})$$

于是

$$R=\frac{U_{bc}}{I_1}=\frac{100\sqrt{2}}{5\sqrt{2}}=20\ (\Omega)$$

$$X_C=\frac{U_{bc}}{I_2}=\frac{100\sqrt{2}}{5\sqrt{2}}=20\ (\Omega)$$

$$X_L=\frac{U_{ab}}{I}=\frac{100}{10}=10\ (\Omega)$$

30. 正弦电路中的谐振

第十节 电路的谐振

谐振是由 R、L、C 元件组成的正弦交流电路在一定条件下发生的一种特殊现象。研究谐振现象有重要的实际意义，一方面，谐振现象得到广泛的应用，如电子技术中的选频和滤波等；另一方面，谐振时会使电路中产生高电压、大电流而破坏系统的正常工作状态，甚至造成危害，应设法加以避免。

当含有电感和电容的无源二端网络的等效阻抗或导纳的虚部为零时，就会出现端口电压与电流同相的现象，这种现象称为谐振。

由于

$$\dot{U}=Z\dot{I}\quad 或\quad \dot{I}=Y\dot{U}$$

如果 Z 或 Y 的虚部为零，即 $Z=R+\text{j}X=R$ 或 $Y=G+\text{j}B=G$，则有

$$\dot{U}=R\dot{I}\quad 或\quad \dot{I}=G\dot{U}$$

所以$\dot{U}$与$\dot{I}$同相。

本节将重点分析串联谐振电路。

一、串联谐振

1. 串联谐振的条件

图 3－50 所示的 RLC 串联的正弦电路中，阻抗

$$Z=R+jX=R+j(X_L-X_C)$$

当虚部 $X=0$，即 $X_L-X_C=0$ 或 $X_L=X_C$，也即 $\omega L=\frac{1}{\omega C}$时，电路就发生谐振。谐振时的角频率用 ω_0 表示，于是

$$\omega_0=\frac{1}{\sqrt{LC}} \tag{3-88}$$

谐振频率用 f_0 表示，则

$$f_0=\frac{1}{2\pi\sqrt{LC}} \tag{3-89}$$

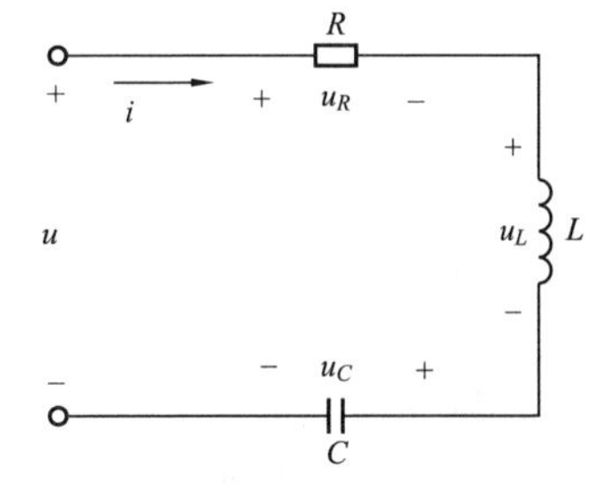

图 3－50　RLC 串联电路

谐振频率又称为电路的固有频率，是由电路的结构参数决定的。串联谐振频率由串联电路中的电感、电容元件的参数决定，与串联电阻的电阻值无关。要实现谐振，即要满足 $\omega L=\frac{1}{\omega C}$，在电路参数（$L$ 或 C）固定时，可调节电源的频率；在电源频率固定时，可调节电路参数 L 或 C。

2. 串联谐振的特征

(1) 谐振时，由于 $X=0$，则阻抗模 $|Z|=\sqrt{R^2+X^2}=R$ 最小。

(2) 端口电压有效值 U 为恒定值时，电流为

$$I=\frac{U}{|Z|}=\frac{U}{R}$$

因此，谐振时端口电流最大，且仅取决于电阻，与电感和电容值无关。

(3) 谐振时，由于 $X_L=X_C$，且 RLC 串联电路电流相同，故有

$$\dot{U}_L=jX_L\dot{I},\quad \dot{U}_C=-jX_C\dot{I}$$

于是

$$\dot{U}_L+\dot{U}_C=0$$

$$\dot{U}=\dot{U}_R+\dot{U}_L+\dot{U}_C=\dot{U}_R$$

此时电路呈电阻性。串联谐振相量图如图 3－51 所示。

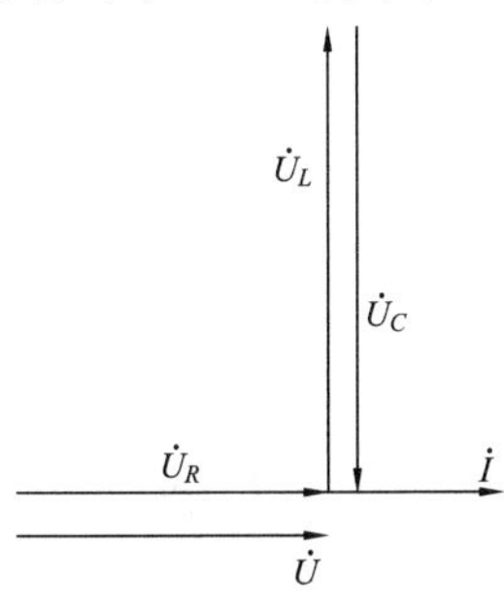

图 3－51　串联谐振相量图

3. 特性阻抗和品质因数

谐振时，电路的感抗 X_L 和容抗 X_C 相等，称为电路的特性阻抗，用 ρ 表示。以 $\omega_0=\frac{1}{\sqrt{LC}}$代入 X_L 和 X_C，可得

$$\rho = X_{L0} = \omega_0 L = \sqrt{\frac{L}{C}}$$

$$\rho = X_{C0} = \frac{1}{\omega_0 C} = \sqrt{\frac{L}{C}}$$

即

$$\rho = \omega_0 L = \frac{1}{\omega_0 C} = \sqrt{\frac{L}{C}} \tag{3-90}$$

可见，特性阻抗是一个与频率无关且只与电路参数有关的常量，其 SI 单位为 Ω。

谐振电路的性能可用谐振电路的特性阻抗 ρ 与电路的电阻 R 的比值来反映，该比值称为电路的品质因数，用 Q 来表示，即

$$Q = \frac{\rho}{R} = \frac{\omega_0 L}{R} = \frac{1}{\omega_0 CR} = \frac{1}{R}\sqrt{\frac{L}{C}} \tag{3-91}$$

品质因数 Q 在工程上也称 Q 值，是一个由电路参数 R、L、C 决定的量纲为 1 的量。引入 Q 值后，电路发生谐振时，电感和电容两端的电压可表示为

$$\begin{cases} U_{L0} = \omega_0 LI = \dfrac{\omega_0 L}{R}U = QU \\ U_{C0} = \dfrac{1}{\omega_0 C}I = \dfrac{1}{\omega_0 RC}U = QU \end{cases} \tag{3-92}$$

由于电路的 Q 值通常在 50～200 之间，谐振时会在电感和电容两端出现大大高于外施电压 U 的高电压，故串联谐振又称为电压谐振。这种高电压有时会损害设备，因此在电力系统中应该避免出现谐振现象，而无线电电路中，却常利用谐振提高微弱信号的幅值。

【例 3-29】 RLC 串联电路中，当端口正弦电压 u 的频率为 79.6kHz 时发生谐振，已知 L=20mH，R=100Ω，试求：

(1) 电容 C、特性阻抗 ρ 和品质因数 Q 。

(2) 当 U=100V 时，谐振时的 U_{L0} 和 U_{C0} 值。

解 (1) 由 $f_0 = \dfrac{1}{2\pi\sqrt{LC}}$ 得

$$C = \frac{1}{(2\pi f_0)^2 L} = \frac{1}{(2\pi \times 79.6 \times 10^3)^2 \times 20 \times 10^{-3}} = 200\ (\text{pF})$$

特性阻抗为

$$\rho = \sqrt{\frac{L}{C}} = \sqrt{\frac{20 \times 10^{-3}}{200 \times 10^{-12}}} = 10\ 000\ (\Omega)$$

品质因数为

$$Q = \frac{\rho}{R} = \frac{10\ 000}{100} = 100$$

(2)
$$U_{L0} = U_{C0} = QU = 100 \times 100 = 10\ 000\ (\text{V})$$

4. 串联谐振电路的谐振曲线

RLC 串联电路中电流的有效值为

$$I = \frac{U}{|Z|} = \frac{U}{\sqrt{R^2 + \left(\omega L - \dfrac{1}{\omega C}\right)^2}}$$

$$=\frac{U}{\sqrt{R^2+R^2\left(\frac{\omega}{\omega_0}\times\frac{\omega_0 L}{R}-\frac{\omega_0}{\omega}\times\frac{1}{\omega_0 CR}\right)^2}}$$

$$=\frac{U}{R\sqrt{1+Q^2\left(\frac{\omega}{\omega_0}-\frac{\omega_0}{\omega}\right)^2}}$$

又因为谐振电流 $I_0=\frac{U}{R}$，所以

$$\frac{I}{I_0}=\frac{1}{\sqrt{1+Q^2\left(\frac{\omega}{\omega_0}-\frac{\omega_0}{\omega}\right)^2}}=\frac{1}{\sqrt{1+Q^2\left(\eta-\frac{1}{\eta}\right)^2}} \tag{3-93}$$

其中，$\eta=\frac{\omega}{\omega_0}$。若以 η 为横坐标，电流比 $\frac{I}{I_0}$ 为纵坐标，则可对不同的 Q 值画出一组不同的曲线。这种曲线称为串联谐振电路的通用曲线，如图 3－52 所示。

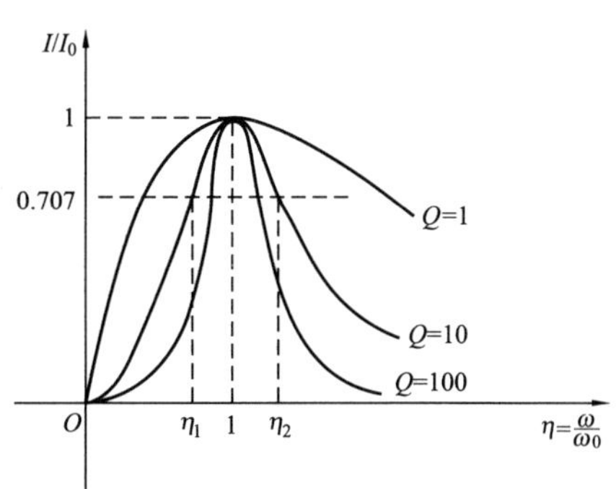

图 3－52 串联谐振电路的通用曲线

谐振时，$\omega=\omega_0$，$\eta=1$，则 $\frac{I}{I_0}=1$，$I=I_0$，当 ω 偏离 ω_0 时，电流有效值开始下降。在一定的频率偏移下，Q 值越大，电流有效值下降得越快（即曲线越窄），这表明，电路对不是谐振频率点附近的电流具有较强的抑制能力，或者说选择性较好；反之，如果 Q 值很小，则在谐振点附近电流变化不大，所以选择性很差。

通用谐振曲线上纵坐标为 $\frac{I}{I_0}=\frac{1}{\sqrt{2}}=0.707$，这一数值对应的两个频率点之间的宽度，工程上称为通频带（或称带宽），它规定了谐振电路允许通过信号的频率范围。由图 3－52 可知，Q 值越大，谐振曲线越尖锐，通频带越窄；反之，Q 值越小，谐振曲线越平坦，通频带越宽。

二、并联谐振

串联谐振电路当信号源的内阻较大时，将使串联谐振电路的品质因数降低，从而影响电路的选择性，这种情况下应采用并联谐振电路。

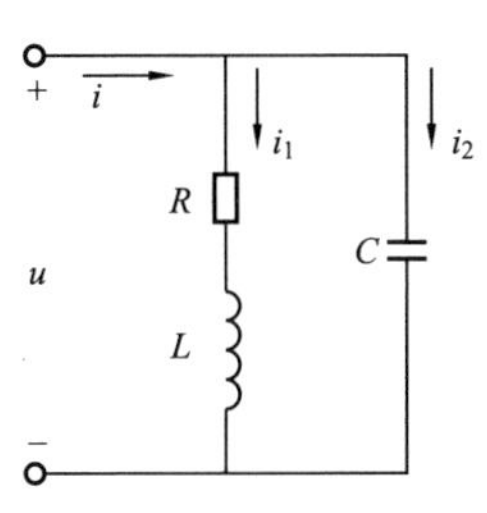

图 3－53 并联谐振电路

1. 并联谐振的条件

图 3－53 所示电路中，当导纳的虚部为零时，此二端网络端口电压与总电流同相，电路呈电阻性，这时电路发生谐振，称为并联谐振。并联谐振发生的条件：$B=0$。

图 3－53 中，电感支路的导纳为

$$Y_1=\frac{1}{R+\mathrm{j}\omega L}=\frac{R}{R^2+(\omega L)^2}-\mathrm{j}\frac{\omega L}{R^2+(\omega L)^2} \tag{3-94}$$

电容支路的导纳为

$$Y_2=\frac{1}{-\mathrm{j}\,\frac{1}{\omega C}}=\mathrm{j}\omega C \tag{3-95}$$

总导纳为

$$Y=Y_1+Y_2=\frac{R}{R^2+(\omega L)^2}+\mathrm{j}\left[\omega C-\frac{\omega L}{R^2+(\omega L)^2}\right] \tag{3-96}$$

只要虚部为零，即 $\omega C=\frac{\omega L}{R^2+(\omega L)^2}$，电路就发生谐振。由此可解得谐振角频率为

$$\omega_0=\frac{1}{\sqrt{LC}}\sqrt{1-\frac{CR^2}{L}} \tag{3-97}$$

谐振频率为

$$f_0=\frac{1}{2\pi\sqrt{LC}}\sqrt{1-\frac{CR^2}{L}} \tag{3-98}$$

此外，还得满足 $1-\frac{CR^2}{L}>0$，即 $R<\sqrt{\frac{L}{C}}$ 条件，才能在电路参数一定时，通过调节电源的频率来实现谐振。

由于通常都有 $\omega_0L\gg R$，因此

$$\omega_0C=\frac{\omega_0L}{R^2+(\omega_0L)^2}\approx\frac{1}{\omega_0L}$$

于是

$$\omega_0\approx\frac{1}{\sqrt{LC}},\quad f_0\approx\frac{1}{2\pi\sqrt{LC}} \tag{3-99}$$

与串联谐振相同。

2. 并联谐振的特征

(1) 谐振时，导纳模最小（或接近最小），阻抗模最大（或接近最大），则

$$\begin{cases}|Y|=\dfrac{R}{R^2+(\omega_0L)^2}\\[2ex]|Z|=\dfrac{1}{|Y|}=\dfrac{R^2+(\omega_0L)^2}{R}\approx\dfrac{(\omega_0L)^2}{R}=\dfrac{L}{RC}=\dfrac{\rho^2}{R}=\dfrac{\rho}{R}\rho=Q\rho\end{cases} \tag{3-100}$$

式中：ρ 为并联谐振电路的特性阻抗，$\rho=\sqrt{\frac{L}{C}}\approx\omega_0L\approx\frac{1}{\omega_0C}$；$Q$ 为并联谐振电路的品质因数，$Q=\frac{\rho}{R}$。并联谐振电路的特性阻抗和品质因数与串联谐振电路一样。

(2) 谐振时，电感支路的电流为

$$I_1=\frac{U}{\sqrt{R^2+(\omega_0L)^2}}\approx\frac{U}{\omega_0L} \tag{3-101}$$

电容支路的电流为

$$I_2=\omega_0CU \tag{3-102}$$

因为

$$U=I|Z|=IQ\rho \tag{3-103}$$

所以

$$\begin{cases}I_1\approx\dfrac{IQ\rho}{\omega_0 L}=QI\\I_2=\omega_0 C\,IQ\rho=QI\end{cases} \tag{3-104}$$

式（3-104）表明，谐振时，两条支路电流的大小近似相等，都为总电流的 Q 倍。所以，并联谐振又称为电流谐振，相量图如图 3-54 所示。

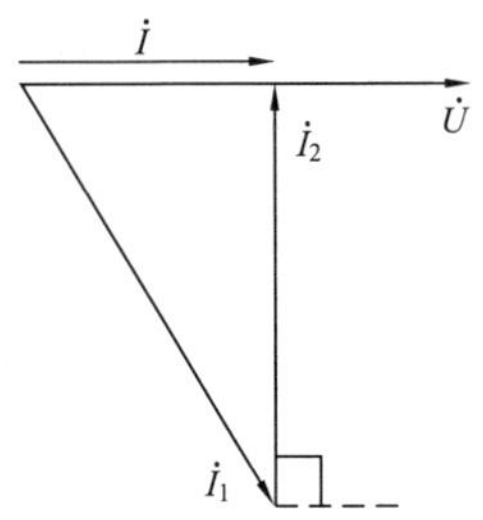

图 3-54　并联谐振相量图

一、正弦量

正弦量包括正弦电压、正弦电动势和正弦电流。正弦电压和正弦电流可表示为

$$i=I_m\sin(\omega t+\theta_i)=\sqrt{2}I\sin(\omega t+\theta_i)$$

$$u=U_m\sin(\omega t+\theta_u)=\sqrt{2}U\sin(\omega t+\theta_u)$$

（1）正弦量的三要素包括幅值（I_m、U_m、E_m）、角频率$\left(\omega=\dfrac{2\pi}{T}=2\pi f\right)$和初相 θ。正弦交流电的有效值与最大值之间满足 $I_m=\sqrt{2}I$。

（2）两个同频率的正弦量的相位差 $\varphi=\theta_1-\theta_2$，两个同频率的正弦量有同相、反相、超前和滞后的关系。

二、相量表示法和相量图

（1）模等于正弦量的最大值或有效值，辐角等于正弦量的初相的复数，称为正弦量的相量。正弦量的相量一般指有效值相量，则

$$\dot{I}=I\angle\theta,\quad \dot{U}=U\angle\theta$$

（2）同频率的正弦量的相量画在同一复平面上，所形成的图形称为相量图。只有同频率的正弦交流电才能在同一相量图上加以分析。

三、正弦量的和（差）

同频率正弦量的和（差）仍是同频率的正弦量。

$$i=i_1\pm i_2$$

$$\dot{I}=\dot{I}_1\pm\dot{I}_2$$

四、基尔霍夫定律的相量形式

$$\sum \dot{I} = 0，\ \sum \dot{U} = 0$$

五、无源二端网络的等效阻抗

$$Z = \frac{\dot{U}}{\dot{I}} = R + \mathrm{j}X = |Z| \angle \varphi$$

$$|Z| = \frac{U}{I}，\quad \varphi = \theta_{\mathrm{u}} - \theta_{\mathrm{i}}$$

RLC 串联电路的阻抗

$$Z = R + \mathrm{j}X = R + \mathrm{j}(X_L - X_C) = |Z| \angle \varphi$$

$$|Z| = \sqrt{R^2 + X^2}\ ，\quad \varphi = \arctan \frac{X}{R}$$

六、无源二端网络的等效导纳

$$Y = \frac{\dot{I}}{\dot{U}} = G + \mathrm{j}B = |Y| \angle \varphi'$$

$$|Y| = \frac{I}{U}，\quad \varphi' = \theta_{\mathrm{i}} - \theta_{\mathrm{u}}$$

RLC 并联电路的导纳

$$Y = G + \mathrm{j}B = G + \mathrm{j}(B_C - B_L) = |Y| \angle \varphi'$$

$$|Y| = \sqrt{G^2 + B^2}，\quad \varphi' = \arctan \frac{B}{G}$$

七、阻抗与导纳的关系

$$Y = \frac{1}{Z}，\quad |Y| = \frac{1}{|Z|}，\quad \varphi' = -\varphi$$

八、相量法

将正弦交流电路中的电压、电流用相量表示，电路中的无源元件用阻抗或导纳表示，再套用直流电阻电路的解法分析计算交流电路的方法，称为相量法。

九、正弦交流电路的功率

$$P = UI\cos\varphi = I^2 R$$

$$Q = UI\sin\varphi = I^2 X$$

$$S = UI$$

$$\widetilde{S} = \dot{U}\dot{I}^* = P + \mathrm{j}Q = S \angle \varphi$$

十、功率因数的提高

一般采用在感性负载两端并联电容器的方法来提高电路的功率因数，则

$$C = \frac{P}{\omega U^2}(\tan\varphi - \tan\varphi')$$

十一、谐振

（1）串联谐振的条件为

$$X = 0 \text{ 即 } X_L = X_C，\quad \omega_0 = \frac{1}{\sqrt{LC}}$$

串联谐振的特征有

$$|Z|=R \text{ 最小}，\quad I=\frac{U}{R} \text{ 最大}，\quad U_L=U_C \gg U$$

（2）并联谐振的条件为

$$B=0，\quad \omega_0 \approx \frac{1}{\sqrt{LC}} \quad (Q \gg 1)$$

并联谐振的特征有

$$|Z|=Q\rho \left(\rho=\sqrt{\frac{L}{C}}\right) \text{最大}，\quad I_1=I_2 \gg I$$

习　题

一、填空题

3-1　正弦交流电的三要素为__________、__________和__________。

3-2　已知一正弦交流电流 $i=30\sin(314t+30°)$ A，则它最大值 $I_m=$__________ A，有效值 $I=$__________ A，初相角为 $\theta=$__________，频率 $f=$__________，角频率 $\omega=$__________ rad/s，周期 $T=$__________ s。

3-3　两个__________正弦量的相位之差，叫相位差，其数值等于__________之差。

3-4　某初相角为60°的正弦交流电流，在 $t=\frac{T}{2}$ 时的瞬时值 $i=0.8$A，则此电流的有效值 $I=$__________，最大值 $I_m=$__________。

3-5　已知 $C=0.1\mu$F 的电容器接于 $f=400$Hz 的电源上，$I=10$mA，则电容器两端的电压 $U=$__________，角频率 $\omega=$__________。

3-6　在交流串联电路中，若感抗大于容抗，则总电流比总电压__________ φ 角度，电路呈现__________性。

3-7　在 RLC 串联电路中，已知 $R=3\Omega$，$X_L=5\Omega$，$X_C=8\Omega$，则电路的性质为__________性，总电压比总电流__________。

3-8　给某一电路施加 $u=100\sqrt{2}\sin(100\pi t+30°)$ V 的电压，得到的电流 $i=5\sqrt{2}\sin(100\pi t+120°)$ A。该电路的性质为__________，有功功率为__________，无功功率为__________。

3-9　RLC 串联电路的谐振条件是__________，其谐振频率 $f_0=$__________。串联谐振时，__________达到最大值。

二、判断题

3-10　若一个正弦交流电的周期为0.04s，则它的频率为25Hz。（　　）

3-11　正弦交流电的最大值和有效值随时间作周期性变化。（　　）

3-12　用交流电表测出的交流电的数值都是平均值。（　　）

3-13　有两个频率和初相角都不同的正弦交流电压 u_1 和 u_2，若它们的有效值相同，则最大值也相同。（　　）

3-14　已知 $i_1=15\sin(100\pi t+45°)$ A，$i_2=15\sin(200\pi t-30°)$ A，则 i_1 比 i_2 超前

75°。（　　）

3－15　耐压值为300V的电容器能够在有效值为220V的正弦交流电压下安全工作。（　　）

3－16　在RLC串联电路中，因为总电压的有效值与电流有效值之比等于总阻抗，即$\dfrac{U}{I}=Z$，则总阻抗$Z=R+X_L+X_C$。（　　）

3－17　如图3－55所示，已知电压表PV1、PV2的读数均为10V，则电压表PV的读数为$10\sqrt{2}$V。（　　）

3－18　如图3－56所示，已知电压表PV1、PV2、PV4的读数分别为100、100、40V，则电压表PV3的读数为40V。（　　）

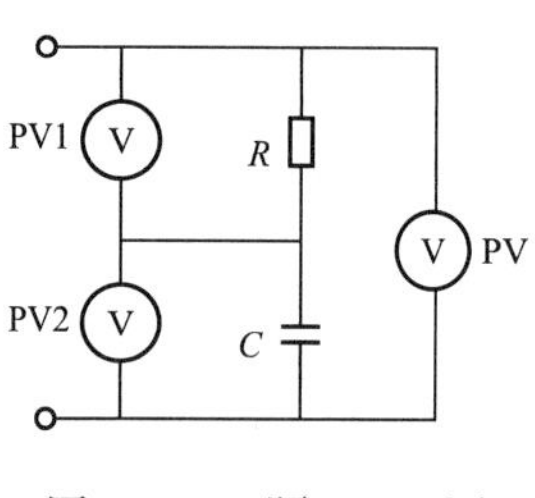

图3－55　题3－17图

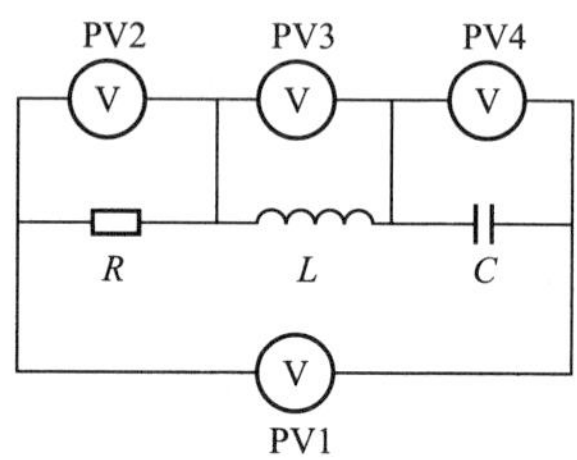

图3－56　题3－18图

3－19　在交流电路中，电压与电流相位差为零，该电路必定是电阻性电路。（　　）

三、选择题

3－20　有一工频正弦交流电压$u=100\sin(\omega t-30°)$V，在$t=\dfrac{T}{6}$时，电压的瞬时值为（　　）。

A. 50V　　B. 60V　　C. 100V　　D. 75V

3－21　某正弦交流电压在1/10s内变化5周，则它的周期、频率和角频率分别为（　　）。

A. 0.05s、60Hz、200rad/s　　B. 0.025s、100Hz、30πrad/s

C. 0.02s、50Hz、314rad/s　　D. 0.03s、50Hz、310rad/s

3－22　我国工农业生产及日常生活中使用的工频交流电的周期和频率为（　　）。

A. 0.02s、50Hz　　B. 0.2s、50Hz　　C. 0.02s、60Hz　　D. 5s、0.02Hz

3－23　两个正弦交流电流i_1、i_2，最大值都是4A，相加后电流的最大值也是4A，它们之间的相位差为（　　）。

A. 30°　　B. 60°　　C. 120°　　D. 90°

3－24　三个交流电压的解析式分别为$u_1=20\sin(\omega t+30°)$V，$u_2=30\sin(\omega t+90°)$V，$u_3=50\sin(\omega t+120°)$V，下列答案中正确的是（　　）。

A. u_1比u_2滞后60°　　B. u_1比u_2超前60°

C. u_2比u_3超前20°　　D. u_3比u_1滞后150°

3－25　通常所说的交流电压220、380V，是指交流电压的（　　）。

A. 平均值　　B. 最大值　　C. 瞬时值　　D. 有效值

3－26　在纯电阻电路中，下列各式中正确的是（　　）。

A. $i=\frac{u_R}{R}$　　B. $I=\frac{U_R}{R}$　　C. $I=\frac{U_{mR}}{R}$　　D. $I=\frac{u_R}{R}$

3-27　在纯电感电路中，电压和电流的大小关系为（　　）。

A. $i=\frac{U}{L}$　　B. $U=iX_L$　　C. $I=\frac{U}{\omega L}$　　D. $I=\frac{u}{\omega L}$

3-28　在纯电感电路中，若 $u=U_m\sin\omega tV$，则 i 为（　　）。

A. $i=\frac{U_m}{\omega L}\sin(\omega t+90°)$ A　　B. $i=U_m\omega\sin(\omega t-90°)$ A

C. $i=\frac{U_m}{\omega L}\sin(\omega t-90°)$ A　　D. $i=U_m\omega\sin(\omega t+90°)$ A

3-29　有一只耐压值为500V的电容器，可以接在（　　）交流电源上使用。

A. $U=500$V　　B. $U_m=500$V　　C. $U=400$V　　D. $U=500\sqrt{2}$V

3-30　在电容为 C 的纯电容电路中，电压和电流的大小关系为（　　）。

A. $i=\frac{u}{C}$　　B. $i=\frac{u}{\omega C}$　　C. $I=\frac{U}{\omega C}$　　D. $I=U\omega C$

3-31　在RC串联交流电路中，电路的总电压为 U，则 $|Z|$ 为（　　）。

A. $|Z|=R+X_C$　　B. $|Z|=\sqrt{R^2+X_C^2}$　　C. $|Z|=\frac{u}{I}$　　D. $|Z|=\frac{U_m}{I}$

3-32　在RLC串联交流电路中，电路的总电压为 U，总阻抗为 Z，总有功功率为 P，总无功功率为 Q，总视在功率为 S，总功率因数为 $\cos\varphi$，则下列表达式中正确的为（　　）。

A. $P=\frac{U^2}{|Z|}$　　B. $P=S\cos\varphi$　　C. $Q=Q_L+Q_C$　　D. $S=P+Q$

3-33　交流电路中，提高功率因数的目的是（　　）。

A. 节约用电，增加用电器的输出功率

B. 提高用电器的效率

C. 提高电源的利用率，减小电路电压损耗和功率损耗

D. 提高用电设备的有功功率

3-34　对于电感性负载，提高功率因数最有效、最合理的方法是（　　）。

A. 给感性负载串接电阻　　B. 给感性负载并联电容器

C. 给感性负载并联电感线圈　　D. 给感性负载串联纯电感线圈

3-35　串联谐振的形成决定于（　　）。

A. 电源频率

B. 电路本身参数

C. 电源频率和电路本身参数达到 $\omega L=\omega C$

D. 电源频率和电路本身参数达到 $\omega L=1/\omega C$

四、分析计算题

3-36　已知一工频电压 $U_m=220$V，初相 $\theta_u=60°$；工频电流 $I_m=22$A，初相 $\theta_i=-30°$。求其瞬时值表达式、波形图及它们的相位差。

3-37 正弦电流 $i_1=5\sqrt{2}\sin\left(\omega t+\frac{\pi}{6}\right)$A，$i_2=5\sqrt{2}\sin\left(\omega t-\frac{2\pi}{3}\right)$A，$i_3=5\sqrt{2}\sin\left(\omega t+\frac{2\pi}{3}\right)$A，试确定它们的相位关系。

3-38 已知复数 $A=4+\mathrm{j}5$，$B=6-\mathrm{j}2$。试求 $A+B$、$A-B$、AB、$\frac{A}{B}$。

3-39 试用相量表示下列各正弦量，并绘出相量图。

(1) $i=10\sin(\omega t-45°)$ A。

(2) $u=220\sqrt{2}\sin(\omega t+60°)$ V。

(3) $i=-10\sin(\omega t)$ A。

(4) $u=220\sqrt{2}\sin(\omega t+230)$ V。

3-40 试写出下列相量对应的正弦量的解析式（$f=50$Hz）。

(1) $\dot{I}_1=10\angle 30°$A。

(2) $\dot{I}_2=\mathrm{j}15$A。

(3) $\dot{U}_1=220\angle 240°$V。

(4) $\dot{U}_2=10\sqrt{3}+\mathrm{j}10$V。

3-41 已知 $u_1=10\sqrt{2}\sin(\omega t+60°)$ V，$u_2=-10\sqrt{2}\sin(\omega t-60°)$ V，试求 u_1+u_2、u_1-u_2。

3-42 有一 $R=50\Omega$ 的电阻，电阻上的电流 $i=50\sqrt{2}\sin(\omega t-45°)$ A，试求电阻 R 两端的电压 u（u 与 i 的参考方向相同）和电阻 R 的功率 P。

3-43 电阻 R 接到 $\dot{U}=100\angle 60°$V、$f=50$Hz 的电源上，消耗的功率为 100W，试求：

(1) 电阻值 R。

(2) 电流相量 $\dot{I}$（$\dot{U}$、$\dot{I}$ 参考方向相同）。

(3) 作电压、电流相量图。

3-44 将一个 127μF 的电容接到 $u=220\sqrt{2}\sin(314t+30°)$ A 的电源上，试求：

(1) 电容电流 i。

(2) 无功功率。

(3) 作电压、电流的相量图。

3-45 电感 $L=0.1$H，其端电压 $u=220\sqrt{2}\sin(1000t+45°)$ V，试求：

(1) 电感上的电流 i（i 与 u 关联参考方向）。

(2) 电感上的无功功率 Q_L。

(3) 作电压、电流的相量图。

3-46 电感的电压 $\dot{U}=40\angle 53.1°$V，电流 $\dot{I}=5\angle -36.9°$A，i 与 u 参考方向相同，$f=50$Hz，试求电感的 X_L 和 L。

3-47 日光灯电路可用图 3-57 所示电路表示，已知 $R_1=280\Omega$，$R_2=20\Omega$，$L=1.65$H，电源电压 $U=220$V，频率 $f=50$Hz，试求电路中的电流 I，以及灯管和镇流器上的电压。

3-48 图 3-58 所示测量电路中，测得 $U=220$V，$I=5$A，$P=400$W，电源频率 $f=$

50Hz，试求 L 及 R。

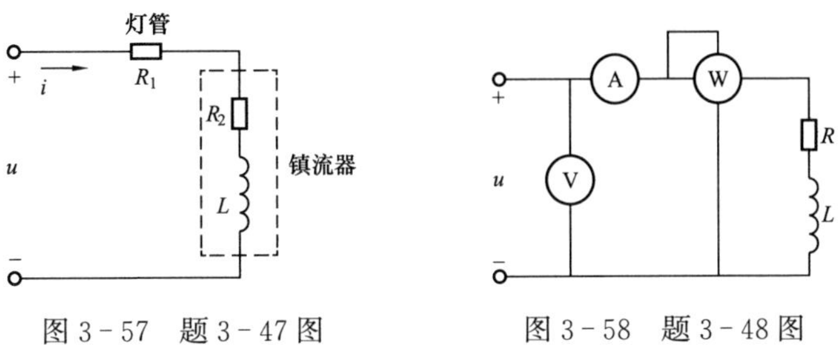

图 3-57　题 3-47 图　　图 3-58　题 3-48 图

3-49　测得图 3-59 所示电路的 $U=200\text{V}$，$I=2\text{A}$，总的功率 $P=320\text{W}$，已知 $Z_1=30+\text{j}40\Omega$，试求 Z_2。

3-50　无源二端网络的等效阻抗 $Z=50\angle 60°\Omega$，试求其等效导纳 Y。

3-51　无源二端网络在关联参考方向下，端口电压、电流分别为 $u=220\sqrt{2}\sin(\omega t+60°)$ V，$i=5\sqrt{2}\sin(\omega t-60°)$ A，试求其等效阻抗 Z 和等效导纳 Y。

3-52　图 3-60 所示 RLC 串联电路中，已知电源电压 $u=10\sqrt{2}\sin(5000t-30°)$ V，$R=7.5\Omega$，$L=6\text{mH}$，$C=5\mu\text{F}$，试求：

(1) 阻抗 Z。

(2) 电流 $\dot{I}$ 和电压 $\dot{U}_R$、$\dot{U}_L$ 和 $\dot{U}_C$。

(3) 作电压、电流的相量图。

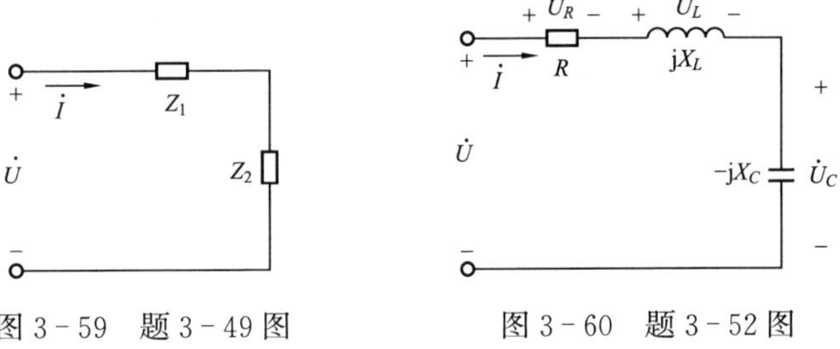

图 3-59　题 3-49 图　　图 3-60　题 3-52 图

3-53　图 3-61 所示 RLC 并联电路中，已知 $\dot{U}=200\angle 20°$V，$R=X_C=10\Omega$，$X_L=5\Omega$，试求：

(1) 导纳 Y。

(2) $\dot{I}$、$\dot{I}_R$、$\dot{I}_L$ 和 $\dot{I}_C$。

(3) 作电压、电流相量图。

3-54　已知一阻抗 $Z=20\angle 45°\Omega$，端电压 $\dot{U}=100\angle 75°$V，试求 P、Q、S 和 $\cos\varphi$。

3-55　一台异步电动机用串联电抗 X_1 的方法启动，如图 3-62 所示。已知 $U=220\text{V}$，$f=50\text{Hz}$，电动机绕组电阻 $R_2=2\Omega$，电抗 $X_2=3\Omega$。要使启动电流为 20A，求 X_1 及其电感 L_1 应为多少？

3-56　在有效值为 220V、频率为 50Hz 的电源两端，接有感性负载，负载有功功率为 100kW，要使功率因数从原来的 0.6 提高到 0.9，试求需并联多大容量的电容？

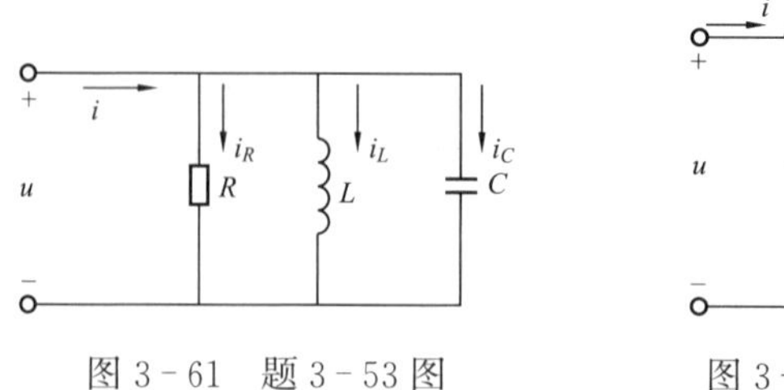

图 3-61　题 3-53 图

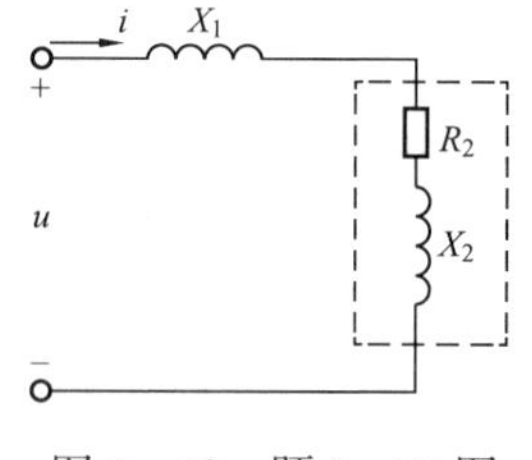

图 3-62　题 3-55 图

3-57　图 3-63 所示电路中，已知 $R_1=200\Omega$，$X_C=300\Omega$，$R_2=100\Omega$，$X_L=200\Omega$，$\dot{U}_S=220\angle 30°\text{V}$，试求各支路的电流及复功率。

3-58　有一 RLC 串联电路，$R=500\Omega$，电感 $L=60\text{mH}$，电容 $C=0.053\mu\text{F}$，求电路的谐振频率 f_0、品质因数 Q 和谐振阻抗 Z_0。

3-59　如图 3-64 所示电路，已知电路的谐振角频率 $\omega_0=5\times10^6\text{rad/s}$，品质因数 $Q=100$，谐振阻抗 $Z_0=2\text{k}\Omega$，求 R、L 和 C。

3-60　图 3-65 所示电路处于谐振状态，已知 $I_1=I_2=5\text{A}$，$U=50\text{V}$，试求 R、X_L、X_C。

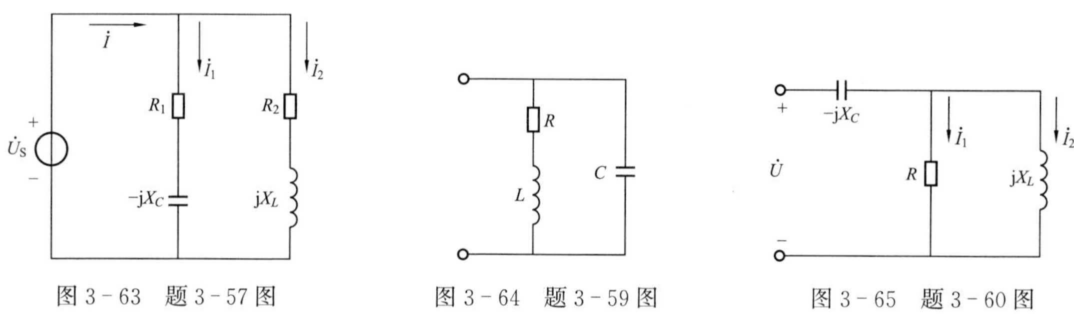

图 3-63　题 3-57 图　　图 3-64　题 3-59 图　　图 3-65　题 3-60 图

3-61　归纳并总结本章重点内容。

第四章　三相正弦交流电路

目前，世界各国的电力系统中电能的生产、传输和供电方式普遍采用三相制。所谓三相制，就是由三个满足一定要求的正弦电源组成的三相供电系统。采用三相制供电的电路，叫做三相电路。三相电路由三相电源、三相负载和三相输电线路三部分组成。三相正弦交流电路，就是由三个幅值相等、频率相同和相位依次相差120°的正弦电源供电的电路。三相正弦交流供电系统在发电、输电和配电方面具有很多优点，因此在生产和生活中得到了极其广泛的应用。生活中使用的单相交流电源就是三相电路中的一相。

三相电路可看成是第三章所学单相电路中的多回路电路的一种特殊形式，因此前述的有关正弦电流电路的基本理论、基本规律和分析方法完全适用于三相正弦电流电路，但三相电路又具有其自身的特点，抓住三相电路的特点，有助于掌握三相电路的分析方法，认识其特殊规律。

本章的主要内容包括三相电源和三相负载的连接、对称和不对称三相电路的分析计算、三相电路的功率、三相电压和电流的对称分量。

基本要求：

（1）了解三相交流电的产生，掌握对称三相电源的特点及表示。

（2）掌握三相电源、三相负载的星形和三角形连接方法及相电压、相电流、线电压、线电流的关系，了解中性线的作用。

（3）掌握三相对称电路的计算。

（4）掌握几种典型三相不对称电路的计算。

（5）掌握对称三相电路功率的计算方法。

（6）了解三相电流和电压的对称分量的概念。

37. 对称三相电源

39. 三相电源的星形连接

38. 三相电源的三角形连接

第一节　三相电源的连接

一、对称三相正弦电源

三个频率相同、有效值相等而相位互差120°的正弦电压（或电流）称为对称的三相正弦量。这三个对称的三相正弦量按一定方式（星形或三角形）连接构成的供电系统，称为对称三相正弦电源。

三相正弦电源通常是由三相交流发电机产生的。图4－1所示为三相交流发电机的示意图，其定子安装有三个线圈绕组，分别称为U1U2、V1V2和W1W2线圈，其中U1、V1、W1是线圈的始端，U2、V2、W2是线圈的末端，三个线圈在空间位置上彼此相隔120°。当转子以均匀角速度ω逆时针旋转时，这三个线圈两端就分别产生幅值相等、频率相同、

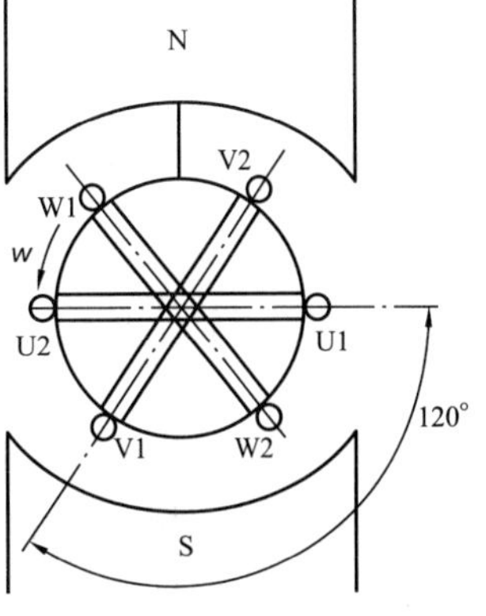

图4－1　三相交流发电机的示意图

相位依次相差 120°的正弦交流电压 u_{U}、u_{V}、u_{W}。如参考方向规定为由线圈始端指向线圈末端，以 u_{U} 为参考正弦量，则三个电压可表示为

$$\begin{cases} u_{\mathrm{U}}=\sqrt{2}U\sin(\omega t) \\ u_{\mathrm{V}}=\sqrt{2}U\sin(\omega t-120^\circ) \\ u_{\mathrm{W}}=\sqrt{2}U\sin(\omega t+120^\circ) \end{cases} \tag{4-1}$$

其波形如图 4－2（a）所示。用相量表示为

$$\begin{cases} \dot{U}_{\mathrm{U}}=U\angle 0^\circ \\ \dot{U}_{\mathrm{V}}=U\angle -120^\circ \\ \dot{U}_{\mathrm{W}}=U\angle 120^\circ \end{cases} \tag{4-2}$$

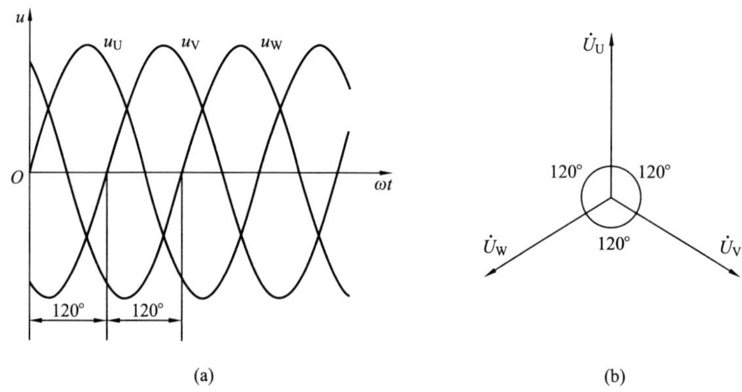

图 4－2　对称三相正弦电压
（a）波形；（b）相量图

设表示 120°旋转因子的符号为 a，即

$$a=\mathrm{e}^{\mathrm{j}120^\circ}=1\angle 120^\circ=\cos120^\circ+\mathrm{j}\sin120^\circ=-\frac{1}{2}+\mathrm{j}\frac{\sqrt{3}}{2}$$

则

$$a^2=\mathrm{e}^{\mathrm{j}240^\circ}=\mathrm{e}^{-\mathrm{j}120^\circ}=1\angle -120^\circ=\cos(-120^\circ)+\mathrm{j}\sin(-120^\circ)=-\frac{1}{2}-\mathrm{j}\frac{\sqrt{3}}{2}$$

$$1+a^2+a=0$$

于是式（4－2）可表示为

$$\begin{cases} \dot{U}_{\mathrm{U}}=U\angle 0^\circ \\ \dot{U}_{\mathrm{V}}=U\angle -120^\circ=a^2\dot{U}_{\mathrm{U}} \\ \dot{U}_{\mathrm{W}}=U\angle 120^\circ=a\dot{U}_{\mathrm{U}} \end{cases} \tag{4-3}$$

式（4－3）的相量图如图 4－2（b）所示。作三相电路的相量图时，习惯上把参考相量画在垂直方向。这样的三个频率相同、有效值相等而相位互差 120°的电压称为对称三相正弦电压，它们的和为

$$\begin{aligned}&\dot{U}_U+\dot{U}_V+\dot{U}_W\\&=\dot{U}_U+a^2\dot{U}_U+a\dot{U}_U\\&=\dot{U}_U(1+a^2+a)\\&=0\end{aligned}\tag{4-4}$$

其瞬时值之和也为零，即

$$u_U+u_V+u_W=0\tag{4-5}$$

在任一瞬间，对称三相电源三个电压之和恒等于零。

工程上把三个电源中的每一电源称为电源的一相，依次称为U相、V相和W相。各相电压到达同一个值（例如正的最大值）的先后顺序称为相序。上述三个电压的相序是U-V-W（或V-W-U或W-U-V），即U相超前V相，V相超前W相，W相超前U相，这样排定的顺序称为正序。如果三个电压的相序是W-V-U（或V-U-W或U-W-V），即U相滞后V相，V相滞后W相，W相滞后U相，这样排定的顺序称为负序或逆序。

注意：①电力系统一般采用正序，如无特别声明，本章讨论的三相电源都是正序对称的；②工程上通常用不同的颜色来区分三相电源的U、V、W三相，规定用黄、绿、红三种颜色分别表示U、V、W三相；③在有的地方，三相电源也用A、B、C表示。

二、三相电源的连接

三相发电机的线圈绕组分别用三个电压源表示。三相电源可以看成三个单相电源按一定方式连接构成的三相供电系统。在三相电路中，三相电源有星形（Y）和三角形（△）两种连接方式。

1. 三相电源的星形连接

把表示发电机线圈的三个电压源的三个末端U2、V2、W2连接在一起，所形成的公共点记为N，称为电源的中性点。从中性点引出的导线称为中性线，当中性点接地时中性线又称地线或零线。由三个始端U1、V1、W1向外引出三条导线与外电路相连，从始端引出的导线称为端线，俗称火线，分别用U、V、W表示。图4-3所示为三相电源的星形连接。

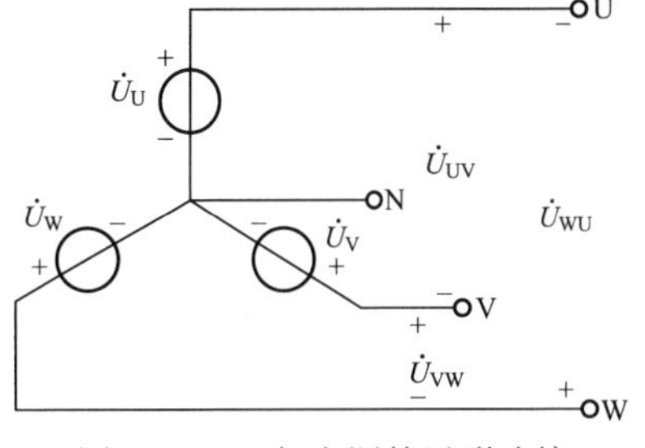

图4-3　三相电源的星形连接

端线与中性线间的电压称为相电压，相电压的参考方向用双下标表示，分别记为$\dot{U}_{UN}$、$\dot{U}_{VN}$、$\dot{U}_{WN}$，通常简记为$\dot{U}_U$、$\dot{U}_V$、$\dot{U}_W$。

端线与端线间的电压称为线电压。线电压的参考方向也用双下标表示，并习惯上按相序的次序排列，分别记为$\dot{U}_{UV}$、$\dot{U}_{VW}$、$\dot{U}_{WU}$。

在星形连接的电路中，根据KVL，可得线电压与相电压间的关系为

$$\begin{cases}\dot{U}_{UV}=\dot{U}_U-\dot{U}_V\\\dot{U}_{VW}=\dot{U}_V-\dot{U}_W\\\dot{U}_{WU}=\dot{U}_W-\dot{U}_U\end{cases}\tag{4-6}$$

如果三相电源对称，代入式（4-3）可得

$$\begin{aligned}\dot{U}_{UV}&=\dot{U}_U-\dot{U}_V=\dot{U}_U-a^2\dot{U}_U\\&=\dot{U}_U(1-a^2)=\dot{U}_U\left[1-\left(-\frac{1}{2}-j\frac{\sqrt{3}}{2}\right)\right]\end{aligned}$$

$$=\sqrt{3}\dot{U}_{\rm U}\left(\frac{\sqrt{3}}{2}+{\rm j}\,\frac{1}{2}\right)$$

$$=\sqrt{3}\dot{U}_{\rm U}(\cos30^\circ+{\rm j}\sin30^\circ)$$

$$=\sqrt{3}\dot{U}_{\rm U}\angle 30^\circ$$

即

$$\dot{U}_{\rm UV}=\sqrt{3}\dot{U}_{\rm U}\angle 30^\circ \tag{4-7}$$

同理可得

$$\dot{U}_{\rm VW}=\sqrt{3}\dot{U}_{\rm V}\angle 30^\circ,\ \dot{U}_{\rm WU}=\sqrt{3}\dot{U}_{\rm W}\angle 30^\circ \tag{4-8}$$

这一结果表明，星形连接时如果三个相电压对称，则三个线电压也对称，而且在相位上，线电压超前相应的相电压 30°，在数值上，线电压有效值是相电压有效值的$\sqrt{3}$倍。如用 U_l 统一表示各线电压有效值，$U_{\rm p}$ 统一表示各相电压有效值，则有

$$U_l=\sqrt{3}U_{\rm p} \tag{4-9}$$

上述关系也可由相量图求出。因为 $\dot{U}_{\rm UV}=\dot{U}_{\rm U}-\dot{U}_{\rm V}=\dot{U}_{\rm U}+(-\dot{U}_{\rm V})$，则由三角形法则作出 $\dot{U}_{\rm UV}$，如图 4－4（a）所示。如果将三个线电压相量分别平移，就可得出图 4－4（b）。三角形的顶点分别标以 U、V、W，重心标以 N，等边三角形的三条边就是三个线电压，重心至顶点的连线就是相电压。值得注意的是，图 4－4（b）中的电压相量是按该电压下标的相反次序画的。例如画 $\dot{U}_{\rm UV}$ 时，应由 V 点指向 U 点，而画 $\dot{U}_{\rm U}$（即 $\dot{U}_{\rm UN}$）时，应由 N 点指向 U 点。U、V、W、N 点则表示电压源的对应端子。这样作出的相量图也称为位形图。

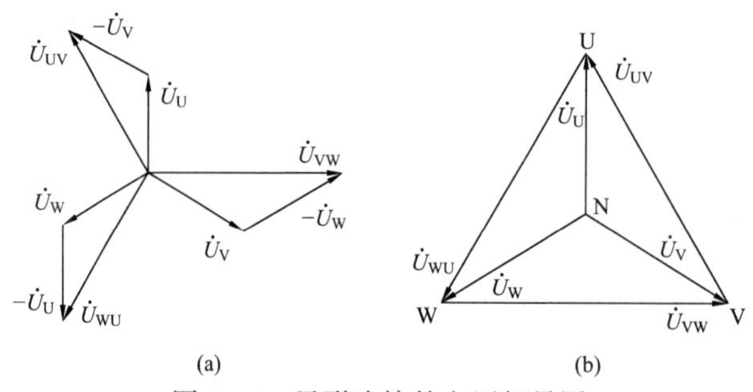

图 4－4　星形连接的电压相量图

在三相电路中，根据 KVL 可得

$$\dot{U}_{\rm UV}+\dot{U}_{\rm VW}+\dot{U}_{\rm WU}=0 \tag{4-10}$$

这表明三个线电压的相量和为零，也就是三个线电压瞬时值之和为零，即

$$u_{\rm UV}+u_{\rm VW}+u_{\rm WU}=0 \tag{4-11}$$

星形连接的电源如果只将三条端线引出对外供电，即为三相三线制。三相三线制只能对外提供线电压。如果再由中性点引出中性线，则为三相四线制。三相四线制可对外提供线电压和相电压两种电压。

2. 三相电源的三角形连接

把表示发电机线圈的三个电压源依次始端与末端相连，即 U2 与 V1、V2 与 W1、W2 与 U1 相接形成一个闭合回路，再从三个连接点引出端线，分别用 U、V、W 表示，如

图 4－5 所示，这就是三相电源的三角形连接。

当三相电源作三角形连接时，线电压就等于相电压。由于相电压对称，$\dot{U}_U+\dot{U}_V+\dot{U}_W=0$，因此在连接正确的电源回路中总的电压为零，电源内部不会产生环行电流。如果把某一相电压源（例如 U 相）接反，则回路中总的电压在闭合前为$-\dot{U}_U+\dot{U}_V+\dot{U}_W=-2\dot{U}_U$，此时电源回路中总电压的大小是一相电压的两倍。这对于内阻抗很小的发电机绕组是非常危险的，回路中产生很大的环行电流 $\dot{I}_S$，如图 4－6（a）所示，可计算得

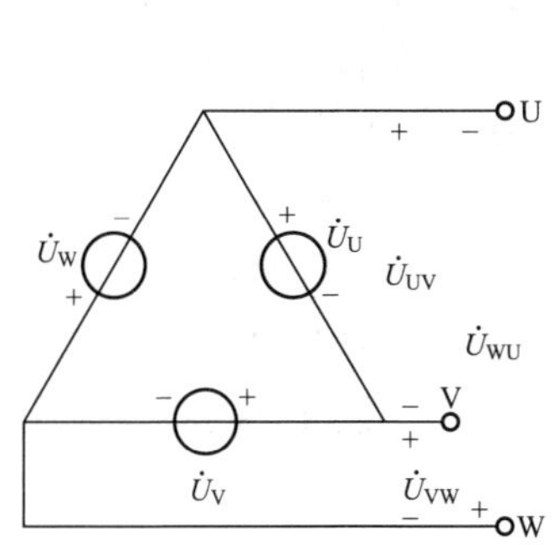

图 4－5　三相电源的三角形连接

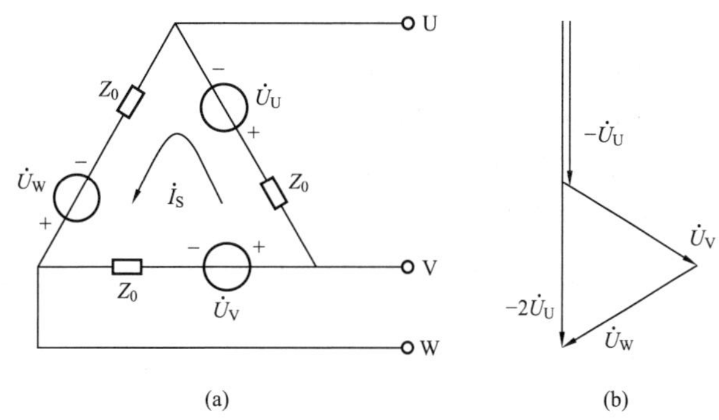

图 4－6　一相接反的三角形连接

$$\dot{I}_S=\frac{-\dot{U}_U+\dot{U}_V+\dot{U}_W}{3Z_0}=\frac{-2\dot{U}_U}{3Z_0} \tag{4-12}$$

此时，常会因电流过大而将发电机严重损坏。其相量图如图 4－6（b）所示。因此，要避免接反，当一组三相电源连成三角形时，应先不完全闭合，留下一个开口，在开口处接上一个交流电压表，测量回路中总的电压是否为零。如果电压为零，说明连接正确，然后再把开口处接在一起，以确保连接无误。

【例 4－1】 对称的三相电源星形连接，已知线电压 $\dot{U}_{VW}=380\angle 30^\circ$V，试求其它线电压和各相电压相量。

解题思路： 已知三相电源对称，则其线电压对称，即三个频率相同、有效值相等而相位互差 120°。相电压与线电压的关系由式（4－7）、式（4－8）确定。

解　因为 $\dot{U}_{VW}=380\angle 30^\circ$V，所以

$$\dot{U}_{UV}=380\angle(30^\circ+120^\circ)=380\angle 150^\circ\ (\text{V})$$

$$\dot{U}_{WU}=380\angle(30^\circ-120^\circ)=380\angle -90^\circ\ (\text{V})$$

对称的三相电源星形连接时，由线电压和相电压之间的关系得

$$\dot{U}_V=\frac{\dot{U}_{VW}}{\sqrt{3}}\angle -30^\circ=\frac{380\angle 30^\circ}{\sqrt{3}}\angle -30^\circ=220\angle 0^\circ\ (\text{V})$$

根据对称性，可写出其它相电压

$$\dot{U}_U=220\angle 120^\circ,\quad \dot{U}_W=220\angle -120^\circ\ (\text{V})$$

40. 三相负载的三角形连接

第二节　三相负载的连接

在三相电路中，三相负载由三部分组成，其中每一部分称为一相负载，当三个单相负载阻抗相等时，三相负载称为对称三相负载。与三相电源一样，三个单相负载可以有星形和三角形两种连接方式。

一、三相负载的星形连接

把三个单相负载的一端连接在一起，另一端分别与电源的三条端线相连，这样连接起来的三相负载称为星形连接负载。三个单相负载的一端连接在一起所得到的公共点用 N′表示，称为负载的中性点。三相负载的另外三端分别与电源的三条端线相连，负载的中性点与星形连接的三相电源的中性点相连，如图 4－7（a）所示。这种用四根导线把电源和负载连接起来的三相电路称为三相四线制电路，三相四线制可对外提供线电压和相电压两种电压。如果三相电流对称，则中性线电流为零，就可省去中性线，这种用三根导线把电源和负载连接起来的三相电路称为三相三线制电路，如图 4－7（b）所示。三相三线制电路只能对外提供线电压一种电压。

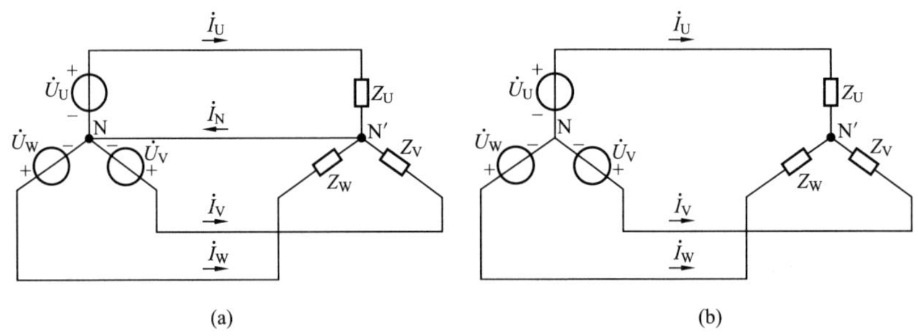

图 4－7　三相负载的星形连接

（a）三相四线制电路；（b）三相三线制电路

注意：三相负载在作星形连接时，如果各相负载是有极性的（例如各相负载之间存在磁耦合），则必须像三相电源一样将各相负载末端（或始端）连接成中性点 N′，否则将造成不对称。如果各相负载没有极性，则可以任意连接成星形。

在三相电路中，流过端线的电流称为线电流，习惯上选择各线电流的参考方向为从电源到负载，如图 4－7（a）、（b）中的 $\dot{I}_U$、$\dot{I}_V$ 和 $\dot{I}_W$。流过各相负载上的电流称为相电流，流过中性线的电流称为中性线电流，中性线电流用 $\dot{I}_N$ 表示，习惯上选择中性线电流的参考方向为从负载到电源。在负载星形连接的电路中，其线电流等于流过各相负载中的相电流。对于图 4－7（a）所示电路而言，负载的相电压等于电源对应的相电压，根据相量形式的欧姆定律可以方便地求出各相负载相电流，即

$$\dot{I}_U=\frac{\dot{U}_U}{Z_U},\quad \dot{I}_V=\frac{\dot{U}_V}{Z_V},\quad \dot{I}_W=\frac{\dot{U}_W}{Z_W}$$

再根据相量形式的 KCL，可得中性线电流为

$$\dot{I}_N=\dot{I}_U+\dot{I}_V+\dot{I}_W \tag{4-13}$$

对于图 4－7（b）所示电路而言，根据 KCL 定律，显然各线（相）电流之间满足

$$\dot{I}_U+\dot{I}_V+\dot{I}_W=0 \tag{4-14}$$

【例 4-2】 图 4-7（a）所示电源对称的三相四线制电路中，电源线电压 $U_l=380V$，三相负载分别为 $Z_U=8+j6\Omega$，$Z_V=3-j4\Omega$，$Z_W=10\Omega$，试求负载各相电流和中性线电流。

解题思路： 欲求每相负载的相电流，若能知道其相电压，就可根据公式 $\dot{I}=\dfrac{\dot{U}}{Z}$ 求得。中性线电流根据式（4-13）来求。

解　由题意

$$U_p=\frac{U_l}{\sqrt{3}}=\frac{380}{\sqrt{3}}=220\ (V)$$

设 $\dot{U}_U=220\angle 0°V$，由 KVL 可知，负载的相电压等于电源对应的相电压，则各相电流由相量形式的欧姆定律可得

$$\dot{I}_U=\frac{\dot{U}_U}{Z_U}=\frac{220\angle 0°}{8+j6}=22\angle -36.9°\ (A)$$

$$\dot{I}_V=\frac{\dot{U}_V}{Z_V}=\frac{220\angle -120°}{3-j4}=44\angle -66.9°\ (A)$$

$$\dot{I}_W=\frac{\dot{U}_W}{Z_W}=\frac{220\angle 120°}{10}=22\angle 120°\ (A)$$

所以中性线电流为

$$\dot{I}_N=\dot{I}_U+\dot{I}_V+\dot{I}_W=22\angle -36.9°+44\angle -66.9°+22\angle 120°$$

$$=42\angle -55.4°\ (A)$$

二、三相负载的三角形连接

三个单相负载 Z_{UV}、Z_{VW}、Z_{WU} 连接成三角形，称为三相负载的三角形连接，如图 4-8 所示。每相负载上流过的电流 $\dot{I}_{UV}$、$\dot{I}_{VW}$、$\dot{I}_{WU}$ 是相电流，端线上流过的电流 $\dot{I}_U$、$\dot{I}_V$、$\dot{I}_W$ 是线电流。各相负载两端的电压是相电压，端线与端线之间的电压是线电压。显然，三角形连接时，各负载的相电压等于对应的线电压。

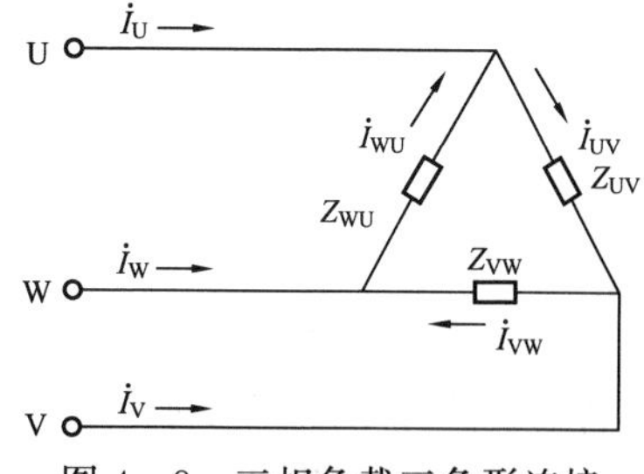

图 4-8　三相负载三角形连接

知道负载的参数，可以方便地求出负载相电流 $\dot{I}_{UV}$、$\dot{I}_{VW}$ 和 $\dot{I}_{WU}$，则

$$\begin{cases}\dot{I}_{UV}=\dfrac{\dot{U}_{UV}}{Z_{UV}}\\[2mm]\dot{I}_{VW}=\dfrac{\dot{U}_{VW}}{Z_{VW}}\\[2mm]\dot{I}_{WU}=\dfrac{\dot{U}_{WU}}{Z_{WU}}\end{cases} \tag{4-15}$$

根据 KCL 可得线电流分别为

$$\begin{cases}\dot{I}_{\mathrm{U}}=\dot{I}_{\mathrm{UV}}-\dot{I}_{\mathrm{WU}}\\ \dot{I}_{\mathrm{V}}=\dot{I}_{\mathrm{VW}}-\dot{I}_{\mathrm{UV}}\\ \dot{I}_{\mathrm{W}}=\dot{I}_{\mathrm{WU}}-\dot{I}_{\mathrm{VW}}\end{cases} \tag{4-16}$$

如果负载对称，则可得负载相电流也对称，设 $\dot{I}_{\mathrm{UV}}=I\angle 0^\circ$，则 $\dot{I}_{\mathrm{VW}}=I\angle -120^\circ$，$\dot{I}_{\mathrm{WU}}=I\angle 120^\circ$，代入式（4-16）可得

$$\begin{cases}\dot{I}_{\mathrm{U}}=I\angle 0^\circ-I\angle 120^\circ=\sqrt{3}I\angle -30^\circ=\sqrt{3}\dot{I}_{\mathrm{UV}}\angle -30^\circ\\ \dot{I}_{\mathrm{V}}=\sqrt{3}\dot{I}_{\mathrm{VW}}\angle -30^\circ\\ \dot{I}_{\mathrm{W}}=\sqrt{3}\dot{I}_{\mathrm{WU}}\angle -30^\circ\end{cases} \tag{4-17}$$

这一结果表明，三角形连接时如果三个相电流对称，则三个线电流也对称，而且在相位上，线电流滞后于对应的相电流 30°，在数值上，线电流有效值是相电流有效值的$\sqrt{3}$倍。如用 I_l 统一表示各线电流有效值，I_{p} 统一表示各相电流有效值，则有

$$I_l=\sqrt{3}I_{\mathrm{p}} \tag{4-18}$$

上述关系也可由相量图求出，如图 4-9 所示。

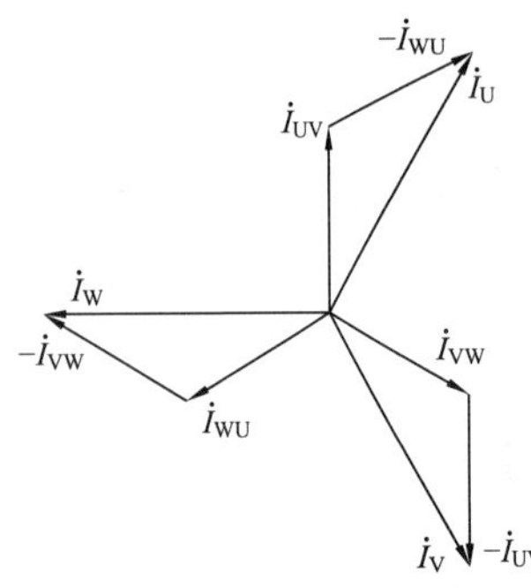

图 4-9　三角形连接的相量图

还应说明，无论负载作三角形连接，还是作星形连接，且无论电路是否对称，只要是三相三线制电路，三个线电流都满足 $\dot{I}_{\mathrm{U}}+\dot{I}_{\mathrm{V}}+\dot{I}_{\mathrm{W}}=0$。

三相电路就是由对称三相电源和三相负载连接起来所组成的系统。工程上根据实际需要可以组成Y-Y 连接、Y-△连接、△-Y 连接和△-△连接等。三相负载采用何种连接方式由负载的额定电压决定。当负载额定电压等于电源线电压时采用三角形连接；当负载额定电压等于电源相电压时采用星形连接。

【例 4-3】 加在三角形连接负载上的三相电压对称，电源线电压为 380V，各相阻抗 $Z=(10\sqrt{3}+\mathrm{j}10)\Omega$，试求：

(1) 各相电流和线电流。

(2) VW 相负载断开后的各相电流和线电流。

解 (1) 设线电压 $\dot{U}_{\mathrm{UV}}=380\angle 0^\circ$V，则各相电流为

$$\dot{I}_{\mathrm{UV}}=\frac{\dot{U}_{\mathrm{UV}}}{Z}=\frac{380\angle 0^\circ}{10\sqrt{3}+\mathrm{j}10}=19\angle -30^\circ\ (\mathrm{A})$$

$$\dot{I}_{\mathrm{VW}}=\frac{\dot{U}_{\mathrm{VW}}}{Z}=\frac{380\angle -120^\circ}{10\sqrt{3}+\mathrm{j}10}=19\angle -150^\circ\ (\mathrm{A})$$

$$\dot{I}_{WU}=\frac{\dot{U}_{WU}}{Z}=\frac{380\angle 120^\circ}{10\sqrt{3}+j10}=19\angle 90^\circ\ (A)$$

各线电流为

$$\dot{I}_U=\sqrt{3}\dot{I}_{UV}\angle -30^\circ=\sqrt{3}\times 19\angle(-30^\circ-30^\circ)=32.9\angle -60^\circ\ (A)$$

$$\dot{I}_V=\sqrt{3}\dot{I}_{VW}\angle -30^\circ=\sqrt{3}\times 19\angle(-150^\circ-30^\circ)=32.9\angle -180^\circ\ (A)$$

$$\dot{I}_W=\sqrt{3}\dot{I}_{WU}\angle -30^\circ=\sqrt{3}\times 19\angle(90^\circ-30^\circ)=32.9\angle 60^\circ\ (A)$$

(2) 如 VW 相断开，则 $\dot{I}_{VW}=0$，而 $\dot{I}_{UV}$、$\dot{I}_{WU}$ 不变，所以

$$\dot{I}_U=\dot{I}_{UV}-\dot{I}_{WU}=32.9\angle -60^\circ\ (A)$$

$$\dot{I}_W=\dot{I}_{WU}-\dot{I}_{VW}=\dot{I}_{WU}=19\angle 90^\circ\ (A)$$

$$\dot{I}_V=\dot{I}_{VW}-\dot{I}_{UV}=-\dot{I}_{UV}=-19\angle -30^\circ=19\angle(-30^\circ+180^\circ)=19\angle 150^\circ\ (A)$$

由［例 4-3］可见，三角形连接负载承受线电压，端线阻抗为零（或很小）时，负载的电压不受负载不对称和负载变动的影响。对称的三角形连接负载的相电流对称，线电流也对称，则它们的有效值为

$$I_p=\frac{U_l}{|Z|}=\frac{380}{\sqrt{(10\sqrt{3})^2+10^2}}=19\ (A)$$

$$I_l=\sqrt{3}I_p=\sqrt{3}\times 19=32.9\ (A)$$

【例 4-4】 大功率三相电动机启动时，由于启动电流较大而采用降压启动，其方法之一是启动时将电动机三相绕组接成星形，而在正常运行时改接为三角形。试求绕组星形连接和三角形连接时相电流的比值及线电流的比值。

解题思路： 根据题意，无论做星形还是三角形连接，绕组的阻抗 Z 都不变。若能求出两种连接方式下的电压，可根据公式 $I_p=\frac{U_p}{|Z|}$ 求得相电流，继而求得线电流。

解 (1) 当绕组按星形连接时，线电压是相电压的$\sqrt{3}$倍，线电流等于相电流，则

$$U_{Yp}=\frac{U_l}{\sqrt{3}},\quad I_{Yl}=I_{Yp}=\frac{U_{Yp}}{|Z|}=\frac{U_l}{\sqrt{3}|Z|}$$

(2) 当绕组按三角形连接时，线电压等于相电压，线电流是相电流的$\sqrt{3}$倍，则

$$U_{\triangle p}=U_l,\quad I_{\triangle p}=\frac{U_{\triangle p}}{|Z|}=\frac{U_l}{|Z|},\quad I_{\triangle l}=\sqrt{3}I_{\triangle p}=\frac{\sqrt{3}U_l}{|Z|}$$

(3) 两种接法相电流的比值为

$$\frac{I_{Yp}}{I_{\triangle p}}=\frac{U_l/\sqrt{3}|Z|}{U_l/|Z|}=\frac{1}{\sqrt{3}}$$

线电流的比值为

$$\frac{I_{\curlyvee l}}{I_{\triangle l}}=\frac{U_l/\sqrt{3}\,|Z|}{\sqrt{3}U_l/|Z|}=\frac{1}{3}$$

第三节 对称三相电路的分析

36. 对称三相电路的分析

三相电路由三相电源、三相负载和三相输电线路三部分组成。当这三部分都对称时，三相电路便是对称的三相电路，即对称三相电路就是以一组（或多组）对称三相电源通过对称三相输电线（即三根导线的阻抗相等）接到一组（或多组）对称三相负载组成的三相电路。

单相正弦电流电路的基本理论、基本规律和分析方法对三相正弦电流电路完全适用，但三相电路又具有其自身特点，在分析对称三相电路时，抓住对称三相电路的特点，有助于简化其分析计算。

一、对称三相电路的特点

以最常用的对称三相四线制Y-Y连接电路为例进行分析。

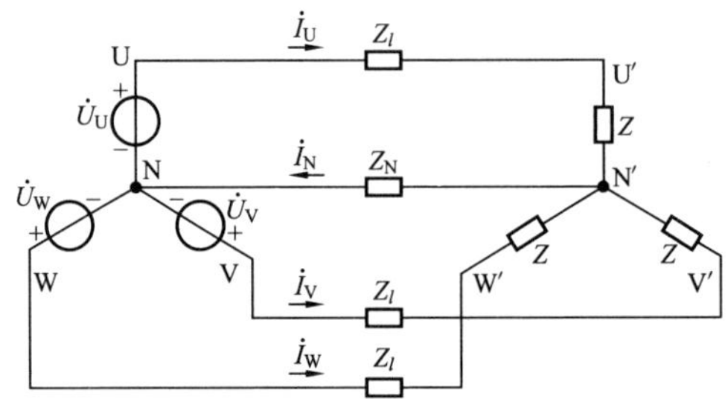

图 4-10 对称三相四线制电路

图 4-10 所示的对称三相四线制电路中，Z_l 是输电线的阻抗，Z_N 是中线阻抗，Z 是负载阻抗。由弥尔曼定理可得中性点电压

$$\dot{U}_{N'N}=\frac{\frac{1}{Z_l+Z}(\dot{U}_U+\dot{U}_V+\dot{U}_W)}{\frac{3}{Z_l+Z}+\frac{1}{Z_N}} \tag{4-19}$$

由于三相电路对称，则 $\dot{U}_U+\dot{U}_V+\dot{U}_W=0$，故

$$\dot{U}_{N'N}=0 \tag{4-20}$$

中性线电流为

$$\dot{I}_N=\frac{\dot{U}_{N'N}}{Z_N}=0 \tag{4-21}$$

各相电流（也即线电流）为

$$\begin{cases}\dot{I}_U=\dfrac{\dot{U}_U-\dot{U}_{N'N}}{Z_l+Z}=\dfrac{\dot{U}_U}{Z_l+Z}\\\dot{I}_V=\dfrac{\dot{U}_V-\dot{U}_{N'N}}{Z_l+Z}=\dfrac{\dot{U}_V}{Z_l+Z}=\dot{I}_U\angle-120^\circ\\\dot{I}_W=\dfrac{\dot{U}_W-\dot{U}_{N'N}}{Z_l+Z}=\dfrac{\dot{U}_W}{Z_l+Z}=\dot{I}_U\angle120^\circ\end{cases}\tag{4-22}$$

各相负载电压为

$$\begin{cases}\dot{U}_{U'N'}=Z\dot{I}_U\\\dot{U}_{V'N'}=Z\dot{I}_V=\dot{U}_{U'N'}\angle-120^\circ\\\dot{U}_{W'N'}=Z\dot{I}_W=\dot{U}_{U'N'}\angle120^\circ\end{cases}\tag{4-23}$$

可见，负载相电流、相电压分别对称，而且各相彼此独立，其电压、电流只与本相的电源和阻抗有关。同样，负载端的线电压也是对称的。

以上所述表明，Y-Y接对称三相电路具有以下特点：

(1) 中性点电压 $\dot{U}_{N'N}=0$，中性线电流 $\dot{I}_N=0$，中性线不起作用。在对称三相电路中，不论有没有中性线，中性线阻抗为何值，电路的情况都一样。

(2) 各相彼此不相关，具有独立性。因为 $\dot{U}_{N'N}=0$，各相的电压、电流仅由该相的电源和阻抗确定，而与其它两相无关。

(3) 各相的电流、电压都是与电源电压同相序的对称量，具有对称性。

二、对称三相电路的计算

根据对称三相电路的特点，Y-Y连接对称三相电路可归结为一相电路计算。对称三相电路的一般计算方法归纳如下：

(1) 将所有三相电源、负载都化为等值Y-Y连接电路。如果电路中含有三角形连接负载，则可以将其等效变换为星形连接。

(2) 画出一相等效电路，一般画U相电路，求出一相的电压、电流。画一相等效电路时，把该相上的电源、负载、线路阻抗保留，然后连接各负载中性点和电源中性点，中性线上若有阻抗应不计。图 4-10 所示对称三相四线制电路的一相计算电路如图 4-11 所示。

注意：一相电路中的电压为Y连接时的相电压，一相电路中的电流为线电流。

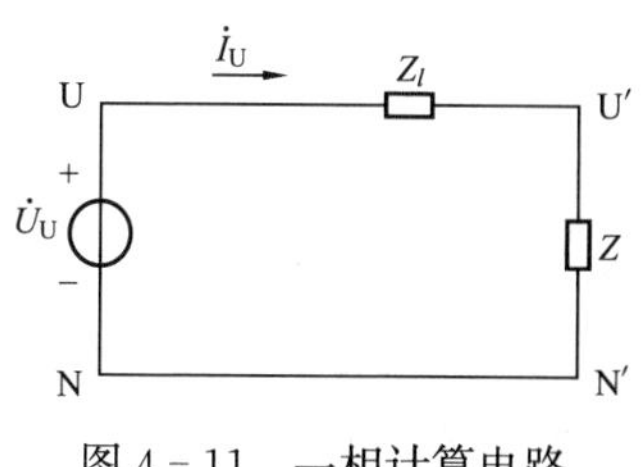

图 4-11　一相计算电路

(3) 原电路中，根据△连接、Y连接时线电压相电压、线电流相电流之间的关系，求出原电路的电流电压。

(4) 由对称性，得出其它两相的电压、电流。

【例 4-5】 图 4-12 (a) 所示对称三相电路中，每相负载阻抗 $Z=6+j8\Omega$，端线阻抗 $Z_l=1+j1\Omega$，电源线电压有效值为 380V。求各相电流、线电流和负载各相电压。

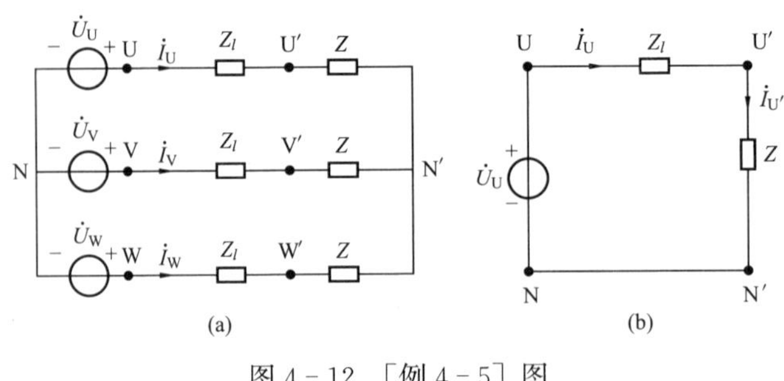

图 4-12 ［例 4-5］图

解题思路： 根据题意，这是一个对称三相电路，可根据一相等效电路，求出一相的相电流和相电压，再根据对称关系写出其余的相电流和相电压。线电流则根据星形连接负载的线电流与相电流的关系求出。

解 已知 $U_l=380$V，可得

$$U_p=\frac{U_l}{\sqrt{3}}=\frac{380}{\sqrt{3}}=220\ (\text{V})$$

画出 U 相等效电路，如图 4-12（b）所示。设

$$\dot{U}_U=220\angle 0°\ (\text{V})$$

负载是星形连接，则负载端相电流和线电流相等，即

$$\dot{I}_U=\frac{\dot{U}_U}{Z_l+Z}=\frac{220\angle 0°}{(1+\text{j}1)+(6+\text{j}8)}=\frac{220\angle 0°}{11.4\angle 52.1°}=19.3\angle -52.1°\ (\text{A})$$

$$\dot{I}_V=\dot{I}_U\angle -120°=19.3\angle -172.1°\ (\text{A})$$

$$\dot{I}_W=\dot{I}_U\angle 120°=19.3\angle 67.9°\ (\text{A})$$

各相负载电压为

$$\dot{U}_{U'N'}=Z\dot{I}_U=(6+\text{j}8)\times 19.3\angle -52.1°=10\angle 53.1°\times 19.3\angle -52.1°=193\angle 1°\ (\text{V})$$

$$\dot{U}_{V'N'}=\dot{U}_{U'N'}\angle -120°=193\angle -119°\ (\text{V})$$

$$\dot{U}_{W'N'}=\dot{U}_{U'N'}\angle 120°=193\angle 121°\ (\text{V})$$

【例 4-6】 图 4-13 所示电路中，线电压为 380V 三相对称电源供电给两组对称负载，三角形连接负载每相阻抗为 $Z_1=36+\text{j}30\Omega$，星形连接负载每相阻抗为 $Z_2=12+\text{j}10\Omega$，线路阻抗为 $Z_l=2+\text{j}1\Omega$。试求各相负载的相电流、线电流。

解题思路： 这是一个有两组负载的对称三相电路，每组三相负载中的电流和电压都是对称的。每组负载的相电流、线电流，仍可根据一相等效电路来求。

解 设电源为星形连接，可得 $U_p=\dfrac{U_l}{\sqrt{3}}=\dfrac{380}{\sqrt{3}}=220$（V），设 $\dot{U}_U=220\angle 0°$V。

把三角形负载等效变换为星形连接，如图 4-13（b）所示，其中

$$Z_1'=\frac{1}{3}Z=\frac{1}{3}(36+\text{j}30)=12+\text{j}10\ (\Omega)$$

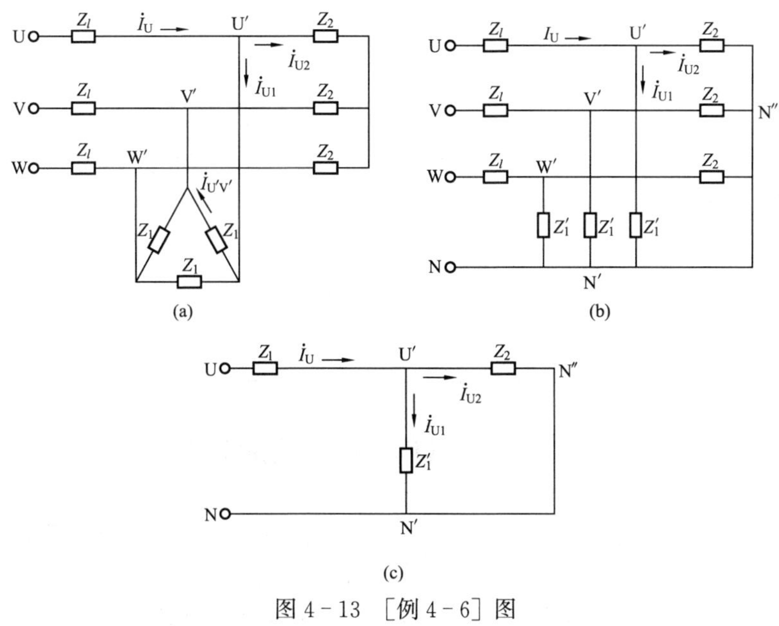

图 4-13 ［例 4-6］图

取出 U 相，画出一相等效电路，如图 4-13（c）所示，可得总阻抗为

$$Z=Z_l+\frac{Z'_1Z_2}{Z'_1+Z_2}$$
$$=2+\mathrm{j}1+\frac{(12+\mathrm{j}10)(12+\mathrm{j}10)}{(12+\mathrm{j}10)+(12+\mathrm{j}10)}$$
$$=10\angle 36.9^\circ\ (\Omega)$$

则

$$\dot{I}_{U}=\frac{\dot{U}}{Z}=\frac{220\angle 0^\circ}{10\angle 36.9^\circ}=22\angle -36.9^\circ\ (\mathrm{A})$$

$$\dot{I}_{U1}=\frac{Z_2}{Z'_1+Z_2}\dot{I}_U=\frac{12+\mathrm{j}10}{(12+\mathrm{j}10)+(12+\mathrm{j}10)}\times 22\angle -36.9^\circ$$
$$=11\angle -36.9^\circ\ (\mathrm{A})$$

$$\dot{I}_{U2}=\frac{Z'_1}{Z'_1+Z_2}\dot{I}_U=\frac{12+\mathrm{j}10}{(12+\mathrm{j}10)+(12+\mathrm{j}10)}\times 22\angle -36.9^\circ$$
$$=11\angle -36.9^\circ\ (\mathrm{A})$$

在图 4-13（a）中，由三角形连接时线电流、相电流之间的关系可得

$$\dot{I}_{U'V'}=\frac{\dot{I}_{U1}}{\sqrt{3}\angle -30^\circ}=\frac{11\angle -36.9^\circ}{\sqrt{3}\angle -30^\circ}=6.35\angle -6.9^\circ\ (\mathrm{A})$$

其余电流可由对称关系推得，负载 Z_1 组的线电流为

$$\dot{I}_{U1}=11\angle -36.9^\circ\ (\mathrm{A})$$
$$\dot{I}_{V1}=11\angle(-36.9^\circ-120^\circ)=11\angle -156.9^\circ\ (\mathrm{A})$$
$$\dot{I}_{W1}=11\angle(-36.9^\circ+120^\circ)=11\angle 83.1^\circ\ (\mathrm{A})$$

负载 Z_1 组的相电流为

$$\dot{I}_{U'V'}=6.35\angle -6.9^\circ\ (A)$$
$$\dot{I}_{V'W'}=6.35\angle(-6.9^\circ-120^\circ)=6.35\angle -126.9^\circ\ (A)$$
$$\dot{I}_{W'U'}=6.35\angle(-6.9^\circ+120^\circ)=6.35\angle 113.1^\circ\ (A)$$

负载 Z_2 组的相电流等于线电流，即

$$\dot{I}_{U2}=11\angle -36.9^\circ\ (A)$$
$$\dot{I}_{V2}=11\angle(-36.9^\circ-120^\circ)=11\angle -156.9^\circ\ (A)$$
$$\dot{I}_{W2}=11\angle(-36.9^\circ+120^\circ)=11\angle 83.1^\circ\ (A)$$

第四节　不对称三相电路的分析

三相电路中，三相电源、三相负载和三相输电线路三部分中只要有一部分不对称就称为不对称三相电路。引起电路不对称的原因是多方面的，例如，对称三相电路的某条端线断开，或某相负载短路或开路，对称三相电路就失去了对称性，而成为不对称三相电路。正常情况下，三相电源都是对称的，最常见的是负载不对称而导致的电路不对称。不对称三相电路既然失去了对称的特点，就不能引用对称三相电路的分析方法。负载不对称的Y-Y连接电路，常用中性点电压法来分析计算。本节主要讨论负载不对称的Y-Y连接不对称三相电路。

一、中性点电压法

中性点电压法就是先用弥尔曼定理求出负载的中性点电压，然后根据 KVL、VCR 求得负载各相的电压、电流的方法。

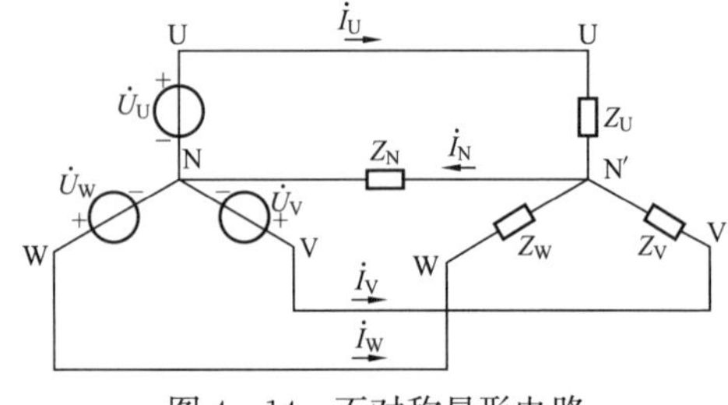

图 4－14　不对称星形电路

图 4－14 所示电路中，电源对称，假定三相负载不对称，则应用弥尔曼定理，可得中性点电压为

$$\dot{U}_{N'N}=\frac{\dfrac{\dot{U}_U}{Z_U}+\dfrac{\dot{U}_V}{Z_V}+\dfrac{\dot{U}_W}{Z_W}}{\dfrac{1}{Z_U}+\dfrac{1}{Z_V}+\dfrac{1}{Z_W}+\dfrac{1}{Z_N}} \qquad (4-24)$$

由于三相负载不对称，即 $Z_U\neq Z_V\neq Z_W$，则

$$\dot{U}_{N'N}\neq 0 \qquad (4-25)$$

由 KVL 可得各相负载的相电压为

$$\dot{U}_{UN'}=\dot{U}_U-\dot{U}_{N'N}$$
$$\dot{U}_{VN'}=\dot{U}_V-\dot{U}_{N'N}$$
$$\dot{U}_{WN'}=\dot{U}_W-\dot{U}_{N'N}$$

由于 $\dot{U}_{N'N}\neq 0$，负载相电压不等于电源相电压，负载相电压不对称。由 VCR 可得各相负载的相电流为

$$\dot{I}_U=\frac{\dot{U}_{UN'}}{Z_U},\quad \dot{I}_V=\frac{\dot{U}_{VN'}}{Z_V},\quad \dot{I}_W=\frac{\dot{U}_{WN'}}{Z_W}$$

中性线电流为

$$\dot{I}_N=\frac{\dot{U}_{N'N}}{Z_N} \quad 或 \quad \dot{I}_N=\dot{I}_U+\dot{I}_V+\dot{I}_W \tag{4-26}$$

可见，负载相电流也不对称，中性线电流不为零。

二、中性点位移

由于负载不对称，而使中性点电压$\dot{U}_{N'N}\neq 0$。这表明电源中性点与负载中性点的电位不相等，反映在位形图就是N与N′不重合而出现位移，称为负载中性点对电源中性点位移，如图4-15所示。

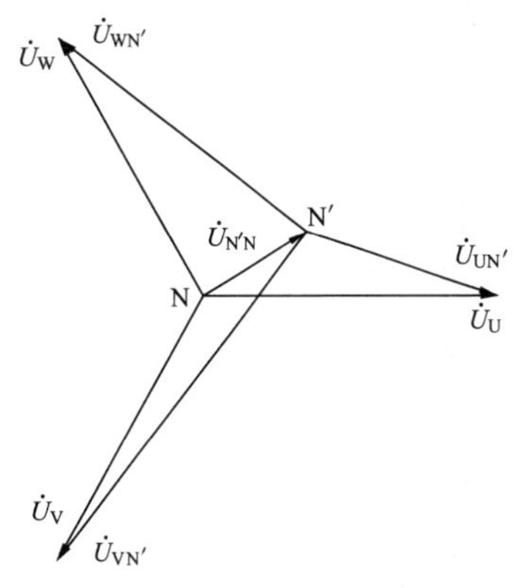

图4-15　中性点位移

中性点位移的大小直接影响到各相负载的电压，使得有的相电压高于负载的额定电压，有的相电压低于负载的额定电压。如果各相的电压差过大，就会给负载带来不良的后果，以致负载无法正常工作，甚至损坏负载设备。例如对于照明负载，由于灯泡的额定电压是220V，当某相电压过高时，灯泡就要被烧坏，而当某相电压过低时，灯泡会变暗，不能正常发光。

中性点位移是由于三相电路不对称引起的，中性点位移的大小则与中性线的阻抗有关。实际三相电路中，如果是对称电路，由于中性线不起作用，一般不装设中性线。但如果是三相三线制电路，而负载电路又不对称，此时，由于没有中性线，中性线阻抗无穷大，中性点位移最大，是最严重的情况。所以对于不对称星形连接负载，应加装中性线。理想情况下，中性线阻抗Z_N为零，则$\dot{U}_{N'N}=\dot{I}_N Z_N=0$，没有中性点位移，使负载相电压等于电源相电压。一般情况时，尽量使中性线阻抗小，这时尽管负载不对称，由于中性线阻抗很小，强迫负载中性点电位接近于电源中性点电位，而使各相负载电压接近对称。因此，接有照明、家用电器一类不对称负载的三相电路，必须采用三相四线制，并且要求可靠连接，有足够的机械强度，即中性线截面应足够大，以使中性线阻抗趋于零。同时，还规定中性线上不准安装开关或熔断器。

不对称三相负载，原则上也可作三角形连接，线路阻抗较小时，负载电压接近电源的线电压。但低压电源线电压多为380V，而电灯、电视机、空调等用电设备的额定电压都是220V，所以都采用有中性线的星形连接。至于三相电动机，因为三相都是对称的，所以不需要接中性线，视电源电压而定，可接成星形，也可接成三角形。

【例4-7】 图4-14所示不对称三相负载星形连接电路中，$\dot{U}_U=220\angle 0°$V，$Z_U=3+j2\Omega$，$Z_V=4+j4\Omega$，$Z_W=2+j1\Omega$，试分析当$Z_N=0$和$Z_N=\infty$时的线电流情况。

解题思路： 不对称三相电路分析方法是中性点电压法，先由弥尔曼定理求出负载的中性点电压，再由KVL求相电压，由VCR求相电流。

解　(1) 当$Z_N=0$时，则$\dot{U}_{N'N}=0$，所以

$$\dot{U}_{UN'}=\dot{U}_{UN}=220\angle 0° \text{ (V)}$$

$$\dot{U}_{VN'}=\dot{U}_{VN}=220\angle -120° \text{ (V)}$$

$$\dot{U}_{WN'}=\dot{U}_{WN}=220\angle 120^\circ \text{ (V)}$$

$$\dot{I}_U=\frac{\dot{U}_{UN'}}{Z_U}=\frac{220\angle 0^\circ}{3+j2}=\frac{220\angle 0^\circ}{3.61\angle 33.7^\circ}=61\angle -33.7^\circ \text{ (A)}$$

$$\dot{I}_V=\frac{\dot{U}_{VN'}}{Z_V}=\frac{220\angle -120^\circ}{4+j4}=\frac{220\angle -120^\circ}{4\sqrt{2}\angle 45^\circ}=38.9\angle -165^\circ \text{ (A)}$$

$$\dot{I}_W=\frac{\dot{U}_{WN'}}{Z_W}=\frac{220\angle 120^\circ}{2+j1}=\frac{220\angle 120^\circ}{2.24\angle 26.6^\circ}=98.4\angle 93.4^\circ \text{ (A)}$$

此时负载电流虽然不对称，但各相独立，互不影响。

（2）当 $Z_N=\infty$时，中线开路，$I_N=0$，因为

$$\dot{U}_{N'N}=\frac{\dfrac{\dot{U}_{UN}}{Z_U}+\dfrac{\dot{U}_{VN}}{Z_V}+\dfrac{\dot{U}_{WN}}{Z_W}}{\dfrac{1}{Z_V}+\dfrac{1}{Z_W}+\dfrac{1}{Z_U}}=61.3\angle 115^\circ$$

所以

$$\dot{U}_{UN'}=\dot{U}_{UN}-\dot{U}_{N'N}=253\angle -13^\circ \text{ (V)}$$

$$\dot{U}_{VN'}=\dot{U}_{VN}-\dot{U}_{N'N}=260\angle -109^\circ \text{ (V)}$$

$$\dot{U}_{WN'}=\dot{U}_{WN}-\dot{U}_{N'N}=159\angle 122^\circ \text{ (V)}$$

$$\dot{I}_U=\frac{\dot{U}_{UN'}}{Z_U}=\frac{253\angle -13^\circ}{3+j2}=\frac{253\angle -13^\circ}{3.61\angle 33.7^\circ}=70.1\angle -46.7^\circ \text{ (A)}$$

$$\dot{I}_V=\frac{\dot{U}_{VN'}}{Z_V}=\frac{260\angle -109^\circ}{4+j4}=\frac{260\angle -109^\circ}{4\sqrt{2}\angle 45^\circ}=46\angle -154^\circ \text{ (A)}$$

$$\dot{I}_W=\frac{\dot{U}_{WN'}}{Z_W}=\frac{159\angle 122^\circ}{2+j1}=\frac{159\angle 122^\circ}{2.24\angle 26.6^\circ}=77.1\angle 95.4^\circ \text{ (A)}$$

这种情况下，负载中性点偏移，各相电压不再对称，使得 Z_U、Z_V 相电压高于负载的额定电压，Z_W 相电压低于负载的额定电压。负载中通过的电流也不对称，互相牵制、互相影响。

【例 4-8】 相序指示器是用来测定三相电源相序的，它由星形连接的两个白炽灯和一个电容器组成，其原理图如图 4-16（a）所示，其中 $R=\frac{1}{\omega C}=\frac{1}{G}$。如果把电容 C 所接的一相指定为 U 相，电源对称，试说明如何根据两只白炽灯的亮度来确定相序。

解题思路：电阻相等，电压越高，电流越大，灯泡越亮。根据两只白炽灯的亮度来确定相序，实际上就是求电压 $U_{VN'}$、$U_{WN'}$。用中性点电压法来求解。

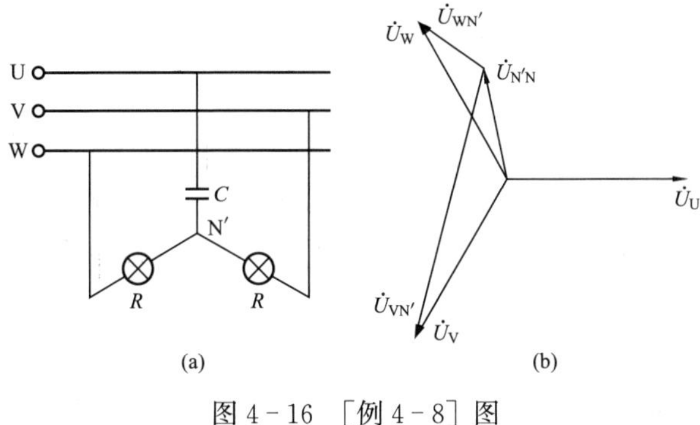

图 4-16 ［例 4-8］图

解　设$\dot{U}_U=U\angle 0°$，则中性点电压为

$$\dot{U}_{N'N}=\frac{j\omega C\dot{U}_U+G\dot{U}_V+G\dot{U}_W}{j\omega C+2G}=\frac{j+1\angle -120°+1\angle 120°}{2+j}U$$

$$=(-0.2+j0.6)U=0.63U\angle 108°$$

白炽灯的相电压分别为

$$\dot{U}_{VN'}=\dot{U}_V-\dot{U}_{N'N}=U\angle -120°-0.63U\angle 108°=1.5U\angle -102°$$

$$\dot{U}_{WN'}=\dot{U}_W-\dot{U}_{N'N}=U\angle 120°-0.63U\angle 108°=0.4U\angle 138°$$

可见，$U_{VN'}>U_{WN'}$，正如图 4-16（b）所示。因此，较亮的灯接入的是 V 相，较暗的是 W 相。

【例 4-9】　电源电压三相对称，三相对称负载作星形连接，试分析：

（1）U 相负载短路时，各相负载的相电压。

（2）U 相负载断路时，各相负载的相电压。

解题思路：负载短路和断路使得电路变为不对称电路。不对称三相电路可用中性点电压法或位形图法求解。

解　（1）U 相负载短路，如图 4-17（a）所示。设$\dot{U}_U=U\angle 0°$，此时负载中性点 N′直接与 U 端相连，故中性点电压为

$$\dot{U}_{N'N}=\dot{U}_U=U\angle 0°$$

由 KVL 求得负载相电压分别为

$$\dot{U}_{UN'}=\dot{U}_U-\dot{U}_{N'N}=0$$

$$\dot{U}_{VN'}=\dot{U}_V-\dot{U}_{N'N}=\dot{U}_V-\dot{U}_U=U\angle -120°-U\angle 0°=\sqrt{3}U\angle -150°$$

$$\dot{U}_{WN'}=\dot{U}_W-\dot{U}_{N'N}=\dot{U}_W-\dot{U}_U=U\angle 120°-U\angle 0°=\sqrt{3}U\angle 150°$$

同样的结果也可由位形图得出，设$\dot{U}_U$为参考相量。正常时三相电压的位形图是一个等边三角形，顶点为 U、V、W，重心为 N，当 U 相负载短路时，$\dot{U}_{UN'}=0$，$\dot{U}_{N'N}=\dot{U}_U$，N′与 U 点重合，则$\dot{U}_{VN'}$、$\dot{U}_{WN'}$如图 4-17（b）所示。可见，当一相负载短路时，其它两相负载相电压升高为正常电压的$\sqrt{3}$倍。由位形图可得

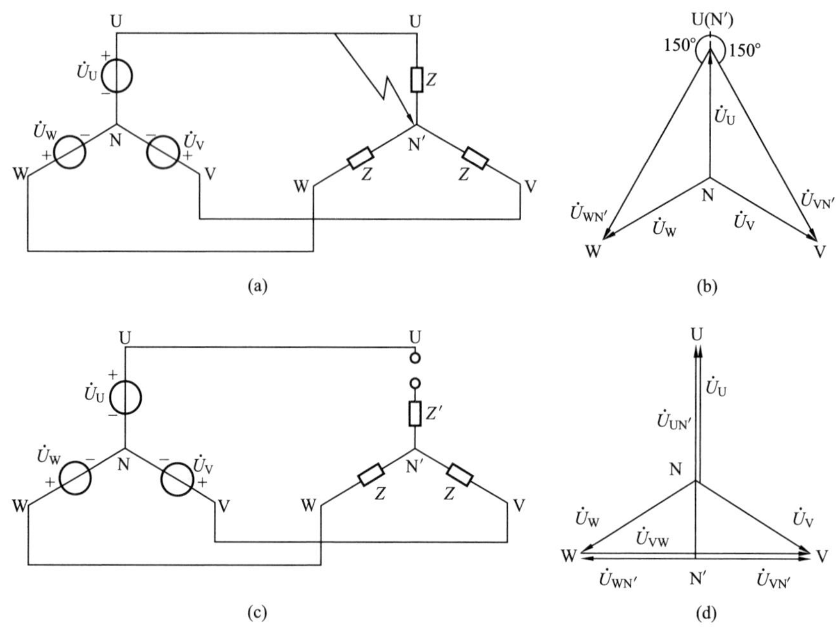

图 4－17 ［例 4－9］U 相负载短路、断路及其相量图

$$\dot{U}_{VN'}=\sqrt{3}U\angle -150^\circ$$

$$\dot{U}_{WN'}=\sqrt{3}U\angle 150^\circ$$

（2）U 相负载断路，如图 4－17（c）所示。此时 V 相与 W 相负载阻抗串联，线电压 $\dot{U}_{VW}$ 作用于其上，因为 V 相与 W 相的负载阻抗相等，所以在位形图中 N′的位置在 VW 连线的中性点上。

画出位形图，如图 4－17（d）所示，当 U 相负载断路时，负载各相电压为

$$\dot{U}_{UN'}=1.5U\angle 0^\circ$$

$$\dot{U}_{VN'}=\frac{\sqrt{3}}{2}U\angle -90^\circ$$

$$\dot{U}_{WN'}=\frac{\sqrt{3}}{2}U\angle 90^\circ$$

【例 4－10】 图 4－18 所示电路中，电源三相对称。当开关 S 闭合时，电流表的读数均为 10A。求开关 S 打开后各电流表的读数。

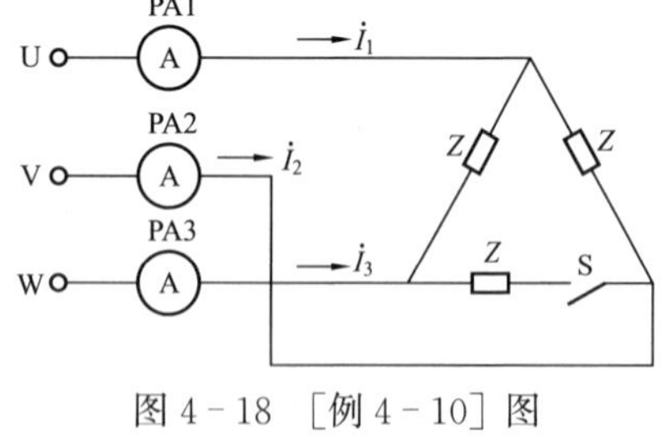

图 4－18 ［例 4－10］图

解题思路： 要求电流表的读数，就是求电流有效值，要求电流有效值，需先求其相量。可由 KCL 求出。

解 负载三角形接法，各相负载加电源线电压。开关 S 打开后，只有该相相电流 $\dot{I}_{VW}=0$，但其它两相电流仍然等于该负载两端电压（线电压）除以阻抗，不受影响，所以 $\dot{I}_{UV}$、$\dot{I}_{WU}$ 不变。

由 KCL 可得：

$\dot{I}_1=\dot{I}_U=\dot{I}_{UV}-\dot{I}_{WU}$，由于 $\dot{I}_{UV}$、$\dot{I}_{WU}$ 不变，则 $I_1=10A$ 不变。

$\dot{I}_2=\dot{I}_V=\dot{I}_{VW}-\dot{I}_{UV}=-\dot{I}_{UV}$ 等于相电流，则 $I_2=\frac{10}{\sqrt{3}}A$。

$\dot{I}_3=\dot{I}_W=\dot{I}_{WU}-\dot{I}_{VW}=\dot{I}_{WU}$ 等于相电流，则 $I_3=\frac{10}{\sqrt{3}}A$。

电流表 PA1 中的电流与负载对称时的电流相同，等于 10A；而 PA2、PA3 中的电流相当于负载对称时的相电流，等于 $\frac{10}{\sqrt{3}}A$。

第五节　三相电路的功率

一、有功功率、无功功率和视在功率

有功功率又称平均功率。根据能量守恒关系，三相电路中，三相负载的有功功率等于各相有功功率之和，即

$$P=P_U+P_V+P_W=U_UI_U\cos\varphi_U+U_VI_V\cos\varphi_V+U_WI_W\cos\varphi_W \qquad (4-27)$$

式中：φ_U、φ_V 和 φ_W 分别是各相负载相电压与相电流之间的相位差。

如果三相电路对称，则各相负载的有功功率相等，设 $U_U=U_V=U_W=U_p$，$I_U=I_V=I_W=I_p$，$\varphi_U=\varphi_V=\varphi_W=\varphi$，故有

$$P=3U_pI_p\cos\varphi \qquad (4-28)$$

式中：$U_pI_p\cos\varphi$ 为一相负载的有功功率。

对称三相电路的有功功率等于一相有功功率的 3 倍。

当电源或负载作星形连接时，因为

$$U_p=\frac{U_l}{\sqrt{3}},\quad I_p=I_l$$

则

$$P=3U_pI_p\cos\varphi=3\frac{U_l}{\sqrt{3}}I_l\cos\varphi=\sqrt{3}U_lI_l\cos\varphi$$

当电源或负载作三角形连接时，有

$$U_p=U_l,\quad I_p=\frac{I_l}{\sqrt{3}}$$

则

$$P=3U_pI_p\cos\varphi=3U_l\frac{I_l}{\sqrt{3}}\cos\varphi=\sqrt{3}U_lI_l\cos\varphi$$

因此，在对称的三相电路中，不论负载作星形连接，还是作三角形连接，都有

$$P=\sqrt{3}U_lI_l\cos\varphi \qquad (4-29)$$

注意：式（4－29）中 φ 仍为负载相电压与相电流之间的相位差，也是负载的阻抗角；另外，式（4－29）常用于分析对称三相电路的总有功功率，因为对星形或三角形连接的负载都适用，同时三相设备铭牌上标明的都是线电压和线电流，三相电路中容易测量的也是线

电压和线电流。

同理，三相电路的无功功率为

$$Q=Q_U+Q_V+Q_W=U_UI_U\sin\varphi_U+U_VI_V\sin\varphi_V+U_WI_W\sin\varphi_W \tag{4-30}$$

电路对称时，则为

$$Q=3U_pI_p\sin\varphi=\sqrt{3}U_lI_l\sin\varphi \tag{4-31}$$

三相电路的视在功率为

$$S=\sqrt{P^2+Q^2} \tag{4-32}$$

电路对称时，则为

$$S=3U_pI_p=\sqrt{3}U_lI_l \tag{4-33}$$

三相电路的功率因数为

$$\lambda=\cos\varphi=\frac{P}{S} \tag{4-34}$$

电路对称时，三相电路的功率因数为一相负载的功率因数，功率因数角 φ 即为负载的阻抗角。

【例 4-11】 每相阻抗为 $Z=30+\mathrm{j}40\Omega$ 的对称三相负载，所接电源的线电压 $U_l=380\mathrm{V}$，试求三相负载分别接成星形和三角形时电路的有功功率和无功功率。

解题思路： 先求不同连接方式下的线电流、线电压，或相电流、相电压，然后应用公式求解各功率。

解 （1）三相负载星形连接。因为阻抗

$$Z=30+\mathrm{j}40=50\angle 53.1^\circ\ (\Omega)$$

所以

$$I_l=I_p=\frac{U_p}{|Z|}=\frac{U_l}{\sqrt{3}|Z|}=\frac{380}{\sqrt{3}\times 50}=4.4\ (\mathrm{A})$$

$$P=\sqrt{3}U_lI_l\cos\varphi=\sqrt{3}\times 380\times 4.4\cos 53.1^\circ=1740\ (\mathrm{W})$$

$$Q=\sqrt{3}U_lI_l\sin\varphi=\sqrt{3}\times 380\times 4.4\sin 53.1^\circ=2320\ (\mathrm{var})$$

（2）三相负载三角形连接时

$$I_l=\sqrt{3}I_p=\sqrt{3}\ \frac{U_p}{|Z|}=\sqrt{3}\ \frac{U_l}{|Z|}=\sqrt{3}\ \frac{380}{50}=13.2\ (\mathrm{A})$$

$$P=\sqrt{3}U_lI_l\cos\varphi=\sqrt{3}\times 380\times 13.2\cos 53.1^\circ=5220\ (\mathrm{W})$$

$$Q=\sqrt{3}U_lI_l\sin\varphi=\sqrt{3}\times 380\times 13.2\sin 53.1^\circ=6960\ (\mathrm{var})$$

【例 4-12】 一台三相异步电动机接于线电压为 380V 的对称三相电源上运行，测得线电流为 20A，输入功率为 11kW，试求电动机的功率因数、无功功率及视在功率。

解题思路： 三相异步电动机属于对称感性负载，所以应用对称三相电路的功率基本公式求解。

解 三相异步电动机属于对称负载，由于 $P=\sqrt{3}U_lI_l\cos\varphi$，故

$$\cos\varphi=\frac{P}{\sqrt{3}U_lI_l}=\frac{11\times 10^3}{\sqrt{3}\times 380\times 20}=0.84$$

$$S=\frac{P}{\cos\varphi}=\frac{11\times10^3}{0.84}=13.1\ (\text{kVA})$$

$$Q=S\sin\varphi=S\sqrt{1-\cos^2\varphi}=13.1\times\sqrt{1-0.84^2}=7.11\ (\text{kvar})$$

二、对称三相电路的瞬时功率

三相电路的瞬时功率等于各相瞬时功率之和，即

$$p=p_U+p_V+p_W=u_Ui_U+u_Vi_V+u_Wi_W \tag{4-35}$$

电路对称时，三相电压 u_U、u_V、u_W 和三相电流 i_U、i_V、i_W 分别对称。设

$$\begin{cases}u_U=\sqrt{2}U_p\sin\omega t, & i_U=\sqrt{2}I_p\sin(\omega t-\varphi)\\ u_V=\sqrt{2}U_p\sin(\omega t-120°), & i_V=\sqrt{2}I_p\sin(\omega t-120°-\varphi)\\ u_W=\sqrt{2}U_p\sin(\omega t+120°), & i_W=\sqrt{2}I_p\sin(\omega t+120°-\varphi)\end{cases} \tag{4-36}$$

式中：U_p、I_p 为负载相电压、相电流；φ 为负载的阻抗角。

将式（4-36）代入式（4-35），各瞬时功率分别为

$$\begin{cases}p_U=u_Ui_U=\sqrt{2}U_p\sin\omega t\sqrt{2}I_p\sin(\omega t-\varphi)\\ \quad =U_pI_p[\cos\varphi-\cos(2\omega t-\varphi)]\\ p_V=u_Vi_V=\sqrt{2}U_p\sin(\omega t-120°)\sqrt{2}I_p\sin(\omega t-120°-\varphi)\\ \quad =U_pI_p[\cos\varphi-\cos(2\omega t-240°-\varphi)]\\ p_W=u_Wi_W=\sqrt{2}U_p\sin(\omega t+120°)\sqrt{2}I_p\sin(\omega t+120°-\varphi)\\ \quad =U_pI_p[\cos\varphi-\cos(2\omega t+240°-\varphi)]\end{cases} \tag{4-37}$$

它们的和为

$$p=p_U+p_V+p_W=3U_pI_p\cos\varphi \tag{4-38}$$

可见，在对称三相电路中，瞬时功率 p 为一个不随时间变化的常量，且等于三相总有功功率 P。由于瞬时总功率为常量，因此三相电动机输出的机械力矩也是常量，从而避免了机械振动。这是对称三相电路的一个优越性能，习惯上把这种性能称为瞬时功率平衡。

【例 4-13】 已知电路如图 4-19 所示。电源电压 $U_l=380\text{V}$，每相负载的阻抗 $R=X_L=X_C=20\Omega$。试求：

(1) 该三相负载能否称为对称负载？为什么？

(2) 中性线电流和各相电流。

(3) 三相总功率。

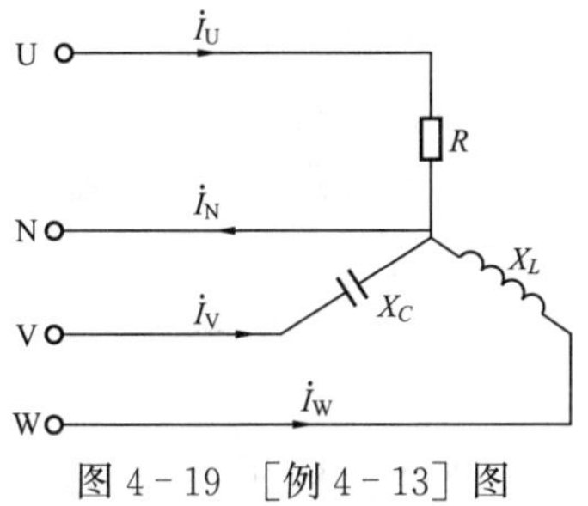

图 4-19 ［例 4-13］图

解 (1) 三相负载是否对称，根据其定义只有三个负载相等才对称。由已知条件可得三

个相的负载阻抗为

$$Z_{\mathrm{U}}=20\Omega,\quad Z_{\mathrm{V}}=-\mathrm{j}20\Omega,\quad Z_{\mathrm{W}}=\mathrm{j}20\Omega$$

可见，各相参数并不相同，故不能称为对称负载。

（2）因 $U_l=380\mathrm{V}$，则 $U_{\mathrm{p}}=220\mathrm{V}$。设

$$\dot{U}_{\mathrm{U}}=220\angle 0^\circ\mathrm{V},\quad \dot{U}_{\mathrm{V}}=220\angle -120^\circ\mathrm{V},\quad \dot{U}_{\mathrm{W}}=220\angle 120^\circ\mathrm{V}$$

则

$$\dot{I}_{\mathrm{U}}=\frac{\dot{U}_{\mathrm{U}}}{Z_{\mathrm{U}}}=\frac{220\angle 0^\circ}{20}=11\angle 0^\circ\ (\mathrm{A})$$

$$\dot{I}_{\mathrm{V}}=\frac{\dot{U}_{\mathrm{V}}}{Z_{\mathrm{V}}}=\frac{220\angle -120^\circ}{-\mathrm{j}20}=11\angle -30^\circ\ (\mathrm{A})$$

$$\dot{I}_{\mathrm{W}}=\frac{\dot{U}_{\mathrm{W}}}{Z_{\mathrm{W}}}=\frac{220\angle 120^\circ}{\mathrm{j}20}=11\angle 30^\circ\ (\mathrm{A})$$

由 KCL 可得中性线电流为

$$\begin{aligned}\dot{I}_{\mathrm{N}}&=\dot{I}_{\mathrm{U}}+\dot{I}_{\mathrm{V}}+\dot{I}_{\mathrm{W}}\\&=11\angle 0^\circ+11\angle -30^\circ+11\angle 30^\circ\\&=11(1+\sqrt{3})\angle 0^\circ\\&=30.1\angle 0^\circ\ (\mathrm{A})\end{aligned}$$

（3）没有特别指明时，功率是指有功功率，只有电阻消耗有功功率。

由于 V 相负载为电容，W 相负载为电感，其有功功率为 0，故三相总功率（即 U 相电阻性负载的有功功率）为

$$P=I^2R=11^2\times 20=2420\ (\mathrm{W})$$

三、三相功率的测量

1. 三表法

对于三相四线制的星形连接电路，无论对称或不对称，一般可用三只功率表分别测量每相功率，然后相加得出三相有功功率。

如图 4－20（a）所示，每只功率表电流线圈上流过该相电流，电压线圈两端加同一相的相电压，电流线圈＊端和电压线圈＊端连接，则功率表正好指示该相的平均功率，三只功率表的读数之和就是三相负载吸收的功率，即 $P=P_{\mathrm{U}}+P_{\mathrm{V}}+P_{\mathrm{W}}$。若三相电路对称，则只需用一块表测量，读数乘以 3 即为三相电路总功率。

用一只功率表测三相电路功率的方法，称为一表法，如图 4－20（b）所示。对称三相四线制的星形连接电路用一表法测量，不对称三相四线制的星形连接电路用三表法测量。

注意：功率表接线时，一定要注意同名端即＊端的连接，极性不能接错，否则，功率表反转。

2. 两表法

对于三相三线制的电路，无论它是否对称，则可用两只功率表测量三相有功功率，称为双功率表法，简称两表法或二表法。其接线方式有三种，最常见的一种连接方式如图 4－20（c）所示。

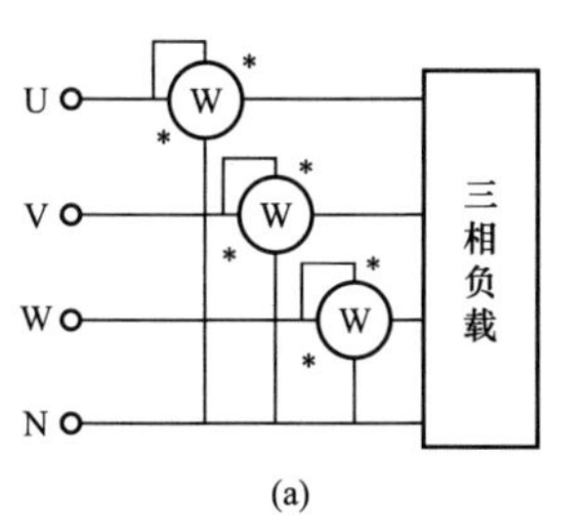

(a)

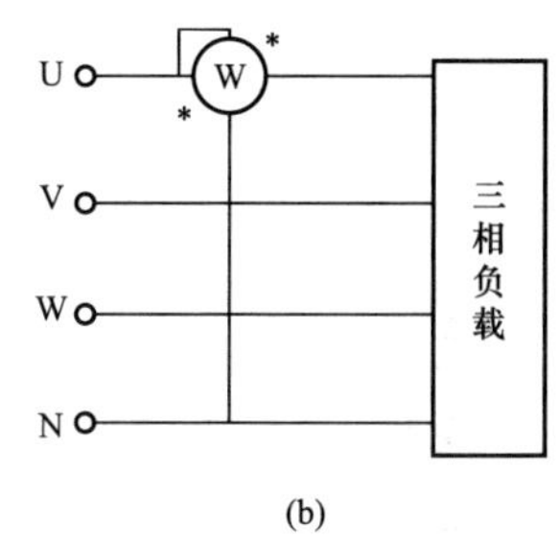

(b)

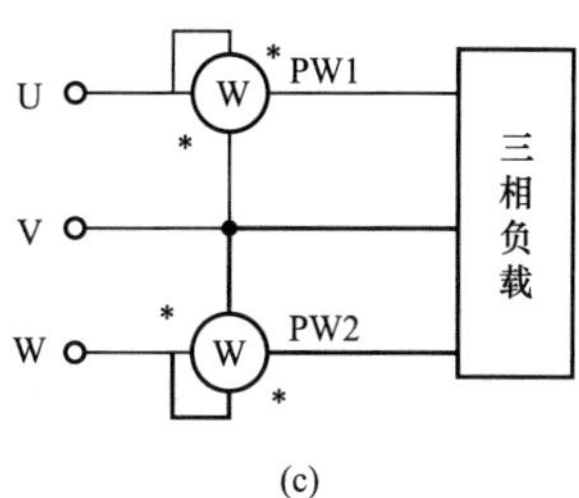

(c)

图 4-20 三相功率的测量

(a) 三表法；(b) 一表法；(c) 两表法

两表法的接法是将两个功率表的电流线圈串到任意两相中，电压线圈的同名端接到其电流线圈所串的相上，电压线圈的非同名端接到没有串功率表的相上。

两个功率表读数的代数和等于三相有功功率，即三相总功率为

$$P=P_1+P_2 \tag{4-39}$$

两表法可以用来测三相三线电路总功率，两只功率表的代数和正好等于三相有功功率。可证明如下：

三相瞬时功率为

$$p=p_U+p_V+p_W=u_Ui_U+u_Vi_V+u_Wi_W \tag{4-40}$$

三相三线电路无论对称与否，都满足 $i_U+i_V+i_W=0$，则 $i_V=-(i_U+i_W)$，所以

$$\begin{aligned} p&=p_U+p_V+p_W=u_Ui_U+u_Vi_V+u_Wi_W\\ &=u_Ui_U-u_V(i_U+i_W)+u_Wi_W\\ &=(u_U-u_V)i_U+(u_W-u_V)i_W\\ &=u_{UV}i_U+u_{WV}i_W \end{aligned} \tag{4-41}$$

三相有功功率（三相平均功率）为

$$\begin{aligned} P&=\frac{1}{T}\int_0^T p\,\mathrm{d}t\\ &=\frac{1}{T}\int_0^T(u_{UV}i_U+u_{WV}i_W)\mathrm{d}t\\ &=\frac{1}{T}\int_0^T u_{UV}i_U\mathrm{d}t+\frac{1}{T}\int_0^T u_{WV}i_W\mathrm{d}t\\ &=U_{UV}I_U\cos\varphi_1+U_{WV}I_W\cos\varphi_2\\ &=P_1+P_2 \end{aligned} \tag{4-42}$$

式中：φ_1 为 $\dot{U}_{UV}$ 与 $\dot{I}_U$ 的相位差（电压线圈所加电压超前电流线圈所加电流的相位差）；φ_2 为 $\dot{U}_{WV}$ 与 $\dot{I}_W$ 的相位差；$P_1=U_{UV}I_U\cos\varphi_1$ 为功率表 PW1 的读数；$P_2=U_{WV}I_W\cos\varphi_2$ 为功率表 PW2 的读数。

可见，两只功率表读数的代数和就是三相电路的总功率。

注意：

（1）只有在三相三线制条件下，才能用两表法，且不论负载对称与否，不论负载是星形连接还是三角形连接。在三相四线制电路中，如果中性线电流不等于零，即 $i_U+i_V+i_W=i_N\neq0$，则用两表法测量将产生误差。

（2）两块表读数的代数和为三相总功率，每块表单独的读数没有意义。

（3）按正确极性接线时，两表中可能有一个表的读数为负，此时功率表指针反偏，为了取得读数，将其电流线圈两端对调，使指针正偏，但此时读数应记为负值。

（4）两表法测三相功率的接线方式有三种，最常见的一种连接方式是两表电流线圈分别加 I_U 和 I_W。接线时注意功率表的同名端。

【例 4－14】 图 4－21（a）所示电路中，已知 $U_l=380$V，$Z_1=30+\mathrm{j}40\Omega$，电动机功率 $P=1700$W，功率因数 $\cos\varphi=0.8$（感性）。试求：

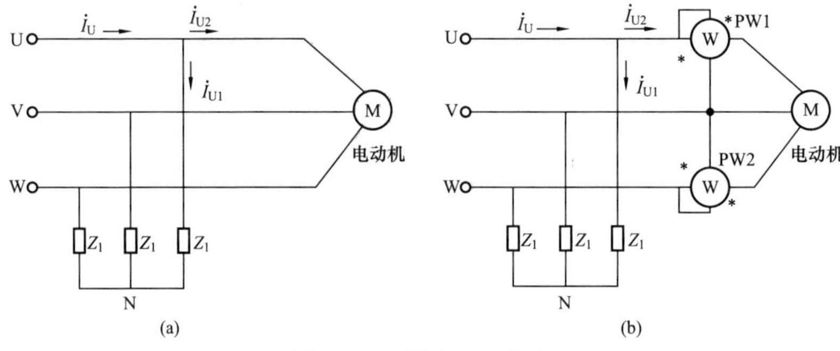

图 4－21 ［例 4－14］图

（1）各线电流 $\dot{I}_{U1}$、$\dot{I}_{U2}$、$\dot{I}_U$ 和电源发出的总功率 P。

（2）用两表法测电动机负载的功率，画出接线图。

（3）两功率表的读数。

解题思路： 这是一个带有两组对称负载的对称三相电路，可根据对称三相电路分析方法求解。两功率表的读数可按 $P_1=U_{UV}I_U\cos\varphi_1$，$P_2=U_{WV}I_W\cos\varphi_2$，$P=P_1+P_2$ 计算。

解 （1）相电压 $U_p=\dfrac{U_l}{\sqrt{3}}=\dfrac{380}{\sqrt{3}}=220$（V），设 $\dot{U}_U=220\angle0°$（V），则 $\dot{U}_{UV}=380\angle30°$（V），$\dot{U}_{WV}=380\angle90°$（V）。

由于三相电路对称，由负载 Z_1 两端加相电压，故

$$\dot{I}_{U1}=\frac{\dot{U}_U}{Z_1}=\frac{220\angle0°}{30+\mathrm{j}40}=4.4\angle-53.1°\ (\mathrm{A})$$

因为电动机功率 $P=1700$W，功率因数 $\cos\varphi=0.8$（感性），由对称三相电路的功率 $P=\sqrt{3}U_lI_l\cos\varphi$，得

$$I_{U2}=I_l=\frac{P}{\sqrt{3}U_l\cos\varphi}=\frac{1700}{\sqrt{3}\times380\times0.8}=3.23\ (\mathrm{A})$$

由 $\cos\varphi=0.8$（感性），得 $\varphi=36.9°$，则

$$\dot{I}_{U2}=3.23\angle-36.9°\ (\mathrm{A})$$

根据对称性，可得　$\dot{I}_{W2}=3.23\angle 83.1^\circ$ (A)

由 KCL 得

$$\begin{aligned}\dot{I}_U&=\dot{I}_{U1}+\dot{I}_{U2}\\&=4.4\angle -53.1^\circ+3.23\angle -36.9^\circ\\&=7.55\angle -46.2^\circ\ \text{(A)}\end{aligned}$$

对称三相电路的功率因数角就是每相的阻抗角，故

$$\varphi'=0-(-46.2^\circ)=46.2^\circ$$

电源发出的总功率为

$$\begin{aligned}P&=\sqrt{3}U_lI_l\cos\varphi'\\&=\sqrt{3}\times 380\times 7.55\cos 46.2^\circ\\&=3.44\ \text{(kW)}\end{aligned}$$

(2) 用两表法测电动机负载功率的接线图如图 4-21 (b) 所示。

(3) 图 4-21 (b) 中，功率表 PW1 的读数为

$$\begin{aligned}P_1&=U_{UV}I_{U2}\cos\varphi_1=380\times 3.23\times\cos[30^\circ-(-36.9^\circ)]\\&=481.6\ \text{(W)}\end{aligned}$$

功率表 PW2 的读数为

$$\begin{aligned}P_2&=U_{WV}I_{W2}\cos\varphi_2=380\times 3.23\times\cos(90^\circ-83.1^\circ)\\&=1218.5\ \text{(W)}\end{aligned}$$

或

$$P_2=P-P_1=1700-481.6=1218.4\ \text{(W)}$$

第六节　三相电压和电流的对称分量

35. 对称分量

三相电机不对称运行和电力系统故障分析时，广泛应用对称分量法。本节仅简单介绍对称分量的概念，为专业课的学习打下基础。

一、三相制的对称分量

在三相制电路中，凡是大小相等、频率相同、相位差彼此相等的三个正弦量就是一组对称分量。在三相制中，满足上述条件的对称正弦量有以下三种。

1. 正序对称分量

设三相参数分别为 $\dot{F}_{U1}$、$\dot{F}_{V1}$、$\dot{F}_{W1}$，若它们的模相等、频率相同、相位依次相差 120°，相序为 $\dot{F}_{U1}$ 超前 $\dot{F}_{V1}$ 120°，$\dot{F}_{V1}$ 超前 $\dot{F}_{W1}$ 120°，$\dot{F}_{W1}$ 超前 $\dot{F}_{U1}$ 120°，如图 4-22 (a) 所示。这样的一组对称正弦量称为正序对称分量，它们的相量表达式为

$$\begin{cases}\dot{F}_{U1}\\\dot{F}_{V1}=a^2\dot{F}_{U1}\\\dot{F}_{W1}=a\dot{F}_{U1}\end{cases}\tag{4-43}$$

式中：a 为 120°旋转因子，$a=e^{j120^\circ}=1\angle 120^\circ=\cos 120^\circ+j\sin 120^\circ=-\frac{1}{2}+j\frac{\sqrt{3}}{2}$。

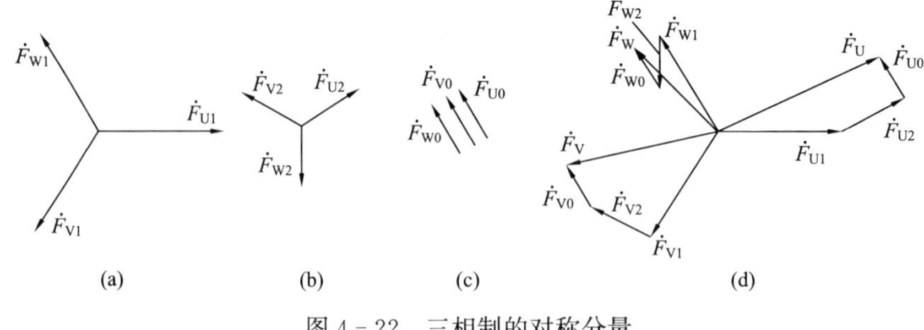

图 4－22　三相制的对称分量

正序对称分量之和为零，即

$$\dot{F}_{U1}+\dot{F}_{V1}+\dot{F}_{W1}=0 \tag{4-44}$$

2. 负序对称分量

设三相参数分别为 $\dot{F}_{U2}$、$\dot{F}_{V2}$、$\dot{F}_{W2}$，若它们的模相等、频率相同、相位依次相差 120°，相序为 $\dot{F}_{U2}$ 滞后 $\dot{F}_{V2}$120°，$\dot{F}_{V2}$ 滞后 $\dot{F}_{W2}$120°，$\dot{F}_{W2}$ 滞后 $\dot{F}_{U2}$120°，如图 4－22（b）所示。这样的一组对称正弦量称为负序对称分量，它们的相量表达式为

$$\begin{cases}\dot{F}_{U2}\\ \dot{F}_{V2}=a\dot{F}_{U2}\\ \dot{F}_{W2}=a^2\dot{F}_{U2}\end{cases} \tag{4-45}$$

负序对称分量之和为零，即

$$\dot{F}_{U2}+\dot{F}_{V2}+\dot{F}_{W2}=0 \tag{4-46}$$

3. 零序对称分量

设三相参数分别为 $\dot{F}_{U0}$、$\dot{F}_{V0}$、$\dot{F}_{W0}$，若它们的模相等、频率相同、相位相同，如图 4－22（c）所示。这样的一组对称正弦量称为零序对称分量，它们的相量表达式为

$$\dot{F}_{U0}=\dot{F}_{V0}=\dot{F}_{W0} \tag{4-47}$$

零序对称分量之和

$$\dot{F}_{U0}+\dot{F}_{V0}+\dot{F}_{W0}=3\dot{F}_{U0} \tag{4-48}$$

几组频率相同、相序不同的对称分量相加，一般情况下可以得到一组同频率的不对称三相正弦量，如图 4－22（d）所示，即

$$\begin{cases}\dot{F}_{U}=\dot{F}_{U0}+\dot{F}_{U1}+\dot{F}_{U2}\\ \dot{F}_{V}=\dot{F}_{V0}+\dot{F}_{V1}+\dot{F}_{V2}=\dot{F}_{U0}+a^2\dot{F}_{U1}+a\dot{F}_{U2}\\ \dot{F}_{W}=\dot{F}_{W0}+\dot{F}_{W1}+\dot{F}_{W2}=\dot{F}_{U0}+a\dot{F}_{U1}+a^2\dot{F}_{U2}\end{cases} \tag{4-49}$$

以 $\dot{F}_{U}$、$\dot{F}_{V}$、$\dot{F}_{W}$ 为已知量，联立求解方程式（4－49），可得 U 相的三相对称分量为

$$\begin{cases}\dot{F}_{U0}=\dfrac{1}{3}(\dot{F}_U+\dot{F}_V+\dot{F}_W)\\ \dot{F}_{U1}=\dfrac{1}{3}(\dot{F}_U+a\dot{F}_V+a^2\dot{F}_W)\\ \dot{F}_{U2}=\dfrac{1}{3}(\dot{F}_U+a^2\dot{F}_V+a\dot{F}_W)\end{cases} \tag{4-50}$$

通过以上分析可知，任意一组同频率的不对称三相正弦量（如电压或电流）都可以分解为三组频率相同但相序不同的对称正弦量，也就是可以把一组不对称三相正弦量看成三组对称三相正弦量的叠加。这三组对称正弦量叫做原来不对称三相正弦量的对称分量。这三组对称分量中，一组的相序是正序，叫做正序分量，用脚标“1”表示；一组的相序是负序，叫做负序分量，用脚标“2”表示；一组的相序是零序，叫做零序分量，用脚标“0”表示。

已知一组同频率的不对称三相正弦量，它的三组对称分量可应用式（4－50）求出；反之，已知频率相同、相序不同的三组对称分量，也可以应用式（4－49）把它们相加得到一组不对称的同频率正弦量。

引用对称分量之后，可将不对称三相电路中的电压或电流分解为三组对称分量，即化为三组对称电路分别进行计算，然后把计算结果叠加，求出实际未知量。可见，对称分量为不对称三相电路的分析计算提供了一种有效的方法，即对称分量法。其在三相电机不对称运行和电力系统故障分析时，得到广泛应用。

二、三相制对称分量的一些性质

不对称三相正弦量的对称分量中，除正序分量外，负序分量和零序分量不一定都有。

在三相三线制电路中，不管电路是否对称，不管负载是星形连接还是三角形连接，三个线电流之和恒为零，由式（4－50）可知，$\dot{I}_{U0}=\dfrac{1}{3}(\dot{I}_U+\dot{I}_V+\dot{I}_W)=0$，所以三相三线制电路的线电流中不含零序对称分量。如果三线制电路的线电流不对称，就可以认为是含有负序对称分量的缘故。

在三相四线制电路中，因为中性线电流等于三个线电流之和，而三个正序对称分量之和为零，三个负序对称分量之和也为零，即 $\dot{I}_N=\dot{I}_{U0}+\dot{I}_{V0}+\dot{I}_{W0}$，而 $\dot{I}_{U0}=\dot{I}_{V0}=\dot{I}_{W0}$，所以中性线电流等于线电流的零序分量的 3 倍，故 $\dot{I}_N=3\dot{I}_{U0}$。

不论电路是三相三线制还是三相四线制，因为三个线电压之和为零，所以线电压中不含零序分量。如果线电压不对称，就可以认为是含有负序分量的缘故。

另外，一组不对称三相正弦量中，某一相的量为零，其各序分量不一定都为零。

一、对称三相正弦量

三个频率相同、有效值相等而相位互差 120°的正弦电压（或电流）称为对称的三相正弦量。如 $\dot{U}_U=U\angle 0°$，$\dot{U}_V=U\angle -120°=a^2\dot{U}_U$，$\dot{U}_W=U\angle 120°=a\dot{U}_U$，这三个电压的相序称为正相序。它们有以下特点

$$\dot{U}_U+\dot{U}_V+\dot{U}_W=0$$

二、三相电路中的电压、电流

（1）相电压和线电压。端线与中线间的电压称为相电压，记为$\dot{U}_{\mathrm{U}}$、$\dot{U}_{\mathrm{V}}$、$\dot{U}_{\mathrm{W}}$。端线与端线间的电压称为线电压，线电压记为$\dot{U}_{\mathrm{UV}}$、$\dot{U}_{\mathrm{VW}}$、$\dot{U}_{\mathrm{WU}}$。电源或负载星形连接时，线电压相量等于相应两个相电压相量之差；如电源或负载相电压对称，则线电压的有效值为相电压的$\sqrt{3}$倍，相位超前于相应的相电压 30°。在三角形连接的电路中，线电压就等于相电压。

（2）中性点电压。负载中性点 N′和电源中性点 N 之间的电压称为中性点电压。在Y-Y连接电路中，中性点电压为

$$\dot{U}_{\mathrm{N'N}}=\frac{\dfrac{\dot{U}_{\mathrm{U}}}{Z_{\mathrm{U}}}+\dfrac{\dot{U}_{\mathrm{V}}}{Z_{\mathrm{V}}}+\dfrac{\dot{U}_{\mathrm{W}}}{Z_{\mathrm{W}}}}{\dfrac{1}{Z_{\mathrm{U}}}+\dfrac{1}{Z_{\mathrm{V}}}+\dfrac{1}{Z_{\mathrm{W}}}+\dfrac{1}{Z_{\mathrm{N}}}}$$

如负载对称或 $Z_{\mathrm{N}}=0$，则$\dot{U}_{\mathrm{N'N}}=0$；如负载不对称且 $Z_{\mathrm{N}}\neq 0$，则$\dot{U}_{\mathrm{N'N}}\neq 0$。

（3）相电流和线电流。流过端线的电流称为线电流。流过各相电源或负载上的电流称为相电流，电源或负载星形连接时，线电流就是相电流；电源或负载三角形连接时，线电流相量等于相应的两个相电流相量之差。如电源或负载相电流对称，则线电流有效值等于相电流的$\sqrt{3}$倍，相位滞后于相应的相电流 30°。

（4）中性线电流。流过中性线的电流称为中性线电流。中性线电流的相量等于三个线电流相量之和。

三、对称三相电路

（1）对称三相Y-Y接电路的特点：中性点电压$\dot{U}_{\mathrm{N'N}}=0$，中性线电流为零，中性线不起作用；各相独立，各相情况与其它两相无关；各组响应都对称。

（2）对称三相电路的计算：将三角形连接负载等效变换为星形连接负载，作一相等效电路图，计算一相电流电压，然后根据对称性推及其它两相。

四、不对称三相电路

在不对称负载的星形连接电路中，中点电压$\dot{U}_{\mathrm{N'N}}\neq 0$，导致中性点位移，必须接上阻抗为零的中性线，才能使负载相电压对称。不对称三相电路的计算方法是中性点电压法和位形图法。

五、三相电路的功率

对称三相电路中，总有功功率、总无功功率、视在功率和功率因数分别为

$$P=\sqrt{3}U_lI_l\cos\varphi=3U_{\mathrm{p}}I_{\mathrm{p}}\cos\varphi$$

$$Q=\sqrt{3}U_lI_l\sin\varphi=3U_{\mathrm{p}}I_{\mathrm{p}}\sin\varphi$$

$$S=\sqrt{P^2+Q^2}=\sqrt{3}U_lI_l=3U_{\mathrm{p}}I_{\mathrm{p}}$$

$$\lambda=\frac{P}{S}=\cos\varphi$$

六、三相制的对称分量

任何一组不对称三相正弦量都可以分解为正序（U－V－W），负序（U－W－V）和零序

(相位差为零) 三组对称分量。可将不对称三相电路中的电压或电流分解为三组对称分量，即化为三组对称电路分别进行计算，然后把计算结果叠加，求出实际未知量，这样的分析方法称为对称分量法。

习　题

一、填空题

4-1　________之间的电压称为线电压；每相电源绕组或负载的两端电压称为________，在星形连接时相电压的参考方向习惯选择为________指向________，在三角形连接时其参考方向和相应的线电压相同。

4-2　对称三相正序正弦电压源作星形连接时的线电压 $\dot{U}_{UV}=380\angle 30°\text{V}$，则 $\dot{U}_{VW}=$________，$\dot{U}_{WU}=$________。

4-3　每相________相等的负载称为对称负载。每相线路________相等的输电线称为对称线路，______对称、______对称、______对称的三相电路称为三相对称电路。

4-4　某对称三相负载接成星形时三相总有功功率为 600W，而将负载改接为三角形而其它条件不变，则此时三相总有功功率为____________。

4-5　星形连接的对称三相正弦电路中，已知线电流的有效值 $I=2\text{A}$，$\cos\varphi=0.5$，设 $\dot{U}_U=U\angle 0°$，三相有功功率 $P=380\sqrt{3}\,\text{W}$，则线电压 $u_{UV}=$____________，线电流 $i_U=$____________。

4-6　三相对称负载连成三角形，接到线电压为 380V 的电源上，有功功率为 5.28kW，功率因数为 0.8，则负载的相电流为________ A，线电流为________ A。

二、选择题

4-7　三相电路功率公式 $P=\sqrt{3}U_l I_l\cos\varphi$ 中的 φ 指(　　)。

A. 线电压与线电流的相位差　　B. 相电压与相电流的相位差

C. 线电压与相电流的相位差

4-8　每相额定电压为 220V 的一组不对称三相负载，欲接上线电压为 380V 的对称三相电源，负载应作(　　)连接才能正常工作。

A. 星形有中性线　　B. 星形无中性线　　C. 三角形

4-9　每相额定电压为 380V 的一组对称三相负载，欲接上线电压为 380V 的对称三相电源，负载应作(　　)连接才能正常工作。

A. 星形有中性线　　B. 星形无中性线　　C. 三角形

4-10　三相四线制供电线路的中性线上不准安装开关和熔断器的原因是(　　)。

A. 中性线上无电流，熔体烧不断

B. 开关接通或断开时对电路无影响

C. 开关断开或熔体熔断后，三相不对称负载将承受三相不对称电压的作用，无法正常工作，严重时会烧毁负载

D. 安装开关和熔断器降低了中性线的机械强度

三、分析计算题

4-11　图 4-23 所示的对称三相正弦电路中，$\dot{U}_{UN}=220\angle 0^\circ V$，$Z=22+j22\Omega$，试求：

（1）图 4-23 中三相负载是什么接法？

（2）Z 两端承受的是电源的线电压还是电源的相电压？

（3）求电流 $\dot{I}_U$、$\dot{I}_V$、$\dot{I}_W$、$\dot{I}_N$，并作出相量图。

4-12　图 4-24 中，每相复阻抗 $Z=200+j150\Omega$ 的对称负载接到线电压为 380V 的对称三相电源，试求：

（1）图 4-24 中负载是什么接法？

（2）Z_{UV} 两端的电压是多大？

（3）设 $\dot{U}_U$ 为参考正弦量，求电流 $\dot{I}_{UV}$、$\dot{I}_W$。

4-13　图 4-25 所示电路中，已知电源电压 $\dot{U}_{UN}=220\angle 0^\circ V$，$R_1=R_2=R_3=110\Omega$，$\omega L=\dfrac{1}{\omega C}=110\sqrt{3}\Omega$，求各线电流相量和中性线电流相量。

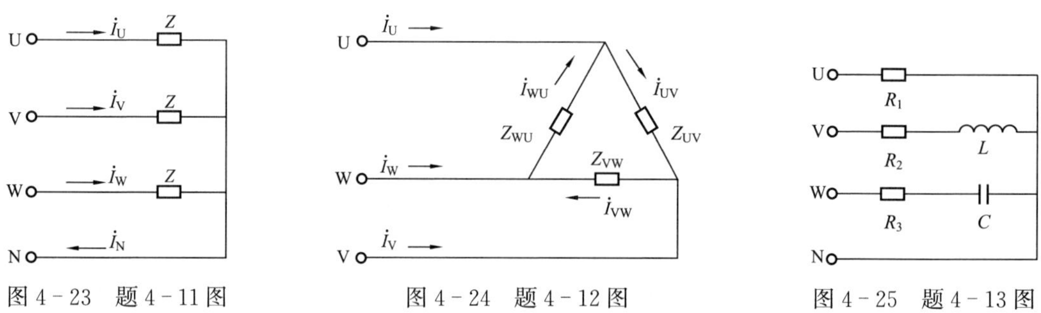

图 4-23　题 4-11 图　　图 4-24　题 4-12 图　　图 4-25　题 4-13 图

4-14　星形对称三相电路中，已知各相阻抗 $|Z|=10\Omega$，功率因数 $\cos\varphi=0.8$，电源线电压有效值为 380V。试求三相电路总的有功功率 P、无功功率 Q 和视在功率 S。

4-15　图 4-26 所示电路中，对称三相电源线电压为 380V，负载阻抗 $Z=15+j12\Omega$，线路阻抗 $Z_l=1+j2\Omega$，试求负载的相电压、相电流和线电流。

4-16　图 4-27 所示电路中，对称三相电源线电压为 380V，$Z_l=1+j1\Omega$，$Z_1=5+j5\Omega$，$Z_2=15+j15\Omega$，试求两组负载的相电流。

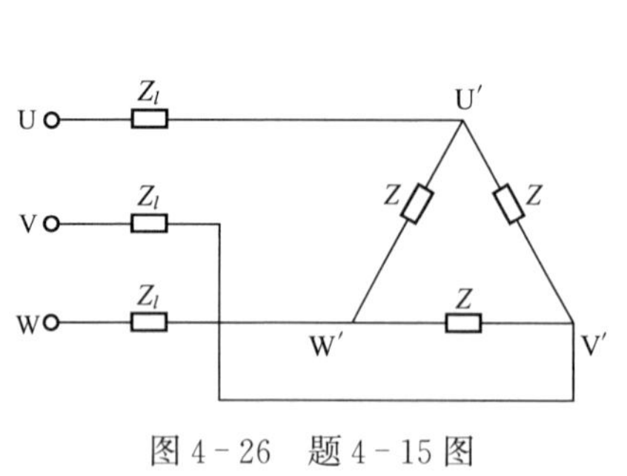

图 4-26　题 4-15 图

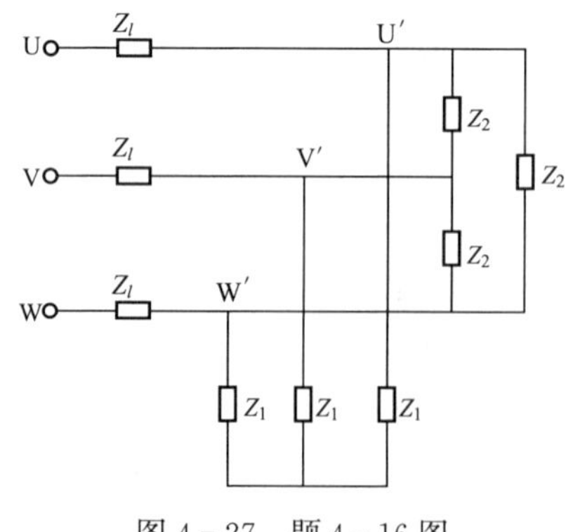

图 4-27　题 4-16 图

4－17　对称三相电路如图 4－28 所示。

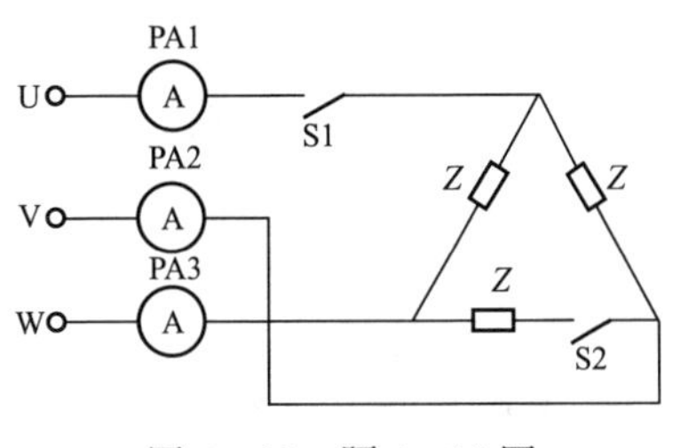

图 4－28　题 4－17 图

(1) 如开关 S1 合上，S2 打开时，电流表 PA1 的读数为 5A，试求此时电流表 PA2、PA3 的读数。

(2) 开关 S1 打开，S2 合上时，试求电流表 PA2、PA3 的读数。

4－18　在三层楼房中单相照明电灯均接在三相四线制电路中，每一层为一相，每相装有 220V。40W 的电灯 20 只，电源为对称三相电源，其线电压为 380V。试求：

(1) 当灯泡全部点亮时的各相电流、线电流及中性线电流。

(2) 当 U 相灯泡半数点亮而 V、W 两相灯泡全部点亮时，各相电流、线电流及中性线电流。

(3) 当中性线断开时，在上述两种情况下各相负载的电压为多少？并由此说明中性线的作用。

4－19　一台国产 300 000kW 的汽轮发电机在额定运行状态运行时，线电压为 18kV，功率因数为 0.85，发电机定子绕组为星形连接，试求该发电机在额定状态运行时的线电流及输出的无功功率和视在功率。

4－20　归纳并总结本章重点内容。

第五章　非正弦周期电流电路

前面所讨论的正弦交流电路中，电压和电流都是正弦量。本章要介绍的非正弦周期电流电路，其电压和电流都是随时间按非正弦规律周期性变化的，这种电路的分析是在正弦交流电路分析方法的基础上，应用傅里叶级数和叠加定理来进行，称为谐波分析法。

本章的主要内容包括非正弦周期信号，周期函数分解为傅里叶级数，周期量的有效值、平均值和平均功率，非正弦周期电流电路的计算等。

基本要求：

(1) 理解谐波分析法的定义。

(2) 了解周期函数分解成傅里叶级数的方法。

(3) 掌握周期量的有效值、平均值和平均功率的计算。

(4) 理解叠加定理在线性非正弦周期电流电路中的应用，掌握其计算方法和步骤。

第一节　非正弦周期信号

一、非正弦周期信号

电路中，除了有正弦周期量外，还会碰到各种各样的非正弦规律变化的周期信号。如电力系统中的交流发电机，由于设计和制造方面的原因，发出的电压波形严格来讲并不是理想的正弦波；无线通信系统中传输的各种信号，如电视、收音机等收到的信号一般都是非正弦波；自动控制系统和计算机网络中用到的脉冲信号也是非正弦波；各种非正弦信号发生器产生的信号都是非正弦的，如方波发生器产生矩形波电压等。

另外，若电路中存在着非线性元件，即使在正弦电源的作用下，电路中也将产生非正弦周期变化的电压和电流。如果一个电路中同时存在着几个不同频率的正弦电压或电流，该电路的合成电压或电流波形也将是非正弦规律的。图 5－1 所示为工程中常见的几种非正弦周期信号的波形。

二、非正弦周期电流电路的分析方法

本章主要讨论在非正弦周期电压、电流或信号作用下，线性电路稳定状态的分析和计算方法。首先利用数学中的傅里叶级数，将非正弦周期电压、电流或信号分解为一系列不同频率的正弦量之和；然后分别计算在各个不同频率的正弦量单独作用下，电路中产生与之对应的同频率正弦电压、电流响应分量；最后根据线性电路的叠加定理，把所得到的各分量按瞬时值形式叠加，就得到该电路在非正弦周期电压、电流或信号作用下的稳态电压和电流。这种方法称为谐波分析法，它是正弦交流电路分析方法的推广，是把非正弦周期电流电路的计算化为一系列的正弦电流电路的计算，这样就可以利用正弦交流电路中的相量法来分析了。

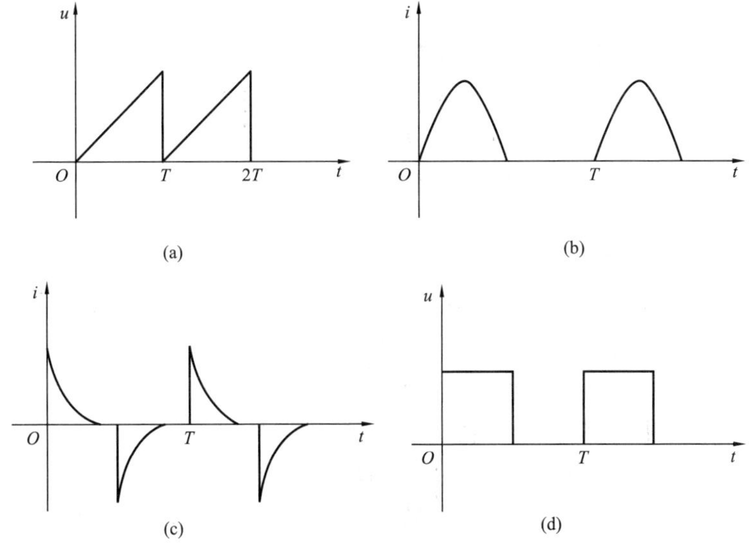

图 5-1　常见的非正弦周期信号的波形
(a) 锯齿波形；(b) 半波整流波形；(c) 脉冲波形；(d) 矩形波形

第二节　周期函数分解为傅里叶级数

任何周期电压、电流或信号等周期量都可以用一个周期函数 $f(t)$ 来表示，即

$$f(t)=f(t+kT) \tag{5-1}$$

式中：T 为周期；$k=0$，1，2…。

数学理论证明，任何满足狄里赫利条件[1]的周期函数，都可以展开成一个收敛的傅里叶级数。电工技术中常遇到的周期函数都是满足狄里赫利条件的。因此，可以把周期为 T、角频率为 $\omega=\dfrac{2\pi}{T}$ 的周期函数 $f(t)$ 展开成傅里叶级数，即

$$\begin{aligned}f(t)&=\frac{a_0}{2}+[a_1\cos(\omega t)+b_1\sin(\omega t)]+[a_2\cos(2\omega t)+b_2\sin(2\omega t)]\\&\quad+\cdots+[a_k\cos(k\omega t)+b_k\sin(k\omega t)]+\cdots\\&=\frac{a_0}{2}+\sum_{k=1}^{\infty}[a_k\cos(k\omega t)+b_k\sin(k\omega t)]\end{aligned} \tag{5-2}$$

式中：a_0、a_k 和 b_k 为傅里叶系数。其中

$$\begin{cases}a_0=\dfrac{2}{T}\displaystyle\int_0^T f(t)\mathrm{d}t\\ a_k=\dfrac{2}{T}\displaystyle\int_0^T f(t)\cos(k\omega t)\mathrm{d}t=\dfrac{1}{\pi}\displaystyle\int_0^{2\pi} f(t)\cos(k\omega t)\mathrm{d}(\omega t)\\ b_k=\dfrac{2}{T}\displaystyle\int_0^T f(t)\sin(k\omega t)\mathrm{d}t=\dfrac{1}{\pi}\displaystyle\int_0^{2\pi} f(t)\sin(k\omega t)\mathrm{d}(\omega t)\end{cases} \tag{5-3}$$

---

[1] 狄里赫利条件：周期函数在一个周期内连续或只有有限个第一类间断点、有限个极大值和极小值，并且在一个周期内函数的绝对值的积分为有限值。

式中：$k=1, 2, 3\cdots$。

若把式（5－2）中同频率的正弦函数和余弦函数合并，就可把 $f(t)$ 的傅里叶级数展开成另一种表达式，即

$$\begin{aligned} f(t) &= A_0 + A_{1m}\sin(\omega t+\theta_1) + A_{2m}\sin(2\omega t+\theta_2) + \cdots \\ &\quad + A_{km}\sin(k\omega t+\theta_k) + \cdots \\ &= A_0 + \sum_{k=1}^{\infty} A_{km}\sin(k\omega t+\theta_k) \end{aligned} \tag{5-4}$$

其中，第一项 A_0 为常数，不随时间变化，为 $f(t)$ 在一个周期内的平均值，称为 $f(t)$ 的直流分量，又叫恒定分量；第二项，即 $k=1$ 项为 $A_{1m}\sin(\omega t+\theta_1)$，它的频率与原周期函数 $f(t)$ 的频率相同，称为 $f(t)$ 的基波，又叫一次谐波，其中 A_{1m} 为基波的振幅，θ_1 为基波的初相；其余的 $k\geqslant 2$ 项统称为高次谐波，因其频率为基波频率的 k 倍，又称为 k 次谐波，如 2 次谐波、3 次谐波等，其中 A_{km} 称为 k 次谐波的振幅，θ_k 称为 k 次谐波的初相。

式（5－4）中的系数 A_0、A_{km}、θ_k 与式（5－2）中的 a_0、a_k、b_k 的关系为

$$\begin{cases} A_0 = \dfrac{a_0}{2} \\ A_{km} = \sqrt{a_k^{\ 2} + b_k^{\ 2}} \\ \tan\theta_k = \dfrac{a_k}{b_k} \end{cases} \tag{5-5}$$

综上所述，这种应用傅里叶级数，将一个周期函数 $f(t)$ 分解成直流分量、基波和各次谐波之和的形式，就叫谐波分析。根据式（5－2）或式（5－4），就可以把一个周期函数分解为傅里叶级数，但实际应用中常采用查表法。表 5－1 列出了电工技术中常见的几种周期函数的傅里叶级数展开式。

注意：傅里叶级数是一个无穷级数，但由于收敛很快，因而应用时只需取有限几项便可近似表示原周期量，只要满足工程所需精度即可。

表 5－1　几种周期函数的傅里叶级数

名　称	波　　形	傅 里 叶 级 数	有效值	平均值
正弦波	$f(t)$，A_m，O，$\frac{T}{2}$，T，t	$f(t)=A_m\sin(\omega t)$	$\dfrac{A_m}{\sqrt{2}}$	$\dfrac{2A_m}{\pi}$
梯形波	$f(t)$，A_m，O，t_0，$\frac{T}{2}$，T，t	$f(t)=\dfrac{4A_m}{\omega t_0\pi}[\sin(\omega t_0)\sin(\omega t)$ $+\dfrac{1}{9}\sin(3\omega t_0)\sin(3\omega t)$ $+\dfrac{1}{25}\sin(5\omega t_0)\sin(5\omega t)+\cdots$ $+\dfrac{1}{k^2}\sin(k\omega t_0)\sin(k\omega t)+\cdots]$（$k$ 为奇数）	$A_m\sqrt{1-\dfrac{4\omega t_0}{3\pi}}$	$A_m\left(1-\dfrac{\omega t_0}{\pi}\right)$

续表

名　称	波　　形	傅里叶级数	有效值	平均值
三角波	$f(t)$；A_m；O；$\frac{T}{2}$；T；t	$f(t)=\frac{8A_m}{\pi^2}\left[\sin(\omega t)-\frac{1}{9}\sin(3\omega t)+\frac{1}{25}\sin(5\omega t)-\cdots+\frac{(-1)^{\frac{k-1}{2}}}{k^2}\sin(k\omega t)+\cdots\right]$ （k 为奇数）	$\frac{A_m}{\sqrt{3}}$	$\frac{A_m}{2}$
矩形波	$f(t)$；A_m；O；$\frac{T}{2}$；T；t	$f(t)=\frac{4A_m}{\pi}\left[\sin(\omega t)+\frac{1}{3}\sin(3\omega t)+\frac{1}{5}\sin(5\omega t)+\cdots+\frac{1}{k}\sin(k\omega t)+\cdots\right]$ （k 为奇数）	A_m	A_m
半波整流波	$f(t)$；A_m；O；$\frac{T}{4}$；T；t	$f(t)=\frac{2A_m}{\pi}\left[\frac{1}{2}+\frac{\pi}{4}\cos(\omega t)+\frac{1}{1\times3}\cos(2\omega t)-\frac{1}{3\times5}\cos(4\omega t)+\frac{1}{5\times7}\cos(6\omega t)-\cdots\right]$	$\frac{A_m}{2}$	$\frac{A_m}{\pi}$
全波整流波	$f(t)$；A_m；O；$\frac{T}{4}$；T；t	$f(t)=\frac{4A_m}{\pi}\left[\frac{1}{2}+\frac{1}{1\times3}\cos(2\omega t)-\frac{1}{3\times5}\cos(4\omega t)+\frac{1}{5\times7}\cos(6\omega t)-\cdots\right]$	$\frac{A_m}{\sqrt{2}}$	$\frac{2A_m}{\pi}$
锯齿波	$f(t)$；A_m；O；T；$2T$；t	$f(t)=\frac{A_m}{2}-\frac{A_m}{\pi}\left[\sin(\omega t)+\frac{1}{2}\sin(2\omega t)+\frac{1}{3}\sin(3\omega t)+\cdots+\frac{1}{k}\sin(k\omega t)+\cdots\right]$ （$k=1,2,3\cdots$）	$\frac{A_m}{\sqrt{3}}$	$\frac{A_m}{2}$

第三节 非正弦周期量的有效值、平均值和平均功率

一、有效值

非正弦周期量的有效值等于它的方均根值。根据该定义，非正弦周期电流 i 的有效值 I 为

$$I=\sqrt{\frac{1}{T}\int_0^T i^2\mathrm{d}t} \tag{5-6}$$

根据式（5-4），将 i 分解为傅里叶级数

$$i=I_0+\sum_{k=1}^{\infty}I_{km}\sin(k\omega t+\theta_k) \tag{5-7}$$

将式（5-7）代入式（5-6），得电流 i 的有效值为

$$I=\sqrt{\frac{1}{T}\int_0^T\left[I_0+\sum_{k=1}^{\infty}I_{km}\sin(k\omega t+\theta_k)\right]^2\mathrm{d}t} \tag{5-8}$$

若把式（5-8）中根号内的平方项 $\left[I_0+\sum\limits_{k=1}^{\infty}I_{km}\sin(k\omega t+\theta_k)\right]^2$ 展开后，各项的平均值含有以下四类因式：

(1) $\dfrac{1}{T}\displaystyle\int_0^T I_0^2\mathrm{d}t=I_0^2$

(2) $\dfrac{1}{T}\displaystyle\int_0^T I_{km}^2\sin^2(k\omega t+\theta_k)\mathrm{d}t=\dfrac{I_{km}^2}{2}=I_k^2$

(3) $\dfrac{1}{T}\displaystyle\int_0^T 2I_0I_{km}\sin(k\omega t+\theta_k)\mathrm{d}t=0$

(4) $\dfrac{1}{T}\displaystyle\int_0^T 2I_{km}I_{lm}\sin(k\omega t+\theta_k)\sin(l\omega t+\theta_l)\mathrm{d}t=0(k\neq l)$

所以非正弦周期电流 i 的有效值 I 为

$$I=\sqrt{I_0^2+I_1^2+\cdots+I_k^2+\cdots}=\sqrt{I_0^2+\sum_{k=1}^{\infty}I_k^2} \tag{5-9}$$

式中：I_0 为直流分量；I_k 为 k 次谐波的有效值，其最大值 $I_{km}=\sqrt{2}I_k$。

式（5-9）表明非正弦周期电流的有效值等于直流分量的平方与各次谐波有效值的平方之和的平方根。该结论也可推广用于其它非正弦周期量，如非正弦周期电压 u 的有效值为

$$U=\sqrt{U_0^2+U_1^2+\cdots+U_k^2+\cdots}=\sqrt{U_0^2+\sum_{k=1}^{\infty}U_k^2} \tag{5-10}$$

【例 5-1】 已知非正弦周期电压、电流分别为

$$u=[80+60\sin(\omega t-20°)-40\sin(3\omega t+35°)]\mathrm{V}$$

$$i=[3+10\sin(\omega t+20°)+50\sin(2\omega t+15°)+20\sin(3\omega t-40°)]\mathrm{A}$$

试求该电压、电流的有效值。

解 根据式（5-10），可得电压的有效值为

$$U=\sqrt{U_0^2+U_1^2+U_3^2}=\sqrt{80^2+\left(\frac{60}{\sqrt{2}}\right)^2+\left(\frac{40}{\sqrt{2}}\right)^2}=94.87(\mathrm{V})$$

根据式（5－9），可得电流的有效值为

$$I=\sqrt{I_0^2+I_1^2+I_2^2+I_3^2}=\sqrt{3^2+\left(\frac{10}{\sqrt{2}}\right)^2+\left(\frac{50}{\sqrt{2}}\right)^2+\left(\frac{20}{\sqrt{2}}\right)^2}=38.85\text{ (A)}$$

二、平均值

通常将周期量的绝对值在一个周期内的平均值定义为它的平均值，又叫整流平均值。以周期电流 i 为例，其平均值为

$$I_{\mathrm{av}}=\frac{1}{T}\int_0^T |i|\,\mathrm{d}t \tag{5-11}$$

类似地，周期电压 u 的平均值为

$$U_{\mathrm{av}}=\frac{1}{T}\int_0^T |u|\,\mathrm{d}t \tag{5-12}$$

常见的几种周期函数的有效值和平均值可查表 5－1。

【例 5－2】 试求正弦电压 $u=U_{\mathrm{m}}\sin(\omega t)$ 的平均值。

解 根据式（5－12），该正弦电压的平均值为

$$U_{\mathrm{av}}=\frac{1}{T}\int_0^T |U_{\mathrm{m}}\sin(\omega t)|\,\mathrm{d}t=\frac{2}{T}\int_0^{\frac{T}{2}} U_{\mathrm{m}}\sin(\omega t)\,\mathrm{d}t=\frac{2U_{\mathrm{m}}}{\omega T}\left[-\cos(\omega t)\right]_0^{\frac{T}{2}}=\frac{2}{\pi}U_{\mathrm{m}}$$

三、平均功率

与正弦交流电路中平均功率的定义一样，把非正弦周期电流电路中的瞬时功率 p 在一个周期内的平均值，称为平均功率，又叫有功功率，用 P 表示，即

$$P=\frac{1}{T}\int_0^T p\,\mathrm{d}t \tag{5-13}$$

式中：P 的单位为 W。

若一条支路或一个二端网络，其端口电压和电流分别为

$$u=U_0+\sum_{k=1}^{\infty}U_{k\mathrm{m}}\sin(k\omega t+\theta_{\mathrm{u}k})$$

$$i=I_0+\sum_{k=1}^{\infty}I_{k\mathrm{m}}\sin(k\omega t+\theta_{\mathrm{i}k})$$

当 u、i 的参考方向一致时，该支路或二端网络的平均功率为

$$\begin{aligned}P&=\frac{1}{T}\int_0^T p\,\mathrm{d}t=\frac{1}{T}\int_0^T ui\,\mathrm{d}t\\&=\frac{1}{T}\int_0^T\left[U_0+\sum_{k=1}^{\infty}U_{k\mathrm{m}}\sin(k\omega t+\theta_{\mathrm{u}k})\right]\times\left[I_0+\sum_{k=1}^{\infty}I_{k\mathrm{m}}\sin(k\omega t+\theta_{\mathrm{i}k})\right]\mathrm{d}t\end{aligned} \tag{5-14}$$

将式（5－14）等号右边展开后，将含有以下五类因式：

(1) $\frac{1}{T}\int_0^T U_0I_0\,\mathrm{d}t=U_0I_0=P_0$

(2) $\frac{1}{T}\int_0^T U_0I_{k\mathrm{m}}\sin(k\omega t+\theta_{\mathrm{i}k})\,\mathrm{d}t=0$

(3) $\frac{1}{T}\int_0^T I_0U_{k\mathrm{m}}\sin(k\omega t+\theta_{\mathrm{u}k})\,\mathrm{d}t=0$

(4) $\frac{1}{T}\int_0^T U_{k\mathrm{m}}I_{n\mathrm{m}}\sin(k\omega t+\theta_{\mathrm{u}k})\sin(n\omega t+\theta_{\mathrm{i}n})\,\mathrm{d}t=0(k\neq n)$

(5) $\frac{1}{T}\int_0^T U_{km}I_{km}\sin(k\omega t+\theta_{uk})\sin(k\omega t+\theta_{ik})\mathrm{d}t$

$=\frac{1}{2}U_{km}I_{km}\cos(\theta_{uk}-\theta_{ik})$

$=U_kI_k\cos\varphi_k=P_k$

所以平均功率为

$$P=P_0+P_1+\cdots+P_k+\cdots=U_0I_0+\sum_{k=1}^{\infty}U_kI_k\cos\varphi_k \tag{5-15}$$

式（5－15）表明，非正弦周期电流电路的平均功率等于直流分量和各次谐波分量的平均功率之和。其中，U_k、I_k 分别为电压 u 和电流 i 的第 k 次谐波的有效值，φ_k 为第 k 次谐波电压与第 k 次谐波电流的相位差，即

$$\varphi_k=\theta_{uk}-\theta_{ik} \tag{5-16}$$

同时，式（5－15）也表明，只有同频率（包括直流分量）的谐波电压、电流才产生平均功率；不同频率的谐波电压、电流只产生瞬时功率而不产生平均功率。

【例 5－3】 某二端网络的端口电压、电流分别为

$$u=[40+180\sin(\omega t)+60\sin(3\omega t-30^\circ)+10\sin(5\omega t+20^\circ)]\text{V}$$
$$i=[1+3\sin(\omega t-21^\circ)+6\sin(2\omega t+5^\circ)+2\sin(3\omega t-43^\circ)]\text{A}$$

在关联参考方向下，试求该二端网络的平均功率。

解题思路： 求平均功率应根据式（5－15），因此关键在于确定电压、电流中直流分量产生的功率以及同频率的谐波电压和电流产生的功率。该二端网络中，只有电压和电流的直流分量、基波和 3 次谐波才产生平均功率。

解 直流分量产生的平均功率为

$$P_0=U_0I_0=40\times1=40\ (\text{W})$$

基波产生的平均功率为

$$P_1=U_1I_1\cos\varphi_1=\frac{180}{\sqrt{2}}\times\frac{3}{\sqrt{2}}\times\cos(0^\circ+21^\circ)=252.1\ (\text{W})$$

3 次谐波产生的平均功率为

$$P_3=U_3I_3\cos\varphi_3=\frac{60}{\sqrt{2}}\times\frac{2}{\sqrt{2}}\times\cos(-30^\circ+43^\circ)=58.5\ (\text{W})$$

所以该二端网络中平均功率为

$$P=P_0+P_1+P_3=40+252.1+58.5=350.6\ (\text{W})$$

四、等效正弦量

工程中为了简化分析和计算，在一定的误差允许范围内，常将非正弦周期电压和电流用等效正弦量来代替，等效的三个条件是：

(1) 等效正弦量的频率与非正弦周期量的基波频率相同。

(2) 等效正弦量的有效值与非正弦周期量的有效值相同。

(3) 用等效正弦量来代替非正弦周期电压和电流后，电路中的有功功率应保持不变。

这样，根据这三个条件，非正弦周期电压和电流就可用等效正弦电压和等效正弦电流来代替，常用 u_e 和 i_e 表示。其中，条件（1）、（2）用来确定等效正弦量的频率和有效值；条

件（3）用来确定等效正弦电压和等效正弦电流之间的相位差 φ。φ 的计算式为

$$\cos\varphi = \frac{P}{UI} \tag{5-17}$$

式中：P 为非正弦周期电流电路的平均功率；U、I 为非正弦周期电压和电流的有效值；φ 的正负由实际电路中电压与电流的波形来决定。

【例 5-4】 某二端网络的端口电压、电流分别为

$$u = [10 + 20\sin(\omega t - 30°) + 8\sin(3\omega t - 30°)]\text{V}$$
$$i = [3 + 6\sin(\omega t + 30°) + 2\sin(2\omega t)]\text{A}$$

当 u、i 参考方向一致时，试求：

（1）该二端网络的平均功率。

（2）该端口电压、电流的等效正弦量。

解题思路：第一个问题是求平均功率，应根据式（5-15）来求；第二个问题是求等效正弦量，若能知道端口电压和电流的有效值、基波频率以及等效正弦电压与等效正弦电流之间的相位差，就能求出相应的等效正弦量。

解　（1）直流分量产生的平均功率为

$$P_0 = U_0 I_0 = 10 \times 3 = 30\ (\text{W})$$

基波产生的平均功率为

$$P_1 = U_1 I_1 \cos\varphi_1 = \frac{20}{\sqrt{2}} \times \frac{6}{\sqrt{2}} \times \cos(-30° - 30°) = 30\ (\text{W})$$

所以该二端网络的平均功率为

$$P = P_0 + P_1 = 30 + 30 = 60\ (\text{W})$$

（2）电压 u 的有效值为

$$U = \sqrt{U_0^2 + U_1^2 + U_3^2} = \sqrt{10^2 + \left(\frac{20}{\sqrt{2}}\right)^2 + \left(\frac{8}{\sqrt{2}}\right)^2} = 18.2\ (\text{V})$$

电流 i 的有效值为

$$I = \sqrt{I_0^2 + I_1^2 + I_2^2} = \sqrt{3^2 + \left(\frac{6}{\sqrt{2}}\right)^2 + \left(\frac{2}{\sqrt{2}}\right)^2} = 5.4\ (\text{A})$$

由式（5-17）可得，等效正弦电压和等效正弦电流的相位差为

$$\varphi = \pm\arccos\frac{P}{UI} = \pm\arccos\frac{60}{18.2 \times 5.4} = \pm 52°$$

由于电压 u 基波的初相落后于电流 i 基波的初相，因此等效正弦电压 u_e 的初相也落后于等效电流 i_e 的初相，因此相位差取 $\varphi = -52°$。假设等效正弦电压的初相为零，则：

电压 u 的等效正弦量为

$$u_e = 18.2\sqrt{2}\sin(\omega t)\quad (\text{V})$$

电流 i 的等效正弦量为

$$i_e = 5.4\sqrt{2}\sin(\omega t + 52°)\quad (\text{A})$$

【例 5-5】 一正弦电压 $u = 200\sin(\omega t + 30°)\text{V}$ 加在某一非线性元件上，其中的电流为 $i = [2 + 5\sin(\omega t - 10°) + 3\sin(3\omega t)]\text{A}$，在关联参考方向下，试求该电流的等效正

弦量。

解题思路：欲求电流 i 的等效正弦量 i_e，若能求出电流 i 的有效值、基波频率以及正弦电压 u 与等效正弦电流 i_e 之间的相位差 φ，就能求出 i_e 的有效值、频率和初相。

解 （1）电流 i 的有效值为

$$I=\sqrt{I_0^2+I_1^2+I_3^2}=\sqrt{2^2+\left(\frac{5}{\sqrt{2}}\right)^2+\left(\frac{3}{\sqrt{2}}\right)^2}=4.6\ (\text{A})$$

因此，等效正弦电流 i_e 的有效值 $I_e=4.6\text{A}$。

（2）正弦电压 u 的有效值为

$$U=U_1=\frac{200}{\sqrt{2}}=141.4\ (\text{V})$$

该元件的平均功率为

$$P=P_1=U_1I_1\cos\varphi_1=\frac{200}{\sqrt{2}}\times\frac{5}{\sqrt{2}}\times\cos(30°+10°)=383\ (\text{W})$$

若令等效正弦电流 i_e 的初相为 θ_{ie}，因该元件两端电压 u 的初相超前电流 i 基波的初相，由式（5－17）可得，u 与等效正弦电流 i_e 之间的相位差为

$$\varphi=\theta_u-\theta_{ie}=\arccos\frac{P}{UI}=\arccos\frac{383}{141.4\times4.6}=54°$$

则

$$\theta_{ie}=\theta_u-\varphi=30°-54°=-24°$$

（3）由于等效正弦电流 i_e 的频率与 i 基波的频率相同，因此 i_e 的频率仍为 ω。这样电流 i 的等效正弦电流为

$$i_e=4.6\sqrt{2}\sin(\omega t-24°)\quad(\text{A})$$

41. 非正弦周期电路的计算

第四节 非正弦周期电流电路的计算

在非正弦周期电压、电流作用下，对线性电路稳定状态的分析和计算，采用的是谐波分析法，一般步骤如下：

（1）把给定的非正弦周期电源电压或电流分解为傅里叶级数，根据精度要求取有限项。

（2）分别计算分解后的直流分量与各次谐波单独作用时电路的各响应分量。其中直流分量单独作用时，电感元件相当于短路，电容元件相当于开路，再按直流电阻电路的方法进行分析和计算。

各次谐波单独作用时，可用正弦交流电路的相量法来分析和计算。注意电阻 R、电感 L、电容 C 三个参数与频率的关系。一般认为电阻 R 与频率无关，而电感 L、电容 C 对不同频率的谐波有不同的感抗和容抗。

1）对于基波，电感元件的感抗为 $X_{L1}=\omega L$，电容元件的容抗为 $X_{C1}=\dfrac{1}{\omega C}$。

2）对于 k 次谐波，电感元件的感抗为 $X_{Lk}=k\omega L=kX_{L1}$，电容元件的容抗为 $X_{Ck}=\dfrac{1}{k\omega C}=\dfrac{1}{k}X_{C1}$。

可见，感抗和容抗与频率有关，谐波频率越高，电感元件的感抗越大，而电容元件的容抗则越小。

(3) 根据叠加定理把各响应分量的瞬时值进行叠加，即为所需的结果。

注意：不能把不同频率的电压谐波（或电流谐波）的相量直接相加，必须把各次谐波单独作用时的响应分量表示成时域形式，即 $u(t)$、$i(t)$ 或 u、i 的形式再进行叠加，最后的结果也应是时间的函数。

【例 5-6】 图 5-2 (a) 所示电路中，已知 $\omega L=2\Omega$，$R=5\Omega$，$u=[10+100\sqrt{2}\sin(\omega t)+50\sqrt{2}\sin(3\omega t+30°)]$V，试求电流 i 和 R 的平均功率。

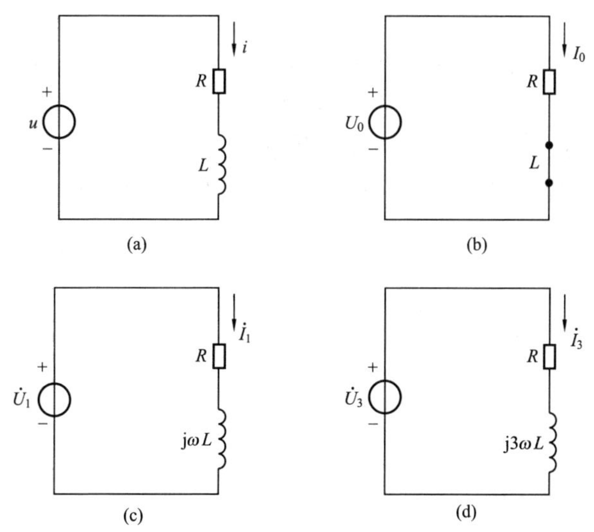

图 5-2 [例 5-6] 图

(a) 电路图；(b) 直流分量的等效电路；(c) 基波作用时的相量模型；(d) 3 次谐波作用时的相量模型

解题思路：因电源电压是一个非正弦周期电压，因此要利用谐波分析法来求支路电流，再利用式 (5-15) 求 R 的平均功率。

解 (1) 电压 u 的直流分量为 $U_0=10$V，其单独作用时，电路如图 5-2 (b) 所示，电感元件相当于短路，可得

$$I_0=\frac{U_0}{R}=\frac{10}{5}=2\ (\text{A})$$

(2) 电压 u 的基波为 $u_1=100\sqrt{2}\sin(\omega t)$V，其单独作用时，电路的相量模型如图 5-2 (c) 所示，由相量法可得

$$\dot{I}_1=\frac{\dot{U}_1}{R+\text{j}\omega L}=\frac{100\angle 0°}{5+\text{j}2}=18.6\angle -21.8°\ (\text{A})$$

电流 i 基波分量的解析式为

$$i_1=18.6\sqrt{2}\sin(\omega t-21.8°)\quad (\text{A})$$

(3) 电压 u 的 3 次谐波为 $u_3=50\sqrt{2}\sin(3\omega t+30°)$V，其单独作用时，电路的相量模型如图

5-2（d）所示，可得

$$\dot{I}_3=\frac{\dot{U}_3}{R+\mathrm{j}3\omega L}=\frac{50\angle 30^\circ}{5+\mathrm{j}6}=6.4\angle -20.19^\circ\ (\mathrm{A})$$

电流 i 的 3 次谐波分量的解析式为

$$i_3=6.4\sqrt{2}\sin(3\omega t-20.19^\circ)\quad(\mathrm{A})$$

（4）根据叠加定理，将各分量的解析式相加得

$$i=I_0+i_1+i_3=[2+18.6\sqrt{2}\sin(\omega t-21.8^\circ)+6.4\sqrt{2}\sin(3\omega t-20.19^\circ)]\quad(\mathrm{A})$$

（5）由式（5-15）得 R 的平均功率为

$$\begin{aligned}P_2&=U_0I_0+U_1I_1\cos\varphi_1+U_3I_3\cos\varphi_3\\&=10\times 2+100\times 18.6\cos(0^\circ+21.8^\circ)+50\times 6.4\cos(30^\circ+20.19^\circ)\\&=20+1727+204.8=1951.8\ (\mathrm{W})\end{aligned}$$

【例 5-7】 图 5-3（a）所示 RLC 串联电路中，已知 $R=10\Omega$，$L=0.1\mathrm{H}$，$C=50\mu\mathrm{F}$，$u=[50+80\sqrt{2}\sin(\omega t)+60\sqrt{2}\sin(3\omega t+20^\circ)]\mathrm{V}$，当基波频率 $\omega=314\mathrm{rad/s}$ 时，试求电路中的电流 i 及其有效值。

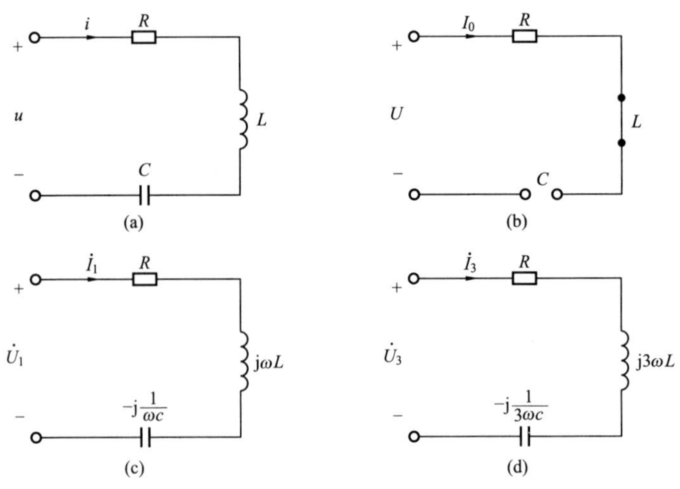

图 5-3 ［例 5-7］图

解 （1）电压 u 的直流分量为 $U_0=50\mathrm{V}$，其单独作用时，电路如图 5-3（b）所示，电容元件相当于开路，电感元件相当于短路，因此

$$I_0=0$$

（2）电压 u 的基波为 $u_1=80\sqrt{2}\sin(\omega t)\mathrm{V}$，其单独作用时，电路如图 5-3（c）所示，电流 i 的基波 i_1 的相量为

$$\dot{I}_1=\frac{\dot{U}_1}{R+\mathrm{j}\left(\omega L-\dfrac{1}{\omega C}\right)}=\frac{80\angle 0^\circ}{10+\mathrm{j}\left(314\times 0.1-\dfrac{1}{314\times 50\times 10^{-6}}\right)}$$

$$=\frac{80\angle 0^\circ}{10-\mathrm{j}32.3}=2.37\angle 72.8^\circ\ (\mathrm{A})$$

所以有

$$i_1=2.37\sqrt{2}\sin(\omega t+72.8°)\quad(\text{A})$$

(3) 电压 u 的 3 次谐波为 $u_3=60\sqrt{2}\sin(3\omega t+20°)$V，其单独作用时，电路如图 5-3(d) 所示，电流 i 的 3 次谐波 i_3 的相量为

$$\dot{I}_3=\frac{\dot{U}_3}{R+\mathrm{j}\left(3\omega L-\frac{1}{3\omega C}\right)}=\frac{60\angle 20°}{10+\mathrm{j}\left(3\times 314\times 0.1-\frac{1}{3\times 314\times 50\times 10^{-6}}\right)}$$

$$=\frac{60\angle 20°}{10+\mathrm{j}73}=0.81\angle -62.2°\ (\text{A})$$

所以有

$$i_3=0.81\sqrt{2}\sin(3\omega t-62.2°)\quad(\text{A})$$

(4) 将各分量的解析式相加，得

$$\begin{aligned}i&=I_0+i_1+i_3\\&=[2.37\sqrt{2}\sin(\omega t+72.8°)+0.81\sqrt{2}\sin(3\omega t-62.2°)]\quad(\text{A})\end{aligned}$$

所以，电流 i 的有效值为

$$I=\sqrt{I_1^2+I_3^2}=\sqrt{2.37^2+0.81^2}=2.5\ (\text{A})$$

【例 5-8】 图 5-4 所示电路中，已知 $R_1=R_2=10\Omega$，$\omega L=30\Omega$，$\frac{1}{\omega C}=90\Omega$，$u_S=[10+50\sqrt{2}\sin(\omega t)]$V，试求 i、i_R 和 u_C。

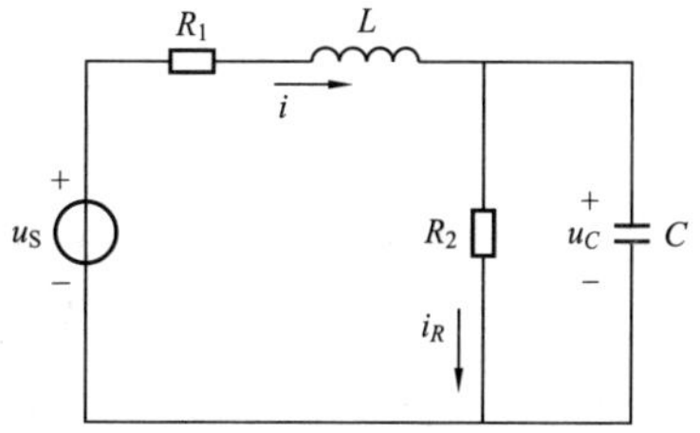

图 5-4 [例 5-8] 图

解 (1) 电压 u_S 的直流分量为 $U_{S0}=10$V，其单独作用时，电容元件相当于开路，电感元件相当于短路，因此有

$$I_0=\frac{U_{S0}}{R_1+R_2}=\frac{10}{10+10}=0.5\ (\text{A})$$

$$I_{R0}=I_0=0.5\ (\text{A})$$

$$U_{C0}=I_{R0}R_2=10\times 0.5=5\ (\text{V})$$

(2) 电压 u_S 的基波分量为 $u_{S1}=50\sqrt{2}\sin(\omega t)$V，其单独作用时，电路总的阻抗为

$$Z_1=R_1+\mathrm{j}\omega L+\frac{R_2\left(-\mathrm{j}\frac{1}{\omega C}\right)}{R_2-\mathrm{j}\frac{1}{\omega C}}=10+\mathrm{j}30+\frac{10\times(-\mathrm{j}90)}{10-\mathrm{j}90}$$

$$=10+\mathrm{j}30+9.8-\mathrm{j}1.1=35\angle 55.6°\ (\Omega)$$

电流 i、电压 u_C、电流 i_R 的基波相量分别为

$$\dot{I}_1=\frac{\dot{U}_{S1}}{Z_1}=\frac{50\angle 0°}{35\angle 55.6°}=1.43\angle -55.6°\ (\text{A})$$

$$\dot{U}_{C1}=\dot{I}_1\times\frac{R_2\left(-\mathrm{j}\,\frac{1}{\omega C}\right)}{R_2-\mathrm{j}\,\frac{1}{\omega C}}=1.43\angle-55.6^\circ\times(9.8-\mathrm{j}1.1)=14.1\angle-62^\circ\ (\mathrm{V})$$

$$\dot{I}_{R1}=\frac{\dot{U}_{C1}}{R_2}=\frac{14.1\angle-62^\circ}{10}=1.41\angle-62^\circ\ (\mathrm{A})$$

所以有

$$i_1=1.43\sqrt{2}\sin(\omega t-55.6^\circ)\quad(\mathrm{A})$$

$$i_{R1}=1.41\sqrt{2}\sin(\omega t-62^\circ)\quad(\mathrm{A})$$

$$u_{C1}=14.1\sqrt{2}\sin(\omega t-62^\circ)\quad(\mathrm{V})$$

（3）叠加各分量的解析式，有

$$i=I_0+i_1=[0.5+1.43\sqrt{2}\sin(\omega t-55.6^\circ)]\quad(\mathrm{A})$$

$$i_R=I_{R0}+i_{R1}=[0.5+1.41\sqrt{2}\sin(\omega t-62^\circ)]\quad(\mathrm{A})$$

$$u_C=U_{C0}+u_{C1}=[5+14.1\sqrt{2}\sin(\omega t-62^\circ)]\quad(\mathrm{V})$$

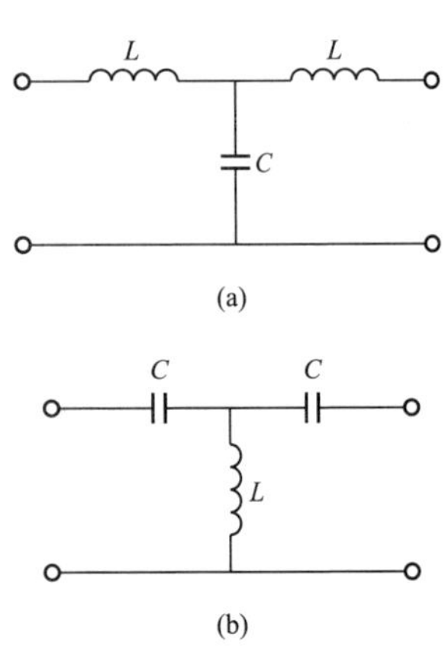

图 5－5　简单滤波器电路

(a) 低通滤波器；(b) 高通滤波器

由于电感元件和电容元件的阻抗随谐波频率变化而变化，对于 k 次谐波，电感元件的感抗为 $X_{Lk}=k\omega L=kX_{L1}$，电容元件的容抗为 $X_{Ck}=\frac{1}{k\omega C}=\frac{1}{k}X_{C1}$。所以电感元件对高次谐波电流有抑制作用，而电容元件则可使高次谐波电流顺利通过。电感元件和电容元件的这种特性广泛应用于实际工程中，比如在电子技术、电讯工程中广泛应用的滤波器，就是利用感抗和容抗的上述特性，将电感元件和电容元件按一定方式组合而成的特殊电路。若把滤波器接在电源与负载之间，就可使需要的谐波分量顺利通过，而不需要的分量将得到抑制。图 5－5 所示的是两种最简单的滤波器，其中图 5－5（a）是低通滤波器，它能使低频电流分量顺利通过，而高频电流分量则被抑制；图 5－5（b）则是高通滤波器，它能使高频电流分量顺利通过，而低频电流分量则被削弱。

本章小结

一、傅里叶级数

任何满足狄里赫利条件的周期函数，都可以展开成一个收敛的傅里叶级数。电工技术中的非正弦周期量都可以展开成傅里叶级数，形式为

$$f(t)=\frac{a_0}{2}+\sum_{k=1}^{\infty}[a_k\cos(k\omega t)+b_k\sin(k\omega t)]$$

或

$$f(t)=A_0+\sum_{k=1}^{\infty}A_{km}\sin(k\omega t+\theta_k)$$

其中，$A_0=\frac{a_0}{2}$，$A_{km}=\sqrt{a_k{}^2+b_k{}^2}$，$\theta_k=\arctan\frac{a_k}{b_k}$。

二、周期电压和周期电流的有效值

非正弦周期量的有效值等于它的方均根值。周期电压和周期电流的有效值为

$$U=\sqrt{U_0^2+U_1^2+\cdots+U_k^2+\cdots}$$

$$I=\sqrt{I_0^2+I_1^2+\cdots+I_k^2+\cdots}$$

三、周期电流和周期电压的平均值

$$I_{av}=\frac{1}{T}\int_0^T|i|\mathrm{d}t$$

$$U_{av}=\frac{1}{T}\int_0^T|u|\mathrm{d}t$$

四、平均功率

非正弦周期性电流电路的平均功率，又称为有功功率。当一条支路或一个二端网络的端口电压 u 和电流 i 的参考方向为关联参考方向时，该支路或二端网络的平均功率定义为

$$P=\frac{1}{T}\int_0^T p\,\mathrm{d}t=\frac{1}{T}\int_0^T ui\,\mathrm{d}t$$

化简得

$$P=P_0+P_1+\cdots+P_k+\cdots=U_0I_0+\sum_{k=1}^{\infty}U_kI_k\cos\varphi_k$$

式中：U_k、I_k 分别为电压 u 和电流 i 的第 k 次谐波的有效值；φ_k 为第 k 次谐波电压与电流的相位差，即 $\varphi_k=\theta_{uk}-\theta_{ik}$。

五、等效条件

工程中常将非正弦周期电压和电流用等效正弦量来代替，等效条件是：

(1) 等效正弦量的频率与非正弦周期量的基波频率相同。

(2) 等效正弦量的有效值与非正弦周期量的有效值相同。

(3) 用等效正弦量来代替非正弦周期电压和电流后，其功率应与电路中的实际功率相同。

等效正弦电压和等效正弦电流之间的相位差由下式来确定

$$\cos\varphi=\frac{P}{UI}$$

式中：P 为非正弦周期电流电路的平均功率；U、I 为非正弦周期电压和电流的有效值；φ 的正负由实际电路中电压与电流的波形来决定。

六、谐波分析法

非正弦周期性电流的分析和计算，采用谐波分析法。方法是先将非正弦周期激励分解为傅里叶级数，然后分别计算激励的直流分量和各次谐波分量单独作用下的响应，最后根据叠加定理把响应的各次谐波的解析式叠加。

习　题

一、填空题

5-1　工程中常见的非正弦周期量通常可分解为傅里叶级数，即可分解成直流分量和各

次__________的叠加。

5-2 已知某锯齿波的基波频率为100Hz，则该锯齿波的周期为__________，它的2次谐波的频率为__________，3次谐波的频率为__________。

5-3 一非正弦周期电压分解成傅里叶级数为 $u=[40+22\sqrt{2}\sin(314t+60^\circ)+2\sqrt{2}\sin(942t-30^\circ)]$V，其中直流分量是__________，基波角频率是__________，高次谐波是__________。

5-4 非正弦周期电压 $u=[20+30\sqrt{2}\sin(\omega t-120^\circ)+10\sqrt{2}\sin(3\omega t-45^\circ)]$V，其有效值为__________。

5-5 非正弦周期电流 $i=[8+4\sqrt{2}\sin(314t-45^\circ)]$A，其有效值为__________。

5-6 非正弦周期电流电路的平均功率等于__________之和。

5-7 只有同次谐波的电流、电压之间才能产生__________功率，不同次谐波的电流、电压之间只产生__________功率。

5-8 用谐波分析法计算非正弦周期电流电路时，在求出各次谐波的电流分量后，应将各次谐波电流的__________值进行叠加。

二、判断题

5-9 在线性电路中，只有当电源是非正弦量时，电路中才能产生非正弦电流。(　　)

5-10 用电磁系或电动系仪表测量非正弦周期电流时，仪表的读数是非正弦量的有效值。(　　)

5-11 非正弦周期量中各次谐波的最大值等于其有效值的$\sqrt{2}$倍。(　　)

5-12 非正弦周期电流电路中，电感 L、电容 C 对不同频率的谐波有不同的感抗和容抗。(　　)

5-13 电路中并联电容，可把高次谐波电流滤掉。(　　)

三、分析计算题

5-14 查表5-1，写出图5-6所示波形中电压 u 的傅里叶级数展开式（写到3次谐波）。

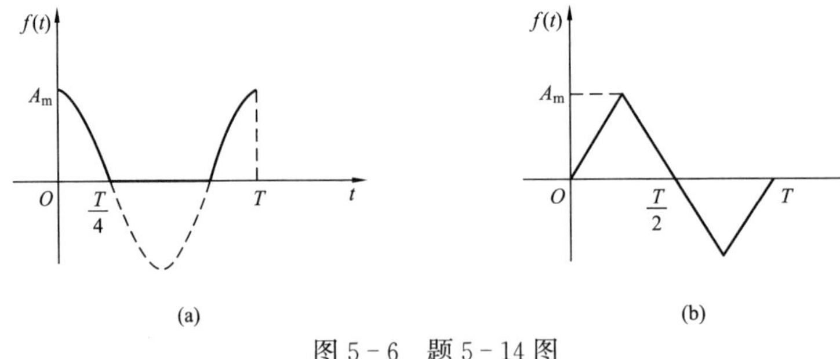

图5-6 题5-14图

5-15 已知一周期电流的直流分量 $I_0=2$A，基波分量 $\dot{I}_1=5\angle 20^\circ$A，3次谐波分量 $\dot{I}_3=3\angle 45^\circ$A，试写出该周期电流的解析式。

5-16 加在 $R=10\Omega$ 电阻上的电压 $u=(100+66\sin\omega t+40\sin2\omega t)$V，试求电压的有效值和电阻的功率。

5-17　某二端网络在关联参考方向下，端口电压 $u=220\sqrt{2}\sin(100\pi t)$V，端口电流 $i=[0.8\sin(100\pi t-25°)+0.25\sin(300\pi t-100°)]$A。试求该网络吸收的功率。

5-18　图 5-7（a）所示电路中，已知 $R=10\Omega$，$L=0.1$H，u_S 为全波整流后的电压，波形如图 5-7（b）所示。试求电流 i 和电压 u_L（计算到 3 次谐波）。

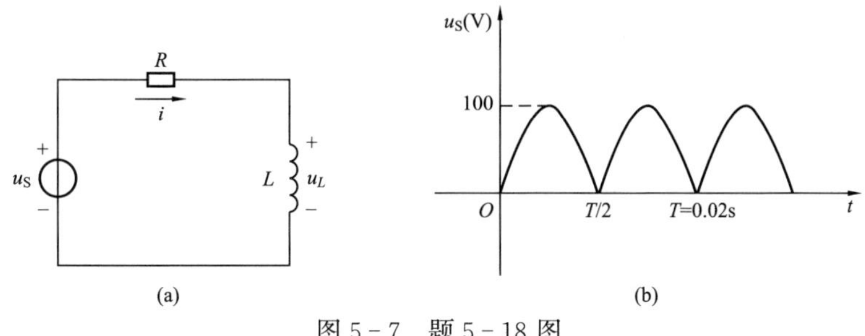

图 5-7　题 5-18 图

5-19　图 5-8 所示电路中，已知 $R=1$kΩ，$C=50\mu$F，$i_S=[3.6+2\sqrt{2}\sin(2000\pi t)]$A，试求电压 u、i_R 和 i_C。

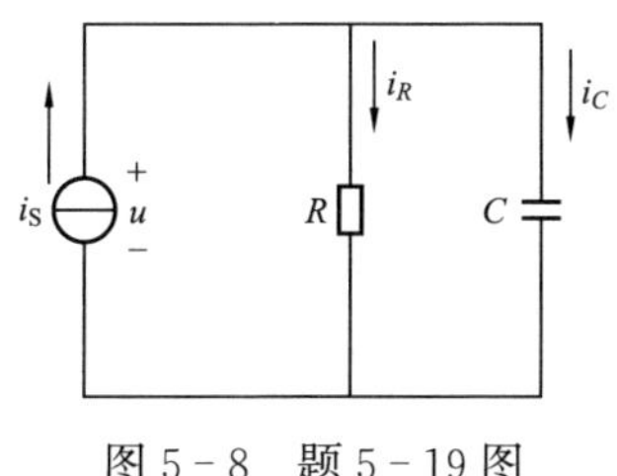

图 5-8　题 5-19 图

5-20　若 $R=9\Omega$ 的电阻与容抗 $\frac{1}{\omega C}=36\Omega$ 的电容串联，其中电流 $i=[2\sqrt{2}\sin(\omega t)+3\sqrt{2}\sin(3\omega t-90°)]$A，试求电路的端电压。

5-21　图 5-9 所示电路中，已知 $u=[200+100\sin(3\omega t)]$V，$R=50\Omega$，$\omega L=5\Omega$，$\frac{1}{\omega C}=45\Omega$，试求电流 i 和电压 u_C。

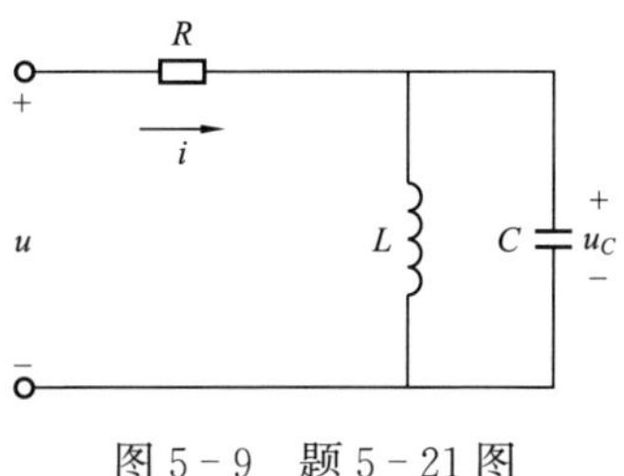

图 5-9　题 5-21 图

5-22　已知 RL 串联电路的端口电压和电流在关联参考方向下为

$$u=[100\sin(100\pi t)+50\sin(300\pi t-30°)]\text{V}$$
$$i=[10\sin(100\pi t)+1.755\sin(300\pi t+\theta)]\text{A}$$

试求：

（1）参数 R、L。

（2）参数 θ。

（3）电路的功率。

5-23　在 RLC 串联电路中，已知 $R=5\Omega$，$\omega L=12\Omega$，$\frac{1}{\omega C}=30\Omega$，电源电压 $u=[100+300\sin(\omega t)+15\sin(3\omega t+20°)]$V，试求电路中的电流及总功率。

5-24　归纳并总结本章重点内容。

第六章　线性电路过渡过程的时域分析

前面所分析的直流电路及正弦交流电路，所有的响应都是恒定不变或按周期规律变化的，电路的这种工作状态称为稳定状态，简称稳态。当电路的连接方式或元件的参数发生变化时，电路的工作状态将随之发生改变，电路将由原来的稳定状态转变到另一个稳定状态，这种转变一般不能即时完成，需要一定的过程，这个过程称为过渡过程。电路的过渡过程往往很短暂，过渡过程中电路的工作状态常称为暂态，所以过渡过程又称为暂态过程。

在电路的稳态分析中，无论是直流还是交流电路，所有元件上的电压、电流关系都为代数方程，但在过渡过程分析中，得到的电路方程都是以电压、电流为变量的微分方程。所以线性电路过渡过程的分析，主要任务归结为建立和求解过渡过程中电路的微分方程。

根据对微分方程求解方法的不同，过渡过程的分析方法主要有两种：一是直接求解微分方程的方法，因它是以时间 t 作为自变量，所以又称为时域分析法；另一种是将时间自变量转换为复频率自变量，利用某种积分变换求解微分方程的方法，称为复频域分析法。这种分析方法可以将求微分方程转化为求代数方程，所以又称为运算法。除此之外，还可以利用实验方法来对过渡过程进行分析。

本章仅介绍线性电路过渡过程的时域分析法，主要内容包括换路定律及初始值计算、一阶电路的零输入响应、一阶电路的零状态响应以及全响应。

基本要求：

(1) 了解过渡过程产生的原因。

(2) 理解并掌握换路定律的内容。

(3) 掌握过渡过程初始值的计算。

(4) 理解时间常数的含义，掌握其计算方法。

(5) 掌握一阶电路的零输入响应、零状态响应的分析方法。

(6) 掌握一阶电路全响应的三要素法。

45. $t=0_+$ 等效电路图

第一节　换路定律及初始值计算

46. 初始值的计算

47. 时间常数

一、换路及换路定律

在电路理论中，常把电路结构或元件参数的突然改变称为换路。电路结构的改变是指电路的接通、切断、短路等变化；元件参数的改变是指电源或电阻、电感、电容元件参数的改变。通常认为换路是瞬间完成的。

换路是过渡过程产生的外因，内因是电路中含有电容或电感等储能元件。

由于储能元件中能量的改变需要一定的时间，不能跃变，即不能从一个量值即时地变到另一个量值。否则当时间无限短，即时间变化趋于零（即 $\mathrm{d}t\rightarrow0$）时，若能量有一个有限的变化值（即 $\mathrm{d}W\neq0$），则由公式 $p=\frac{\mathrm{d}W}{\mathrm{d}t}$ 可得，功率 p 将为无穷大，这在实际中是不可能的。

电路中常见的储能元件有电容元件和电感元件。电容元件中储存着电能，其大小为 $W_C=\frac{1}{2}Cu_C^2$，因换路时电能不能跃变，所以电容元件上的电压 u_C 不能跃变。电感元件中储存着磁场能，其大小为 $W_L=\frac{1}{2}Li_L^2$，同样，在换路时磁场能也不能跃变，所以电感元件中的电流 i_L 不能跃变。概括起来，在换路瞬间，当电容元件的电流为有限值时，其电压 u_C 不能跃变；当电感元件的电压为有限值时，其电流 i_L 不能跃变，这一结论称为换路定律。

假如把换路瞬间作为计时的起点，用 $t=0$ 表示，则用 $t=0_-$ 表示换路前最后的一瞬间；$t=0_+$ 表示换路后最初的一瞬间；$t=\infty$表示换路后经过了很长一段时间。$t=0_-$ 和 $t=0_+$ 在数值上都等于 0，它们和 $t=0$ 之间的时间间隔都趋于零。这样，换路定律可表示为

$$\begin{cases}u_C(0_+)=u_C(0_-)\\i_L(0_+)=i_L(0_-)\end{cases}\tag{6-1}$$

注意：换路定律仅适用于换路瞬间，可根据它来确定 $t=0_+$ 时刻电容元件上的电压 $u_C(0_+)$ 和电感元件中的电流值 $i_L(0_+)$，不能用来求其它的电压或电流值。因为在电路发生换路时，除了电容元件上的电压及电荷量、电感元件中的电流及磁链不能跃变外，其余的参数，如电容元件中的电流、电感元件上的电压、电阻元件的电流和电压、电压源的电流、电流源的电压等在换路瞬间都是可以跃变的。

二、初始值的计算

1. 初始值的定义

换路后的最初时刻，即 $t=0_+$ 时刻电路中的电压、电流等物理量的值称为过渡过程的初始值，也称初始条件。

初始值分为独立初始值和相关初始值。$t=0_+$ 时刻，电容元件上的电压 $u_C(0_+)$ 和电感元件中的电流 $i_L(0_+)$ 称为独立初始值；除了 $u_C(0_+)$ 和 $i_L(0_+)$ 以外，其它所有的初始值称为非独立初始值，又称相关初始值。

2. 初始值的计算

独立初始值可根据 $t=0_-$ 时刻的 $u_C(0_-)$ 和 $i_L(0_-)$ 值，再由换路定律得到；相关初始值需要作 $t=0_+$ 时刻的等效电路来计算。具体步骤如下：

(1) 画出换路前 $t=0_-$ 时刻的等效电路图，求出 $u_C(0_-)$ 和 $i_L(0_-)$。换路前若是直流稳态电路，则 $t=0_-$ 时刻的电路图中电容元件相当于开路，电感元件相当于短路。

(2) 根据换路定律，求出 $t=0_+$ 时刻电容元件上电压的初始值 $u_C(0_+)$ 和电感元件中电流的初始值 $i_L(0_+)$，即独立初始值。

(3) 画出换路后 $t=0_+$ 时刻的等效电路图。方法是：

1) 将原电路中的电容元件用一个电压数值等于初始值 $u_C(0_+)$ 的电压源代替，电压源的参考方向与 $u_C(0_+)$ 的参考方向一致。若 $u_C(0_+)=0$，则电容元件相当于短路。

2) 将原电路中的电感元件用一个电流数值等于初始值 $i_L(0_+)$ 的电流源代替，电流源的参考方向与 $i_L(0_+)$ 的参考方向一致。若 $i_L(0_+)=0$，则电感元件相当于开路。

3) 原电路中的电阻元件保留在它们原来的位置上，其值也不变；电路中电源的数值用其在 $t=0_+$ 时刻的值代替。

经过这样替代后的电路称为电路在 $t=0_+$ 时刻的等效电路。

（4）在 $t=0_+$ 时刻的等效电路中，求出其它的相关初始值。

【例 6-1】 图 6-1（a）所示电路中，开关 S 打开前，电路已稳定。在 $t=0$ 时，将开关打开，试求初始值 $i(0_+)$、$u_C(0_+)$。

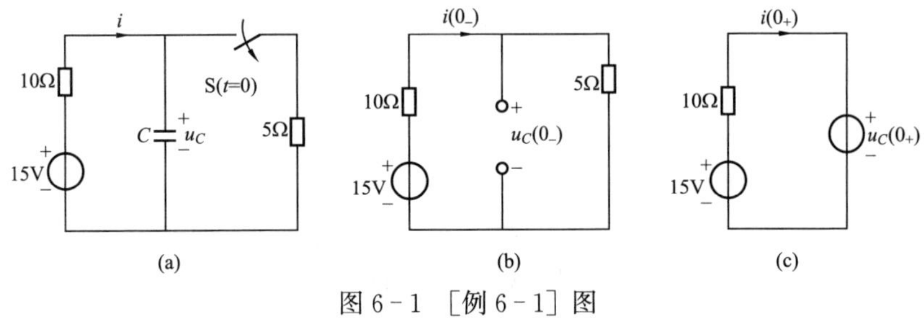

图 6-1 ［例 6-1］图

解题思路： 题目要求的是初始值，首先应看待求量是独立初始值还是相关初始值，若是独立初始值，只需在 $t=0_-$ 时刻的电路图中求；若是相关初始值，则需画出 $t=0_+$ 时的等效电路图。

解 （1）因换路前该电路是直流稳态电路，所以电容相当于开路，$t=0_-$ 的等效电路如图 6-1（b）所示。可求出此时电容元件中的电压为

$$u_C(0_-)=\frac{5}{10+5}\times 15=5\ (\mathrm{V})$$

（2）根据换路定律，有

$$u_C(0_+)=u_C(0_-)=5(\mathrm{V})$$

（3）画出 $t=0_+$ 时刻的等效电路图，如图 6-1（c）所示。此时电容元件相当于一个电压为 $u_C(0_+)=5\mathrm{V}$ 的电压源，根据 KVL 有

$$10i(0_+)+u_C(0_+)-15=0$$

即

$$i(0_+)=\frac{15-u_C(0_+)}{10}=\frac{15-5}{10}=1\ (\mathrm{A})$$

【例 6-2】 图 6-2（a）所示电路换路前已经处于稳定状态。在 $t=0$ 时，将开关 S 闭合，求各电流的初始值 $i(0_+)$、$i_S(0_+)$ 和 $i_L(0_+)$。

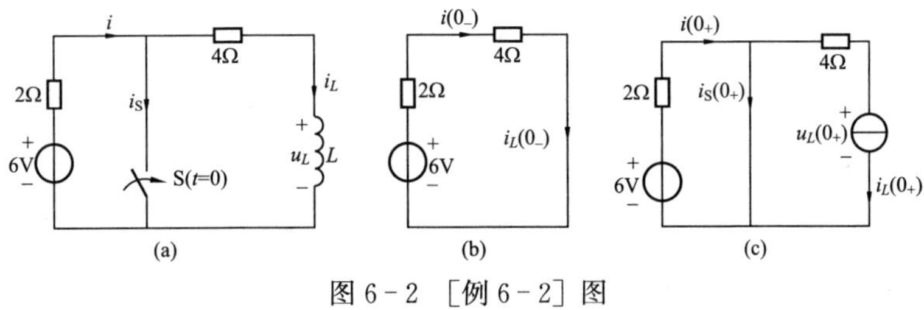

图 6-2 ［例 6-2］图

解 （1）因换路前电路稳定，电感元件相当于短路，所以 $t=0_-$ 时的等效电路如图 6-2（b）所示。可求出此时电感元件中的电流为

$$i_L(0_-)=\frac{6}{2+4}=1\ (\mathrm{A})$$

（2）根据换路定律，有

$$i_L(0_+)=i_L(0_-)=1\ (\text{A})$$

（3）$t=0_+$时刻电感元件相当于一个电流为 $i_L(0_+)=1\text{A}$ 的电流源，此时的等效电路如图 6-2（c）所示，有

$$u_L(0_+)=-i_L(0_+)\times 4=-1\times 4=-4\ (\text{V})$$

$$i(0_+)=\frac{6}{2}=3\ (\text{A})$$

根据 KCL 有

$$i_S(0_+)=i(0_+)-i_L(0_+)=3-1=2\ (\text{A})$$

【例 6-3】 图 6-3（a）所示电路换路前已经稳定。在 $t=0$ 时，将开关 S 闭合，求初始值 $i_C(0_+)$、$i_1(0_+)$、$i_L(0_+)$。

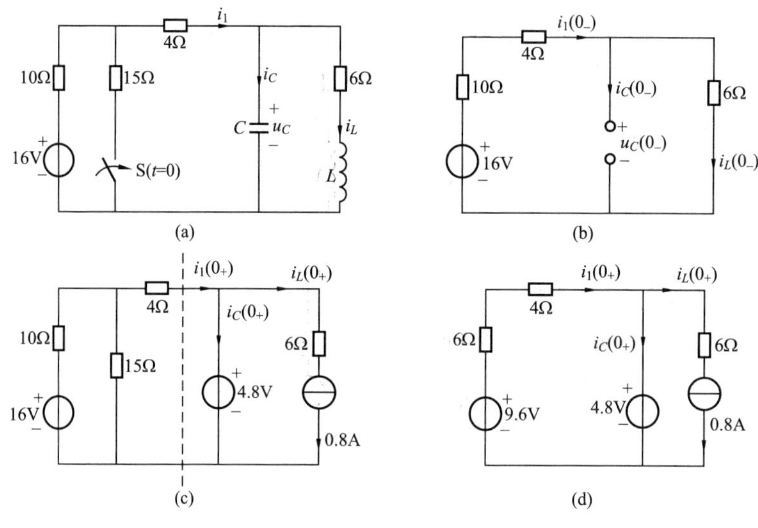

图 6-3 ［例 6-3］图

解 （1）图 6-3（a）所示电路中，因开关闭合前是直流稳态电路，所以电容元件开路，电感元件短路，$t=0_-$时刻等效电路如图 6-3（b）所示，可得

$$i_L(0_-)=\frac{16}{10+4+6}=0.8\ (\text{A})$$

$$u_C(0_-)=i_L(0_-)\times 6=0.8\times 6=4.8\ (\text{V})$$

（2）由换路定律得

$$i_L(0_+)=i_L(0_-)=0.8\ (\text{A})$$

$$u_C(0_+)=u_C(0_-)=4.8\ (\text{V})$$

（3）$t=0_+$时刻的等效电路如图 6-3（c）所示，电路虚线以左的部分等效变换后如图 6-3（d）所示，由 KVL 得

$$-i_1(0_+)\times(4+6)+9.6=4.8$$

$$i_1(0_+)=0.48\ (\text{A})$$

由 KCL 得

$$i_C(0_+)=i_1(0_+)-i_L(0_+)=0.48-0.8=-0.32\ (\mathrm{A})$$

第二节　一阶电路的零输入响应

42. RC 一阶电路的零输入响应

凡电路方程可用一阶线性常微分方程来描述的电路称为一阶线性电路。除电源和电阻外，只含有一个储能元件或可等效为一个储能元件的电路都是一阶线性电路，本章将讨论的一阶电路都是指一阶线性电路。

一阶电路分为两类：一类是一阶电阻电容电路，简称 RC 电路；另一类是一阶电阻电感电路，简称 RL 电路。

在电阻性电路中，如果没有独立源的作用，电路中就没有响应；而含有储能元件的电路与电阻性电路不同，即使没有独立源，只要储能元件的初始值如 $u_C(0_+)$ 或 $i_L(0_+)$ 不为零，也会由它们的初始储能引起响应。这种没有电源激励，即输入为零时，由电路中储能元件的初始储能引起的响应（电压或电流），称为电路的零输入响应。

一、RC 电路的零输入响应

RC 电路的零输入响应是指输入信号为零，由电容元件的初始值 $u_C(0_+)$ 在电路中所引起的响应。分析 RC 电路的零输入响应，实际上是分析电容元件的放电过程。

图 6-4（a）所示电路中，开关 S 置于位置 1 时，电路已经处于稳态，电容器充电，其电压为 $u_C(0_-)=U_0=U_S$。若在 $t=0$ 时将开关 S 由位置 1 切换到位置 2，此时电源被断开，但电容元件已有初始储能，将通过电阻放电，如图 6-4（b）所示。

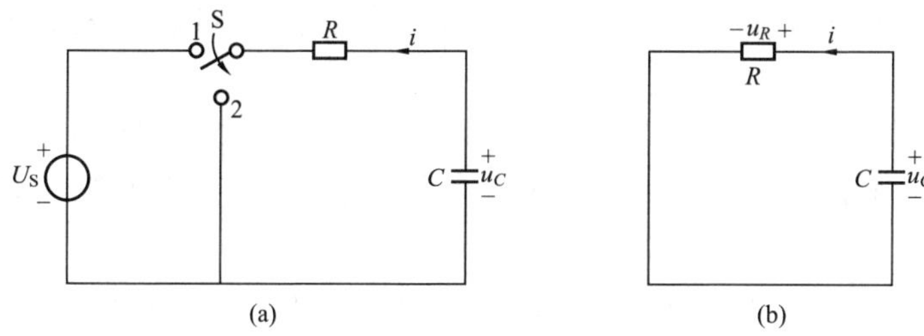

图 6-4　RC 电路的零输入响应

在 $t=0_+$ 时，因为电容元件上电压不能跃变，即 $u_C(0_+)=u_C(0_-)=U_0$，所以 $t=0_+$ 时电路中电流为 $i(0_+)=\dfrac{u_C(0_+)}{R}=\dfrac{U_0}{R}$。随后在 $t\geqslant 0_+$ 时，电容不断放电，电容电压逐渐降低，最终电容元件所储存的电能经电阻 R 全部转变为热能释放出来。若回路选择顺时针方向，根据 KVL，可得换路后的电压方程为

$$u_C-u_R=0 \tag{6-2}$$

因 $u_R=iR$，$i=-C\dfrac{\mathrm{d}u_C}{\mathrm{d}t}$，代入式（6-2）有

$$RC\frac{\mathrm{d}u_C}{\mathrm{d}t}+u_C=0 \tag{6-3}$$

式（6－3）是一个线性常系数的一阶齐次微分方程，其通解为

$$u_C = A\mathrm{e}^{pt} \tag{6-4}$$

将式（6－4）代入式（6－3）得

$$RCpA\mathrm{e}^{pt} + A\mathrm{e}^{pt} = 0$$

特征方程为

$$RCp + 1 = 0 \tag{6-5}$$

解出特征根 $p=-\dfrac{1}{RC}$，代入式（6－4），有

$$u_C = A\mathrm{e}^{pt} = A\mathrm{e}^{-\frac{t}{RC}} \tag{6-6}$$

因 $u_C(0_+)=u_C(0_-)=U_0$，代入式（6－6），有 $u_C(0_+)=A\mathrm{e}^{-\frac{0}{RC}}=A\mathrm{e}^0=A$，则积分常数 $A=u_C(0_+)=U_0$，再代入式（6－6），可得方程式（6－3）的解为

$$u_C = u_C(0_+)\mathrm{e}^{-\frac{t}{RC}} = U_0\mathrm{e}^{-\frac{t}{RC}} \tag{6-7}$$

式（6－7）中，令 $\tau=RC$，称为 RC 电路的时间常数。当 R 和 C 都采用 SI 单位时，τ 的单位是 s，与时间单位相同。这样式（6－7）可表示成

$$u_C = u_C(0_+)\mathrm{e}^{-\frac{t}{\tau}} = U_0\mathrm{e}^{-\frac{t}{\tau}} \tag{6-8}$$

式（6－8）就是 RC 电路的零输入响应中电容元件上电压 u_C 的解析式。同时也说明放电过程中电容元件上的电压是以 $u_C(0_+)=U_0$ 为初始值并按指数规律衰减，衰减的快慢取决于指数中时间常数 τ 的大小。τ 越大，衰减越慢，过渡过程越长；反之，过渡过程越短。

注意： 时间常数 $\tau=RC$ 中的 R 为换路后电容元件所接的二端网络中将电源置为零后的等效电阻，即戴维南等效电阻。τ 的大小仅仅取决于电路的结构和元件的参数 R 与 C，与电路的初始状态无关。

电容放电过程中（$t\geqslant 0$），电路中的电流和电阻上的电压分别为

$$i = -C\frac{\mathrm{d}u_C}{\mathrm{d}t} = -C\frac{\mathrm{d}}{\mathrm{d}t}(U_0\mathrm{e}^{-\frac{t}{\tau}}) = \frac{U_0}{R}\mathrm{e}^{-\frac{t}{\tau}} \tag{6-9}$$

$$u_R = u_C = iR = U_0\mathrm{e}^{-\frac{t}{\tau}} \tag{6-10}$$

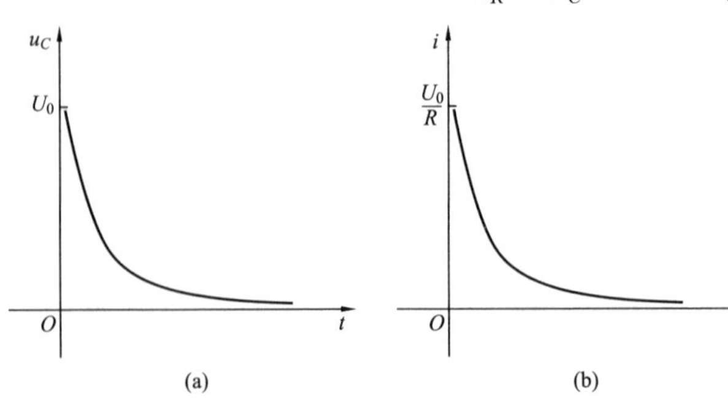

图 6－5　RC 电路的零输入响应波形

u_C、i 都是按同样的指数规律衰减的，其波形如图 6－5 所示。

由式（6－8）可得，当 $t=\tau$ 时，因 $u_C(\tau)=U_0\mathrm{e}^{-1}=0.368U_0$，可见时间常数 τ 等于放电过程中电容元件上的电压 u_C 衰减到 $0.368U_0$ 所需要的时间。为方便计算，时间 $t=0$、$t=\tau$、$t=2\tau$…对应的 u_C 值都列在表 6－1 中。从理论上讲，电路

要经过 $t=\infty$ 的时间，电容元件上的电压 u_C 才能衰减到零，达到新的稳态。但实际工程应用中，一般认为换路后经过 $t=(3\sim5)\tau$ 的时间过渡过程就结束，达到稳定状态。

表 6-1　不同时间对应的 u_C 值

t	0	τ	2τ	3τ	4τ	5τ	6τ	…	∞
u_C	U_0	$0.368U_0$	$0.135U_0$	$0.05U_0$	$0.018U_0$	$0.0067U_0$	$0.002U_0$	…	0

时间常数 τ 还可以根据 u_C 或 i_C 曲线，利用几何方法得到。可以证明，u_C 或 i_C 指数曲线上任意一点的次切距的长度 $\overline{AB}$ 都等于 τ，如图 6-6 所示。

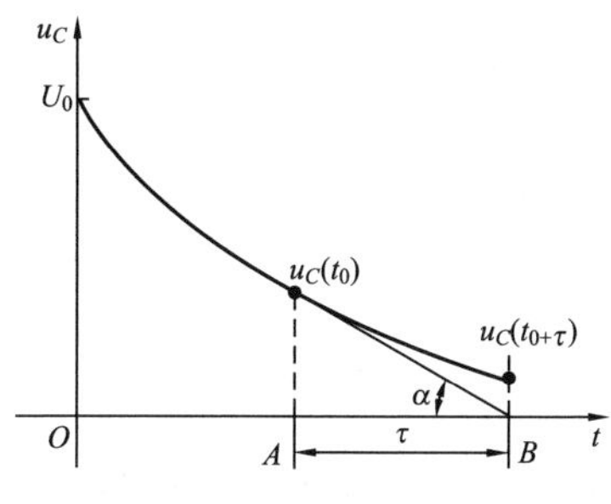

图 6-6　时间常数 τ 的估算

【例 6-4】 图 6-7（a）所示电路换路前已稳定，$t=0$ 时刻开关 S 打开。求换路后（$t\geqslant0$）的 u_C 和 i。

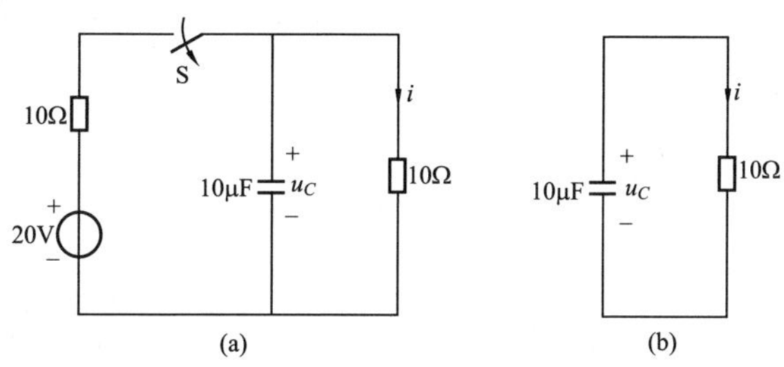

图 6-7 ［例 6-4］图

解题思路： 开关 S 打开后，电源被切除，电容元件中已有初始值，将通过电阻放电。因此电路中的响应是零输入响应。可根据式（6-8）先得到放电过程中电容元件上的电压 u_C，再根据电路中支路电压、电流关系求 i。

解　(1) 图 6-7（a）中开关 S 打开前，电路已处于稳态，所以在 $t=0_-$ 时刻，电容元件相当于开路，有

$$u_C(0_-)=\frac{20}{10+10}\times10=10\ \text{(V)}$$

由换路定律得

$$u_C(0_+)=u_C(0_-)=10\ \text{(V)}$$

(2) 换路后，电路如图 6-7（b）所示，时间常数为

$$\tau=RC=10\times10\times10^{-6}=1\times10^{-4}\ \text{(s)}$$

由式（6-8）可得

$$u_C = u_C(0_+)e^{-\frac{t}{\tau}} = 10 \times e^{-\frac{t}{1\times10^{-4}}} = 10 \times e^{-10^4 t}(\text{V})$$

则电流

$$i = \frac{u_C}{10} = \frac{10 \times e^{-10^4 t}}{10} = e^{-10^4 t}(\text{A})$$

【例 6－5】 图 6－8（a）所示电路原已处于稳态，在 $t=0$ 时将开关 S 闭合，求：

（1）$t \geqslant 0$ 时，u_C、i_C、i_1 和 i_2。

（2）当 $t=5\tau$ 时，u_C 和 i_C 的值。

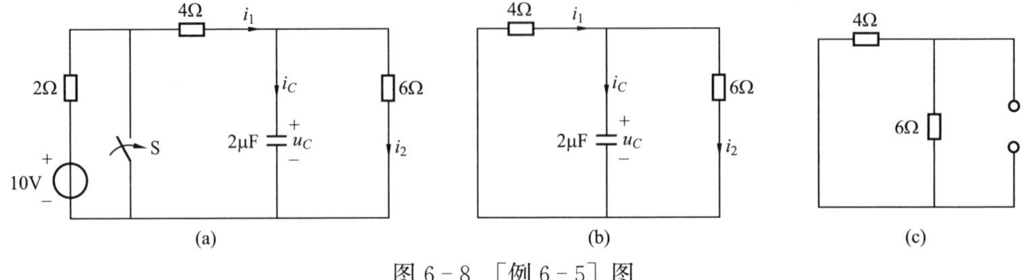

图 6－8 ［例 6－5］图

解题思路： 这是一个 RC 电路，开关 S 闭合后，电路中产生的是零输入响应。第一个问题求 $t \geqslant 0$ 时电路中的各电压、电流，应先根据式（6－8）得到放电过程中电容元件上的电压 u_C，再求其余的 i_C、i_1 和 i_2。第二个问题是求 $t=5\tau$ 时的电压、电流，可将时间代入 u_C 和 i_C 的表达式中求，也可根据表 6－1 来估算。

解 （1）图 6－8（a）中因开关 S 闭合前，电路已处于稳态，所以在 $t=0_-$ 时刻，电容相当于开路，有

$$u_C(0_-) = \frac{6}{2+4+6} \times 10 = 5\ (\text{V})$$

由换路定律得

$$u_C(0_+) = u_C(0_-) = 5\ (\text{V})$$

当 $t \geqslant 0$ 时，电路如图 6－8（b）所示，电容元件所接的二端网络除源后如图 6－8（c）所示，则等效电阻为

$$R = \frac{4 \times 6}{4+6} = 2.4\ (\Omega)$$

时间常数为

$$\tau = RC = 2.4 \times 2 \times 10^{-6} = 4.8 \times 10^{-6}(\text{s})$$

由式（6－8）可得

$$u_C = u_C(0_+)e^{-\frac{t}{\tau}} = 5 \times e^{-\frac{t}{4.8\times10^{-6}}} = 5e^{-2\times10^5 t}(\text{V})$$

根据图 6－8（b）中的参考方向，有

$$i_C = C\frac{\mathrm{d}u_C}{\mathrm{d}t} = 2 \times 10^{-6} \times 5e^{-2\times10^5 t} \times (-2 \times 10^5) = -2e^{-2\times10^5 t}(\text{A})$$

$$i_2 = \frac{u_C}{6} = 0.83e^{-2\times10^5 t}(\text{A})$$

$$i_1 = i_2 + i_C = -2e^{-2\times10^5 t} + 0.83e^{-2\times10^5 t} = -1.17e^{-2\times10^5 t}(\text{A})$$

（2）当 $t=5\tau$ 时，代入 u_C 和 i_C 的表达式，有

$$u_C=5e^{-5}=5\times 0.007=0.035\ (\text{V})$$

$$i_C=-2e^{-2\times 10^5\times 5\times 4.8\times 10^{-6}}=-0.016\ (\text{A})$$

【例 6－6】 一组 $C=20\mu\text{F}$ 的电容器从高压电路断开，断开时电容器电压 $U_0=4.6\text{kV}$，断开后，电容器经它本身的漏电阻放电。若电容器的漏电阻 $R=200\text{M}\Omega$，试问断开后多久，电容器的电压衰减为 1kV？

解题思路： 这是一个应用题，题目中提到电容器断开后，经它本身的漏电阻放电，表明此时产生的是 RC 电路的零输入响应。要求的问题是断开后多久，电容器的电压衰减为某一个值，所以应先得到放电过程中电容元件上电压 u_C 的表达式，再求 u_C 达到该值的时间。

解 （1）电路的时间常数为

$$\tau=RC=200\times 10^6\times 20\times 10^{-6}=4000\ (\text{s})$$

（2）因电容器断开时电压 $U_0=4.6\text{kV}$，即 $u_C(0_+)=4.6\text{kV}$，由式（6－8）得，电容器放电过程中的电压为

$$u_C=u_C(0_+)e^{-\frac{t}{\tau}}=4.6e^{-\frac{t}{4000}}(\text{kV})$$

（3）当 $u_C=1\text{kV}$ 时，代入上式得

$$1=4.6e^{-\frac{t}{4000}}$$

则

$$t=4000\ln 4.6=6104\ (\text{s})$$

由此看出，电容器从电路中断开后，即使经过了约 1.7h，仍有 1kV 的高电压。这是由于 C 与 R 都比较大，放电持续时间很长，因此在检修具有大电容的设备时，停电后须先将其短接放电后才能工作。

二、RL 电路的零输入响应

RL 电路的零输入响应是指输入信号为零时，由电感元件的初始值 $i_L(0_+)$ 在电路中所引起的响应。

如图 6－9（a）所示，开关 S 闭合前电路已经稳定，电感元件相当于短路，$t=0_-$ 时电感元件中的电流为 $i_L(0_-)=\dfrac{U_S}{R_1+R}=I_0$。在 $t=0$ 时将开关 S 闭合，电源被短路，电感元件和电阻元件构成一个闭合的回路，如图 6－9（b）所示。

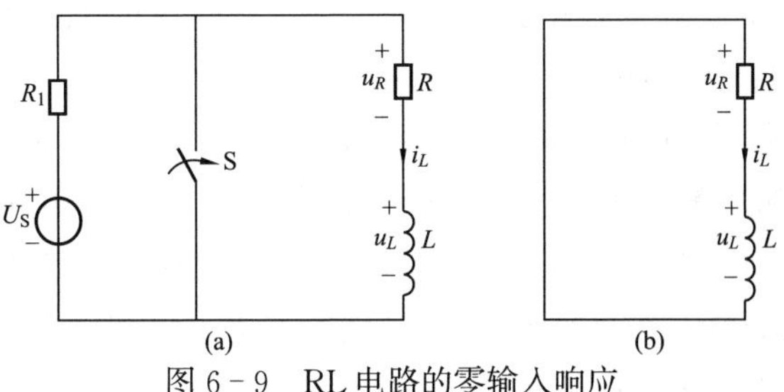

图 6－9　RL 电路的零输入响应

当 $t=0_+$ 时，因为电感上电流不能跃变，所以 $i_L(0_+)=i_L(0_-)=\dfrac{U_S}{R_1+R}$。当 $t\geqslant 0$ 时，假设各参数的参考方向如图 6－9（b）所示，根据 KVL 有

$$u_R + u_L = 0 \tag{6-11}$$

因为 $u_R = i_L R$ ，$u_L = L\dfrac{\mathrm{d}i_L}{\mathrm{d}t}$，代入式（6－11），有

$$i_L R + L\frac{\mathrm{d}i_L}{\mathrm{d}t} = 0 \tag{6-12}$$

式（6－12）是一个线性常系数的一阶齐次微分方程，解法与式（6－3）相同，其解为

$$i_L = i_L(0_+)\mathrm{e}^{-\frac{t}{L/R}} = I_0\mathrm{e}^{-\frac{t}{\tau}} \tag{6-13}$$

式（6－13）为 RL 电路的零输入响应中电感元件的电流 i_L 的解析式，其中 $\tau = \dfrac{L}{R}$称为 RL 电路的时间常数。τ 的大小反映了 RL 电路零输入响应衰减的快慢，τ 越大，衰减越慢；反之，衰减越快。

注意：时间常数 $\tau = \dfrac{L}{R}$中的R 为换路后电感元件所接的二端网络中将电源置为零后的等效电阻，即戴维南等效电阻。τ 的大小仅仅取决于电路的结构和元件的参数R 与L，与电路的初始状态无关。

电阻和电感上的电压分别为

$$u_R = i_L R = RI_0\mathrm{e}^{-\frac{t}{\tau}} \tag{6-14}$$

$$u_L = L\frac{\mathrm{d}i_L}{\mathrm{d}t} = -RI_0\mathrm{e}^{-\frac{t}{\tau}} \tag{6-15}$$

i_L、u_R 和 u_L 的曲线如图 6－10 所示。

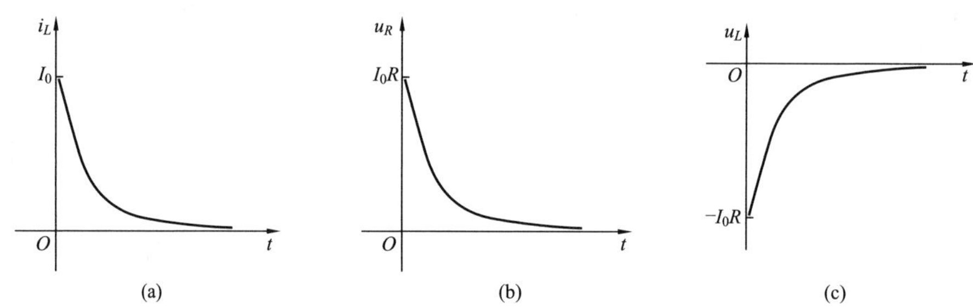

图 6－10　RL 电路的零输入响应波形

【例 6－7】 图 6－11（a）所示电路换路前已稳定，$t=0$ 时刻开关 S 打开。试求：

（1）当 $t=0_+$时，电感电压的初始值 $u_L(0_+)$。

（2）开关打开后，即 $t \geqslant 0$ 时的 i_L、u_L 的表达式。

解题思路：第一个问题是求电感电压的初始值 $u_L(0_+)$，是求相关初始值，因此应在 $t=0_+$ 等效电路图中求。第二个问是求 $t \geqslant 0$ 时的 i_L、u_L 的表达式，因开关打开后电源被切除，电路中的响应是零输入响应，应先根据式（6－13）求出 i_L，再求 u_L。

解　（1）换路前，电感中的电流为

$$i_L(0_-) = \frac{60}{200} = 0.3\ (\mathrm{A})$$

根据换路定律有 $i_L(0_+) = i_L(0_-) = 0.3\mathrm{A}$，所以 $t=0_+$ 时刻电感元件相当于一恒流源，

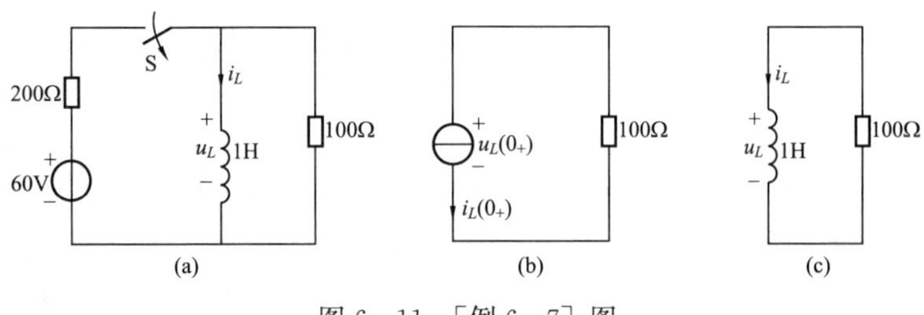

图 6－11 ［例 6－7］图

其电流为 $i_L(0_+)=0.3\text{A}$。$t=0_+$ 的等效电路如图 6－11（b）所示，电感元件两端的电压为

$$u_L(0_+)=-i_L(0_+)\times 100=-0.3\times 100=-30\ (\text{V})$$

（2）当 $t\geqslant 0$ 时，电路如图 6－11（c）所示，电路的时间常数为

$$\tau=\frac{L}{R}=\frac{1}{100}\ (\text{s})$$

由式（6－13）得

$$i_L=i_L(0_+)\text{e}^{-\frac{t}{\tau}}=0.3\text{e}^{-100t}(\text{A})$$

则

$$u_L=L\frac{\text{d}i_L}{\text{d}t}=L\times i_L(0_+)\times\left(-\frac{1}{\tau}\right)\text{e}^{-\frac{t}{\tau}}$$
$$=-0.3\times 100\text{e}^{-100t}=-30\text{e}^{-100t}(\text{V})$$

【例 6－8】 图 6－12 所示电路中，开关 S 在位置 1 已经很久，$t=0$ 时合向位置 2，求换路后的 i 和 u。

解 根据题意，换路后电路中产生的是零输入响应。

（1）因开关 S 在位置 1 很久，说明电路已处于稳定，电感元件相当于短路，则 $t=0_-$ 时刻电路中的电流为

$$i(0_-)=\frac{10}{1+4}=2\ (\text{A})$$

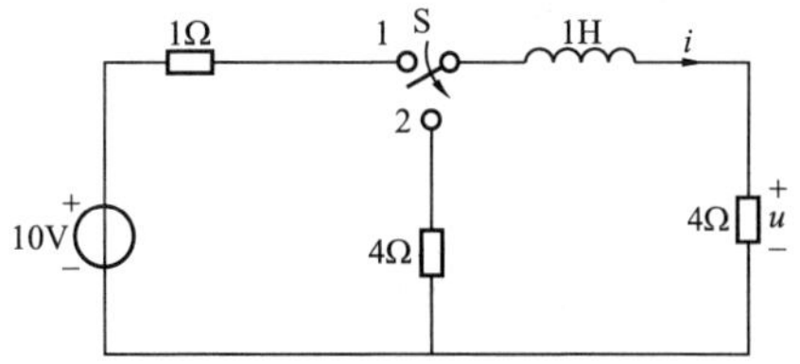

图 6－12 ［例 6－8］图

根据换路定律有

$$i(0_+)=i(0_-)=2\ (\text{A})$$

（2）换路后，即 $t\geqslant 0$ 时，电感元件所接的二端网络除源后的等效电阻为

$$R=4+4=8\ (\Omega)$$

电路的时间常数为

$$\tau=\frac{L}{R}=\frac{1}{8}\ (\text{s})$$

由式（6－13）得换路后电路中的电流为

$$i=i(0_+)\text{e}^{-\frac{t}{\tau}}=2\text{e}^{-8t}(\text{A})$$

根据欧姆定律得

$$u=4i=8\text{e}^{-8t}(\text{V})$$

43. 一阶 RC 电路的零状态响应

第三节　一阶电路的零状态响应

电路中，所有储能元件的初始值都为零的状态称为零初始状态，简称零状态，即所有电容元件的 $u_C(0_+)=0$ 和所有电感元件的 $i_L(0_+)=0$ 的状态。一阶电路在零状态下由外加电源激励所产生的响应叫做一阶电路的零状态响应。外加电源激励有直流和交流之分，本节主要讨论 RC 电路、RL 电路在直流激励下的零状态响应。

一、RC 电路的零状态响应

RC 电路的零状态响应是指换路前电容元件没有储存电能，即在 $u_C(0_-)=0$ 的零状态下，由外加电源激励所产生的响应。

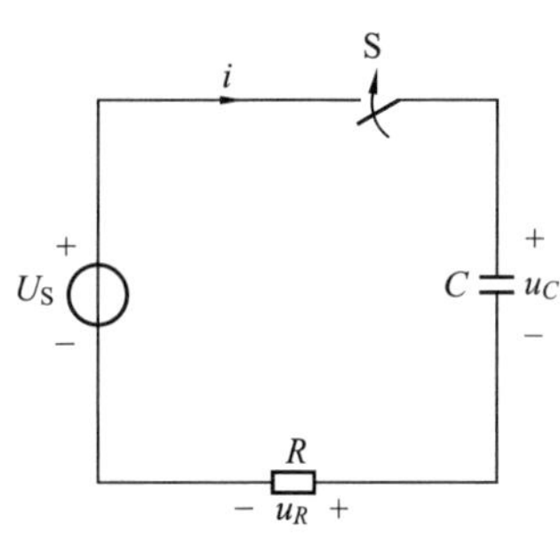

图 6-13　RC 电路的零状态响应

图 6-13 所示电路中，若开关 S 闭合前电容元件没有充电，即 $u_C(0_-)=0$。在 $t=0$ 时开关闭合。当 $t\geqslant 0$ 时，在图示参考方向下，回路选择顺时针绕向，由 KVL 得

$$u_R+u_C=U_S \tag{6-16}$$

由于 $u_R=iR$，$i=C\dfrac{\mathrm{d}u_C}{\mathrm{d}t}$，将其代入式（6-16）得

$$RC\frac{\mathrm{d}u_C}{\mathrm{d}t}+u_C=U_S \tag{6-17}$$

式（6-17）是一个一阶线性常系数的非齐次微分方程，由数学分析可知，该方程的解由两部分组成，即

$$u_C=u'_C+u''_C \tag{6-18}$$

其中，u'_C为式（6-17）的特解，u''_C为式（6-17）中 $U_S=0$ 时方程的通解。当电路过渡过程结束，即 $t=\infty$ 时有稳态值 $u_C(\infty)=U_S$，即可取特解 $u'_C=U_S$；当 $U_S=0$ 时，方程 $RC\dfrac{\mathrm{d}u_C}{\mathrm{d}t}+u_C=0$ 的通解形式为 $u''_C=A\mathrm{e}^{-\frac{t}{\tau}}$（$\tau=RC$）。因此，将特解和通解代入式（6-18）得

$$u_C=u'_C+u''_C=U_S+A\mathrm{e}^{-\frac{t}{\tau}} \tag{6-19}$$

式（6-19）中系数 A 由初始条件来确定，因 $u_C(0_+)=u_C(0_-)=0$，代入得

$$\begin{aligned}0=U_S+A\mathrm{e}^{-\frac{0}{\tau}}&=U_S+A\mathrm{e}^0=U_S+A\\A&=-U_S\end{aligned} \tag{6-20}$$

再把 $A=-U_S$ 代入式（6-19），最后得

$$\begin{aligned}u_C&=U_S-U_S\mathrm{e}^{-\frac{t}{\tau}}=U_S(1-\mathrm{e}^{-\frac{t}{\tau}})\\&=u_C(\infty)(1-\mathrm{e}^{-\frac{t}{\tau}})\end{aligned} \tag{6-21}$$

式（6-21）为 RC 电路的零状态响应中电容元件上电压 u_C 的解析式，其中时间常数 $\tau=RC$，意义同前。u_C 由两部分组成，第一部分 $u'_C=u_C(\infty)=U_S$ 是达到稳态时电容元件上的电压，称为稳态分量；第二部分 $u''_C=-u_C(\infty)\mathrm{e}^{-\frac{t}{\tau}}=-U_S\mathrm{e}^{-\frac{t}{\tau}}$，与时间有关，存在于暂态

过程中，又称为暂态分量。

电路中电阻元件上的电压和电流分别为

$$u_R = U_S - u_C = U_S e^{-\frac{t}{\tau}} \tag{6-22}$$

$$i = \frac{u_R}{R} = \frac{U_S}{R} e^{-\frac{t}{\tau}} \tag{6-23}$$

u_C、u_R 和 i 的曲线如图 6－14 所示。

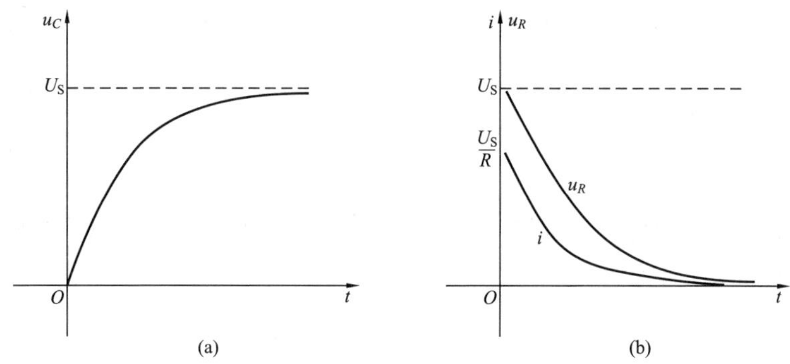

图 6－14　RC 电路的零状态响应波形

RC 电路的零状态响应过程，实际上是电容充电的过程。在充电过程中，电源供给的能量一部分转换成电场能量储存在电容元件中，另一部分被电阻元件吸收转化成热能消耗掉。电阻元件消耗的电能为

$$W_R = \int_0^{\infty} R i^2 \mathrm{d}t = \int_0^{\infty} R\left(\frac{U_S}{R} e^{-\frac{t}{\tau}}\right) \mathrm{d}t = \frac{1}{2} C U_S{}^2 = W_C \tag{6-24}$$

由此得出，无论电路中电阻和电容值取多少，电源供给的能量一半被电阻元件消耗了，只有一半转换成电场能量储存在电容元件中，所以充电效率只有 50%。

【例 6－9】 在图 6－13 中，开关闭合前电路已经稳定，即 $U_C(0_-)=0$。若 $U_S=220$V，$C=100\mu$F，$R=2$kΩ，试求当开关闭合后，经过多长时间电容电压可达 100V？

解题思路：图 6－13 中开关闭合后，电路中产生的是 RC 电路的零状态响应。要求的是经过多长时间电容电压可达 100V，所以应先知道 $t \geqslant 0$ 时电容元件上的电压 u_C 的表达式，再求 u_C 达到 100V 的时间。

解　(1) 开关闭合后，即 $t \geqslant 0$ 时，根据式（6－21），电容元件上的电压的表达式为

$$u_C = u_C(\infty)(1 - e^{-\frac{t}{\tau}})$$

(2) 当过渡过程结束，即 $t=\infty$ 时，电容元件相当于开路，其稳态电压为

$$u_C(\infty) = U_S = 220 \text{ (V)}$$

(3) 换路后，电路的时间常数为

$$\tau = RC = 2 \times 10^3 \times 100 \times 10^{-6} = 0.2 \text{ (s)}$$

(4) 将 $u_C(\infty)$、τ 的值代入 u_C 的表达式中，有

$$u_C = u_C(\infty)(1 - e^{-\frac{t}{\tau}}) = 220 \times (1 - e^{-\frac{t}{0.2}}) = 220 \times (1 - e^{-5t}) \text{(V)}$$

(5) 当电容电压 $u_C=100$V 时，即

$$100 = 220 \times (1 - e^{-5t})$$

$$t=0.12(\mathrm{s})$$

即经过0.12s电容电压即可达100V。

【例6-10】 在图6-15（a）中，电容元件上电压初始值$U_C(0_-)=0$。在$t=0$时将开关S闭合，试求开关闭合后，即$t\geqslant 0$时的电压u_C和电流i_1。

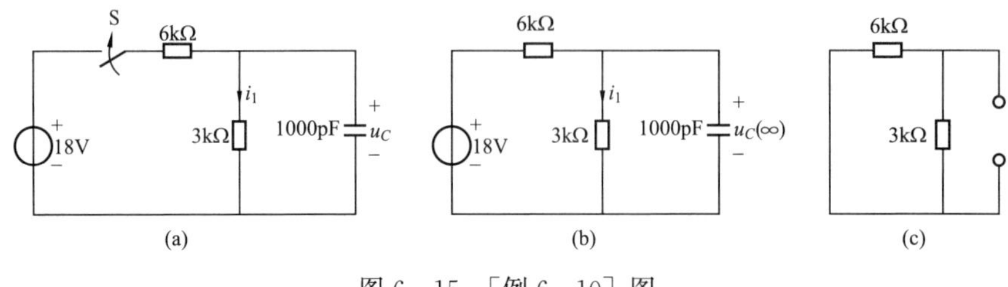

图6-15 ［例6-10］图

解 (1) 根据已知条件，可知这是求RC电路的零状态响应。所以换路后，即$t\geqslant 0$时，电容元件上的电压根据式（6-21），有

$$u_C=u_C(\infty)(1-\mathrm{e}^{-\frac{t}{\tau}})$$

(2) 换路后，当$t=\infty$时，电路达到新的稳态，电容元件相当于开路，如图6-15（b）所示，所以稳态时电容电压为

$$u_C(\infty)=\frac{3}{3+6}\times 18=6\ (\mathrm{V})$$

(3) 换路后，电容元件所接的二端网络除源后的等效电路如图6-15（c）所示，因此等效电阻R为

$$R=\frac{6\times 3}{6+3}=2\ (\mathrm{k\Omega})$$

电路的时间常数为

$$\tau=RC=2\times 10^3\times 1000\times 10^{-12}=2\times 10^{-6}\ (\mathrm{s})$$

(4) 将$u_C(\infty)$、τ的值代入u_C的表达式中，有

$$u_C=u_C(\infty)(1-\mathrm{e}^{-\frac{t}{\tau}})=6(1-\mathrm{e}^{-\frac{t}{2\times 10^{-6}}})=6(1-\mathrm{e}^{-5\times 10^5 t})(\mathrm{V})$$

支路电流为

$$i_1=\frac{u_C}{3\times 10^3}=\frac{6(1-\mathrm{e}^{-5\times 10^5 t})}{3\times 10^3}=2\times 10^{-3}(1-\mathrm{e}^{-5\times 10^5 t})(\mathrm{A})$$

二、RL电路的零状态响应

RL电路的零状态响应是指换路前电感元件中没有储能，即初始电流$i_L(0_-)=0$的零状态下，由外加电源所产生的响应。

在图6-16中，开关S闭合前，$i_L(0_-)=0$，$t=0$时，S闭合。当$t\geqslant 0$时，在假定的参考方向下，回路选择顺时针绕向，由KVL得电路方程

$$u_R+u_L=U_S \tag{6-25}$$

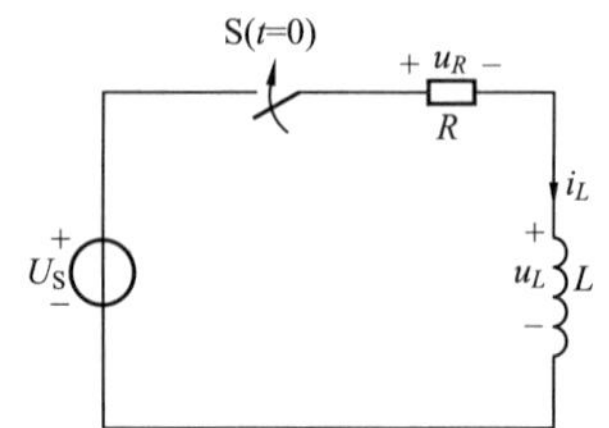

图6-16 RL电路的零状态响应

因$u_R=i_LR$，$u_L=L\dfrac{\mathrm{d}i_L}{\mathrm{d}t}$，代入式（6-25）得

$$i_L R + L\frac{\mathrm{d}i_L}{\mathrm{d}t} = U_S$$

整理得

$$\frac{L}{R}\frac{\mathrm{d}i_L}{\mathrm{d}t} + i_L = \frac{U_S}{R} \tag{6-26}$$

式（6－26）是一个线性常系数的一阶非齐次微分方程，解法同上面的RC电路一样，其解为

$$i_L = \frac{U_S}{R}(1 - \mathrm{e}^{-\frac{t}{\tau}}) = i_L(\infty)(1 - \mathrm{e}^{-\frac{t}{\tau}}) \tag{6-27}$$

式（6－27）即是RL电路的零状态响应中电感元件的电流 i_L 的解析式。其中，$\tau = \frac{L}{R}$ 为RL电路的时间常数，意义同前。i_L 由两部分组成，第一部分 $\frac{U_S}{R} = i_L(\infty)$ 为换路后电感元件的稳态电流，称为稳态分量；第二部分 $-i_L(\infty)\mathrm{e}^{-\frac{t}{\tau}} = \frac{U_S}{R}\mathrm{e}^{-\frac{t}{\tau}}$ 为暂态分量。

电阻元件和电感元件的电压分别为

$$u_R = i_L R = U_S(1 - \mathrm{e}^{-\frac{t}{\tau}}) \tag{6-28}$$

$$u_L = U_S - u_R = U_S \mathrm{e}^{-\frac{t}{\tau}} \tag{6-29}$$

i_L、u_R、u_L 的曲线如图6－17所示。

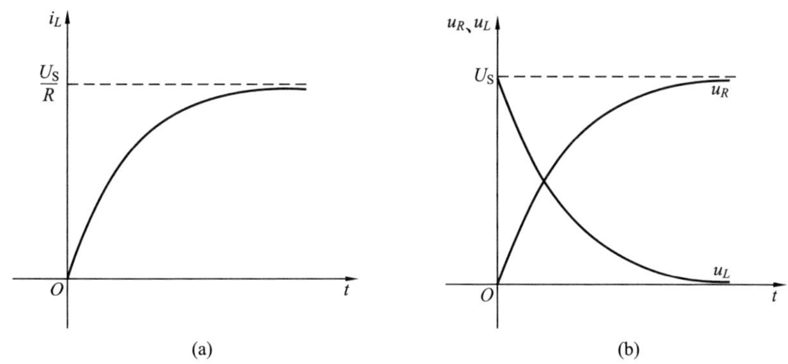

图6－17　RL电路的零状态响应波形

【例6－11】 在图6－16中，开关闭合前电路已经稳定，即 $i_L(0_-)=0$。若 $U_S=100\text{V}$，$L=0.5\text{H}$，$R=100\Omega$，$t=0$ 时开关闭合，求换路后 $t \geqslant 0$ 时的电流 i_L。

解　（1）根据已知条件，这是求一阶RL电路的零状态响应。由式（6－27）可得

$$i_L = i_L(\infty)(1 - \mathrm{e}^{-\frac{t}{\tau}})$$

（2）当 $t=\infty$ 时，电感元件相当于短路，电路的稳态电流为

$$i_L(\infty) = \frac{U_S}{R} = \frac{100}{100} = 1\text{（A）}$$

（3）换路后，电路的时间常数为

$$\tau=\frac{L}{R}=\frac{0.5}{100}=5\times10^{-3}(\mathrm{s})$$

（4）$t\geqslant0$ 时，电感元件中的电流为

$$i_L=i_L(\infty)(1-\mathrm{e}^{-\frac{t}{\tau}})=1-\mathrm{e}^{-200t}(\mathrm{A})$$

【例 6-12】 图 6-18 所示电路中，开关闭合前电路已经稳定，即 $i_L(0_-)=0$。$t=0$ 时开关 S 闭合，求 $t\geqslant0$ 时的电流 i_L 和 i。

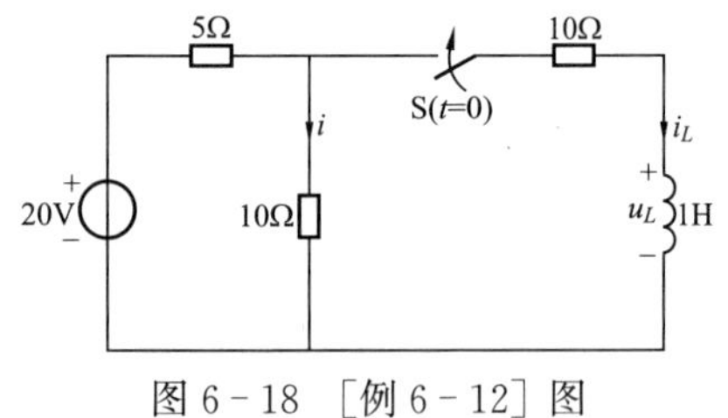

图 6-18 ［例 6-12］图

解 根据题意，这是求 RL 电路的零状态响应。

（1）换路后 $t=\infty$ 时，电感元件中电流的稳态值为

$$i_L(\infty)=\frac{20}{5+\frac{10}{2}}\times\frac{1}{2}=1\ (\mathrm{A})$$

（2）换路后，电路的时间常数为

$$R=10+\frac{5\times10}{5+10}=13.3\ (\Omega)$$

$$\tau=\frac{L}{R}=\frac{1}{13.3}=0.075\ (\mathrm{s})$$

（3）$t\geqslant0$ 时，由式（6-27）得电感元件中的电流为

$$i_L=i_L(\infty)(1-\mathrm{e}^{-\frac{t}{\tau}})=1(1-\mathrm{e}^{-\frac{t}{0.075}})=1-\mathrm{e}^{-13.3t}(\mathrm{A})$$

由支路电压、电流关系得

$$u_L=L\ \frac{\mathrm{d}i_L}{\mathrm{d}t}=13.3\mathrm{e}^{-13.3t}(\mathrm{V})$$

$$i=\frac{i_L\times10+u_L}{10}=1-\mathrm{e}^{-13.3t}+0.1\times13.3\mathrm{e}^{-13.3t}=1+0.33\mathrm{e}^{-13.3t}(\mathrm{A})$$

【例 6-13】 图 6-19 所示为一直流发电机的电路图，已知励磁电阻 $R=20\Omega$，励磁电感 $L=20\mathrm{H}$，外加电压 $U_S=200\mathrm{V}$，试求：

（1）当 S 闭合后，励磁电流的变化规律和达到稳态值所需的时间。

（2）如果将电源电压提高到 250V，求励磁电流达到稳态值的时间。

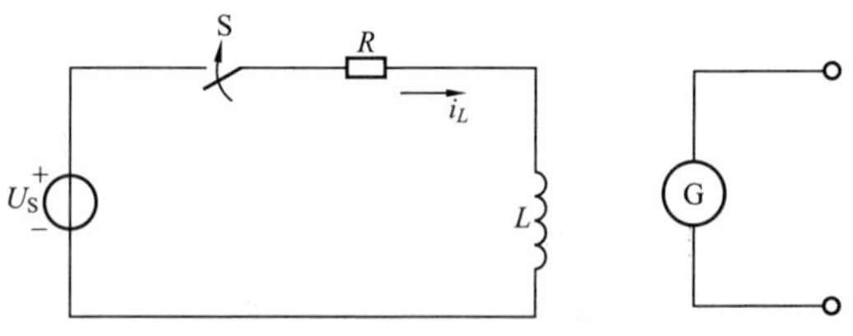

图 6-19 ［例 6-13］图

解题思路： 这是一个 RL 电路的应用题，S 闭合后，电路中产生的响应是零状态响应。要求励磁电流的变化规律，实际上是求 i_L 的表达式。i_L 达到稳态值，需经过 $t=(3\sim5)\tau$ 的时间，所以求 i_L 达到稳态值的时间，实际上是求 $t=(3\sim5)\tau$。

解 （1）由式（6-27）得，换路后电感元件中电流的表达式为

$$i_L = i_L(\infty)(1 - e^{-\frac{t}{\tau}})$$

换路后 $t=\infty$时，电感元件中电流的稳态值为

$$i_L(\infty) = \frac{U_S}{R} = \frac{200}{20} = 10\ (A)$$

时间常数为

$$\tau = \frac{L}{R} = \frac{20}{20} = 1\ (s)$$

所以，电感元件中的电流为

$$i_L = 10(1 - e^{-t})(A)$$

合上开关S后，认为$t=(3\sim5)\tau$时过渡过程就基本结束。若取$t=5\tau$，电流达到稳态所需的时间为$t=5\tau=5\times1=5$（s），其稳态值为10A。

(2) 当电源电压提高到$U'_S=250V$时，换路后电感元件中电流的稳态值为

$$i'_L(\infty) = \frac{U'_S}{R} = \frac{250}{20} = 12.5\ (A)$$

当$t\geqslant0$时，电路中的电流i'_L为

$$i'_L = 12.5(1 - e^{-t})$$

当电流为10A时，有

$$10 = 12.5(1 - e^{-t})$$

$$t = 1.6\ (s)$$

显然，这比电源电压为200V时达到稳态值10A所需的时间要短。因此，为了缩短励磁时间，常在励磁开始时提高电源电压，当换路后电路中的电流达到额定值时，再将电压调回到额定值，这种方法叫“强迫励磁法”。

第四节　一阶电路的全响应

44. 一阶电路的全响应

一、全响应的分解

当一个非零初始状态的一阶电路受到外加电源激励时，在电路中所产生的响应叫做一阶电路的全响应。

图6-20所示的RC电路中，开关S在位置1上时电路已经稳定，电容器上已充有U_0的电压，即$u_C(0_-)=U_0$。$t=0$时开关S合向位置2，若电压和电流的参考方向如图6-20所示，由KVL得

$$u_R + u_C = U_S$$

由于$u_R=iR$，$i=C\dfrac{du_C}{dt}$，代入上式得

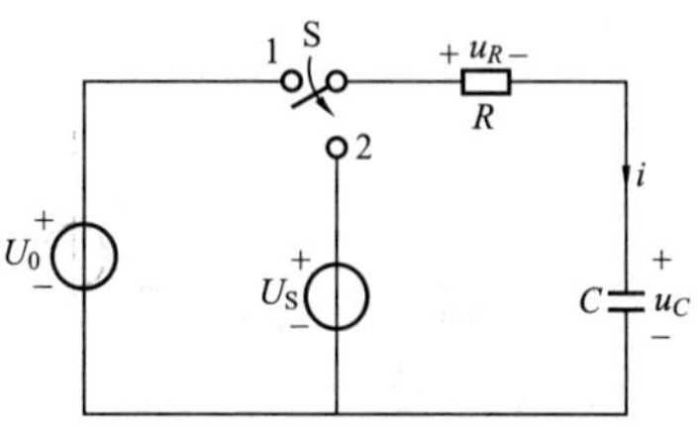

图6-20　一阶RC电路的全响应

$$RC\frac{\mathrm{d}u_C}{\mathrm{d}t}+u_C=U_S$$

由本章第三节 RC 电路的零状态响应分析中可得，该方程的解由两部分组成，形式如下

$$u_C=u'_C+u''_C=U_S+A\mathrm{e}^{-\frac{t}{RC}}$$

式中：$u'_C=U_S=u_C(\infty)$ 为电路过渡过程结束时的稳态值，是特解；$u''_C=A\mathrm{e}^{-\frac{t}{RC}}$ 为通解。因为初始值 $u_C(0_+)=u_C(0_-)=U_0$，代入上式得

$$U_0=U_S+A$$

$$A=U_0-U_S \tag{6-30}$$

最后得

$$\begin{aligned}u_C&=U_S+(U_0-U_S)\mathrm{e}^{-\frac{t}{\tau}}\\&=u_C(\infty)+[u_C(0_+)-u_C(\infty)]\mathrm{e}^{-\frac{t}{\tau}}\end{aligned} \tag{6-31}$$

式（6-31）是一阶 RC 电路中电容元件上电压 u_C 的全响应表达式，其中时间常数 $\tau=RC$，意义同前。式（6-31）中，$U_S=u_C(\infty)$ 为 u_C 的稳态分量；$U_0=u_C(0_+)$ 为 u_C 的初始值，$(U_0-U_S)\mathrm{e}^{-\frac{t}{\tau}}$ 是时间的函数，为 u_C 的暂态分量。所以，一阶 RC 电路的全响应可表示为

全响应＝稳态分量＋暂态分量

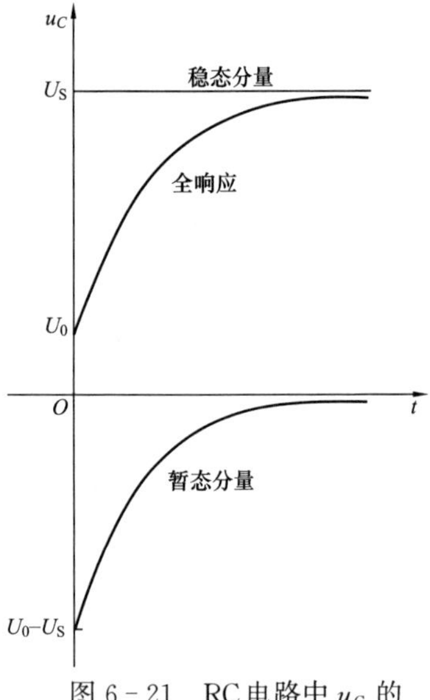

图 6-21　RC 电路中 u_C 的全响应波形

u_C 的全响应波形如图 6-21 所示，图中只作出了 $U_0<U_S$ 的情况。

若将式（6-31）改写为

$$\begin{aligned}u_C&=U_S+(U_0-U_S)\mathrm{e}^{-\frac{t}{\tau}}=U_0\mathrm{e}^{-\frac{t}{\tau}}+U_S(1-\mathrm{e}^{-\frac{t}{\tau}})\\&=u_C(0_+)\mathrm{e}^{-\frac{t}{\tau}}+u_C(\infty)(1-\mathrm{e}^{-\frac{t}{\tau}})\end{aligned} \tag{6-32}$$

其中，第一项 $U_0\mathrm{e}^{-\frac{t}{\tau}}$ 是电容元件的初始电压为 $u_C(0_+)=U_0$ 时的零输入响应；第二项 $U_S(1-\mathrm{e}^{-\frac{t}{\tau}})$ 是电容元件的初始电压为 $u_C(0_+)=0$ 时的零状态响应。

所以一阶电路的全响应又可表示成

全响应＝零输入响应＋零状态响应

求出 u_C 后，电流全响应和电阻电压全响应的表达式分别为

$$i=C\frac{\mathrm{d}u_C}{\mathrm{d}t}=-C(U_0-U_S)\frac{1}{\tau}\mathrm{e}^{-\frac{t}{\tau}}=\frac{U_S-U_0}{R}\mathrm{e}^{-\frac{t}{\tau}} \tag{6-33}$$

$$u_R=iR=R\frac{U_S-U_0}{R}\mathrm{e}^{-\frac{t}{\tau}}=(U_S-U_0)\mathrm{e}^{-\frac{t}{\tau}} \tag{6-34}$$

二、分析一阶电路的三要素法

从 RC 电路全响应的表达式来看，无论是分解成稳态分量和暂态分量的叠加，还是分解成零输入响应和零状态响应的叠加，决定一阶电路全响应表达式的都只有三个量，即初始值、稳态值和时间常数，通常称这三个量为一阶电路的三要素，由这三要素可以直接写出直

流激励下一阶电路的全响应，这种方法称为三要素法。

若用 $f(0_+)$ 表示响应的初始值，$f(\infty)$ 表示响应的稳态值，τ 表示电路的时间常数，$f(t)$ 表示全响应，则在直流激励下，一阶电路的全响应表达式为

$$f(t)=f(\infty)+[f(0_+)-f(\infty)]\,e^{-\frac{t}{\tau}} \tag{6-35}$$

式（6－35）是分析一阶电路全响应过程中任意电压或电流变量全响应的一般公式，也称为三要素法公式。因此，只要求出 $f(0_+)$、$f(\infty)$ 和 τ 这三个要素后，就可以直接根据式（6－35）写出电路中电压或电流的全响应表达式。

因为零输入响应或零状态响应可看成是全响应的特例，所以也可以用式（6－35）来求零输入响应和零状态响应。

三要素法的一般步骤可归纳为：

（1）作出换路前瞬间即 $t=0_-$ 时的等效电路，求出 $u_C(0_-)$ 或 $i_L(0_-)$。

（2）根据换路定律，得到独立初始值 $u_C(0_+)=u_C(0_-)$ 和 $i_L(0_+)=i_L(0_-)$，然后作出换路后瞬间，即 $t=0_+$ 时刻的等效电路，求出待求量的初始值，即 $f(0_+)$。

（3）作出 $t=\infty$ 时的稳态等效电路，若为直流稳态，则电容元件相当于开路，电感元件相当于短路。在稳态等效电路，求出待求量的稳态响应，即 $f(\infty)$。

（4）求出电路的时间常数 τ。若电路是 RC 电路，则 $\tau=RC$；若电路是 RL 电路，则 $\tau=\frac{L}{R}$。其中的 R 均是指换路后由储能元件（电容或电感元件）两端看进去，所接的二端网络除源后的等效电阻，即戴维南等效电阻。

（5）根据所求得的三要素 $f(0_+)$、$f(\infty)$ 和 τ，代入式（6－35）即可得电路中待求电压或电流全响应的表达式。

【例 6－14】 图 6－22（a）所示电路中，开关置于位置 1 上时电路已稳定，在 $t=0$ 时将开关 S 由位置 1 合向位置 2，已知 $U_{S1}=15V$，$U_{S2}=20V$，$R_1=100\Omega$，$R_2=50\Omega$，$C=30\mu F$，求换路后 $t\geqslant0$ 时的电压 u_C。

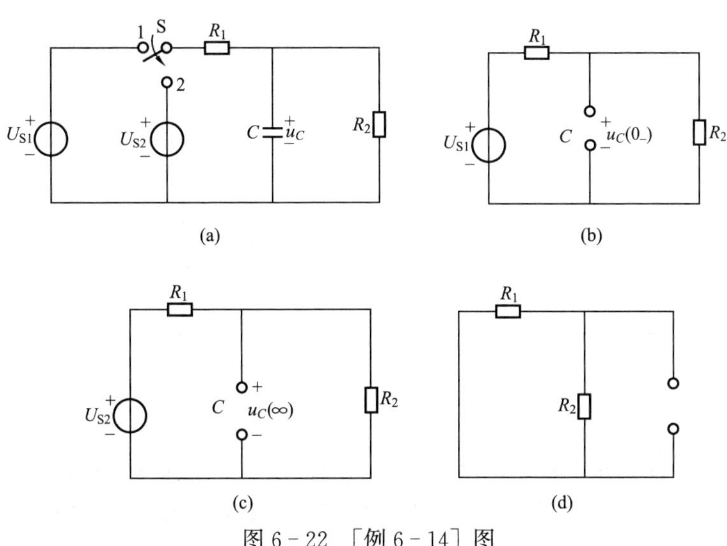

图 6－22 ［例 6－14］图

解题思路：开关置于位置 1 上时电路已稳定，说明电容元件中已有初始电压，开关 S 合向位置 2 后电路中有电源，所以判断这是求一阶 RC 电路的全响应，用三要素法来求解 u_C。

解 （1）求 u_C 的初始值 $u_C(0_+)$。开关 S 置于位置 2 前一瞬间，即 $t=0_-$ 时刻电路如图 6－22（b）所示，电容元件两端的电压为

$$u_C(0_-)=\frac{u_{S1}}{R_1+R_2}R_2=\frac{15}{100+50}\times 50=5\ (\text{V})$$

由换路定律得

$$u_C(0_+)=u_C(0_-)=5\ (\text{V})$$

（2）求 u_C 的稳态值 $u_C(\infty)$。换路后 $t=\infty$时，电容元件相当于开路，等效电路如图 6－22（c）所示，有

$$u_C(\infty)=\frac{u_{S2}}{R_1+R_2}R_2=\frac{20}{100+50}\times 50=6.7\ (\text{V})$$

（3）求时间常数 τ。求等效电阻 R 的等效电路如图 6－22（d）所示，有

$$R=\frac{R_1R_2}{R_1+R_2}=\frac{100\times 50}{100+50}=\frac{100}{3}(\Omega)$$

则时间常数为

$$\tau=RC=\frac{100}{3}\times 30\times 10^{-6}=1\times 10^{-3}(\text{s})$$

（4）求 u_C 的全响应。由式（6－35）得 u_C 的全响应为

$$u_C=u_C(\infty)+[u_C(0_+)-u_C(\infty)]\,\text{e}^{-\frac{t}{\tau}}=6.7+(5-6.7)\text{e}^{-\frac{t}{1\times 10^{-3}}}=6.7-1.7\text{e}^{-1000t}(\text{V})$$

【例 6－15】 在图 6－23（a）中，开关闭合前电路已经稳定，在 $t=0$ 时开关 S 闭合，求换路后的电压 u。

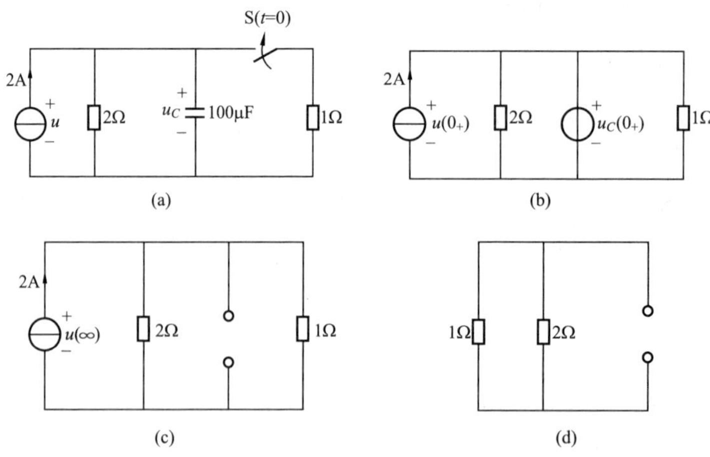

图 6－23 ［例 6－15］图

解 根据题意，这是求一阶 RC 电路的全响应，用三要素法来求电压 u。

（1）求初始值 $u(0_+)$。因开关闭合前电路已经稳定，所以电容元件相当于断开，则 $t=0_-$ 时，电容元件两端的电压为

$$u_C(0_-)=2\times 2=4\ (\text{V})$$

由换路定律得

$$u_C(0_+)=u_C(0_-)=4(\mathrm{V})$$

所以 $t=0_+$ 时，电容元件相当于一个电压值为 $u_C(0_+)=4\mathrm{V}$ 的电压源，等效电路如图 6－23（b）所示，可得

$$u(0_+)=u_C(0_+)=4(\mathrm{V})$$

（2）求稳态值 $u(\infty)$。换路后 $t=\infty$ 时，电容元件相当于开路，等效电路如图 6－23（c）所示，有

$$u(\infty)=2\times\frac{2\times1}{2+1}=1.3\ (\mathrm{V})$$

（3）求时间常数 τ。求等效电阻 R 的等效电路如图 6－23（d）所示，有

$$R=\frac{2\times1}{2+1}=0.67\ (\Omega)$$

换路后电路的时间常数为

$$\tau=RC=0.67\times100\times10^{-6}=6.7\times10^{-5}(\mathrm{s})$$

（4）由式（6－35）得 u 的全响应为

$$u=u(\infty)+[u(0_+)-u(\infty)]\,\mathrm{e}^{-\frac{t}{\tau}}=1.3+(4-1.3)\mathrm{e}^{-\frac{t}{6.7\times10^{-5}}}=1.3+2.7\mathrm{e}^{-1.5\times10^4t}(\mathrm{V})$$

【例 6－16】 图 6－24（a）所示电路中，开关闭合时电路已处于稳态。在 $t=0$ 时打开开关 S，求开关打开后 $t\geqslant0$ 时的电流 i_L 和 u_L。

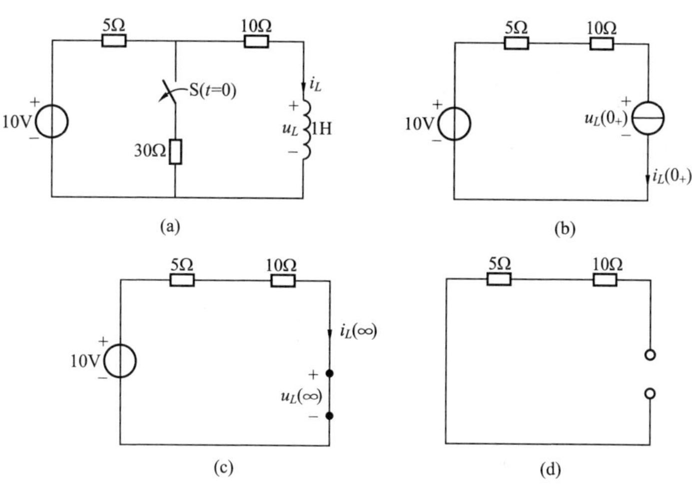

图 6－24 ［例 6－16］图

解题思路：开关闭合时电路已稳定，说明电感元件中已有初始电流，打开开关后，电路中有电源，所以判断这是求一阶 RL 电路的全响应，用三要素法来求解 i_L 和 u_L。

解　（1）求初始值 $i_L(0_+)$、$u_L(0_+)$。开关打开前，电路已经达到稳定，电感元件相当于短路。$t=0_-$ 时，电感元件中的电流由分流公式得

$$i_L(0_-)=\frac{10}{5+\dfrac{10\times30}{10+30}}\times\frac{30}{10+30}=0.6\ (\mathrm{A})$$

由换路定律得

$$i_L(0_+)=i_L(0_-)=0.6\ (\text{A})$$

所以 $t=0_+$ 时刻，电感元件相当于一个电流值为 $i_L(0_+)=0.6\text{A}$ 的电流源，等效电路如图 6－24（b）所示，有

$$u_L(0_+)=-i_L(0_+)\times(5+10)+10=1\ (\text{V})$$

（2）求稳态值 $i_L(\infty)$、$u_L(\infty)$。换路后 $t=\infty$时，电路达到新的稳定，等效电路如图 6－24（c）所示。电感元件的稳态电流和稳态电压分别为

$$i_L(\infty)=\frac{10}{15}=0.67\ (\text{A})$$

$$u_L(\infty)=0$$

（3）求时间常数 τ。求等效电阻的电路如图 6－24（d）所示，有

$$R=5+10=15\ (\Omega)$$

则时间常数为

$$\tau=\frac{L}{R}=\frac{1}{15}\ (\text{s})$$

（4）求 i_L 和 u_L 的全响应。由式（6－35）得

$$i_L=i_L(\infty)+[i_L(0_+)-i_L(\infty)]\,\text{e}^{-\frac{t}{\tau}}=0.67+(0.6-0.67)\text{e}^{-15t}=0.67-0.07\text{e}^{-15t}\ (\text{A})$$

$$u_L=u_L(\infty)+[u_L(0_+)-u_L(\infty)]\,\text{e}^{-\frac{t}{\tau}}=0+(1-0)\text{e}^{-15t}=\text{e}^{-15t}\ (\text{V})$$

另外，u_L 的计算式还可表示为

$$u_L=L\frac{\text{d}i_L}{\text{d}t}=1\times(-0.07)\text{e}^{-15t}\times(-15)=1.05\text{e}^{-15t}\approx\text{e}^{-15t}\ (\text{V})$$

【例 6－17】 在图 6－25 中，设电路原来已经达到稳定，在 $t=0$ 时断开开关 S，求断开开关后的电流 i。

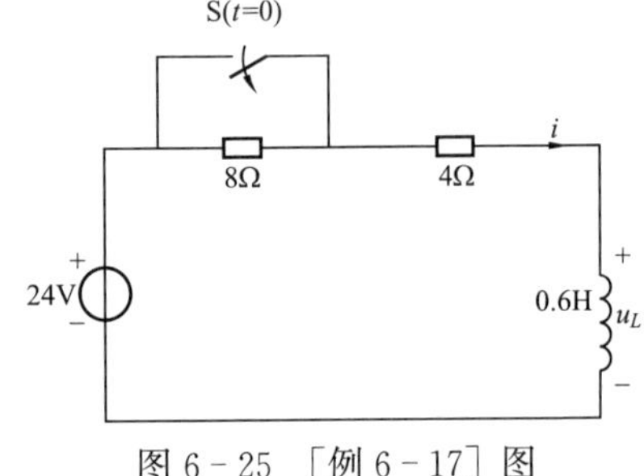

图 6－25 ［例 6－17］图

解　这是求一阶 RL 电路的全响应，应用三要素法来求电流 i。

（1）求初始值 $i(0_+)$。因开关断开前，电路已经达到稳定，电感元件相当于短路，则 $t=0_-$ 时，电感元件中的电流为

$$i(0_-)=\frac{24}{4}=6\ (\text{A})$$

由换路定律得

$$i(0_+)=i(0_-)=6\ (\text{A})$$

（2）求稳态值 i（∞）。换路后 $t=\infty$时，电路达到新的稳态，电感元件相当于短路。电感元件的稳态电流为

$$i(\infty)=\frac{24}{8+4}=2\ (\text{A})$$

（3）求时间常数 τ。换路后电感元件所接的二端网络的等效电阻为

$$R=8+4=12\ (\Omega)$$

所以时间常数为

$$\tau=\frac{L}{R}=\frac{0.6}{12}=0.05\ (\mathrm{s})$$

(4) 求 i 的全响应。根据式 (6－35) 得 i 的全响应为

$$i=i(\infty)+[i(0_+)-i(\infty)]\mathrm{e}^{-\frac{t}{\tau}}=2+(6-2)\mathrm{e}^{-\frac{t}{0.05}}=2+4\mathrm{e}^{-20t}(\mathrm{A})$$

本章小结

一、过渡过程

线性电路由原来的稳定状态转变到另一个稳定状态中间需要一定的过程，这个过程称为线性电路的过渡过程。过渡过程又称为暂态过程。

换路是过渡过程产生的外因，内因是电路中含有电容或电感等储能元件。

二、换路定律

在换路瞬间，电路中各储能元件的能量不能跃变。表现为电容元件的电流为有限值时，其电压不能跃变；电感元件的电压为有限值时，其电流不能跃变，这就是换路定律，即

$$u_C(0_+)=u_C(0_-)$$
$$i_L(0_+)=i_L(0_-)$$

三、初始值

换路后瞬间，即 $t=0_+$ 时刻电路中各物理量的值称为过渡过程的初始值。初始值分为独立初始值和相关初始值。电容上的电压 $u_C(0_+)$ 和电感中的电流 $i_L(0_+)$ 为独立初始值，除了 $u_C(0_+)$ 和 $i_L(0_+)$ 以外其它所有的初始值称为相关初始值，需要作 $t=0_+$ 时刻的等效电路来计算。

四、一阶电路的过渡过程

可用一阶线性常微分方程来描述的电路称为一阶线性电路。只含一个储能元件（电感或电容元件）或可以等效为一个储能元件的电路都是一阶线性电路，有 RC 电路和 RL 电路两类。

(1) 换路后没有电源激励，仅由电路中储能元件的初始储能引起的响应称为电路的零输入响应。

(2) 换路后电路中所有储能元件的初始储能为零，仅由电源激励引起的响应称为电路的零状态响应。

(3) 换路后电路中的储能元件既有初始储能，又有电源激励共同产生的响应称为电路的全响应。全响应的表达式有以下两种

全响应＝稳态分量＋暂态分量

或

全响应＝零状态响应＋零输入响应

五、时间常数

时间常数 τ 是反映过渡过程衰减快慢的物理量，τ 的单位为 s。RC 电路中，$\tau=RC$；RL 电路中，$\tau=\frac{L}{R}$。一般认为当 $t=(3\sim5)\tau$ 时，电路的过渡过程结束。

六、三要素法

初始值、稳态值和时间常数称为一阶电路的三要素，由这三要素可以直接写出直流激励

下一阶电路中电压或电流的全响应，这种方法称为三要素法。

若用 $f(0_+)$ 表示响应的初始值，$f(\infty)$ 表示响应的稳态值，τ 表示电路的时间常数，$f(t)$ 表示全响应，则在直流激励下，一阶电路的全响应表达式为

$$f(t)=f(\infty)+[f(0_+)-f(\infty)]e^{-\frac{t}{\tau}}$$

这是分析一阶电路过渡过程中各电压或电流响应的一般公式，简易、方便。

一、填空题

6-1 电路中支路的接通、切断、短路，电源激励或电路参数的突变以及电路连接方式的其它改变，统称__________。

6-2 过渡过程发生的外因是__________，内因是________________。

6-3 由换路定律得，电容元件的电流有限时，__________不能跃变；电感元件的电压有限时，________________不能跃变。若把换路时刻取为计时起点，换路定律的数学表达式为__________和__________。

6-4 在 $t=0_-$ 时刻，若电容元件的电压为零，则换路瞬间 $t=0_+$ 时刻，电容元件相当于__________；在 $t=0_-$ 时刻，若电感元件的电流为零，则换路瞬间 $t=0_+$ 时刻，电感元件相当于__________。

6-5 已知 $u_{C1}=10e^{-t}$V，$u_{C2}=10e^{-10t}$V，则电容______放电速度比电容____快。

6-6 RC 暂态电路中，时间常数越大，充放电的速度越______。若 RC 暂态电路充电时间常数为 $\tau=0.2$ms，充电完成大约需要的时间为________。

6-7 RC 电路中，已知电容元件上的电压 $u_C(t)$ 的零输入响应为 $5e^{-100t}$V，零状态响应为 $100(1-e^{-100t})$V，则全响应 $u_C(t)$ =________________。

二、选择题

6-8 由换路定律可知，有储能元件的电路，在换路瞬间，电路中（　）不能跃变。

A. 电容的电流和电感的电流

B. 电容的电压和电感的电流

C. 电容的电压和电感的电压

D. 每个元件的电压和电流

6-9 下列关于时间常数 τ 说法错误的是（　）。

A. 时间常数 τ 的大小反映了一阶电路的过渡过程进展的速度

B. 时间常数 τ 越大，过渡过程越慢；反之，越快

C. 对于 RC 和 RL 串联电路，电阻 R 越大，它们的时间常数 τ 也越大

D. 一般认为，经过（3～5）τ 的时间，过渡过程就基本结束

三、分析计算题

6-10 如何作 $t=0_+$ 等效电路？$t=0_+$ 时的等效电路对于 $t>0$ 的时刻都适用吗？

6-11 如图 6-26 所示，电路在开关 S 断开前已处于稳态，$t=0$ 时开关 S 断开。试求初始值 $i(0_+)$、$u(0_+)$、$u_C(0_+)$ 和 $i_C(0_+)$。

6-12　如图6-27所示，开关S闭合前电路已处于稳态。试求开关S闭合后的初始值 $i(0_+)$、$u(0_+)$ 和 $i_L(0_+)$。

6-13　如图6-28所示，电路在开关S闭合前已处于稳态。试求开关S闭合后的初始值 $u_1(0_+)$ 和 $i_C(0_+)$。

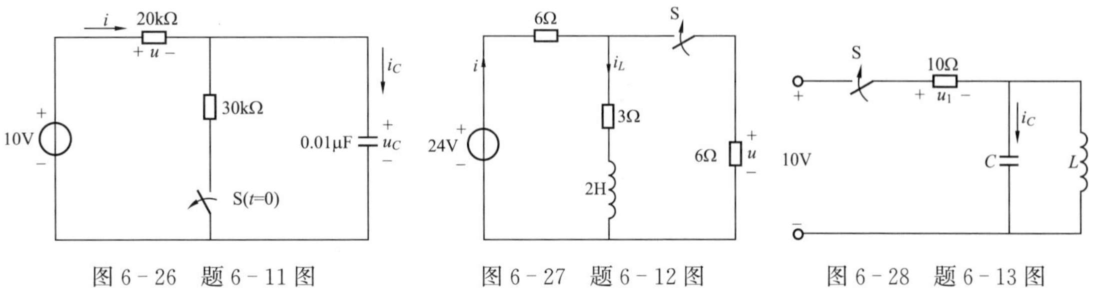

图6-26　题6-11图　　图6-27　题6-12图　　图6-28　题6-13图

6-14　求图6-29中各电路的时间常数。

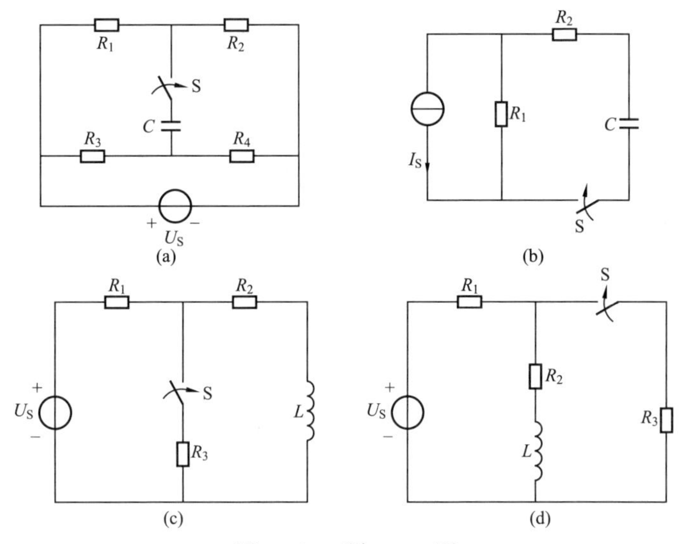

图6-29　题6-14图

6-15　图6-30所示电路换路前已稳定，$t=0$ 时刻开关打开。已知 $R_1=5\Omega$，$R_2=10\Omega$，$C=20\mu F$，$U_S=20V$，求换路后（$t\geqslant 0$）的 u_C 和 i。

6-16　图6-31所示电路换路前已稳定，$t=0$ 时刻开关打开。已知 $R_1=5\Omega$，$R_2=R_3=10\Omega$，$L=2H$，$U_S=100V$，求换路后（$t\geqslant 0$）u 和 i_L。

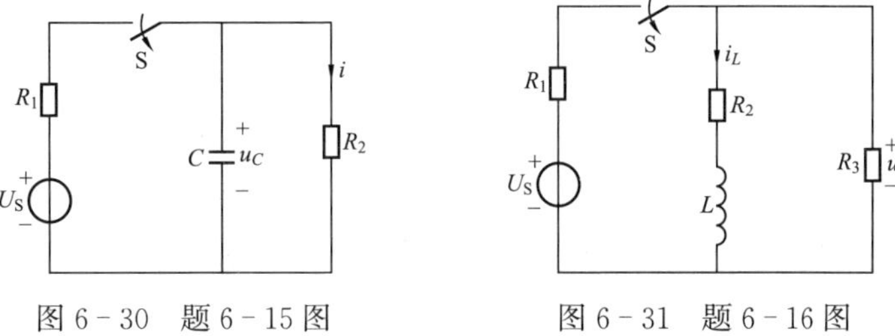

图6-30　题6-15图　　图6-31　题6-16图

6-17 求图 6-32 所示电路的零状态响应 i_L。

6-18 图 6-33 所示电路换路前已稳定，$t=0$ 时刻开关闭合。已知 $R_1=R_2=10\Omega$，$C=20\mu F$，$U_S=20V$，求换路后（$t\geqslant0$）的 u_C 和 i。

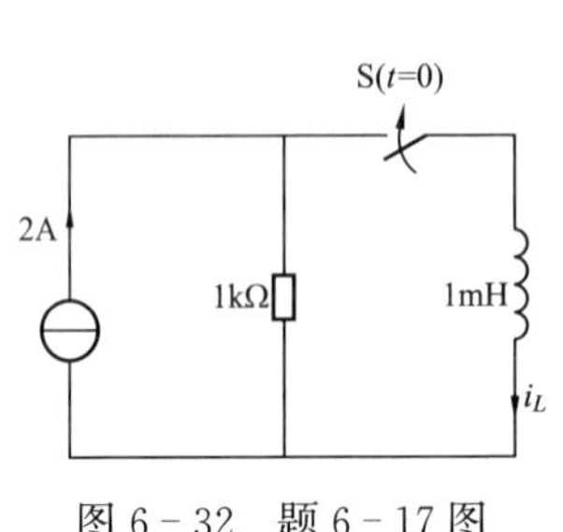

图 6-32 题 6-17 图

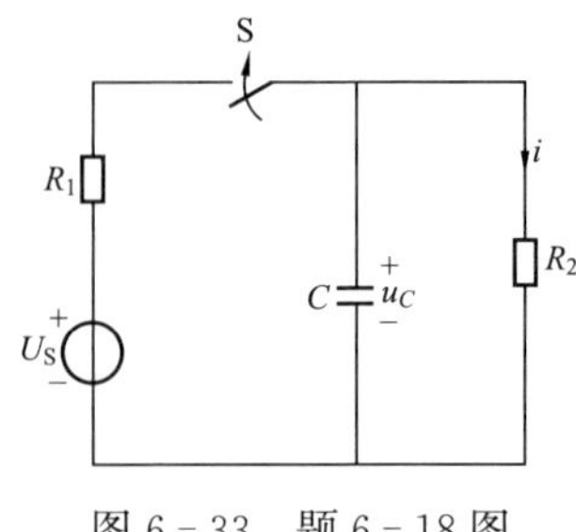

图 6-33 题 6-18 图

6-19 一阶 RC 电路的过渡过程中：

（1）若已知电容电压在直流电源激励下的全响应表示为零输入响应与零状态响应之和，即 $u_C=A(1-e^{-\frac{t}{\tau}})+Be^{-\frac{t}{\tau}}$，能否求出稳态分量和暂态分量？

（2）若已知电容电压表示为稳态分量与暂态分量之和，即 $u_C=A+Be^{-\frac{t}{\tau}}$，能否求出它的零输入响应与零状态响应？

6-20 图 6-34 所示电路换路前已稳定，$t=0$ 时刻开关闭合。已知 $R_1=R_2=5\Omega$，$C=10\mu F$，$U_S=20V$，求换路后（$t\geqslant0$）的 u_C 和 i_1。

6-21 图 6-35 所示电路中，电路原先已经稳定，开关 S 在 $t=0$ 时断开，试求：

（1）$i(0_+)$、$u(0_+)$ 及 $u_C(0_+)$、$i_C(0_+)$。

（2）开关 S 断开后的电压 u_C、i_C、u。

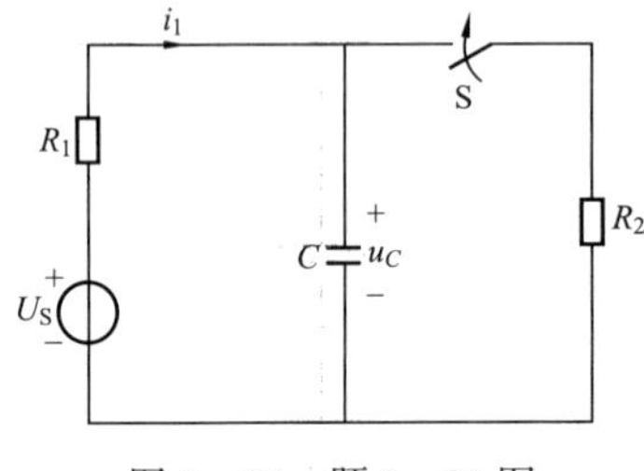

图 6-34 题 6-20 图

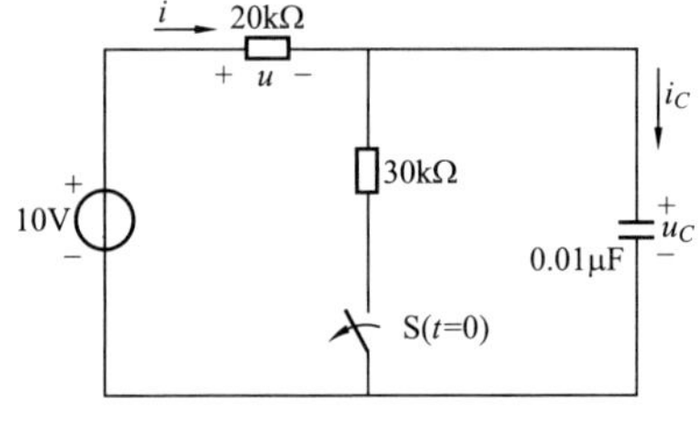

图 6-35 题 6-21 图

6-22 图 6-36 所示电路中，电路原先已经稳定，开关 S 在 $t=0$ 时闭合。试用三要素法求换路后的 u 和 i。

6-23 图 6-37 所示电路在换路前已稳定，开关 S 在 $t=0$ 时闭合。试用三要素法求换路后的电流 i。

6-24 图 6-38 所示电路换路前已稳定，$t=0$ 时开关 S 闭合。试用三要素法求换路后的 u_L、i_1。

6-25 一个高压电容器原先已充电，其电压为 10kV，从电路中断开后，经过 15min 它的电压降为 3.2kV，问：

（1）再过 15min 电压将降为多少？

(2) 如果电容 $C=15\mu F$ ，那么它的绝缘电阻是多少？

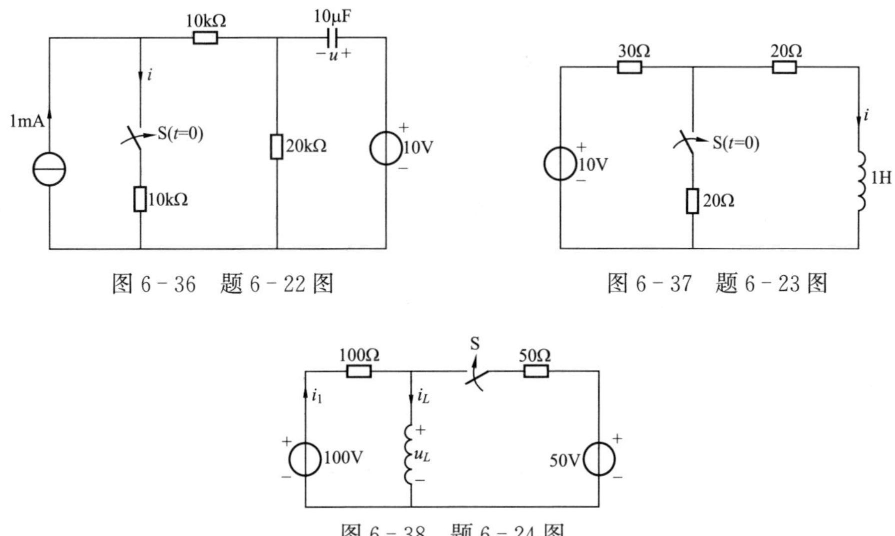

图 6－36 题 6－22 图

图 6－37 题 6－23 图

图 6－38 题 6－24 图

(3) 需经过多少时间，可使电压降至 30V 以下？

6－26 归纳并总结本章重点内容。

第七章　磁路与铁心线圈

磁路与铁心线圈是各种电机与电器设备的重要组成部分，本章的学习将为电机学以及有关的后续课程打下基础，主要内容包括磁场的基本物理量、磁场的基本性质、铁磁性材料的磁化特性、磁路的基本定律、恒定磁通磁路的计算以及交流铁心线圈电路的分析。

有关磁场及电磁感应等相关知识放在附录B部分，以便自学和参考。

基本要求：

（1）理解磁场中的基本物理量。

（2）理解磁路的基本性质。

（3）理解铁磁性物质的起始磁化曲线、磁滞回线以及基本磁化曲线，掌握其磁性能。

（4）掌握磁路中的基本定律。

（5）掌握无分支恒定磁通磁路正面与反面问题的计算方法。

（6）掌握交流铁心线圈中电压与磁通的关系，了解铁心饱和对电流及磁通的影响，了解交流铁心线圈中的功率损耗，掌握交流铁心线圈的等效电路模型。

第一节　磁场的基本物理量

磁场是在磁体或电流周围的空间产生的一种特殊形态的物质，磁场的特性可用磁感应强度、磁通、磁导率、磁场强度等基本物理量来表示。磁路是局限在一定路径内的磁场，因此，磁场的各个基本物理量也适用于磁路。

一、磁感应强度

磁感应强度是表示磁场中某一点磁场的强弱和方向的物理量，是个矢量，用 $\boldsymbol{B}$ 表示。

磁场对处在其中的通电导体有磁场力的作用。把与磁场方向垂直的通电导体所受到的磁场力 F 与导体中电流 I 和导体长度 l 的乘积的比，定义为该点的磁感应强度 B 的大小，即

$$B=\frac{F}{Il} \tag{7-1}$$

式中：F 的SI单位是N（牛顿）；I 的SI单位是A（安培）；l 的SI单位是m（米）；B 的SI单位是T（特斯拉，简称特）。

磁场中某一点磁感应强度 B 的方向就是该点磁场的方向。一般永久磁铁的磁感应强度 B 为0.2～0.7T，电机和变压器铁心的 B 为0.8～1.7T。

磁场的分布很抽象，为了形象地描述磁场，引入了磁感应线，即磁力线。磁力线上每一点的切线方向就是该点磁场的方向，磁力线的疏密表示了磁场的强弱。磁力线密的地方表示该处磁感应强度大，磁场强；磁力线稀疏的地方表示该处的磁感应强度小，磁场弱。

如果磁场中每一点的磁感应强度 B 的大小和方向都相同，则称为均匀磁场，其磁力线是分布均匀的平行线。

二、磁通

磁感应强度矢量的通量称为磁通量，简称磁通，用 ϕ 表示。在均匀磁场中，若磁感应强度大小为 B，则与磁场垂直且面积为 S 的平面内的磁通 ϕ 为

$$\phi = BS \tag{7-2}$$

式中：S 的 SI 单位为 m^2；ϕ 的 SI 单位为（Wb）韦伯，工程上曾用 Mx（麦克斯韦）表示磁通，两者的关系是 $1Mx=10^8 Wb$。

当面积 S 一定时，磁通 ϕ 越大，感应强度 B 就越大，即穿过该面积的磁力线越多，因此磁通又可以用通过某一面积上的磁力线总数来表示。

从式（7-2）可得 $B=\frac{\phi}{S}$，表明磁感应强度又等于垂直于磁场方向上单位面积的磁通，所以磁感应强度又称为磁通密度，简称磁密。在选择变压器、电机、电磁铁等的铁心材料时，希望通电线圈产生的磁通能尽可能多地穿过铁心的截面，以获得较大的磁感应强度 B。

三、磁导率

磁场中磁感应强度的大小除了与产生它的电流、导体的几何尺寸有关外，还与磁介质的性质有关。磁导率是用来表示磁场中介质导磁性能的物理量，用 μ 表示，μ 的 SI 单位为 H/m（亨/米）。

实验表明，真空的磁导率 μ_0 是一个常数，其值为

$$\mu_0 = 4\pi \times 10^{-7} \mathrm{H/m} \tag{7-3}$$

由于空气、玻璃、木材等物质的磁导率与真空非常接近，实际应用中常用真空的磁导率来近似代替。为了便于比较，把物质的磁导率与真空的磁导率的比值称为物质的相对磁导率，用 μ_r 表示，即

$$\mu_r = \frac{\mu}{\mu_0} \tag{7-4}$$

相对磁导率 μ_r 越大，表明介质的导磁性能越好。自然界中的物质，按其相对磁导率 μ_r 的大小来分，可分为三类：

（1）顺磁性物质。如空气、铝、氧、锰、铂等物质，它们的相对磁导率 μ_r 略大于 1。

（2）逆磁性物质，又叫抗磁性物质和反磁性物质。如氢、铜、银、金、锌等物质，它们的相对磁导率 μ_r 略小于 1。

由于顺磁性物质和逆磁性物质的相对磁导率 μ_r 都接近 1，而且是个常数，因此在应用过程中，μ_r 常用 1 代替，即这两类物质的磁导率近似为真空的磁导率 μ_0，并把这两类物质统称为非铁磁性物质或非磁性物质。

（3）铁磁性物质，又叫磁性物质。如铁、钴、镍等以及它们的合金。这类物质的相对磁导率远远大于 1，可达数百上千甚至上万，而且不是常数，会随磁场的强弱和方向的变化而变化。如硅钢片的相对磁导率 $\mu_r=6000\sim8000$，坡莫合金在弱磁场中的相对磁导率 $\mu_r\approx10^5$。

由于这类铁磁性物质的相对磁导率 μ_r 很大，常用来作为线圈的铁心，增强通电线圈周围的磁场，获得足够大的磁感应强度。因此，铁磁性物质广泛应用于变压器、电机等电气设备和电工仪表中。

四、磁场强度

由于磁感应强度与磁介质有关，为了便于分析，引入了磁场强度 H 这一物理量，并定

义为：磁场中某一点的磁场强度 H 的大小，等于该点的磁感应强度 B 与磁介质的磁导率 μ 的比，即

$$H=\frac{B}{\mu} \tag{7-5}$$

式中：H 的 SI 单位为 A/m（安/米）。

由于磁介质的磁导率 μ 不是常数，因此 H 与 B 之间是非线性关系。

磁场强度也是矢量，在均匀磁介质中，它的方向与该点磁感应强度 B 的方向一致。

第二节 磁场的基本性质

一、磁通的连续性原理

磁通的连续性原理是磁场中的基本性质之一。磁通的连续性是指磁场中任一闭合面的总磁通恒等于零，其数学表达式为

$$\phi=\oint_S B\mathrm{d}S=0 \tag{7-6}$$

同时，式（7－6）也表明穿进某一闭合面的磁通恒等于穿出此面的磁通。根据这一原理，可得出磁力线总是闭合的空间曲线。

二、安培环路定律

安培环路定律又称为全电流定律，其内容为：在磁场中，磁场强度矢量 H 沿任一闭合曲线 l 的线积分等于穿过此闭合曲线所围成的面积内所有电流的代数和，其数学表达式为

$$\oint_l H\mathrm{d}l=\Sigma I \tag{7-7}$$

其中，计算 $\oint_l H\mathrm{d}l$ 时，首先要选积分路线即曲线 l 的绕行方向，若某段的磁场强度 H 的方向与 l 的绕行方向相同，则该段的 Hl 为正，否则为负。

式（7－7）中的 I 是穿过以曲线 l 所包围的曲面的电流，电流的正负要根据它的方向和曲线所选的绕行方向是否符合右手螺旋定则而定，规定如下：当穿过曲面的电流的参考方向与闭合曲线 l 的绕行方向符合右手螺旋定则时，该电流 I 为正，反之为负；若有电流不穿过曲线 l 所包围的曲面时，则 ΣI 中不含有此电流。

图 7－1（a）中，I_1 和 I_3 为正，I_2 为负，因此有

$$\oint_l H\mathrm{d}l=I_1+I_3-I_2$$

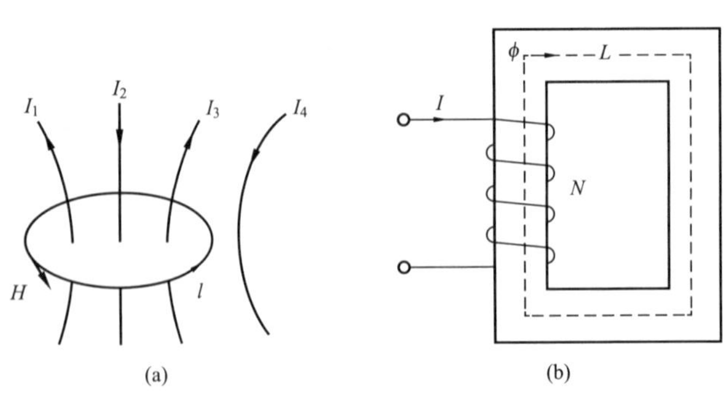

图 7－1　安培环路定律

若沿着整个闭合回线 L，磁场强度 H 的方向总在 L 的切线方向，其大小处处相等，且闭合回线所包围的总电流是由通有电流 I、匝数为 N 的线圈提供，如图 7－1（b）所示，则有

$$HL=NI$$

第三节　铁磁性物质

一、铁磁性物质的磁化

原来没有磁性的物质，由于受到外磁场的作用而具有磁性的现象，叫磁化，这个外磁场称为磁化场。若外磁场是由电流产生的，则把产生外磁场的电流称为磁化电流，又叫励磁电流。磁化场是铁磁性物质被磁化的外因，而内因是铁磁性物质内部特殊的磁畴结构。

根据分子电流学说，原子、分子等物质微粒内部存在着分子电流。由于分子电流的作用，铁磁性物质内部由许多磁性小区域组成［见图 7－2（a）］，这些小区域叫磁畴，每一个磁畴相当于一个磁体。在没有外磁场作用的时候，每个磁畴排列杂乱无规律，磁性相互被抵消，对外不呈现磁性。当受到外磁场的作用时，磁畴就会顺着外磁场的方向规则排列，形成一个与外磁场同方向的附加磁场，从而物质对外显现出磁性，也即物质被磁化了，如图 7－2（b）所示。附加磁场使铁磁性物质内部的磁场大大增强。

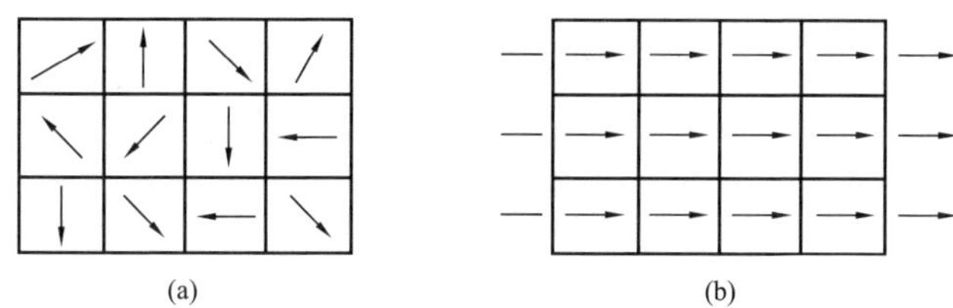

图 7－2　铁磁性物质的磁化

只有铁磁性物质才能被磁化，非铁磁性物质因没有磁畴结构，所以不能被磁化。

铁磁性物质能被磁化的性能，目前已经广泛地应用于电机、变压器等电气设备中。如变压器和电机的铁心普遍采用硅钢片、铸铁等磁导率很大的材料，这样在较小的励磁电流下可以产生足够大的磁感应强度，从而使同一容量的电机和变压器等体积大大减小，重量也减轻。

二、铁磁性物质的磁化曲线

铁磁性物质的磁性质，常用磁化曲线来表示。磁化曲线是指铁磁性物质的磁感应强度 B 随磁场强度 H 的变化而变化的曲线，又叫 $B-H$ 曲线。其中磁场强度 H 取决于产生外磁场的电流（即磁化电流），磁感应强度 B 相当于电流产生的磁场和物质磁化后产生的附加磁场的叠加。铁磁性物质的 $B-H$ 曲线可由实验测绘，包括起始磁化曲线、磁滞回线和基本磁化曲线。

1. 起始磁化曲线

若铁磁性物质原本没有磁性，从 $B=0$、$H=0$ 开始，逐渐增大磁化电流使其被磁化，所绘制出的 $B-H$ 曲线即为起始磁化曲线，如图 7－3 中的 $B(H)$ 曲线。整个起始磁化曲线为非线性，这说明铁磁性物质的磁导率 μ 不是常数，它要随磁场强度的变化而变化，如图 7－3 所示的 $\mu(H)$ 曲线。从 $B(H)$ 曲线来看，整个磁化过程可分为以下四个阶段：

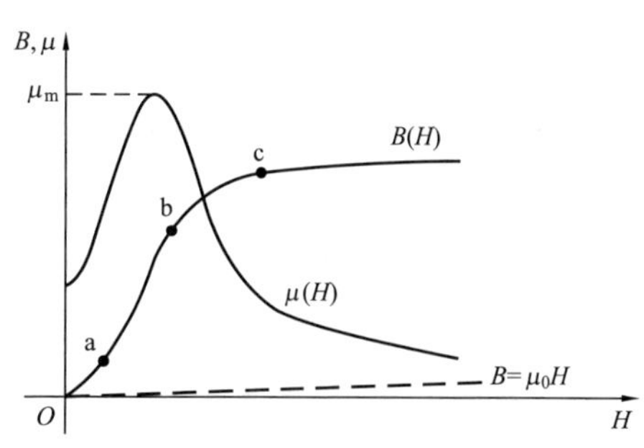

图 7－3　起始磁化曲线

（1）曲线的0a段。当磁化电流为零，即 $H=0$ 时，物质中的磁感应强度 $B=0$，相当于图7-3中的原点0。逐渐增大磁化电流，磁场强度 H 随电流的增大而增大，但相对还很弱，磁畴顺外磁场的转向不多，所以磁感应强度 B 增加较慢，对应的磁导率 μ 较小。这段曲线称为足附部，a点称为附点。

（2）曲线的ab段。a点以后，随着磁场强度 H 的增大，物质内部的各个磁畴顺外磁场的方向迅速转向，所以 B 几乎呈线性急剧增大到b点；磁导率 μ 也增大到最大值 μ_m。该段曲线表明了铁磁性物质的高导磁性。

（3）曲线的bc段。b点以后，磁场强度 H 继续增大，绝大部分磁畴的方向已转向外磁场的方向，磁感应强度 B 的增加速度变缓，接近饱和；磁导率 μ 开始下降。这段曲线称为膝部，b点称为膝点。

（4）在曲线的c点以后。尽管磁场强度 H 还在增加，但物质内部的磁畴几乎全部转向完毕，磁感应强度 B 几乎不再增加了；磁导率 μ 下降到最低的一个极限值 μ_0，即空气的磁导率。这段曲线表明铁磁性物质具有磁饱和性，c点称为饱和点。

当磁介质为非铁磁性物质时，由于磁导率与真空接近，即 $\mu\approx\mu_0$，且是常数，磁感应强度 $B=\mu_0 H$，因此其磁化曲线为一条直线，如图7-3中的虚线所示。

电机、变压器等电气设备的铁心主要利用了铁磁性物质的高导磁性，因此工作点通常选在膝点b附近，这段曲线的磁导率接近最大，线圈通入较小的励磁电流，即可获得足够强的磁场。但像铁磁稳压器和磁放大器，工作点却选择在饱和区。

由图7-3可得，当有铁磁性物质存在时，B 与 H 为非线性关系，磁导率 μ 也不是常数，它随 H 的变化而变化。

2. 磁滞回线

铁磁性物质在交变磁场中反复磁化时所得到的磁化曲线，称为磁滞回线，如图7-4所示。

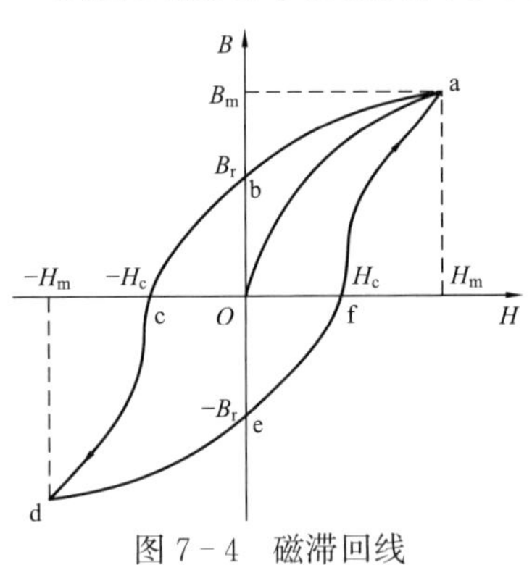

图7-4 磁滞回线

当磁场强度由零增加到最大值 H_m 后，铁磁性物质被磁化到饱和，对应的磁感应强度为 B_m，如图7-4中的a点。减小 H，B 也跟着减小，但是沿着比起始磁化曲线稍高的曲线ab下降。当 H 减小到零时，即图7-4中的b点，B 并不为零，而保留一定值 B_r，称为剩余磁感应强度，简称剩磁。这是因为外磁场消失后，物质内部已经排列规则的磁畴不会完全恢复到磁化前杂乱无章的状态，也就是说还保留一定的磁性。永久磁铁就是利用剩磁的原理制作而成的。这种 B 的变化滞后于 H 的变化的现象叫做磁滞现象，简称磁滞。

要消除剩磁，必须加反向磁场，使物质反向被磁化。当 H 反向增加到 $-H_c$ 时，B 逐渐减小为0，即图7-4中的c点。这一反向磁场强度 H_c，称为矫顽磁场强度，简称矫顽力，其大小反映了铁磁性物质保存剩磁的能力。当磁场强度继续反向增加到 $-H_m$ 时，物质将被反向磁化到饱和，B 也将达到负的最大值 $-B_m$，即图7-4中的d点。

当反方向的磁场强度从 $-H_m$ 减弱到零，再从零正向增加到 H_m，重新回到a点完成一个循环，这一过程中物质内同样会有反向剩磁 $-B_r$ 和正向的矫顽力 H_c。这种铁磁性物质在外磁场从 H_m 到 $-H_m$ 之间变化时反复被磁化，所得到的近似对称于原点的闭合曲线abcdefa，称为磁滞回线。

铁磁性物质在反复磁化的过程中，由于内部磁畴的反复转向，发生相互的摩擦和碰撞，使物质发热而造成能量损耗，这种损耗叫做磁滞损耗。可以证明，反复磁化一个循环的磁滞损耗与磁滞回线的面积成正比。

3. 基本磁化曲线

同一铁磁性物质，在取不同 H_m 值的交变磁场中进行反复磁化，可得到一系列的磁滞回线，如图 7-5 中的虚线所示。连接原点和各个磁滞回线的顶点所得到的曲线称为基本磁化曲线，又叫平均磁化曲线，如图 7-5 中的实线所示。

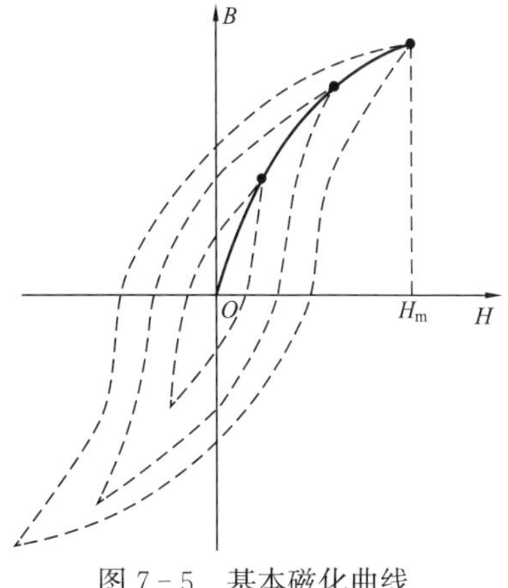

图 7-5　基本磁化曲线

铁磁性物质的基本磁化曲线一般比较稳定。工程中给出的各种铁磁性物质的磁化曲线，都是基本磁化曲线。但若需要得到剩磁 B_r 以及矫顽力 H_c 的量值时，仍应从对应磁滞回线上来确定。有时也用表格的形式给出铁磁性物质的基本磁化曲线对应的数据，这样的表格称为磁化数据表，这些曲线或数据表通常可以在产品目录或手册上查到，本书在附录 A 中给出了几种常用铁磁性物质的磁化数据表。

值得一提的是，铁磁性物质的磁化曲线与温度有关，磁导率 μ 一般随温度的升高而下降，当温度高于某一点时，铁磁性物质的磁畴被激烈的热运动所破坏，物质的磁性可能完全消失，这个临界温度称为居里点，如铁的居里点大约是 760℃。

综上所述，铁磁性物质的磁性能主要包括高导磁性、磁饱和性、磁滞性和剩磁性等。

三、铁磁性物质的分类

若按照磁滞回线的形状不同来分，铁磁性物质大致可分为以下三类：

(1) 软磁材料。软磁材料的磁滞回线狭长，剩磁及矫顽力都较小，磁滞现象不显著，所以磁滞损耗较小，如图 7-6 (a) 所示。这类材料磁导率高，容易磁化也容易去磁。常用的软磁材料有硅钢片、铸钢、铸铁、纯铁等，电机、变压器等的铁心大多使用这类材料。

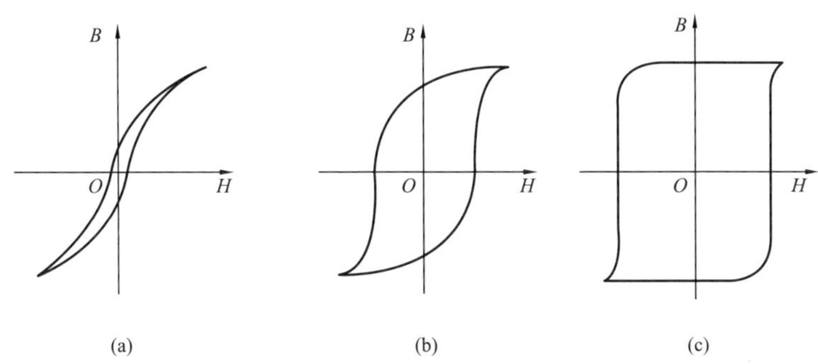

图 7-6　铁磁性物质的磁滞回线

(a) 软磁材料；(b) 硬磁材料；(c) 矩磁材料

(2) 硬磁材料。硬磁材料的磁滞回线较宽而短，剩磁及矫顽力较大，磁滞损耗较大，如图 7-6 (b) 所示。这类材料不容易磁化也不易去磁，常用来制作永久磁铁。常用的硬磁材料有铬、钨、钴、镍等的合金，如碳钢、铬钢、钴钢、钨钢等。

（3）矩磁材料。它是硬磁材料的特殊情况。矩磁材料的磁滞回线较近于矩形，如图 7－6（c）所示。这类材料的特点是加很小的外磁场就能被磁化，并迅速达到饱和，去掉外磁场后磁性仍然保持饱和状态。加反向磁场时，能从正向饱和马上跳变为反向饱和，并保持饱和状态值不变，因此矩磁材料磁化时只有正向饱和和反向饱和两种稳定状态。常见的矩磁材料主要有锰镁铁氧体和锂锰铁氧体，常用来制作开关元件、记忆元件和储存元件等，如电子计算机内部存储器的磁芯和外部设备中的磁鼓、磁带及磁盘等。

第四节 磁路及基本定律

一、磁路

很多电气设备需要较强的磁场，常将磁导率较大的铁磁性物质做成闭合或近似闭合的环路，即铁心，使得绕在铁心上的线圈通入较小的励磁电流，便能得到较强的磁场。这种情况下，通电线圈所产生的磁通主要集中在铁磁性物质构成的路径中通过，即磁场几乎都约束在限定的铁心范围之内，而周围非铁磁性物质（包括空气）中的磁场则很微弱。人们把这种约束在限定铁心范围内的磁场称为磁路。

图 7－7 所示的是几种常见的电工设备的磁路。磁路按其结构不同，可分为如图 7－7（a）、（b）所示的无分支磁路和如图 7－7（c）、（d）所示的有分支磁路。无分支磁路中通过每一个截面积的磁通都相同。

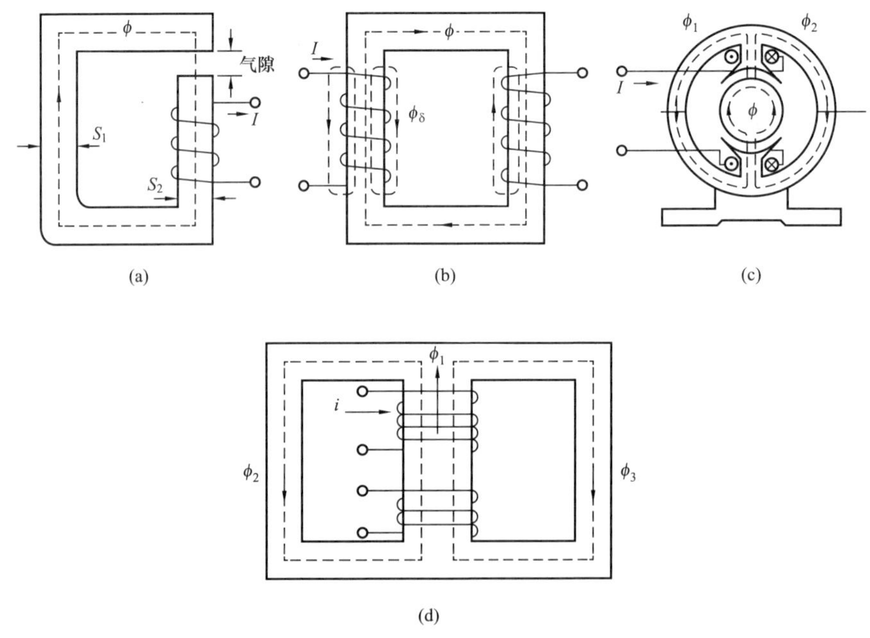

图 7－7 几种常见的电工设备磁路

（a）继电器的磁路；（b）心式变压器的磁路；（c）直流电机的磁路；（d）壳式变压器的磁路

磁路可由几种不同的铁磁性物质构成，并且磁路内有时还有很短的空气隙存在（空气隙简称气隙)，如图 7－7（a）所示，磁路中各段的横截面积也可能不相同，这样的磁路均属于不均匀磁路。实际磁路大多数都是不均匀的。若整个磁路由一种铁磁性物质构成，各段的截面积都相同，则这样的磁路属于均匀磁路。

磁路的磁通分为主磁通和漏磁通。主磁通是指绝大部分通过铁心（包括气隙）所构成的磁路而闭合的磁通，用 ϕ 表示；漏磁通是指没有经过磁路，而是穿出铁心，经过磁路周围非铁磁性物质（包括空气）而闭合的磁通，用 ϕ_δ 表示，如图 7－7（b）所示。一般情况下，漏磁通很小，在磁路的初步计算中常略去，同时通常选铁心的几何中心闭合线作为主磁通的路径。

二、磁路的基本定律

（一）磁路的基尔霍夫第一定律

在图 7－8 所示磁路的分支处（又称为磁路的节点）作一封闭面 S，若忽略漏磁通，则认为全部磁通都在磁路中穿过。选择主磁通 ϕ_1、ϕ_2、ϕ_3 的参考方向如图 7－8 所示，根据磁通的连续性原理，穿进封闭面 S 的磁通等于穿出该封闭面的磁通，即

$$\phi_1+\phi_2=\phi_3 \qquad (7-8)$$

或

$$\phi_1+\phi_2-\phi_3=0 \qquad (7-9)$$

写成一般形式，有

$$\sum\phi=0 \qquad (7-10)$$

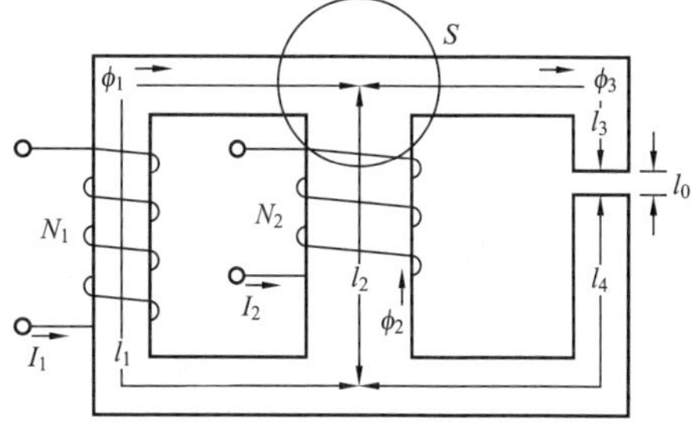

图 7－8　有分支的磁路

式（7－10）表明，磁路中通过任一封闭面的磁通的代数和为零，这就是磁路的基尔霍夫第一定律，它是磁场中磁通连续性原理在磁路中的应用。应用式（7－10）时，若选择穿入封闭面的磁通为负，则穿出封闭面的磁通为正。

根据式（7－10），还可得到没有分支的磁路各截面积内的磁通都相等。

（二）磁路的基尔霍夫第二定律

1. 磁通势

线圈的匝数 N 与线圈中通过的励磁电流 I 的乘积 NI，称为磁通势，又叫磁动势或磁势，用 F 来表示，即

$$F=NI \qquad (7-11)$$

磁通势是磁路中磁通的来源，磁通势越大，产生的磁通就越大，磁场就越强。磁通势的 SI 单位与电流一样，是 A（安培），也常用安匝表示。

2. 磁压

把某一段磁路的磁场强度 H 与该段磁路平均长度 l 的乘积，叫做该段磁路的磁压，又叫磁位差，用 U_m 表示，即

$$U_m=Hl \qquad (7-12)$$

其中，磁压的 SI 单位是 A（安），它的方向与磁场强度 H 的方向一致。所谓平均长度，是指某段磁路的几何中心线长度。

3. 磁路的基尔霍夫第二定律

在磁路的任一闭合路径中，安培环路定律都成立。这样可以把磁路分为截面积相等、材

料相同的若干段。在每一段中，各处截面积相等，通过的磁通相等，材料也相同，所以每段都为均匀磁路。这样，同一段磁路中磁场强度处处相同，磁通方向与中心线平行。图 7－8 所示的磁路可分为平均长度为 l_1、l_2、l_3、l_4、l_0 的五段，每段的磁场强度分别为 H_1、H_2、H_3、H_4、H_0，它们的参考方向分别与该段磁通的参考方向一致。对于由中心线 l_1、l_2 组成的顺时针绕向的闭合路径，由安培环路定律可得

$$H_1 l_1 - H_2 l_2 = -N_1 I_1 + N_2 I_2 \tag{7-13}$$

推广到一般情形，有

$$\sum Hl = \sum NI \tag{7-14}$$

或

$$\sum U_m = \sum F \tag{7-15}$$

式（7－14）和式（7－15）是磁路的基尔霍夫第二定律的数学表达式，它表明磁路的任一闭合回路中，各段磁路的磁压的代数和等于磁通势的代数和。应用时各项的正负号规定如下：任选一个回路的绕行方向，当某一段磁路中磁通的参考方向与绕行方向一致时，该段磁压取正号，反之取负号；当励磁电流的参考方向与回路绕行方向符合右手螺旋关系时，该磁通势取正号，反之取负号。

例如，在图 7－8 中由 l_2、l_3、l_0 和 l_4 组成的回路，若选取顺时针绕向，根据式（7－14），可得

$$H_2 l_2 + H_3 l_3 + H_0 l_0 + H_4 l_4 = -N_2 I_2$$

（三）磁路的欧姆定律

1. 磁阻

磁阻表示磁通通过磁路时所受到的阻碍作用，用 R_m 表示。磁阻 R_m 的大小与磁路的长度 l 成正比，与磁路的截面积 S 成反比，与组成磁路的材料的磁导率 μ 成反比，即

$$R_m = \frac{l}{\mu S} \tag{7-16}$$

式中：l 的 SI 单位为 m；S 的 SI 单位为 m^2；μ 的 SI 单位为 H/m；R_m 的 SI 单位为 1/H。

2. 磁路的欧姆定律

图 7－9 所示的一段均匀磁路，材料的磁导率为 μ，截面积为 S，长度为 l，磁路中磁通为 ϕ，若磁力线在截面积中均匀分布，且磁场方向与截面积垂直，有

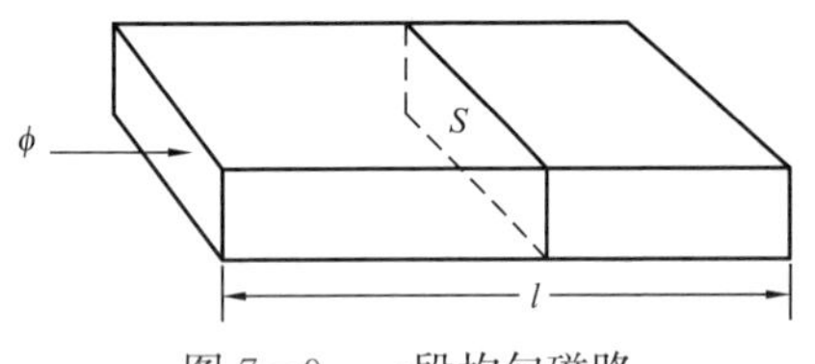

图 7－9　一段均匀磁路

$$B = \frac{\phi}{S}$$

又因为磁场强度 $H = \frac{B}{\mu}$，所以该段的磁压为

$$U_m = Hl = \frac{B}{\mu} \times l = \frac{\phi}{\mu S} \times l = R_m \phi \tag{7-17}$$

式（7－17）表明，一段均匀磁路的磁压等于其磁阻与磁通的乘积。因为在形式上与电路的欧姆定律相似，所以式（7－17）称为磁路的欧姆定律。

因空气的磁导率为常量，由式（7－16）得气隙的磁阻是常量，故可对构成磁路的空气隙应用欧姆定律来分析。因铁磁性物质的磁导率不是常量，使得铁磁性物质的磁阻是非线性的，因此一般情况下磁路的欧姆定律对磁路只作定性分析，不能直接用来进行磁路的计算。

三、磁路与电路比较

1. 磁路与电路相似之处

磁路与电路有许多相似之处，这不仅表现在描述它们的物理量相似，还表现在反映这些物理量约束关系的基本定律也相似。磁路中的磁通与电路中的电流相似，在任一节点处的磁通或电流都分别受到相应的基尔霍夫第一定律约束。磁路中的磁压、磁通势分别与电路中的电压、电动势相似，在任一回路中它们都分别受到相应的基尔霍夫第二定律约束。与电路中约束电压与电流关系的欧姆定律相似，磁路的欧姆定律也约束了磁压与磁通的关系。

2. 磁路与电路不同之处

除了很多相似以外，磁路与电路还有一些本质的区别，例如磁通只是描述磁场的物理量，并不像电流那样表示带电质点的运动，它通过磁阻时，也不像电流通过电阻那样要消耗功率。恒定电流在电路中有功率损耗，而恒定磁通在磁路中并不消耗功率。电路在开路时，即使有电动势，电路中也没有电流；而磁路没有开路运行状态，只要有磁通势，就会有磁通存在，即使是磁通势为零，也有可能还有剩磁通存在。

通过比较磁路与电路的相似之处和区别所在，有利于对磁路的理解和分析。磁路与电路的对应关系列在表 7-1 中。

表 7-1　　磁路与电路的对应关系

磁　路	电　路
磁通势 $F=NI$（安匝）	电动势 E（V）
磁压 $U_m=Hl$（A）	电压 $U=IR$（V）
磁通 ϕ（Wb）	电流 I（A）
磁阻 $R_m=\frac{l}{\mu S}$ $\left(\frac{1}{H}\right)$	电阻 $R=\frac{l\rho}{S}$（Ω）
磁导率 μ(H/m)	电阻率 ρ(Ω·m)
磁路的欧姆定律 $\phi=\frac{U_m}{R_m}$	电路的欧姆定律 $I=\frac{U}{R}$
磁路的基尔霍夫第一定律 $\sum\phi=0$	电路的基尔霍夫第一定律 $\sum I=0$
磁路的基尔霍夫第二定律 $\sum U_m=\sum F$	电路的基尔霍夫第二定律 $\sum U=\sum E$　或　$\sum U=0$

第五节　恒定磁通磁路的计算

根据磁路中磁通的性质，磁路可分为交变磁通磁路和恒定磁通磁路两类。磁通随时间周期性变化的磁路叫交变磁通磁路，磁通不随时间变化而为恒定值的磁路叫恒定磁通磁路。直流电流产生的磁通就是恒定磁通，相应的磁路就是恒定磁通磁路。本节主要讨论无分支恒定磁通磁路的计算。

通过对恒定磁通磁路的分析与计算，其目的是在已知磁路的结构、尺寸及材料的 $B-H$ 关系的情况下，找出磁通 ϕ 与磁通势 F 之间的关系。一般分为两类问题：一类是已知磁通 ϕ 求磁通势 F，称为正面问题；另一类是已知磁通势 F 求磁通 ϕ，称为反面问题。

一、正面问题：已知磁通 ϕ 求磁通势 F

无分支恒定磁通磁路包括无分支均匀恒定磁通磁路和无分支非均匀恒定磁通磁路两类，如图 7－10 所示。

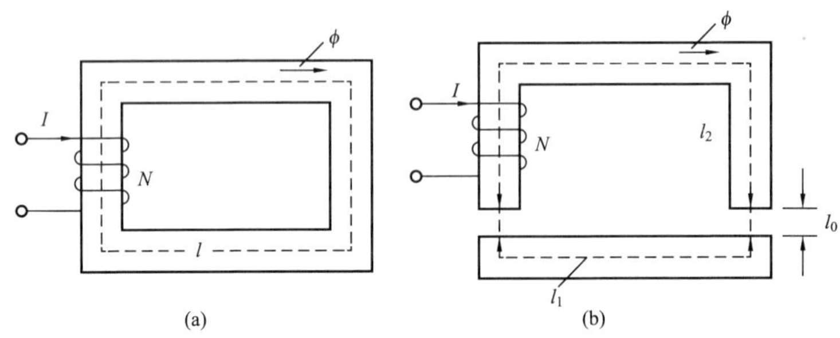

图 7－10 恒定磁通磁路

（a）无分支均匀恒定磁通磁路；（b）无分支非均匀恒定磁通磁路

1．无分支均匀恒定磁通磁路

无分支均匀恒定磁通磁路只有一个回路，整个磁路由一种材料制作而成，各段截面积都相同，磁路中各处磁通相同、恒定且均匀，如图 7－10（a）所示。对这样的磁路的正面问题求解，可以根据公式 $B=\dfrac{\phi}{S}$ 算出 B，再根据铁心材料的 $B-H$ 磁化曲线或磁化数据表得到对应的 H，最后根据磁路的基尔霍夫第二定律 $F=NI=Hl$ 得到磁通势 F。

2．无分支非均匀恒定磁通磁路

实际的无分支恒定磁路尽管只有一个回路，但大多由多种材料制成，有时还可能存在气隙，各段截面积也可能不同，因此这样的磁路是非均匀恒定磁通磁路，如图 7－10（b）所示。对于这类磁路的正面问题计算，可按下列步骤进行计算：

（1）将磁路按材料和截面积不同划分为若干段，这样每一段都是均匀磁路。

（2）按磁路的几何尺寸计算各段的截面积 S 和磁路的平均长度 l。

每段磁路的长度一般用平均长度，而平均长度常用铁心几何中心线长度来计算，如图 7－10（b）所示虚线的长度。

每段磁路的截面积 S 由磁路的几何尺寸直接算出，又叫视在面积。但如果铁心是由涂有绝缘漆的电工硅钢片叠成时，实际铁心的有效面积 S' 比由几何尺寸算出的视在面积 S 要小，因此要考虑一个小于 1 的叠装系数 K，以除去叠片间的绝缘漆厚度，即

$$S'=KS \tag{7-18}$$

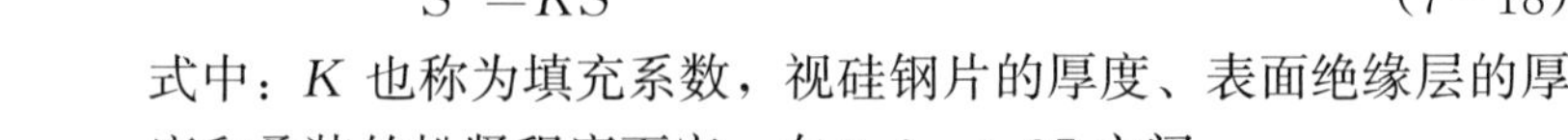

式中：K 也称为填充系数，视硅钢片的厚度、表面绝缘层的厚度和叠装的松紧程度而定，在 0.9～0.97 之间。

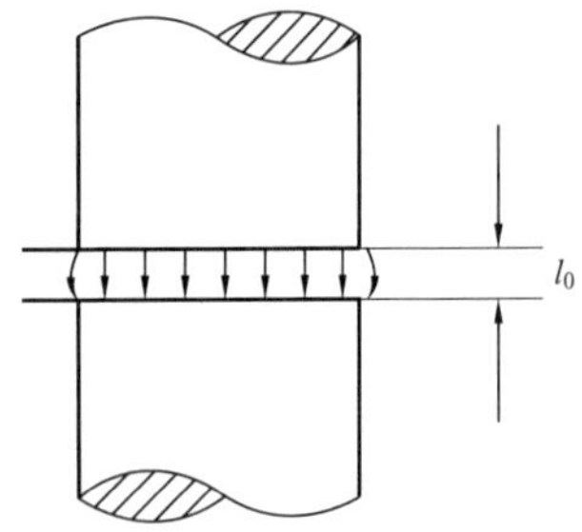

图 7－11 气隙的边缘效应

当磁路中有空气隙存在时，由于边缘效应，空气隙边缘的磁力线有向外扩张的趋势，使气隙的有效面积比铁心的截面积稍大些，如图 7－11 所示。当气隙长度 l_0 与截面尺寸相比很小时，气隙的有效面积 S' 可用下面的近似公式来计算：

1）铁心的截面是矩形，即面积是长与宽的乘积 ab 时，有效面积为

$$S' = (a + l_0)(b + l_0) \approx ab + (a + b)l_0 \quad (7-19)$$

2）铁心的截面是半径为 r 的圆形时，有效面积为

$$S' = \pi(r + l_0)^2 \approx \pi r^2 + 2\pi r l_0 \quad (7-20)$$

但实际近似计算时，常不考虑边缘效应。

(3) 因每一段都是均匀磁路，可根据公式 $B = \frac{\phi}{S}$，求出每一段的磁感应强度 B。

(4) 根据磁感应强度 B，由每一段磁路材料的 $B-H$ 磁化曲线或磁化数据表，求出各段对应的磁场强度 H。对于空气隙，其计算式为

$$H_0 = \frac{B_0}{\mu_0} = \frac{B_0}{4\pi \times 10^{-7}} \approx 0.8 \times 10^6 B_0 (\text{A/m}) \quad (7-21)$$

式中：B_0 为气隙中的磁感应强度，T。

(5) 根据磁压公式 $U_m = Hl$，计算每段磁路的磁压 U_m。

(6) 由磁路的基尔霍夫第二定律求出所需的磁通势，计算式为

$$F = NI = H_1 l_1 + H_2 l_2 + \cdots = \sum U_m$$

【例 7-1】 有一均匀圆环铁心线圈磁路，如图 7-12 所示，磁路平均长度 l（中心线长度）为 50cm。线圈匝数 N 为 200 匝，铁心中的磁感应强度为 0.67T，试求：

(1) 若铁心材料为铸铁，所需的磁通势 F 和线圈中的电流 I。

(2) 若铁心材料为铸钢，重新计算 F 和 I 的大小。

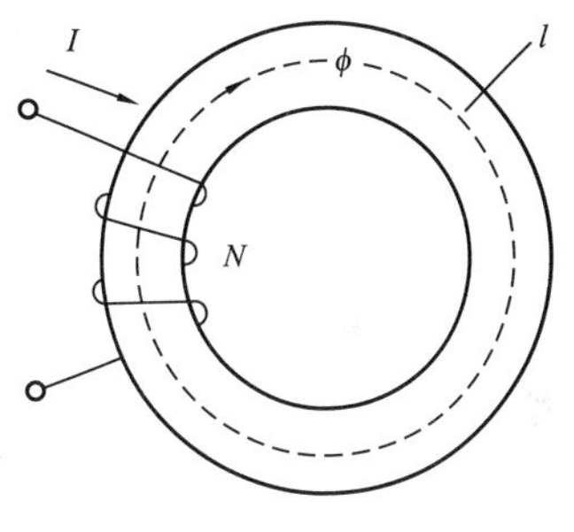

图 7-12 ［例 7-1］图

解题思路： 这是一个无分支均匀恒定磁通磁路，已知磁感应强度，求磁通势和电流，因此是正面问题的求解。

解 (1) 由磁路的磁感应强度 $B = 0.67\text{T}$，查铸铁磁化数据表可得 $H = 3620\text{A/m}$，则磁路的磁通势为

$$F = Hl = 3620 \times 50 \times 10^{-2} = 1810 \text{ (A)}$$

由 $F = NI$，得线圈中的电流为

$$I = \frac{F}{N} = \frac{1810}{200} = 9.05 \text{ (A)}$$

(2) 由 $B = 0.67\text{T}$，查铸钢磁化数据表可得 $H = 554\text{A/m}$，因此磁路总的磁通势为

$$F = Hl = 554 \times 50 \times 10^{-2} = 277 \text{ (A)}$$

线圈中的电流为

$$I = \frac{F}{N} = \frac{277}{200} = 1.385 \text{ (A)}$$

可见，要产生同样大小的磁通，采用磁导率高的铸钢比采用磁导率低的铸铁材料作铁心时，线圈中的励磁电流要小得多，这样可选择截面积小的线圈，从而节约了用铜量。

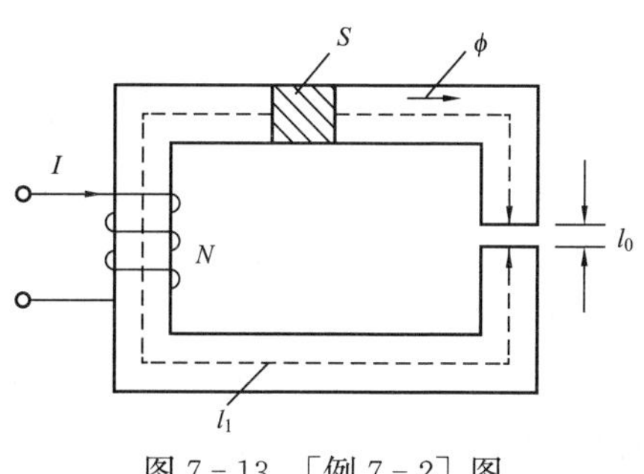

图 7-13 ［例 7-2］图

【例 7-2】 有一个材料为铸钢的铁心线圈磁路，如图 7-13 所示，铁心部分的平均长度 $l_1 = 40\text{cm}$，截面积 $S_1 = 1\text{cm}^2$，磁路中气隙长度 $l_0 = 0.1\text{cm}$。当

线圈中电流为 2A 时，若要在气隙中产生 0.9×10^{-4} Wb 的磁通，试求所需的磁通势 F 和线圈的匝数 N。

解题思路： 根据题意，这是无分支非均匀恒定磁通磁路，已知磁通，求磁通势，因此属于正面问题的求解。

解 （1）整个磁路分为铁心和气隙两段，忽略气隙周围的边缘效应，则两段磁路的长度和截面的有效面积分别为

铁心段 $l_1=40\ (\text{cm}),\quad S_1=1\ (\text{cm}^2)$

气隙段 $l_0=0.1\ (\text{cm}),\quad S_0=S_1=1\ (\text{cm}^2)$

（2）每段磁路的磁感应强度为

铁心段 $$B_1=\frac{\phi}{S_1}=\frac{0.9\times10^{-4}}{10^{-4}}=0.9\,(\text{T})$$

气隙段 $$B_0=B_1=0.9\,(\text{T})$$

（3）每段的磁场强度为

铁心段 当磁感应强度 $B=0.9$T 时，由铸钢的磁化数据表可得铁心的磁场强度为

$$H_1=798(\text{A/m})$$

气隙段 $$H_0=\frac{B_0}{\mu_0}=\frac{0.9}{4\pi\times10^{-7}}=7.2\times10^5\ (\text{A/m})$$

（4）由磁路的基尔霍夫第二定律求出总的磁通势为

$$\begin{aligned}F&=\sum(Hl)=H_1l_1+H_0l_0\\&=798\times40\times10^{-2}+7.2\times10^5\times0.1\times10^{-2}\\&=319.2+720=1039.2\ (\text{A})\end{aligned}$$

（5）由 $F=NI$ 得线圈匝数为

$$N=\frac{F}{I}=\frac{1039.2}{2}\approx520\,(\text{匝})$$

二、反面问题：已知磁通势 F 求磁通 ϕ

1. 无分支均匀恒定磁通磁路

对于这类磁路，可根据公式 $F=NI=Hl$ 得到 H，再查铁心材料的 $B-H$ 磁化曲线或磁化数据表得到对应的 B，最后根据公式 $B=\dfrac{\phi}{S}$，算出磁通 ϕ。

2. 无分支非均匀恒定磁通磁路

这一类磁路，因为磁路的非线性，各段磁路的磁阻与磁通有关。要求出磁通 ϕ，必须知道某段磁路的磁场强度 H，才能求出该段对应的磁感应强度 B，从而由 $\phi=\dfrac{B}{S}$ 得到磁通 ϕ。若知道整个磁路的磁通势 F，在不知道磁路中的磁通 ϕ 以前，无法知道整个磁通势 F 在各段磁路中如何分配，即不能把各段的磁压 $U_m=Hl$ 算出来，当然就不能算出该段对应的磁场强度 H。对于这类磁路的反面问题，一般采用试算法，步骤如下：

（1）先假设一磁通 ϕ_0，根据这个磁通 ϕ_0 按照正面问题的求解步骤算出一个磁通势 F_0。

若磁路中含有气隙 l_0，由于气隙中的磁压占总磁压的绝大部分，可以先略去铁心中的磁压，由式（7-22）算出磁通的上限值 ϕ_m，选取一个比上限值 ϕ_m 稍小的一个磁通进行第

一次试算。

由于磁通势 $F=NI\approx H_0l_0$，气隙中的磁场强度 $H_0\approx 0.8\times 10^6B_0$（A/m），因此磁通的极限值为

$$\phi_m=B_0S_0\approx\frac{S_0F}{0.8l_0}\times 10^{-6}=\frac{S_0NI}{0.8l_0}\times 10^{-6}\ (\text{Wb}) \qquad (7-22)$$

（2）把计算所得的磁通势 F_0 与已知磁通势 F 进行比较，如果有较大误差，修正第一次假设的磁通 ϕ_0 为 ϕ_1，再按步骤（1）算出一个 F_1……反复比较和修正，直到所得的磁通势与所给的 F 相近为止，对应的磁通即是给定磁通势 F 在磁路中产生的磁通。

【例 7-3】 有一个均匀磁路如图 7-14 所示，铁心由 D21 硅钢片叠装而成，叠装系数为 $K=0.9$，线圈匝数为 $N=1000$ 匝，其截面积 $S=5\text{cm}^2$，磁路平均长度为 $l=150\text{cm}$。当线圈中电流 $I=2\text{A}$ 时，试求线圈中的磁通。

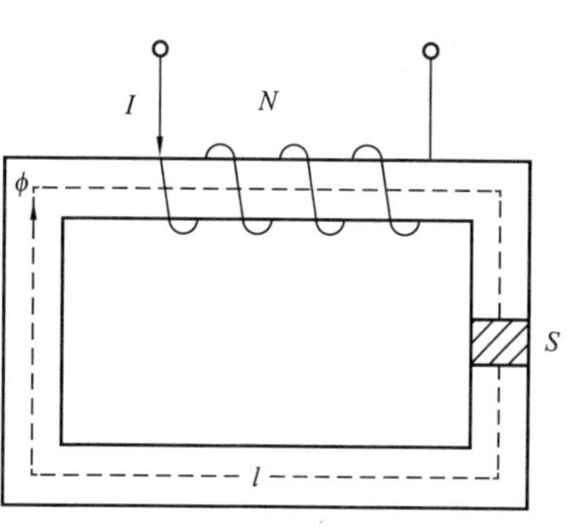

图 7-14 ［例 7-3］图

解题思路： 这是一个无分支均匀恒定磁通磁路，已知线圈中的电流，求磁通，因此是反面问题的求解。

解 （1）磁通势为

$$F=NI=1000\times 2=2000\ (\text{A})$$

（2）由 $F=Hl$ 得磁场强度为

$$H=\frac{F}{l}=\frac{2000}{150\times 10^{-2}}=1333\ (\text{A/m})$$

（3）查 D21 硅钢片磁化数据表，可得磁感应强度为

$$B\approx 1.33(\text{T})$$

（4）铁心截面的有效面积为

$$S'=KS=0.9\times 5\times 10^{-4}=4.5\times 10^{-4}\ (\text{m}^2)$$

（5）所以线圈中的磁通为

$$\phi=BS'=1.33\times 4.5\times 10^{-4}\approx 6\times 10^{-4}\ (\text{Wb})$$

【例 7-4】 ［例 7-2］中，其它参数不变，若已知磁路中的磁通势 F 为 1000A 时，求磁路中的磁通。

解题思路： 这是一个无分支非均匀恒定磁通磁路，已知磁通势，求磁通，因此是反面问题的求解，应采用试算法。

解 （1）整个磁路分为铁心和气隙两段，各段磁路的平均长度为

铁心段　　$l_1=40\times 10^{-2}(\text{m})$

气隙段　　$l_0=0.1\times 10^{-2}(\text{m})$

（2）利用式（7-22）求得磁通的上限值为

$$\phi_m=B_0S_0\approx\frac{S_0F}{0.8l_0}\times 10^{-6}=\frac{1\times 10^{-4}\times 1000}{0.8\times 0.1\times 10^{-2}}\times 10^{-6}=1.25\times 10^{-4}\ (\text{Wb})$$

（3）第一次试算取一个小于上限值的磁通，若取 $\phi=1.2\times 10^{-4}\text{Wb}$，按正面问题的求解

方法求出对应的磁通势，再与给定值1000A比较，并修订磁通取值，再进行第二次试算，直到所得的磁通势与给定值1000A接近为止。各次计算数据见表7-2。

表7-2 各次计算数据

数据	第一次	第二次	第三次
ϕ（Wb）	1.2×10^{-4}	1×10^{-4}	0.88×10^{-4}
B_0（T）	1.2	1	0.88
B_1（T）	1.2	1	0.88
H_0（A/m）	9.55×10^{5}	7.96×10^{5}	7×10^{5}
H_1（A/m）	1290	924	776
H_0l_0（A）	955	796	700
H_1l_1（A）	516	369.6	310.4
$\sum F=\sum Hl$	1471	1165.6	1010.4
与 $F=1000$A 比较	大	稍大	接近

从表7-2中数据可以看出，当试算到第三次，取磁通 ϕ 为 0.88×10^{-4}Wb 时，得到的磁通势 F 已经较接近1000A，故认为磁通势 $F=1000$A 时，磁通 $\phi=0.88\times10^{-4}$Wb。

48. 交流铁心线圈的等效电路

第六节 交流铁心线圈

含有铁心的线圈称为铁心线圈。铁心线圈分为直流铁心线圈和交流铁心线圈两种。直流铁心线圈中通入的励磁电流是直流，产生的磁通是恒定的，在线圈和铁心中不会感应出电动势；当电压 U 一定时，线圈中的电流 I 只与线圈本身的电阻 R 有关，与磁路情况无关；功率损耗也只有线圈本身的电阻 R 上产生的有功损耗 RI^2，而在铁心内没有功率损耗。

交流铁心线圈由于电流是交变的，要在线圈中引起感应电动势，电路中的电压、电流关系与磁路有关；并且交变的磁通使铁心交变磁化，因此铁心中要产生功率损耗（称为磁损耗），在电磁关系、电压电流关系及功率损耗等几个方面和直流铁心线圈都有所不同的，所以其情况要比直流铁心线圈复杂得多。本节主要讨论交流铁心线圈电路的相关知识。

一、交流线圈中的感应电动势

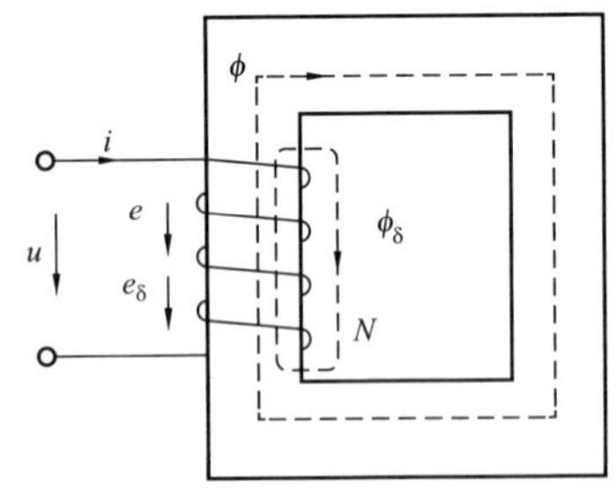

图7-15 交流铁心线圈

图7-15所示为一交流铁心线圈，线圈等效电阻为 R，匝数为 N。当接在电压为 u 的交流电源上时，电路中的电流为 i，磁通势 $F=Ni$ 产生的磁通包括主磁通 ϕ 和漏磁通 ϕ_δ，这两部分磁通在线圈中产生的感应电动势分别称为主磁电动势 e 和漏磁电动势 e_δ。若各物理量的参考方向如图7-15所示，根据电磁感应定律，主磁电动势为

$$e=-N\frac{d\phi}{dt} \tag{7-23}$$

因为漏磁通不经过铁心，而是通过空气形成闭合，所以励磁电流 i 与漏磁通 ϕ_δ 之间可以近似认为是线性关系，线圈的漏磁电感 $L_\delta=\frac{\psi_\delta}{i}=\frac{N\phi_\delta}{i}=$常数，则漏磁电动势为

$$e_\delta = -N\frac{\mathrm{d}\phi_\delta}{\mathrm{d}t} = -\frac{\mathrm{d}(N\phi_\delta)}{\mathrm{d}i}\times\frac{\mathrm{d}i}{\mathrm{d}t} = -L_\delta\frac{\mathrm{d}i}{\mathrm{d}t} \tag{7-24}$$

二、交流线圈两端电压与磁通的关系

若线圈电压 u、电流 i、感应电动势 e 和 e_δ 的参考方向如图 7－15 所示，根据基尔霍夫定律列出电压方程为

$$u - iR + e + e_\delta = 0 \tag{7-25}$$

若忽略线圈电阻 R 及漏磁通 ϕ_δ，则有

$$u + e = 0 \tag{7-26}$$

把式（7－23）代入式（7－26），得

$$u = -e = N\frac{\mathrm{d}\phi}{\mathrm{d}t} \tag{7-27}$$

当磁通 ϕ 为正弦量时，设 $\phi=\phi_{\mathrm{m}}\sin(\omega t)$，对应的最大值相量形式为 $\dot{\phi}_{\mathrm{m}}=\phi_{\mathrm{m}}\angle 0^\circ$，则有

$$u = -e = N\frac{\mathrm{d}\phi}{\mathrm{d}t} = N\phi_{\mathrm{m}}\omega\cos(\omega t) = N\phi_{\mathrm{m}}\omega\sin(\omega t + 90^\circ) \tag{7-28}$$

式（7－28）表明，当磁通 ϕ 为正弦量时，电压 u 也为正弦量，且 u 的相位比 ϕ 的相位超前 90°。同时，根据式（7－28）可得电压 u、感应电动势 e 的有效值与主磁通的最大值 ϕ_{m} 之间的关系为

$$U = E = \frac{N\phi_{\mathrm{m}}\omega}{\sqrt{2}} = \frac{2\pi f N\phi_{\mathrm{m}}}{\sqrt{2}} = 4.44 fN\phi_{\mathrm{m}} \tag{7-29}$$

它们的相量关系为

$$\dot{U} = -\dot{E} = \mathrm{j}4.44 fN\dot{\phi}_{\mathrm{m}} \tag{7-30}$$

式（7－29）表明，当电源的频率 f 及线圈的匝数 N 一定时，主磁通的最大值 ϕ_{m} 与线圈电压的有效值 U 成正比关系，而与磁路情况无关。这一点与直流铁心线圈不同，直流铁心线圈的电压不变时，电流也不变，如果磁路情况改变，则磁通改变。

另外，式（7－28）是在忽略线圈电阻 R 及漏磁通 ϕ_δ 的情况下推导出来的，由于这两部分的影响一般不大，因此当电源为正弦电压时，铁心线圈中的磁通基本上也是正弦量。

三、铁心磁饱和对电流和磁通波形的影响

从前面的知识可知，由于磁路的铁心是由铁磁性材料构成的，具有磁饱和性，在交变磁路中铁心还具有磁滞性和有涡流产生，这都将对线圈中的电流和磁通产生影响，使其波形发生畸变，偏离正弦波。如果忽略铁心在交变磁化时的磁滞和涡流影响，只考虑铁心的磁饱和特性，铁心的 $B-H$ 曲线即是基本磁化曲线。下面我们根据铁心的基本 $B-H$ 曲线来求铁心线圈的磁通 ϕ 与电流 i 的关系曲线，即 $\phi-i$ 曲线。

为简化分析，设铁心线圈磁路为一均匀的磁路。由于 $\phi=BS$，当 S 一定时，磁感应强度 B 与磁通 ϕ 成正比；又根据 $F=Ni=Hl$，得 $H=\frac{N}{l}i$，当 N、l 一定时，磁场强度 H 与电流 i 成正比。由此可得铁心线圈的 $\phi-i$ 曲线和铁心材料的基本 $B-H$ 曲线形状相似，如图 7－16 所示，可以看出 $\phi-i$ 关系也是非线性的。

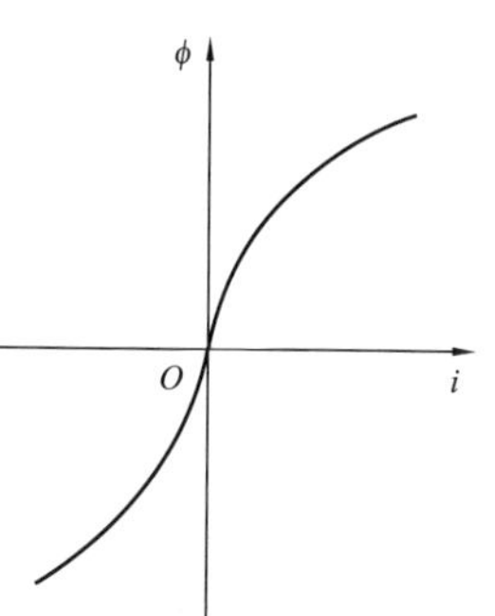

图 7－16　铁心线圈的 $\phi-i$ 曲线

事实上只要将基本磁化曲线的纵坐标、横坐标各乘以相应的比例系数，也可得到 $\phi-i$ 曲线。根据 $\phi-i$ 曲线，下面讨论正弦电压作用下磁化电流的波形以及正弦电流作用下磁通与电压的波形。

1. 正弦电压作用下磁化电流的波形

当忽略了所有的功率损耗，线圈中的电流仅用来产生磁通时，称这样的电流为磁化电流，用 i_{M} 表示。从前面分析可得，当电压 u 为正弦量时，磁通 ϕ 也是正弦量，令 $\phi=\phi_{\mathrm{m}}\sin(\omega t)$，波形如图 7－17（b）中的 ϕ 曲线。根据图 7－17（a）中的 $\phi-i$ 曲线，采用逐点描绘的方法得到磁化电流 i_{M} 随时间变化的波形曲线，如图 7－17（b）中的 i_{M} 曲线。具体作法是：在 $t=t_1$ 时，在图 7－17（b）中的 ϕ 曲线上找出点“1”，其纵坐标为 ϕ_1，在图 7－17（a）中 $\phi-i$ 曲线上找出磁通为 ϕ_1 的点“1′”，其横坐标为 i_1，就为 $t=t_1$ 时 $i_{\mathrm{M}}(t_1)$ 的电流。用同样的方法可得到一系列不同时间 t 的电流，最后将各电流点连成 i_{M} 曲线，如图 7－17（b）所示。

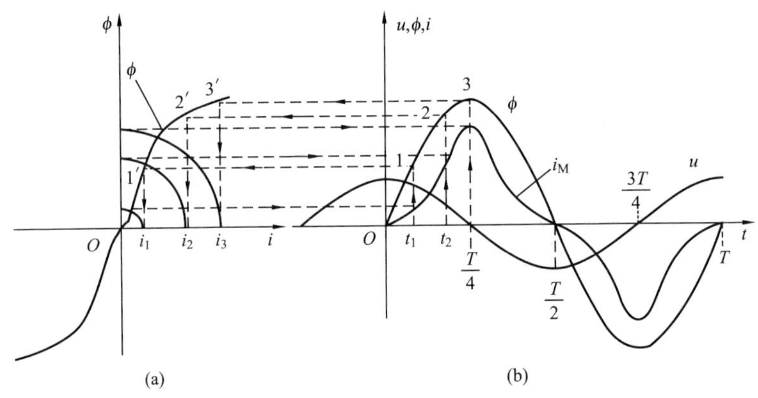

图 7－17　正弦电压作用下磁化电流的波形

由图 7－17（b）可得，当电压、磁通均为正弦波时，电流却是具有尖顶的非正弦波。这种波形畸变是由于 $\phi-i$ 曲线的非线性引起的，其实质是由于铁心的磁饱和造成的。若电源电压越高，磁通越大，铁心磁饱和程度越深，则电流波形越尖，畸变越厉害。如果电压和磁通的振幅都较小，使铁心未达饱和，则电流波形将近似于正弦波。

为了使电流 i_{M} 接近正弦波，可以使铁心工作在非饱和区，但这样会使铁心的尺寸加大，重量增加，所以在实际工程中，铁心一般工作在接近饱和的区域。

2. 正弦电流作用下磁通与电压的波形

如果交流铁心线圈的电流是正弦时，并设 $i=I_{\mathrm{m}}\sin(\omega t)$，同样根据 $\phi-i$ 曲线，采用逐点描绘的方法作出磁通 ϕ 的波形，如图 7－18（b）中所示的 ϕ 曲线。再根据 $u=N\dfrac{\mathrm{d}\phi}{\mathrm{d}t}$，在 ϕ 曲线上求出各点的磁通变化率 $\dfrac{\mathrm{d}\phi}{\mathrm{d}t}$，就可得到电压 u 的波形，如图 7－18（b）中的 u 曲线。

由此可见，交流铁心线圈的电流 i 为正弦波时，由于磁饱和的影响，磁通和电压都为非正弦波，其中磁通 ϕ 的波形为平顶波，电压 u 的波形为尖顶波。

在铁心线圈电路中，一般情况都是正弦电压加在线圈中，而线圈电流为正弦量的情况较少。另外，以上的讨论都未计及铁心的功率损耗，如果将铁心在交变磁化时的磁滞和涡流影

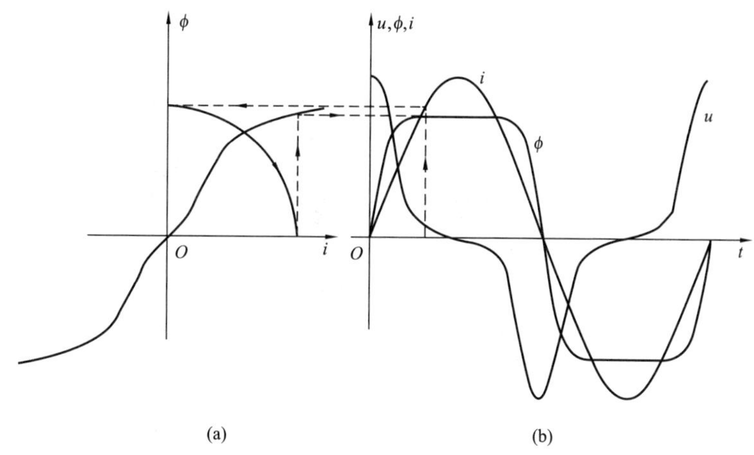

图 7-18 正弦电流作用下磁通与电压的波形

响考虑进去，则波形畸变必将更为显著。

四、交流铁心线圈的功率损耗

当铁心线圈中通入交流电流时，线圈本身的等效电阻 R 上将产生有功损耗 RI^2，称为铜损，用 ΔP_{Cu} 表示；同时，在交流电源的作用下，铁心会被交变磁化而产生功率损耗，称为铁损，又称为磁损耗，用 ΔP_{Fe} 表示。铁损表现为磁滞损耗和涡流损耗，其中磁滞损耗是由于铁磁性物质的磁滞现象引起的损耗；涡流损耗是因铁心内涡流的存在而产生的损耗。

1. 磁滞损耗

铁心在交变磁化时，内部的磁畴要随外电场的方向反复转向，相互间产生摩擦，使铁心发热而造成能量损耗，这就是磁滞损耗，用 ΔP_{h} 表示，它因磁滞效应而产生。可以证明，交变磁化一个周期在铁心的单位体积内所产生的磁滞损耗与磁滞回线所包围的面积成正比。工程上计算磁滞损耗常用的计算公式为

$$\Delta P_{\mathrm{h}} = K_{\mathrm{h}} f B_{\mathrm{m}}^{n} V \tag{7-31}$$

式中：ΔP_{h} 为磁滞损耗，W；f 为交流电源频率，Hz；B_{m} 为磁感应强度最大值，T；n 为指数，取值范围为 1.5～2.5，当 $B_{\mathrm{m}}<1\mathrm{T}$ 时 $n\approx1.6$，当 $B_{\mathrm{m}}>1\mathrm{T}$ 时 $n\approx2$；V 为铁心体积，m^3；K_{h} 为由实验确定的系数，与铁磁材料性质有关，对于铸钢，K_{h} 约为 0.25，对于硅钢，K_{h} 约为 0.001。

为了减小磁滞损耗，一般交流铁心常采用磁滞回线狭长的软磁材料，如电工硅钢片、冷轧硅钢片和坡莫合金等，如变压器和电机中常采用硅钢作为铁心材料，其磁滞损耗较小。此外，在设计时适当降低 B_{m} 值以减小铁心饱和程度，也是降低磁滞损耗的有效办法之一。

2. 涡流损耗

当线圈中通入交变电流时，铁心中的磁通也是交替变化的，这不仅会在线圈中产生感应电动势，而且由于铁心也是导电材料，也会在铁心中产生感应电动势，从而产生像漩涡一样的环形电流，称为涡流。涡流在铁心中垂直于磁场方向的平面内流动，如图 7-19 所示，其中图 7-19（a）所示为实心铁心，图 7-19（b）所示为钢片叠装铁心。铁心中的涡流要消

耗能量而使铁心发热，这种能量损耗叫涡流损耗，用 ΔP_e 表示。

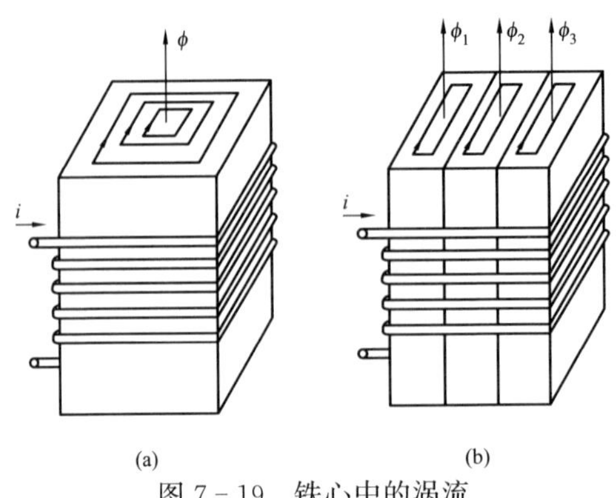

图 7－19 铁心中的涡流

(a) 实心铁心中的涡流；(b) 钢片叠装铁心中的涡流

工程上计算涡流损耗常用的经验公式为

$$\Delta P_e = K_e f^2 B_m^2 V \tag{7-32}$$

式中：ΔP_e 为涡流损耗，W；f 为交流电源频率，Hz；B_m 为磁感应强度最大值，T；V 为铁心体积，m^3；K_e 为与铁心材料的电阻率、厚度及磁通波形有关的系数。

涡流在某些场合是有害的，必须加以限制。如变压器、电机等电气设备，如果它们的铁心中存在涡流，一方面会引起大量的能量损耗，造成电能的浪费，降低设备的效率；另一方面会释放大量的热量，引起铁心发热，甚至烧坏设备。在这种情况下，就应该尽量减小涡流及其损耗，一般有以下两种途径：

(1) 选用电阻率较高的铁磁性材料作铁心。常采用掺杂的方法来提高材料的电阻率，如在铁心中掺入硅使其电阻率大为提高。

(2) 采用表面涂有绝缘漆或附有天然绝缘氧化层的薄片叠装而成的叠片铁心以代替整块铁心，并使薄片平面与磁力线平行。这样就可以把涡流有效地限制在各薄片内，增大了铁心中涡流路径的电阻，从而大大减小了涡流及其损耗，如图 7－19 (b) 所示。

另外，涡流在有些场合也是有用的。例如在冶金、机械生产中的高频熔炼、高频焊接以及各种感应加热，都利用了涡流的热效应。除此之外，涡流还将产生机械效应，主要表现为电磁阻尼和电磁驱动，这应用于一些电磁仪表、异步电动机等设备中。

3. 总的功率损耗

磁滞损耗和涡流损耗的总和称为铁损，即

$$\Delta P_{Fe} = \Delta P_h + \Delta P_e = K_h f B_m^n V + K_e f^2 B_m^2 V \tag{7-33}$$

实际计算铁损时，一般不需要分别计算出磁滞损耗 ΔP_h 和涡流损耗 ΔP_e，而采用下面的经验公式来计算总的铁损

$$\Delta P_{Fe} = P_{1/50} B_m^2 \left(\frac{f}{50}\right)^{1.3} G \tag{7-34}$$

式中：$P_{1/50}$ 为频率 $f=50$Hz，且最大电磁感应强度 $B_m=1$T 时，每千克铁心的铁损，W/kg；B_m 为最大电磁感应强度，T；f 为交流电源频率，Hz；G 是铁心的质量，kg。

综上所述，交流铁心线圈电路中总的功率损耗 P 可表示铜损与铁损之和，即

$$P = UI\cos\varphi = \Delta P_{Cu} + \Delta P_{Fe} = RI^2 + \Delta P_{Fe} \quad (7-35)$$

五、交流铁心线圈的等效电路

在分析交流铁心线圈时，常用一个不含铁心的交流等效电路来代替。这个交流等效电路由理想的电路元件组成，称为交流铁心线圈的等效电路，其等效条件为：在同样的电压作用下，电流的大小及电流与电压之间的相位关系保持不变，电路中的功率不变。这样就可以把含有磁路的交流铁心线圈简化成交流等效电路来分析了。

（一）考虑线圈电阻 R 及漏磁通 ϕ_δ 的等效电路

1. 电压与电流的关系

根据前面的分析，在图 7－20（a）中的交流铁心线圈两端通入正弦电压 u 时，由于铁心磁饱和的影响，线圈中的电流 i 不是正弦波，而是尖顶波。若考虑线圈电阻 R 及漏磁通 ϕ_δ，根据式（7－25），有

$$u - iR + e + e_\delta = 0$$

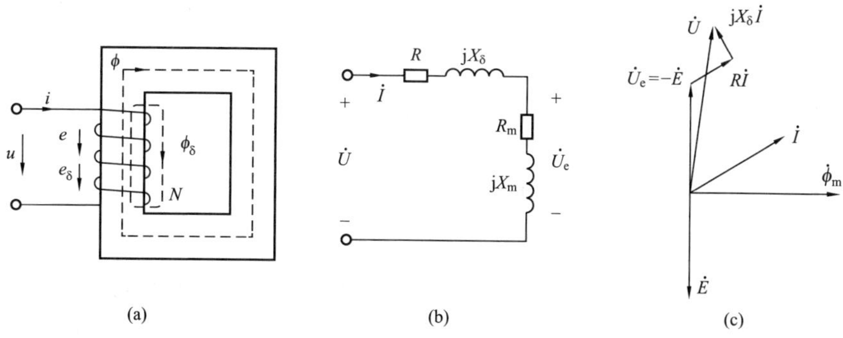

图 7－20　考虑线圈电阻 R 及漏磁通 ϕ_δ 的等效电路

为了便于分析，工程中常把非正弦周期电流用相应的等效正弦周期电流来表示，这样上式就可以用相量表示成

$$\dot{U} - R\dot{I} + \dot{E} + \dot{E}_\delta = 0$$

即

$$\dot{U} = R\dot{I} - \dot{E} - \dot{E}_\delta \quad (7-36)$$

若主磁通 ϕ 产生的感应电压用 $\dot{U}_e$ 来表示，漏磁通产生的感应电压用 $\dot{U}_\delta$ 来表示，则有

$$\dot{U}_e = -\dot{E} = \mathrm{j}4.44fN\dot{\phi}_m \quad (7-37)$$

$$\dot{U}_\delta = -\dot{E}_\delta \quad (7-38)$$

由于漏磁通主要是通过空气而闭合，而空气的磁导率是常数，因此由式（7－24）得 $e_\delta = -L_\delta \dfrac{\mathrm{d}i}{\mathrm{d}t}$，则其相量形式为

$$\dot{E}_\delta = -\mathrm{j}L_\delta\omega\dot{I} = -\mathrm{j}X_\delta\dot{I} \quad (7-39)$$

式中：ω 为电源的角频率；X_δ 为交流铁心线圈的漏磁感抗，简称漏电抗或漏抗，$X_\delta = \omega L_\delta$，Ω。

将式（7－37）、式（7－39）代入式（7－36），有

$$\dot{U}=R\dot{I}+\dot{U}_e+jX_\delta\dot{I}=(R+jX_\delta)\dot{I}+\dot{U}_e \tag{7-40}$$

式（7－40）就是考虑线圈电阻 R 及漏磁通 ϕ_δ 时的交流铁心线圈中的电压和电流关系式。

2. 等效电路

根据等效的条件，等效后电流的大小以及电流与电压之间的相位关系应保持不变，说明等效后电路中的功率也应保持不变。因此，下面根据式（7－40），并从功率不变的角度来讨论交流铁心线圈的等效电路模型。

由式（7－35）得交流铁心线圈中总的有功损耗为

$$P=RI^2+\Delta P_{Fe}$$

其中，第一部分 RI^2 是铜损，是由线圈电阻引起的功率损耗；第二部分 ΔP_{Fe} 是铁损，是由于铁心的磁滞和涡流所引起的功率损耗。

交流铁心线圈吸收的无功功率 Q 主要用于两方面：一是建立漏磁场，产生漏磁通所需的无功，用 Q_δ 表示；二是建立主磁场，产生主磁通所需的无功，用 Q_{Fe} 表示，即

$$Q=Q_\delta+Q_{Fe} \tag{7-41}$$

根据等效的条件中要求同样电压（即 $\dot{U}=R\dot{I}+\dot{U}_e+jX_\delta\dot{I}$）下功率应保持不变，即有功损耗 P 和无功功率 Q 均应不变，由此可确定交流铁心线圈的交流等效电路模型可由以下三部分串联组成：

（1）一个阻值为 R 的电阻元件，其两端的电压等于交流铁心线圈中线圈等效电阻上的电压 $R\dot{I}$，它的有功功率等于交流铁心线圈的铜损 RI^2。

（2）一个感抗为 $X_\delta=\omega L_\delta$ 的电感元件，它两端的电压等于交流铁心线圈中由漏磁通产生的感应电压，即 $\dot{U}_\delta=-\dot{E}_\delta=jX_\delta\dot{I}$；它的无功功率 $X_\delta I^2$ 等于交流铁心线圈中用来建立漏磁场，产生漏磁通所需的无功，即 $Q_\delta=X_\delta I^2$；当频率一定时，X_δ 和 L_δ 都是常数。

（3）一个复阻抗，其大小为 $Z_m=R_m+jX_m$，其中 Z_m 为交流铁心线圈的励磁阻抗；R_m 为励磁电阻；X_m 为励磁电抗。阻抗 Z_m 两端的电压等于交流铁心线圈中由主磁通产生的感应电压，即 $\dot{U}_e=-\dot{E}=\dot{I}Z_m$；它消耗的有功功率 R_mI^2 等于交流铁心线圈的铁损 ΔP_{Fe}，即 $\Delta P_{Fe}=R_mI^2$；它的无功功率 X_mI^2 等于交流铁心线圈用来建立主磁场，产生主磁通所需的无功 Q_{Fe}，即 $Q_{Fe}=X_mI^2$。

因此，交流铁心线圈的交流等效电路模型如图 7－20（b）所示，总阻抗为 $Z=R+jX_\sigma+Z_m$，相量图如图 7－20（c）所示。

值得注意的是，由于铁损与电源频率、磁化电流等有关，因此 R_m 不是常数；交流铁心线圈的主磁场与铁心材料有关，而铁心材料的磁导率不是常数，所以 X_m 不是常数，但是当端电压变化不大时，R_m 和 X_m 可近似看成常数。

【例 7－5】 电阻 $R=0.2\Omega$、漏抗 $X_\delta=0.3\Omega$ 的铁心线圈接在 $U=100$V 的正弦电压下，测得电流 $I=10$A，有功功率 $P=120$W 。试求：

（1）铜损 ΔP_{Cu} 和铁损 ΔF_{Fe}。

（2）主磁通产生的感应电动势 E。

解题思路： 求铜损 ΔP_{Cu}，是求铁心线圈的等效电阻上产生的有功损耗，可根据公式 $P=I^2R$ 得到；求铁损 ΔF_{Fe}，一般可根据公式 $P=RI^2+\Delta P_{Fe}$ 得到；已知线圈电阻 R 及漏磁通 ϕ_δ

时，求主磁通产生的感应电动势 E，应根据式（7-40）先求出其相量 $\dot{E}=-\dot{U}_e=(R+jX_\delta)\dot{I}-\dot{U}$，因此关键在于如何求出电压相量 $\dot{U}$ 和电流相量 $\dot{I}$。

解 （1）线圈铜损为

$$\Delta P_{Cu}=I^2R=10^2\times0.2=20\,(W)$$

铁损为

$$\Delta F_{Fe}=P-\Delta P_{Cu}=120-20=100\,(W)$$

（2）功率因数为

$$\cos\varphi=\frac{P}{UI}=\frac{120}{100\times10}=0.12$$

所以功率因数角为

$$\varphi=\arccos0.12=83.1^\circ$$

如果设电流 $\dot{I}=I\angle0^\circ=10\angle0^\circ A$，则有

$$\dot{U}=U\angle\varphi=100\angle83.1^\circ\,(V)$$

由式（7-40）得

$$-\dot{U}_e=(R+jX_\delta)\dot{I}-\dot{U}$$

即

$$\dot{E}=(R+jX_\sigma)\dot{I}-\dot{U}$$

所以，主磁通产生的感应电动势 $\dot{E}$ 为

$$\dot{E}=(0.2+j0.3)\times10\angle0^\circ-100\angle83.1^\circ=96.8\angle95.9^\circ\,(V)$$

感应电动势的有效值为

$$E=96.8\,(V)$$

（二）不考虑线圈电阻 R 及漏磁通 ϕ_δ 的等效电路

1. 电压与电流的关系

若不考虑线圈电阻 R 及漏磁通 ϕ_δ，由式（7-26）得交流铁心线圈的电压方程为

$$u+e=0$$

即

$$u=-e$$

由式（7-40）和以上分析得

$$\dot{U}=\dot{U}_e=\dot{I}Z_m=\dot{I}(R_m+jX_m)$$

上式即是不考虑 R 和 ϕ_δ 时，交流铁心线圈中的电压和电流关系式。

2. 等效电路

不考虑线圈电阻 R 及漏磁通 ϕ_δ，线圈的有功损耗只有交流铁心线圈的铁损，即 $P=\Delta P_{Fe}$，无功损耗只有用来建立主磁场以产生主磁通所需的无功，即 $Q=Q_{Fe}$。由此可确定交流铁心线圈的等效电路如图 7-21（a）所示，电路由以下两部分串联组成：

（1）一个电阻为 R_m 的电阻元件，R_m 称为励磁电阻，它消耗的有功功率 R_mI^2 等于交流铁心线圈的铁损 ΔP_{Fe}，即 $\Delta P_{Fe}=R_mI^2$。

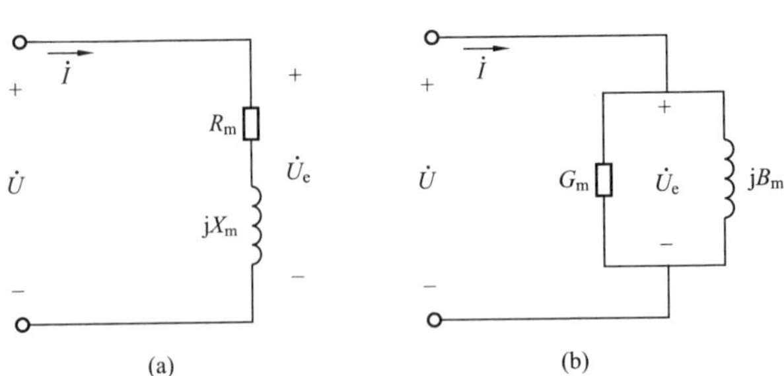

图 7-21 不考虑线圈电阻 R 及漏磁通 ϕ_δ 的等效电路

(a) 等效串联电路模型；(b) 等效并联电路模型

（2）一个电抗为 X_m 的电感元件，X_m 称为励磁电抗，它的无功功率 X_mI^2 等于交流铁心线圈用来产生主磁通所需的无功 Q_{Fe}，即 $Q_{Fe}=X_mI^2$。

图 7-21（a）称为交流铁心线圈不考虑线圈电阻 R 及漏磁通 ϕ_δ 的等效串联电路模型，总的阻抗为 $Z_m=R_m+jX_m$，称为励磁阻抗。另外，因为导纳 $Y_m=\dfrac{1}{Z_m}=G_m+jB_m$，所以交流铁心线圈的等效电路又可用电导和电纳的并联来表示，称为等效并联电路模型，如图 7-21（b）所示，并称 Y_m 为励磁导纳，G_m 为励磁电导，B_m 为励磁电纳。

应当指出，以上参数 R_m、X_m、G_m 和 B_m 都是非线性的，在不同的线圈电压下有不同的值。当电压变化不大时，可近似看成常数，仍可采用以上模型，并用等效正弦量来分析。

【例 7-6】 将一匝数 $N=1000$ 的铁心线圈接到电压 $U=220$V 的工频正弦电压源上，测得线圈的电流 $I=2$A，功率 $P=200$W。不计线圈电阻及漏磁通，试求该交流铁心线圈的：

（1）主磁通的最大值 ϕ_m。

（2）等效串联电路模型的 Z_m、R_m 和 X_m 参数。

（3）等效并联电路模型的 Y_m、G_m 和 B_m 参数。

解题思路：不计线圈电阻及漏磁通，求主磁通的最大值 ϕ_m，应根据 $U=4.44fN\phi_m$ 来求；要求等效串联电路模型和等效并联电路模型的参数，可根据公式 $Z_m=\dfrac{\dot{U}}{\dot{I}}$ 和 $Y_m=\dfrac{1}{Z_m}$ 来求。

解 （1）忽略线圈电阻及漏磁通，由式 $U=4.44fN\phi_m$ 得

$$\phi_m=\frac{U}{4.44fN}=\frac{220}{4.44\times50\times1000}=9.91\times10^{-4}\ (\text{Wb})$$

（2）又因为 $P=UI\cos\varphi$，有

$$\varphi=\arccos\frac{P}{UI}=\arccos\frac{200}{220\times2}=63^\circ$$

励磁阻抗为

$$Z_m=R_m+jX_m=\frac{U}{I}\angle\varphi=\frac{220}{2}\angle63^\circ=110\angle63^\circ$$

励磁电阻为

$$R_m=110\cos63^\circ=49.9\ (\Omega)$$

励磁电抗为

$$X_m = 110\sin 63° = 98\ (\Omega)$$

(3) 励磁导纳为

$$Y_m = G_m + jB_m = \frac{1}{Z_m} = \frac{1}{110\angle 63°} = 0.009\angle -63°$$

则励磁电导 G_m 和励磁电纳 B_m 分别为

$$G_m = 0.009\cos(-63°) = 0.004\ (S)$$
$$B_m = 0.009\sin(-63°) = -0.008\ (S)$$

一、磁场的主要物理量

磁场的主要物理量包括磁感应强度 B、磁通 ϕ、磁导率 μ 和磁场强度 H。

二、磁场的基本性质

(1) 磁通的连续性原理：磁场中任一闭合面的总磁通恒等于零，其数学表达式为

$$\phi = \oint_S B\mathrm{d}S = 0$$

上式表明穿进某一闭合面的磁通恒等于穿出此面的磁通。

(2) 安培环路定律：在磁场中，磁场强度矢量 H 沿任一闭合曲线 l 的线积分等于穿过此闭合曲线所围成的面积内所有电流的代数和，数学表达式为

$$\oint_l H\mathrm{d}l = \Sigma I$$

三、铁磁性物质的磁性能

铁磁性物质的磁性能主要包括磁化性、高导磁性、磁饱和性、磁滞性和剩磁性等。

铁磁性物质的磁导率较大，且不是常数，$B-H$ 关系为非线性。磁化曲线有起始磁化曲线、磁滞回线和基本磁化曲线之分。

四、磁路基本定律

磁路与电路相似，基本定律有：

(1) 磁路的基尔霍夫第一定律：$\Sigma\phi = 0$。

(2) 磁路的基尔霍夫第二定律：$\Sigma Hl = \Sigma NI$ 或 $\Sigma U_m = \Sigma F$。

(3) 磁路的欧姆定律：$U_m = R_m\phi$。

五、恒定磁通磁路的计算

恒定磁通磁路的计算一般分为两类问题：一类是已知磁通 ϕ 求磁通势 F，称为正面问题；另一类是已知磁通势 F 求磁通 ϕ，称为反面问题。

六、交流铁心线圈

(1) 交流铁心线圈是一个非线性器件，如果考虑线圈电阻及漏磁通，铁心线圈的电压、电流关系为

$$\dot{U} = (R + jX_\delta)\dot{I} + (-\dot{E})$$

(2) 如果忽略线圈电阻及漏磁通，则线圈的电压近似等于主磁通的感应电动势。它们间的关系为

$$\dot{U}=-\dot{E}=\mathrm{j}4.44fN\dot{\phi}_{\mathrm{m}}$$

（3）由于磁饱和的影响，在正弦电压作用下，励磁电流畸变为非正弦尖顶波。磁滞和涡流引起铁心损耗，加剧电流波形畸变。铁心损耗为磁滞损耗与涡流损耗之和。

（4）根据式 $\dot{U}=(R+\mathrm{j}X_{\delta})\dot{I}+(-\dot{E})$ 和式 $\dot{U}=-\dot{E}$，可以建立交流铁心线圈的等效电路模型。其等效条件为：在同样的电压作用下，电流的大小及电流与电压之间的相位关系保持不变，电路中的功率不变。这样就可以把含有磁路的交流铁心线圈简化成交流等效电路来分析了。

一、填空题

7-1　规定磁场中小磁针＿＿＿＿＿极所指的方向为该点磁场的方向。

7-2　电流周围存在着磁场，其方向与电流符合＿＿＿＿＿定则。

7-3　当与回路交链的磁通发生变化时，回路中就要产生＿＿＿，它的大小与磁通的＿＿＿＿＿成正比。

7-4　磁场强度 H 和磁感应强度 B 的大小关系为＿＿＿＿＿，方向＿＿＿＿＿。

7-5　铁磁性物质被磁化的外因是＿＿＿＿＿＿＿＿，内因是＿＿＿＿＿＿＿＿。

7-6　铁磁性物质在交变磁化过程中，磁感应强度 B 的变化比磁场强度 H 的变化滞后的现象称为＿＿＿。

7-7　用铁磁性材料作电动机及变压器铁心，主要是利用其中的＿＿＿＿＿特性，制作永久磁铁是利用其中的＿＿＿＿＿特性。

7-8　根据磁滞回线的形状，常把铁磁性物质分成＿＿＿＿、＿＿＿＿、＿＿＿＿三类。

7-9　铁磁性物质的磁性能主要有＿＿＿＿性、＿＿＿＿性、＿＿＿＿性和＿＿＿＿性。

7-10　通过磁路闭合的磁通称为＿＿＿＿磁通，而穿出铁心，经过磁路周围非铁磁性物质闭合的磁通称为＿＿＿＿＿磁通。

7-11　相同长度、相同截面积的两段磁路，a 段为气隙，b 段为铸钢，这两段磁阻的正确关系是 R_{ma} ＿＿＿＿＿ R_{mb}。

7-12　在无分支恒定磁通磁路的计算中，常将＿＿＿＿＿＿＿相同、＿＿＿＿＿＿＿相等的部分划为一段，这样每一段都是均匀磁路。

7-13　铁心损耗包括＿＿＿＿＿、＿＿＿＿＿两部分损耗，两者合称＿＿＿＿＿损耗。

7-14　当交流铁心线圈的电压为正弦波时，磁通为＿＿＿＿波，由于磁饱和的影响，磁化电流是＿＿＿＿＿波。

二、选择题

7-15　由电磁感应定律得，闭合回路中的感应电动势的大小（　　）。

A. 与穿过这一闭合电路的磁通变化率成正比

B. 与穿过这一闭合电路的磁通成正比

C. 与穿过这一闭合电路的磁通变化量成正比

D. 与穿过这一闭合电路的磁感应强度成正比

7-16　磁滞损耗的大小与频率（　　）。

A. 成反比　　B. 成正比　　C. 无关

7-17　在电动机和变压器等电气设备中，常将铁心用彼此绝缘的硅钢片叠装而成，其目的是为了（　　）。

A. 减小铁心的涡流损耗　　B. 减小线圈损耗

C. 增大铁心的导磁性能

7-18　正弦电压激励的有气隙的铁心线圈，若其它条件不变，只是气隙减小，则主磁通将（　　）。

A. 增大　　B. 减小　　C. 不变

7-19　电源频率增加一倍，线圈中的感应电动势（　　）。

A. 不变　　B. 增加一倍

C. 减小一半　　D. 略有增加

三、分析计算题

7-20　基本磁化曲线是怎样作出来的？它主要有何作用？

7-21　两个形状、大小和匝数完全相同的环形螺管线圈，一个用塑料（非铁磁性物质）作芯子，另一个用铁心。当两线圈均通以大小相等的电流时，试比较两个线圈中 B、ϕ 和 H 的大小。

7-22　试比较恒定磁通磁路与直流电阻电路的有关物理量和基本定律。

7-23　一个边长 10cm 的正方形线圈放在 $B=0.8$T 的均匀磁场中，线圈平面与磁场方向垂直。试求穿过该线圈的磁通。

7-24　磁路中有一长 0.8cm、截面积为 $24\times10^{-4}\text{m}^2$ 的气隙，试求气隙的磁阻。

7-25　如图 7-22 所示，截面积 S 为 4cm^2、平均长度 l 为 0.6m 的均匀铸铁圆环，绕有 500 匝线圈。如线圈中通入 0.8A 的电流，试求磁路的磁通和磁阻。

7-26　图 7-23 所示是一个由铸钢构成的闭合均匀磁路，已知截面积 $S=6\text{cm}^2$，磁路的平均长度 $l=0.4$m。若要在铁心中产生 4.2×10^{-4}Wb 的磁通 ϕ，线圈匝数为 200，试求线圈中应通入的电流 I 及磁路的磁阻。

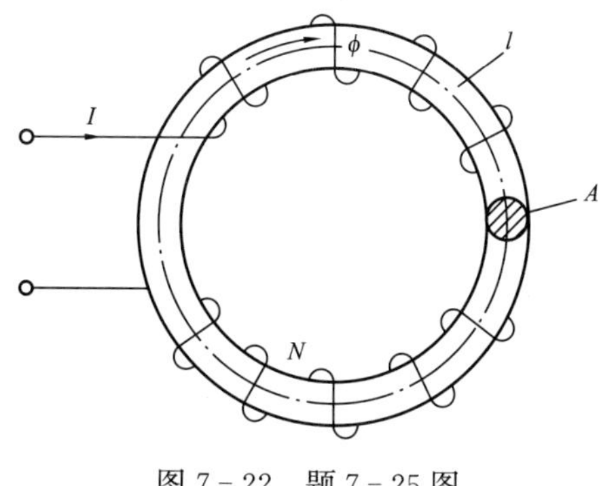

图 7-22　题 7-25 图

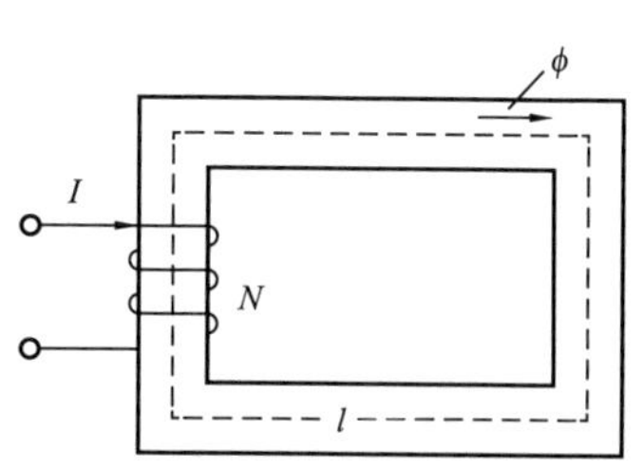

图 7-23　题 7-26 图

7-27　有一直流磁路如图 7-24 所示。铁心和衔铁由 D21 硅钢片叠装而成，叠装系数为 $K=0.96$，磁路的截面积为正方形，$a=10$cm，$l_1=50$cm，$l_2=100$cm，$l_0=5$cm，线圈匝数 $N=1000$，欲使气隙磁通 $\phi=3\times10^{-3}$Wb，求所需的磁通势和线圈电流。

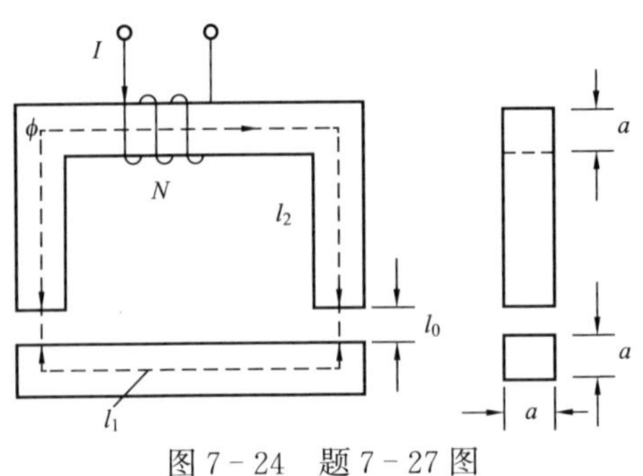

图 7-24 题 7-27 图

7-28 题 7-27 中，其它条件不变，若已知磁通势 $F=2000\text{A}$，求磁路中的磁通 ϕ。

7-29 $N=500$ 匝的铁心线圈，接于频率为 50Hz、有效值为 380V 的正弦电压上，若忽略线圈电阻和漏磁通，求铁心中磁通的最大值 ϕ_m。

7-30 一个铁心线圈接在有效值为 220V、频率为 50Hz 的正弦电压上，要使铁心中产生最大值为 $2.35\times10^{-4}\text{Wb}$ 的磁通，试问线圈的匝数应为多少？

7-31 一个铁心线圈在 $f=50\text{Hz}$ 时的铁损为 1kW，且磁滞损耗、涡流损耗各占一半。如 $f=60\text{Hz}$，且保持 B_m 不变，则其铁损为多少？

7-32 铁心线圈电阻 $R=0.5\Omega$，漏抗 $X_\sigma=1\Omega$，外加电压 $U=100\text{V}$ 时，测得励磁电流 $I=5\text{A}$，有功功率 $P=200\text{W}$，试求：

（1）铁损。

（2）主磁通产生的感应电压。

7-33 铁心线圈所接正弦电压 $U=220\text{V}$，测得电流 $I=2.5\text{A}$，功率 $P=80\text{W}$。不计线圈电阻及漏磁通，试求线圈的功率因数、励磁电阻和励磁电抗。

7-34 归纳并总结本章重点内容。

附录 A　常用铁磁性物质的磁化数据表

常用铁磁性物质的磁化数据见表 A－1～表 A－5。

表 A－1　**铸钢磁化数据表**　单位：A/m

B（T）	0	0.01	0.02	0.03	0.04	0.05	0.06	0.07	0.08	0.09
0.4	320	328	336	344	352	360	368	376	384	392
0.5	400	408	415	426	434	443	452	461	470	479
0.6	488	497	506	516	525	535	544	554	564	574
0.7	584	593	603	613	623	632	642	652	662	672
0.8	682	693	703	724	734	745	755	766	776	787
0.9	798	810	823	835	848	860	873	885	898	911
1.0	924	938	953	969	986	1004	1022	1039	1056	1073
1.1	1090	1108	1127	1147	1167	1187	1207	1227	1248	1269
1.2	1290	1315	1340	1370	1400	1430	1460	1490	1520	1555
1.3	1590	1630	1670	1720	1760	1810	1860	1920	1970	2030
1.4	2090	2160	2230	2300	2370	2440	2530	2620	2710	2800
1.5	2890	2990	3100	3210	3320	3430	3560	3700	3830	3960

表 A－2　**铸铁磁化数据表**　单位：A/m

B（T）	0	0.01	0.02	0.03	0.04	0.05	0.06	0.07	0.08	0.09
0.5	2200	2260	2350	2400	2470	2550	2620	2700	2780	2860
0.6	2940	3030	3130	3220	3320	3420	3520	3620	3720	3820
0.7	3920	4050	4180	4320	4460	4600	4750	4910	5070	5230
0.8	5400	5570	5750	5930	6160	6300	6500	6710	6930	7140
0.9	7360	7500	7780	8000	8300	8600	8900	9200	9500	9800
1.0	10 100	10 500	10 800	11 200	11 600	12 000	12 400	12 800	13 200	13 600
1.1	14 000	14 400	14 900	15 400	15 900	16 500	17 000	17 500	18 100	18 600

表 A－3　**D21 硅钢片磁化数据表**　单位：A/m

B（T）	0	0.01	0.02	0.03	0.04	0.05	0.06	0.07	0.08	0.09
0.8	340	348	356	364	372	380	389	398	407	416
0.9	425	435	445	455	465	475	488	500	512	524
1.0	536	549	562	575	588	602	616	630	645	660
1.1	675	691	708	726	745	765	786	808	831	855
1.2	880	906	933	961	990	1020	1050	1090	1120	1160
1.3	1200	1250	1300	1350	1400	1450	1500	1560	1620	1680
1.4	1740	1820	1890	1980	2060	2160	2260	2380	2500	2640

表 A-4 D23 硅钢片磁化数据表 单位：A/m

B（T）	0	0.01	0.02	0.03	0.04	0.05	0.06	0.07	0.08	0.09
1.0	383	392	401	411	422	433	444	456	467	480
1.1	493	507	521	536	552	568	584	600	616	633
1.2	652	672	694	716	738	762	786	810	836	862
1.3	890	920	950	980	1010	1050	1090	1130	1170	1210
1.4	1260	1310	1360	1420	1480	1550	1630	1710	1810	1910

表 A-5 D41 硅钢片磁化数据表 单位：A/m

B（T）	0	0.01	0.02	0.03	0.04	0.05	0.06	0.07	0.08	0.09
1.0	161	165	169	172	176	180	184	189	194	199
1.1	203	209	215	223	231	240	249	257	266	275
1.2	285	296	307	317	328	338	351	363	377	393
1.3	409	426	444	463	485	507	533	560	585	612
1.4	636	665	695	725	760	790	828	865	903	946
1.5	996									

附录B　磁场基本知识及电磁感应

B-1　磁场的基本概念

一、磁现象

1. 磁体的磁效应

实验表明，磁铁有吸引铁、钴、镍等物质的性质，人们把像磁铁这种能够吸引铁类物质的性质称为磁性。凡具有磁性的物体叫做磁体，能长时间保持磁性的物体叫做永久磁体。那些能够被磁体所吸引的物质叫铁磁性物质，又称为磁性物质。

磁体两端磁性最强的区域叫做磁极，任何一个磁体都有两个极性，一个是南极，用S表示；一个是北极，用N表示。磁体的南极和北极不能独立存在，这种现象称为磁极的不可分离性，这是磁与电的基本区别之一。

磁极与磁极之间存在作用力，同性磁极互相排斥，异性磁极互相吸引。

2. 电流的磁效应

物理学家奥斯特在1819年发现，把磁针放在通电导线周围，磁针会发生偏转，这说明电流也能够产生磁效应。

另外，磁体会对运动电荷或电流产生作用力，同时，电流与电流之间也存在作用力。

3. 磁现象的电本质

电流的形成是由于电荷的定向运动产生的，所以电流的磁效应在于运动电荷之间的相互作用。

磁体的磁效应也是由于磁体内部的分子电流产生的。根据分子电流假说，原子、分子等物质微粒内部存在着分子电流。分子电流使每一个物质微粒都成为一个微小的磁体。通常情况下的分子电流方向杂乱无章，它们产生的磁性互相抵消，物体对外不呈现磁性。如果物质微粒内部分子电流的方向趋于一致，物质对外就呈现磁性。

因此，无论是磁体还是电流产生的磁效应，根本原因都是由于电荷的运动产生的，这就是磁现象的电本质，这也说明了磁与电密不可分。

二、磁场和磁力线

1. 磁场

磁场是在磁体或电流周围的空间产生的一种特殊形态的物质。磁场对处在它里面的磁体、电流或运动电荷都会施加作用力，这种作用力叫做磁场力或电磁力，简称磁力。因此，磁体与磁体之间、磁体与电流之间以及电流与电流之间的作用力都是通过磁场进行传递的。磁场具有力和能的特性。

磁场不仅有强弱，还有方向。磁场方向的规定：将小磁针放在磁场中某一点上，当磁针静止时，N极所指的方向即为该点磁场的方向。

2. 磁力线

磁场是一种比较抽象的物质，为了形象地表示其强弱和方向，通常用磁力线来表示，磁力线又称磁感应线。磁力线具有以下特点：

(1) 磁力线上每一点的切线方向就是该点磁场的方向。

（2）磁力线的疏密表示了磁场的强弱。磁力线密的地方表示该处磁场强，磁力线稀疏的地方表示该处磁场弱。

（3）磁体的磁力线从外部看是由N极到S极，从内部来看是由S极到N极。

（4）每根磁力线都是无头无尾、闭合且连续的曲线。任何两根磁力线在空间都不相交。

三、电流的磁场

1．通电直导线的磁场

通电直导线周围的磁场是非均匀的，磁力线都是在垂直于导线的平面内以导线为圆心的一系列同心圆，离导线越近的磁力线越密，磁场越强；离导线越远的地方磁力线越稀疏，磁场越弱，如图B－1（a）所示。

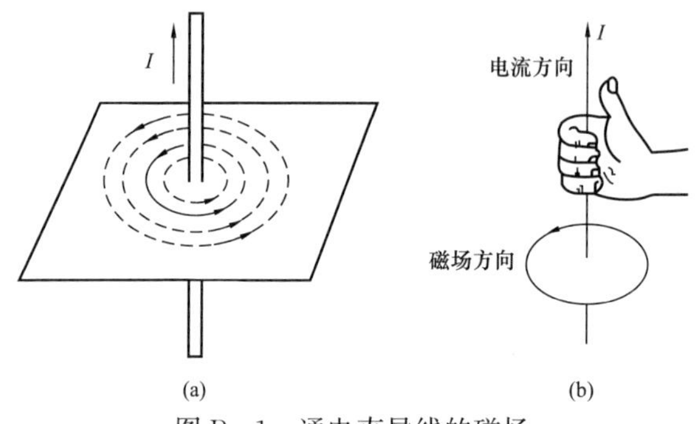

图B－1 通电直导线的磁场

（a）通电直导线的磁力线；（b）通电直导线的右手螺旋定则

通电直导线中电流的方向与磁力线的方向可用右手螺旋定则来断定，表述为：用右手握住导线，大拇指所指的方向是电流的方向，弯曲的四指所指的方向就是磁力线环绕的方向，如图B－1（b）所示。

2．通电线圈的磁场

通电线圈或螺线管在管内产生的磁场是均匀且与管轴线平行的，磁力线较密，磁场强；管外的磁力线较稀疏，磁场较弱，如图B－2（a）所示。对于无限长密绕的通电线圈或螺线管，可近似认为磁力线全部集中在管内，管外磁场为零。

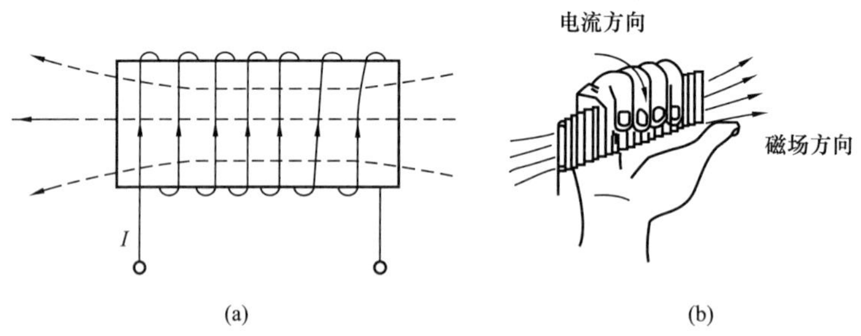

图B－2 通电线圈或螺线管的磁场

（a）通电线圈的磁力线；（b）通电线圈的右手螺旋定则

通电线圈或螺线管产生的磁力线与电流的方向也用右手螺旋定则来判断，表述为：用右手握住线圈，让弯曲的四指和线圈的电流方向一致，那么大拇指所指的方向就是线圈内部磁力线的方向，如图B－2（b）所示。

无论是通电直导线产生的磁场，还是通电线圈产生的磁场，其磁场方向与电流方向总是相互垂直的。

B-2　安培环路定律及应用

一、安培环路定律的内容

安培环路定律又称为全电流定律，其内容为：在磁场中，磁场强度矢量 H 沿任一闭合曲线 l 的线积分等于穿过此闭合曲线所围成的面积内所有电流的代数和，其数学表达式为

$$\oint_l H\mathrm{d}l = \sum i \tag{B-1}$$

其中，计算 $\oint_l H\mathrm{d}l$ 时，要选积分路线即曲线 l 的绕行方向，若某段磁场强度 H 的方向与 l 的绕行方向相同，则该段的 Hl 为正，否则为负。式（B-1）中的 i 是穿过以曲线 l 所包围的曲面的电流，电流的正负要根据它的方向和曲线 l 所选的绕行方向是否符合右手螺旋定则而定，规定如下：当穿过曲面的电流的参考方向与闭合曲线 l 的绕行方向符合右手螺旋定则时，该电流 i 为正，反之为负；若有电流不穿过曲线 l 所包围的曲面时，则 $\sum i$ 中不含有此电流。

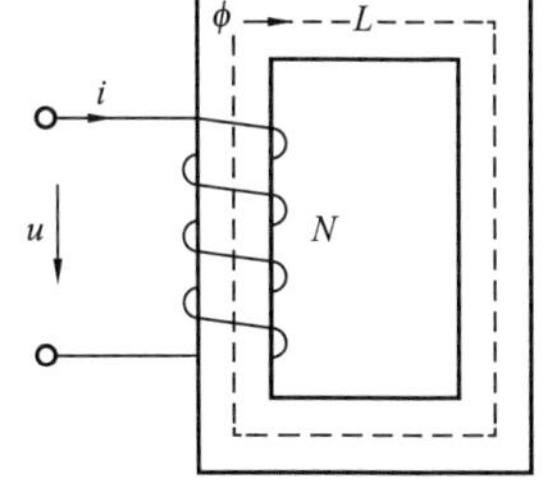

图 B-3　安培环路定律

图 B-3 所示的均匀磁路中，线圈匝数为 N，线圈电流为 i，铁心中的磁场强度为 H，若以铁心中心线磁通 ϕ 的路径作为积分路线 L，磁通的方向为回路的绕行方向，沿着整个回路，磁场强度的方向始终与铁心中心线平行且大小处处相等，于是有

$$\oint_L H\mathrm{d}l = HL = Ni$$

二、安培环路定律的应用

安培环路定律是磁场的一个基本性质，它表示了磁场强度与产生磁场的电流之间的关系，是计算磁场的基本公式。它主要应用于以下几方面。

1. 圆形截面的长直通电导线的磁场的计算

圆形截面的长直通电导线的磁场的计算包括导线外部和内部磁场的计算。假设长直通电导线的截面半径为 R，导线中的电流为 I 且沿导线轴线方向均匀流动，如图 B-4 所示。下面分别讨论圆形截面的长直通电导线外部和内部磁场的计算。

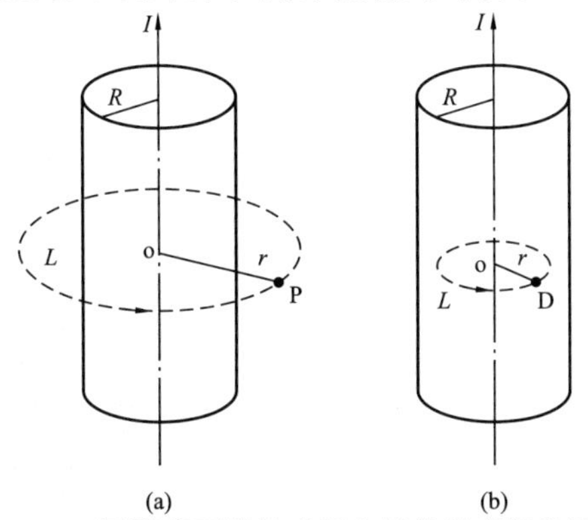

图 B-4　圆形截面的长直通电导线的磁场的计算

（a）通电导线外部磁场的计算；（b）通电导线内部磁场的计算

（1）通电导线外部磁场的计算。如图 B-4（a）所示，在导线的外面任取一点 P，设 P 点到导线轴线的垂直距离为 r（$r>R$），空气的磁导率近似为真空磁导率 μ_0。选取通过 P 点的磁力线作为积分环路 L，磁力线的方向作为环路的绕行方向。可以证明，环路上各点的磁场强度 H 大小相等，方向沿着 L 的切线方向，则磁场强度矢量沿曲线 L 的线积分为

$$\oint_L H\mathrm{d}l = H\oint_L \mathrm{d}l = H2\pi r \tag{B-2}$$

因环路的绕行方向取的是磁力线的方向，与电流的参考方向符合右手螺旋定则，所以环路 L 包围的面积内电流的代数和 $\sum I = I$，根据安培环路定律可得

$$H2\pi r = I \tag{B-3}$$

所以，导线外部环路 L 上各点的磁场强度 H 的大小为

$$H = \frac{I}{2\pi r} \quad (r > R) \tag{B-4}$$

导线外部环路 L 上各点的磁感应强度 B 的大小为

$$B = \frac{\mu_0 I}{2\pi r} \quad (r > R) \tag{B-5}$$

式（B-4）和式（B-5）表明，圆形截面的长直通电导线外部任意一点的磁场强度 H 或磁感应强度 B 的大小都与导线中的电流 I 成正比，与该点到导线轴线的距离 r 成反比。

（2）通电导线内部磁场的计算。如图 B-4（b）所示，在导线的内部任取一点 D，设 D 点到导线轴线的垂直距离为 r（$r<R$），导体的磁导率近似为真空磁导率 μ_0。仍选通过 D 点的磁力线作为积分环路 L，磁力线的方向作为环路的绕行方向。同样可以证明，环路上各点的磁场强度 H 大小相等，方向沿着 L 的切线方向，则磁场强度矢量沿任曲线 L 的线积分为

$$\oint_L H\mathrm{d}l = H\oint_L \mathrm{d}l = H2\pi r$$

因环路的绕行方向与电流的参考方向符合右手螺旋定则，且电流在导线中均匀流动，所以环路 L 包围的面积内电流的代数和为

$$\sum I = \frac{\pi r^2}{\pi R^2} I = \frac{r^2}{R^2} I \tag{B-6}$$

根据安培环路定律有

$$H2\pi r = \frac{r^2}{R^2} I$$

所以，导线内部环路 L 上各点的磁场强度 H 的大小为

$$H = \frac{rI}{2\pi R^2} \quad (r < R) \tag{B-7}$$

导线内部环路 L 上各点的磁感应强度 B 的大小为

$$B = \frac{\mu_0 rI}{2\pi R^2} \quad (r < R) \tag{B-8}$$

式（B-7）和式（B-8）表明，在通过导线的电流 I 一定时，圆形截面的长直通电导线内部任意一点的磁场强度 H 或磁感应强度 B 的大小都与该点到导线轴线的距离 r 成正比。

2. 均匀密绕通电螺线环的磁场的计算

螺线环是指绕在圆环面上的螺线形线圈，如图B-5所示，若圆形环面的磁导率为 μ，环的截面半径为 r，环面到环中心o点的平均半径为 R，环面上的线圈均匀而紧密，线圈的匝数为 N，线圈中的电流为 I。当环的截面半径 r 远远小于环的平均半径 R 时，可近似认为环内各点的磁场强度 H 大小相同。

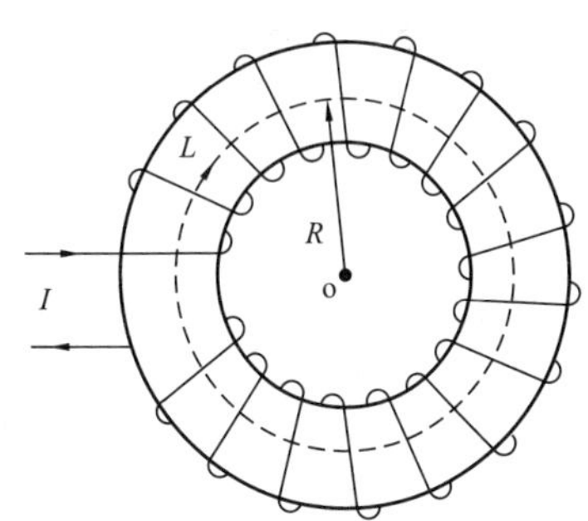

图B-5 均匀密绕通电螺线环的磁场的计算

理论证明，螺线环中磁场的磁力线都是圆心在环轴上的圆，方向与电流的参考方向符合右手螺旋定则。为了计算环内的磁场强度 H，现取平均半径 R 对应的磁力线作为积分环路 L，磁力线的方向作为积分环路的绕向，如图B-5所示。

磁场强度 H 沿曲线 L 的线积分为

$$\oint_L H\mathrm{d}l = H\oint_L \mathrm{d}l = H2\pi R \tag{B-9}$$

因线圈的匝数为 N，所以环路 L 包围的面积内有 NI 的电流穿入，且都为正，则

$$\sum I = NI \tag{B-10}$$

根据安培环路定律，可得

$$H2\pi R = NI \tag{B-11}$$

因此，环路 L 上各点的磁场强度 H 的大小为

$$H = \frac{NI}{2\pi R} \tag{B-12}$$

环路 L 上各点的磁感应强度 B 的大小为

$$B = \frac{\mu NI}{2\pi R} = \mu n I \tag{B-13}$$

式中：n 为螺线环单位长度的匝数，$n = \dfrac{N}{2\pi R}$。

因穿过螺线环外的区域内的电流代数和为零，所以磁场强度 $H=0$，磁感应强度 $B=0$。

3. 均匀密绕长直通电螺线管的磁场的计算

当螺线环的平均半径 R 趋于无穷大时，即可看成是长直的螺线管。无限长直的均匀密绕通电螺线管内的磁场是均匀的，因此管内磁力线是平行且均匀分布的直线，管内各点的磁感应强度大小都相同，计算式为式（B-13）。螺线管外部的磁感应强度为零。

B-3 磁场对通电导体的作用力

一、磁场对通电直导体的作用力

实验表明，将一通电直导体放在磁场中，它要受到磁场力的作用而运动。当通电直导体与磁场方向有一个夹角 θ 时，可以将磁场的磁感应强度 B 进行分解，只有与电流垂直的磁感应强度分量 $B_2=B\sin\theta$ 对通电直导体才有作用力，如图 B-6（a）所示。若磁场是均匀的，则通电直导体受到的磁场力大小为

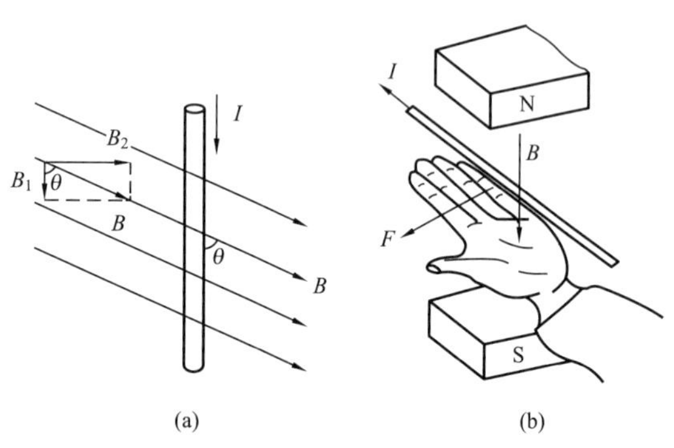

图 B-6 磁场对通电直导体的作用力

$$F=BIl\sin\theta \qquad \text{(B-14)}$$

式中：B 为磁感应强度，T；I 为直导体中的电流，A；l 为直导体的长度，m；F 为磁场力，N；θ 为直导体与磁感应强度 B 的夹角。

当 $\theta=0°$，即导线与磁感应强度的方向（也是磁力线的方向）平行时，导体不受磁场力的作用，$F=0$；当 $\theta=90°$，即导线与磁感应强度的方向垂直时，导体受到的磁场力最大，$F=BIl$。

磁场力的方向可用左手定则来确定，即左手伸直，大拇指和四指相垂直并在同一平面，让手心正对磁场的 N 极使磁力线穿过手心，四指指向电流的方向，则大拇指所指的方向就是导体受到的磁场力的方向，如图 B-6（b）所示。

这种磁场对通电导体的作用力，广泛应用于电动机和电工仪表中。

二、磁场对通电线圈的作用力

在磁感应强度为 B 的均匀磁场中，放置一匝矩形通电线圈 abcd，如图 B-7（a）所示。设 ab=dc=l_1，ad=bc=l_2，因为 ad 边和 bc 边与磁力线平行，故这两个边上没有磁场力作用；而 ab 边和 dc 边因与磁力线垂直将受到磁场力的作用，称为有效边，所受到的磁场力大小分别用 F_1 和 F_2 表示，由式（B-14）可得

$$F_1=F_2=BIl_1 \qquad \text{(B-15)}$$

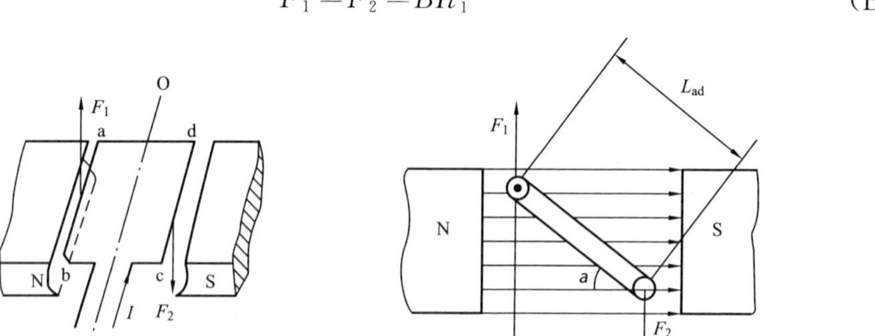

图 B-7 磁场对通电线圈的作用力

两有效边所受到的作用力 F_1 和 F_2 大小相等，而且根据左手定则可知，受力方向正好相反，这样将产生一个转矩 M，称为电磁转矩，使通电线圈绕轴线作顺时针方向转动，M 的大小为

$$M=F_1\times\frac{l_2}{2}+F_2\times\frac{l_2}{2}=BIl_1l_2=BIS \tag{B-16}$$

式中：B 为均匀磁场的磁感应强度，T；I 为通电导体中的电流，A；S 为线圈的面积，$S=l_1l_2$，m^2；M 为电磁转矩，N·m。

当线圈平面与磁力线的夹角为 α，如图B-7（b）所示，且线圈匝数为 N 时，则线圈的转矩为

$$M=NBIS\cos\alpha \tag{B-17}$$

式（B-17）中，若线圈平面与磁力线平行，即 $\alpha=0°$ 时，转矩 $M=NBIS$，最大；若线圈平面与磁力线垂直，即 $\alpha=90°$ 时，转矩 $M=0$。

三、平行通电直导体间的相互作用力

两根平行的通电直导体间，存在着相互作用的磁场力，这是因为任何一根通电导体都处在另一根通电导体所产生的磁场中，作用力的方向与两根导体中的电流方向有关。当两根导体中的电流方向相反时，由左手定则得相互的磁场力为斥力，如图B-8（a）所示；当两根导体中的电流方向相同时，相互作用力为吸引力，如图B-8（b）所示。

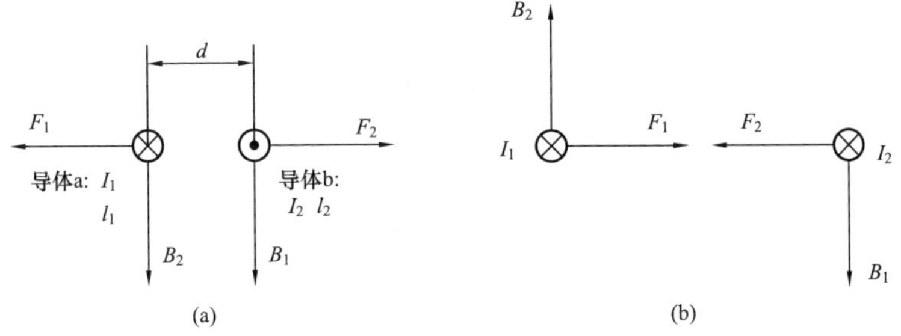

图B-8 平行通电直导体间的相互作用力

图B-8（a）中，若第一根通电导体a长为 l_1，电流为 I_1，第二根通电导体b长为 l_2，电流为 I_2，两根通电导体之间的距离为 d，介质的磁导率为 μ。由式（B-5）可得a通电导体在b通电导体处产生的磁感应强度 B_1 为

$$B_1=\frac{\mu I_1}{2\pi d} \tag{B-18}$$

则b通电导体所受磁场力的大小 F_2 为

$$F_2=B_1l_2I_2 \tag{B-19}$$

同理，b通电导体在a通电导体处产生的磁感应强度 B_2 为

$$B_2=\frac{\mu I_2}{2\pi d} \tag{B-20}$$

a通电导体所受磁场力的大小 F_1 为

$$F_1=B_2l_1I_1 \tag{B-21}$$

当 $l_1=l_2=l$，$I_1=I_2=I$ 时，有

$$B_1 = B_2 = \frac{\mu I}{2\pi d} \tag{B-22}$$

$$F_1 = F_2 = F = BlI = \frac{\mu}{2\pi d} l I^2 \tag{B-23}$$

式（B-23）表明，两根平行直导体通入大小相同、方向相反的电流时，它们之间的作用力为斥力，其大小与电流的平方成正比。同理，若两根平行直导体通入同向电流时，它们之间的作用力为吸引力，大小与电流的平方成正比。

发电厂和变电站中的母线排是平行的通电导体，都处在各自产生的磁场中，工作时有着吸力或斥力的作用。当发生短路时，母线中通过很大的短路电流，使母线间产生很大的磁场力。因此设计时，对母线和支持绝缘子都应考虑有足够的机械强度，以防止发生短路故障时母线损坏。

B-4 电 磁 感 应

一、电磁感应现象

实验表明，导体回路在变化的磁场中会产生电动势，如果导体回路是闭合的，就会产生电流，如图 B-9 所示。这种由于穿过导体回路的磁通量发生变化而在导体回路中产生电动势的现象叫电磁感应，由电磁感应产生的电动势叫感应电动势，由感应电动势所引起的电流称为感应电流。

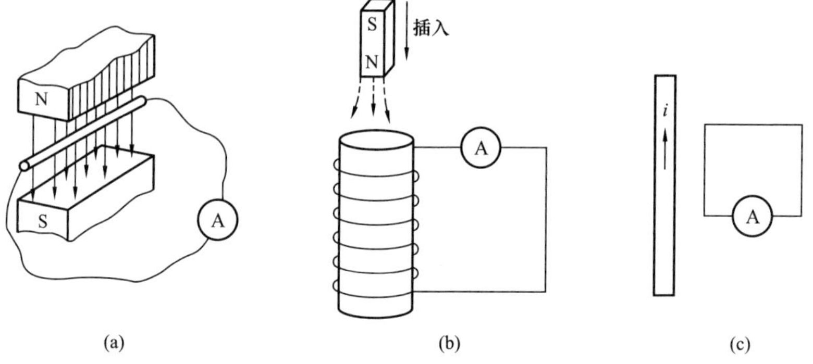

图 B-9 电磁感应现象

（a）导体在磁场中运动时的电磁感应现象；（b）导体回路与磁体之间发生相对运动时的电磁感应现象；（c）通电导体中电流变化时的电磁感应现象

根据回路中磁通的变化原因不同，产生感应电动势的方法主要有以下两种：

（1）导体回路（或其中的一部分）和稳恒磁场之间有相对运动，如图 B-9（a）所示。这种因导体运动而产生的感应电动势称为动生电动势，又叫发电机电势。发电机工作的本质就是基于动生电动势。

（2）导体回路不动，磁场随时间变化，如图 B-9（b）、（c）所示。这种情况所产生的感应电动势称为感生电动势，又叫变压器电势。感生电动势又分为自感电动势和互感电动势两种（自感与互感部分将介绍），它是交流线圈和变压器的工作原理所在。

电磁感应现象是电磁学中最重大的发现之一，它揭示了电与磁的相互联系及转化。在随时间而变化的时变磁场中，电现象与磁现象密切联系，电磁场是统一的、不可分割的。电场或磁场仅是电磁场在一定条件下的特定表现，变化的磁场产生电场，变化的电场产生磁场。

电磁感应现象在电工技术、电子技术以及电磁测量等方面都有广泛的应用。

二、电磁感应定律

1831 年，英国物理学家法拉第总结出了有名的电磁感应定律：当穿过导体回路所界定的面积中的磁通 ϕ 发生变化时，在回路中将产生感应电动势 e，e 的大小与穿过回路的磁通的变化率$\frac{d\phi}{dt}$成正比。当选择的感应电动势 e 的参考方向和磁通 ϕ 的参考方向符合右手螺旋定则时，如图 B－10（a）所示，电磁感应定律的数学表达式为

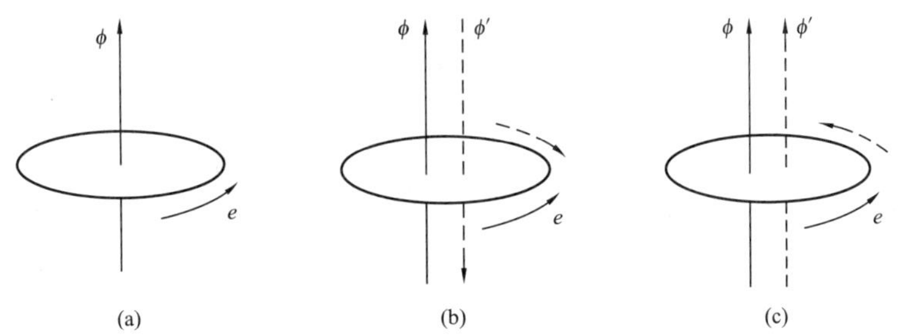

图 B－10　感应电动势的参考方向

（a）感应电动势 e 与磁通 ϕ 的参考方向选择；（b）ϕ 增加时感应电动势 e 的实际方向；（c）ϕ 减小时感应电动势 e 的实际方向

$$e=-\frac{d\phi}{dt} \tag{B-24}$$

式中：磁通 ϕ 的单位是 Wb；时间 t 的单位是 s；电动势 e 的单位是 V；负号反映了感应电动势 e 的方向，它由楞次定律来确定。

楞次定律指出，感应电动势及其所产生的感应电流产生的磁通总是企图阻止与导体回路相交链的原磁通的变化。若 ϕ 增加，感应电流产生的磁通 ϕ'将阻碍原磁通 ϕ 的变化，ϕ'与 ϕ 的方向相反，e 的实际方向与参考方向相反，如图 B－10（b）所示；当 ϕ 减小时，感应电流产生的磁通 ϕ'将阻碍原磁通 ϕ 的变化，ϕ'与 ϕ 的方向相同，则 e 的实际方向与参考方向相同，如图 B－10（c）所示。

所以，式（B－24）中的负号反映了感应电动势 e 的实际方向。若 e 与 ϕ 的参考方向符合右手螺旋定则，e 的实际方向总是与$\frac{d\phi}{dt}$的符号相反。当 ϕ 增加，即$\frac{d\phi}{dt}>0$ 时，$e<0$，e 的实际方向与参考方向相反；当 ϕ 减小，即$\frac{d\phi}{dt}<0$ 时，$e>0$，则 e 的实际方向与参考方向相同。

归纳起来，由楞次定律来确定 e 的实际方向的步骤如下：

（1）先判断导体回路或线圈中原磁场的磁通 ϕ 的方向。

（2）确定磁通 ϕ 的变化情况，是增加还是减少。

（3）根据楞次定律确定感应电流所产生的磁通 ϕ'的方向，它总是阻碍原磁通 ϕ 的变化。若 ϕ 增加，则 ϕ'与 ϕ 的方向相反；若 ϕ 减小，则 ϕ'与 ϕ 的方向相同。

（4）根据右手螺旋定则，由感应电流所产生的磁通 ϕ'的方向来确定感应电流的方向，也

就是感应电动势 e 的方向。

特别注意，当选择的感应电动势的参考方向和磁通的参考方向不符合右手螺旋定则时，式（B-24）应改写成

$$e=\frac{d\phi}{dt} \tag{B-25}$$

1. 多匝线圈中的感应电动势

如图 B-11 所示，当穿过线圈的磁通发生变化时，线圈中会产生感应电动势，而式（B-24）只用于单匝导体回路，如果是多匝的线圈回路，则应用磁链代替磁通。磁链是多匝线圈的磁通匝链数，简称磁链，又叫全磁通，用 ψ 表示。若穿过每匝线圈的磁通 ϕ 都相同，则有

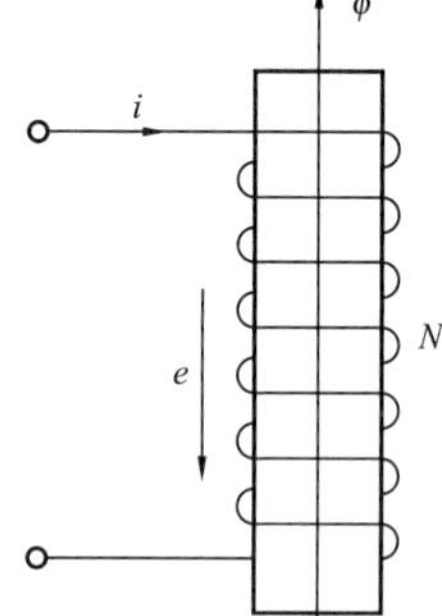

图 B-11 多匝线圈中的感应电动势

$$\psi=N\phi \tag{B-26}$$

当感应电动势 e 的参考方向和磁通 ϕ 的参考方向符合右手螺旋定则时，如图 B-11 所示，则匝数为 N 的线圈的感应电动势为

$$e=-\frac{d\psi}{dt}=-N\frac{d\phi}{dt} \tag{B-27}$$

式（B-27）表明，当穿过线圈的磁通 ϕ 发生变化时，线圈中会产生感应电动势，感应电动势的大小与穿过线圈的磁通的变化率成正比，与线圈的匝数 N 成正比。

2. 直导体中的感应电动势

如图 B-12（a）所示，在均匀磁场中，当一根垂直于磁场方向的直导体，沿着与导体垂直的方向作切割磁力线运动时，若导体的运动速度为 v，有效长度为 l，磁场的磁感应强度为 B，则导体中产生的感应电动势的大小为

$$e=Blv \tag{B-28}$$

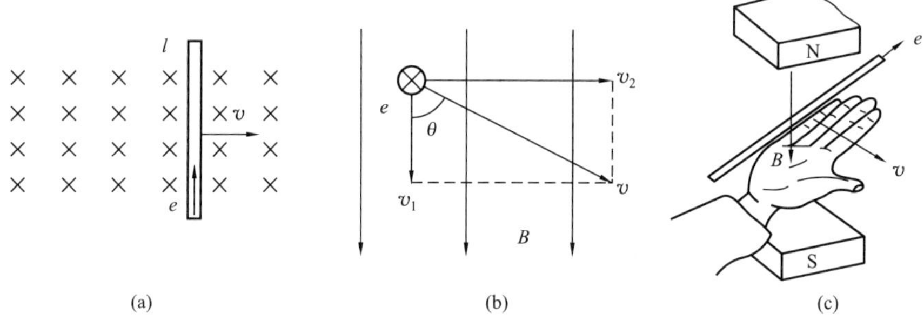

图 B-12 直导体中的感应电动势

若直导体与磁场方向虽垂直，但是沿着与磁场成 θ 角度的方向作切割磁力线运动，如图 B-12（b）所示，则应把速度 v 分解，只有垂直于磁场方向的分量 v_2 才切割磁力线，产生感应电动势，其大小为

$$e=Blv\sin\theta \tag{B-29}$$

式中：B 的 SI 单位为 T；l 的 SI 单位为 m；v 的 SI 单位为 m/s；e 的 SI 单位为 V。

当 $\theta=90°$时，感应电动势最大，为 $e=Blv$；当 $\theta=0°$时，不切割磁力线，感应电动势最小，

为0。

导体相对磁场运动而产生的感应电动势 e 的方向可用右手定则来判断，如图 B-12（c）所示。伸开右手，使大拇指跟四个手指垂直，并且在一个平面内，让磁力线垂直穿入手心，大拇指指向导体相对运动的方向，则四指所指的方向就是感应电动势的方向。如果导体闭合，也即是感应电流的方向。

三、自感

当导体回路或线圈中的电流发生变化时，所产生的磁场是变化的，磁通也是变化的，而导体回路或线圈中本身就与这个变化的磁通相交链，因此由电磁感应原理可得，导体回路或线圈中将产生感应电动势。这种由于流过导体回路或线圈中的电流发生变化，而在导体回路或线圈自身中引起电磁感应的现象，称为自感现象。自感现象中所产生的感应电动势称为自感电动势，这是线圈在交流电路中的工作原理所在。

1. 自感系数

如图 B-13（a）所示，当一个 N 匝的线圈通以电流 i 时，这个电流所产生的磁通将穿过线圈，称为自感磁通，用 ϕ 表示。如果穿过每一匝的自感磁通 ϕ 都一样，则线圈的自感磁链 $\psi=N\phi$。

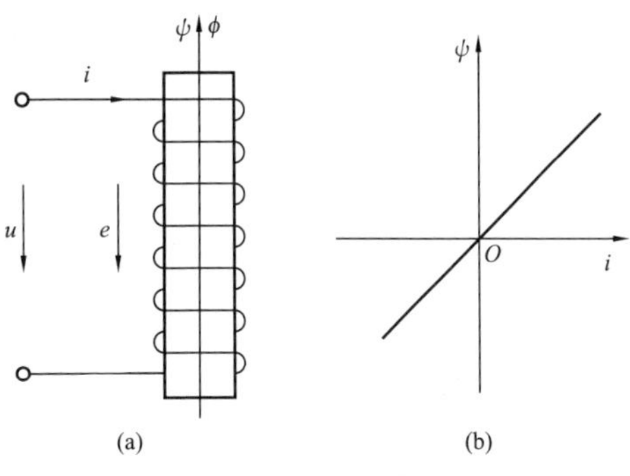

图 B-13 线圈中的自感

(a) 线圈中的 ϕ、e 和 u；(b) 空心线圈的 $\psi-i$ 曲线

若线圈是空心线圈，即内部没有铁磁性材料时，自感磁通 ϕ 和自感磁链 ψ 与通过的电流 i 成正比。如图 B-13（b）所示，当 ψ 与 i 的参考方向符合右手螺旋定则时，把自感磁链 ψ 与线圈中的电流 i 的比值，称为该线圈的自感系数，简称自感或电感，用 L 表示，即

$$L=\frac{\psi}{i}=\frac{N\phi}{i} \tag{B-30}$$

自感系数 L 在数值上等于通过单位电流时在线圈中产生的磁链。L 的大小反映了一个线圈产生磁链能力的强弱。自感系数的 SI 单位是 H。

式（B-30）可以用来计算自感系数 L，但 L 由线圈自身的特性决定，与线圈自身的几何形状、尺寸、匝数和线圈周围的磁介质的磁导率有关，大小为

$$L=\frac{N^2\mu S}{l} \tag{B-31}$$

式中：N 为线圈的匝数；μ 为磁介质的磁导率；S 为线圈的面积；l 为线圈的长度。

若线圈为空心线圈，因空气的磁导率是常数，式（B-31）表明，自感系数 L 将是一个常数，与线圈中的电流无关，因此其 ψ 与 i 的关系曲线是一条直线，如图 B-13（b）所示；当线圈中有铁心时，由于铁磁性物质的磁导率 μ 不是一个常数，与磁化电流有关，因此这种线圈的自感系数 L 就与线圈中的电流有关，也不是一个常数，其 ψ 与 i 的关系曲线不是直线。

2. 自感电动势

由电磁感应定律可得，当自感电动势 e 的参考方向与线圈中的电流 i 的参考方向一致，且都与磁链 ψ 的参考方向符合右手螺旋定则时，如图 B-13（a）所示，由式（B-27）有

$$e=-\frac{d\psi}{dt}$$

若线圈的自感系数 L 是一个常数，由式（B－30）得磁链 $\psi=Li$，因此有

$$e=-\frac{d\psi}{dt}=-L\frac{di}{dt} \tag{B－32}$$

式（B－32）表明，对于自感系数 L 为常数的线圈，自感电动势 e 的大小与线圈电流 i 的变化率成正比，其方向总是企图阻止线圈中电流的变化。

（1）当电流增加，变化率 $\frac{di}{dt}>0$ 时，则 $e<0$，说明感应电动势的实际方向与参考方向相反。

（2）当电流减少，变化率 $\frac{di}{dt}<0$ 时，则 $e>0$，说明感应电动势的实际方向与参考方向相同。

应当注意的是，当线圈的自感电动势 e 的参考方向与电流 i 的参考方向不一致时，则有

$$e=L\frac{di}{dt} \tag{B－33}$$

3. 自感电压

线圈中产生自感电动势的同时，会在线圈两端产生相应的电压，这个电压叫自感电压，用 u 表示。由于电压的正方向是指电位降低的方向，而电动势的正方向是指电位升高的方向，因此当自感电压 u、线圈中电流 i 和自感电动势 e 三者的参考方向一致时，如图 B－13（a）所示，有

$$u=-e=L\frac{di}{dt} \tag{B－34}$$

式（B－34）表明，对于自感系数 L 为常数的线圈，自感电压 u 的大小与线圈电流的变化率成正比。

电感线圈在电力系统以及日常生活中都有着广泛的应用。例如，发电机、变压器、电抗器、继电器等各种电气设备中都绕有电感线圈；电工电子技术和无线电技术中常用的扼流圈、振荡器也是用电感线圈制成的；日光灯是利用镇流器中的自感电动势来点燃灯管，并用它来限制灯管中的电流。这些都是自感现象的有利应用。但是在有些情况下，自感现象也有不利的一面，甚至带来危害，必须采取措施加以防止。比如电路中有自感系数很大的线圈且电流变化也很大时，在断开电路的瞬间，因线圈两端的自感电动势很高，在开关断开处会产生电弧，可能烧坏开关和电气设备，造成事故。为了减小这种危害，通常采用在开关或线圈两端并联电阻的方法加以避免。

四、互感

两根靠得很近的导线或线圈，若其中的一根导线或线圈的电流发生变化，产生的磁场将是变化的，其它的导线或线圈如果处在这个变化的磁场中，也将产生感应电动势，这种现象叫互感现象，所产生的电动势叫互感电动势。

变压器就是基于互感原理工作的。

1. 互感系数

当两个通电线圈靠得很近时，一个线圈中的电流产生的磁通有一部分要与另一个线圈交链，这种现象叫磁耦合，这两个线圈称为磁耦合线圈，也叫互感线圈。磁耦合中同时交链两

个线圈的磁通，叫互感磁通，相应的磁链叫互感磁链。

如图 B-14（a）所示，两个靠得很近的线圈 1 和线圈 2，匝数分别为 N_1 和 N_2。假设只有线圈 1 中通入电流 i_1，产生的磁通记为 ϕ_{11}，称为线圈 1 的自感磁通，相应的磁链称为自感磁链 ψ_{11}，若 ϕ_{11} 穿过线圈 1 所有的匝数，则有 $\psi_{11}=N_1\phi_{11}$。自感磁通 ϕ_{11} 中有一部分仅与线圈 1 自身交链，称为线圈 1 的漏磁通，用 $\phi_{\delta 1}$ 表示；还有一部分磁通不仅与线圈 1 交链，同时还与线圈 2 交链，称为线圈 1 对线圈 2 的互感磁通，用 ϕ_{21} 表示，相应的磁链称为互感磁链 ψ_{21}，若 ϕ_{21} 穿过线圈 2 所有的匝数，则有 $\psi_{21}=N_2\phi_{21}$。

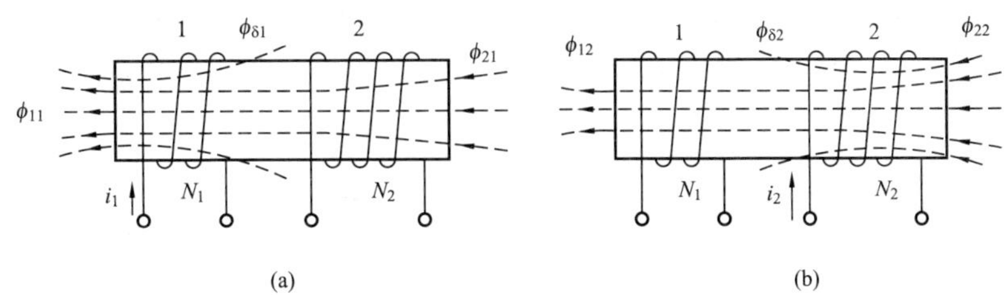

图 B-14　两个线圈之间的互感

同样，如图 B-14（b）所示，假设只有线圈 2 中通入电流 i_2，产生的磁通记为 ϕ_{22}，称为线圈 2 的自感磁通，相应的磁链称为自感磁链 ψ_{22}。ϕ_{22} 也包括 $\phi_{\delta 2}$ 和 ϕ_{12} 两部分，其中 $\phi_{\delta 2}$ 为仅与线圈 2 自身交链的漏磁通；ϕ_{12} 为穿过线圈 2 与线圈 1 交链的磁通，称为线圈 2 对线圈 1 的互感磁通，相应的磁链称为互感磁链 ψ_{12}。

若线圈 1 和线圈 2 中同时有电流通过，则每个线圈中的磁通，既包括自感磁通，又包括互感磁通。

当互感磁通的参考方向与产生互感磁通的电流的参考方向符合右手螺旋定则时，把线圈 1 对线圈 2 的互感磁链 ψ_{21} 与产生互感磁链的电流 i_1 的比值，称为线圈 1 对线圈 2 的互感系数，记为 M_{21}，即

$$M_{21}=\frac{\psi_{21}}{i_1} \tag{B-35}$$

同理，把线圈 2 对线圈 1 的互感磁链 ψ_{12} 与产生互感磁链的电流 i_2 的比值称为线圈 2 对线圈 1 的互感系数，记为 M_{12}，即

$$M_{12}=\frac{\psi_{12}}{i_2} \tag{B-36}$$

可以证明，$M_{21}=M_{12}$，统一用 M 来表示，即有 $M=M_{21}=M_{12}$，称为两个耦合线圈间的互感系数，简称互感。互感系数 M 在数值上等于一个线圈通过单位电流时在另一个线圈中产生的互感磁链，其大小与两个线圈的结构、相对位置以及线圈周围磁介质的空间分布和磁导率有关。

互感的 SI 单位和自感一样，都是 H，互感和自感统称为电感。

线圈 1 和线圈 2 之间的耦合程度，常用耦合系数 K 来表示，并定义为

$$K=\frac{M}{\sqrt{L_1L_2}} \tag{B-37}$$

式中：L_1 为线圈 1 的自感系数；L_2 为线圈 2 的自感系数；M 为两个线圈的互感系数。

耦合系数 K 的取值范围是 $0 \leqslant K \leqslant 1$。当 $K=0$ 时，表明两个线圈间没有互感磁链，不存在互感，即无磁耦合；当 $K=1$ 时，表明一个通电线圈产生的磁通全部与另一个线圈交链，产生的互感磁链最大，称为全耦合。

2. 互感电动势

有磁耦合的两个线圈，当一个线圈中的电流发生变化时，通过另一个线圈中的互感磁通也将发生变化，这时另一个线圈中将产生感应电动势，称为互感电动势。

如图 B-15 所示，两个互感线圈中的电流分别为 i_1 和 i_2。当线圈 1 中的电流 i_1 变化时，在线圈 2 中产生的互感磁链 ψ_{21} 将随之变化，因此将在线圈 2 中产生互感电动势 e_{21}；当线圈 2 中的电流 i_2 变化时，通过线圈 1 中的互感磁链 ψ_{12} 也将发生变化，在线圈 1 中将产生互感电动势 e_{12}。

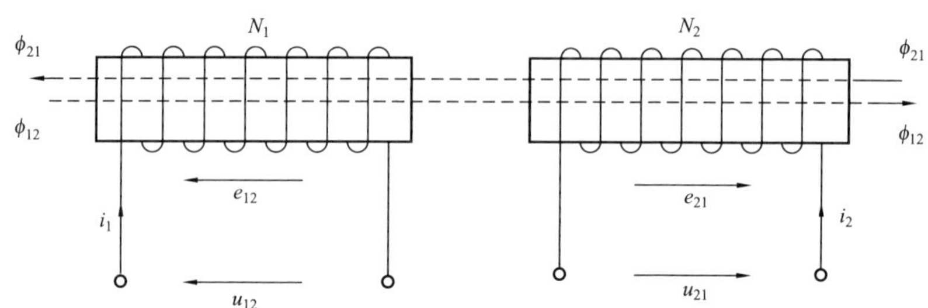

图 B-15　互感电动势

若线圈 1 和线圈 2 之间的互感系数 M 为常数，当互感电动势 e_{21} 与线圈 1 中的电流 i_1 的参考方向相同，且均与互感磁通 ϕ_{21} 的参考方向成右手螺旋定则时，由电磁感应定律可得

$$e_{21}=-\frac{\mathrm{d}\psi_{21}}{\mathrm{d}t}=-\frac{\mathrm{d}(Mi_1)}{\mathrm{d}t}=-M\frac{\mathrm{d}i_1}{\mathrm{d}t} \tag{B-38}$$

同样道理，当互感电动势 e_{12} 与线圈 2 中的电流 i_2 的参考方向相同，且均与互感磁通 ϕ_{12} 的参考方向成右手螺旋定则时，有

$$e_{12}=-\frac{\mathrm{d}\psi_{12}}{\mathrm{d}t}=-\frac{\mathrm{d}(Mi_2)}{\mathrm{d}t}=-M\frac{\mathrm{d}i_2}{\mathrm{d}t} \tag{B-39}$$

3. 互感电压

线圈中互感电动势的产生，将在线圈两端产生相应的电压，称为互感电压。习惯上用 u_{21} 表示线圈 1 中的电流 i_1 变化时在线圈 2 中产生的互感电压；用 u_{12} 表示线圈 2 中的电流 i_2 变化时在线圈 1 中产生的互感电压，如图 B-15 所示。若选择 u_{21} 和 i_1 的参考方向一致，且都与 ϕ_{21} 的参考方向成右手螺旋定则，则有

$$u_{21}=-e_{21}=M\frac{\mathrm{d}i_1}{\mathrm{d}t} \tag{B-40}$$

同样，如果 u_{12} 和 i_2 的参考方向相同且都与 ϕ_{12} 成右手螺旋定则，有

$$u_{12}=-e_{12}=M\frac{\mathrm{d}i_2}{\mathrm{d}t} \tag{B-41}$$

4. 同名端

具有磁耦合的两个线圈，在同一个变化的磁通的作用下，产生的感应电动势极性相同的两个端点，称为同极性端，又叫同名端，用“*”或“·”表示；产生的感应电动势极性相

反的两个端点，称为异名端。当电流从两个线圈的同名端流入时，产生的磁通是同方向的，即互感磁通与自感磁通是助增的。

图 B-16（a）所示为两个互感线圈。若线圈 1 通入变化的电流 i_1，产生的互感磁通 ϕ_1 将穿过两个线圈，在线圈 1 中产生自感电动势 e_1，在线圈 2 中产生互感电动势 e_2。若 ϕ_1 减小，由楞次定律可得 e_1 和 e_2 的实际方向，如图 B-16（a）所示，可见 1 端和 3 端极性相同，为同名端，标上“*”，同时 2 端和 4 端也是同名端，而 1 端和 4 端、2 端和 3 端都是异名端。

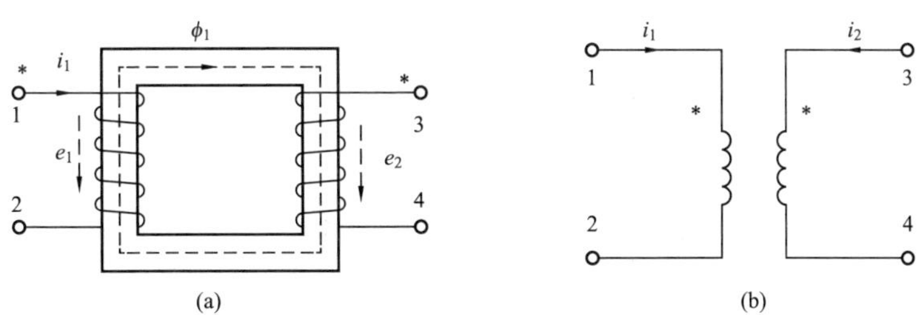

图 B-16　互感线圈的同名端及电路模型

（a）同名端；（b）电路模型

引入同名端的概念后，每个线圈的具体绕法和相对位置就可以不画出来。若忽略线圈的电阻与分布电容，两个具有磁耦合的线圈就可以用图 B-16（b）所示的电路模型来表示。确定同名端的方法有很多。一般情况下，若知道线圈的绕法，即可由楞次定律判断出同名端；若不知道线圈的绕法，则可用实验方法来判断。

互感现象在电力系统、电工技术等方面得到了广泛的应用。比如电力变压器、电压互感器、电流互感器、电动机等都是根据互感原理制造而成的。但互感现象也有不利的一面，如在电子电路中，若各线圈的位置安放不当，线圈产生的磁场就会互相干扰，影响整个电路的正常工作。因此常把产生互感的线圈的距离拉大或垂直放置，也可采用磁屏蔽的方法来消除互感现象的影响。

参 考 文 献

[1] 王敬镕，牛均莲. 电路与磁路. 北京：中国电力出版社，2006.

[2] 蒲晓湘，牛均莲. 电路与磁路学习指导. 中国电力出版社，2014.

[3] 江泽佳. 电路原理. 3 版. 北京：高等教育出版社，1992.

[4] 周守昌. 电路原理. 北京：高等教育出版社，1999.

[5] 邱关源. 电路. 5 版. 北京：高等教育出版社，1989.

[6] 张洪让. 电工基础. 2 版. 北京：高等教育出版社，1990.

[7] 蔡元宇. 电路及磁路. 北京：高等教育出版社，1993.

[8] 石生. 电路基本分析. 北京：高等教育出版社，2000.

[9] 秦增煌. 电工技术（上、下册）. 5 版. 北京：高等教育出版社，1999.

[10] 王世才. 电工基础及测量. 2 版. 北京：中国电力出版社，2006.

[11] 周南星. 电工基础. 北京：中国电力出版社，2006.

[12] 贾文贵. 电工基础. 北京：中国电力出版社，1992.

[13] 周绍敏. 电工基础简明版. 北京：高等教育出版社，2007.

[14] 项仁寿. 实用电工基础. 北京：中国建材工业出版社，1997.

[15] 王继达. 电工基础. 武汉：武汉理工大学出版社，2006.

[16] 于志洁. 电工基础（修订本）. 北京：电子工业出版社，2000.

[17] 邹继斌. 磁路与磁场. 哈尔滨：哈尔滨工业大学出版社，1998.

[18] 韩肖宁. 电路分析及磁路. 北京：中国电力出版社，2006.

[19] 艾武. 电路与磁路. 武汉：华中科技大学出版社，2002.

[20] 王蔷. 电磁场理论基础. 北京：清华大学出版社，2001.

[21] 俞集辉. 电磁场原理. 重庆：重庆大学出版社，2003.

[22] 付茂林. 大学物理（下册）. 武汉：华中科技大学出版社，2009.

[23] 赵宝华. 新编大学物理教程. 北京：冶金工业出版社，2004.

[24] 沈临江. 大学物理简明教程. 北京：化学工业出版社，2003.

[25] 梁励芬. 大学物理简明教程. 2 版. 上海：复旦大学出版社，2004.

[26] 张玉萍. 电工基础. 北京：北京邮电大学出版社，2006.